KB105824

유클리드 원론

ΣΤΟΙΧΕΙΑ

ΕΥΚΛΕΙΔΗΣ

Published by Acanet, Korea, 2022

학술명저번역 639

유클리드 원론

ΣΤΟΙΧΕΙΑ

유클리드 지음 | 박병하 옮김

아카넷

일러두기

1. 이 책은 유클리드의 ΣTOIXEIA를 완역한 것이다. 번역의 저본은 요한 루드비 헤이베르(Johan Ludvig Heiberg)의 편집본(1883~1888)이다. 저본과 참고본에 관한 서지 사항은 참고문헌을 참조하라.
2. 본문에 삽입한 구문 중 저본의 편집자 헤이베르의 것은 대괄호로 묶었으며 옮긴이의 것은 소괄호로 묶었다.
3. 본문에서 앞서 나온 정의, 공준, 공통 개념, 명제를 뒤의 증명에서 참조한 것은 약호로 넣었다. 약호는 헤이베르 편집본의 라틴어 판을 따르되 옮긴이가 필요에 따라 가감했다. 예를 들어 약호 [I-3]은 '제1권 명제 3에 따라'라는 뜻이고 [I-def-15]는 '제1권 정의 15에 따라'라는 뜻이다.
4. 판본에 따라 차이를 보이는 정의, 공리, 명제의 항목은 꺾쇠로 묶었다. 이에 대한 자세한 설명은 해당 항목의 주석을 참조하라.
5. 주석은 모두 역주이다.
6. 본문의 볼드체는 옮긴이의 강조이다.

차례

제1권

정의[1]

1. **점**이란 부분이 없는 것이다.

2. **선**은 너비 없는 길이이다.

3. **선의 끝**은 점이다.[2]

4. **직선**이란 그 자신 위의 점들과 균등하게 놓인 것이다.

5. **표면**은 길이와 너비만 갖는다.

1 (1) 원문 ὅροι는 테두리, 범위, 지역이라는 뜻이다. 흔히 '정의'라는 말은 '뜻을 정하다' 또는 '뜻을 매기다'라는 의미로 쓰이지만 『원론』에서의 의미는 조금 다르다. 『원론』에서는 본문에서 다룰 대상이 무엇인지, 그 의미가 무엇인지 대강의 테두리를 친다는 뜻이다. 『원론』에는 130여 개의 정의가 나오는데 이 중에는 현대적인 의미에서 볼 때 정의라고 보기에는 모호한 것이 많고 공리나 명제의 성격을 가진 문장도 여럿 있다. 예: 제1권 정의 17, 제3권 정의 1, 제5권 정의 4. (2) 원문의 ὅροι는 제1권 정의 13과 제5권 정의 8에도 나온다. 1권 정의 13은 '경계'로, 5권 정의 8은 '항'으로 옮겼다. (3) 『원론』 제1권 정의의 전개는 입체 기하인 제11권과 대칭된다. (4) 정의는 공준과 명제를 거치면서 뜻이 분명해진다. 정의 하나하나에 대해 시시비비를 가리기보다 정의의 체계와 논리적인 흐름에 주목해야 한다.

2 (1) 『원론』에서 특별한 언급이 없으면, 선은 무한이 아니다. 직선도 마찬가지다. 제1권 정의 5, 6, 7에 나오는 표면, 평면, 각도 모두 그렇다. 유클리드는 유한한 세계에서 출발해서 공준 2에 나오는 '연장할 수 있다'를 도입해 무한까지 확장할 수 있는 기반을 마련한다. 수학적 귀납법에 해당하는 증명에서는 예시로 세 개를 보이고 네 개 이상에서도 계속된다는 방식으로 논의한다. 소수의 무한성을 말하는 제9권 명제 20에서도 '소수는 무한 개이다'라고 표현하지 않고 '소수는 몇 개를 지정하든 소수는 그것보다 더 많다'고 표현한다. (2) 『원론』에서 '무한'이라는 용어는 드물게 나온다. 제1권 명제 12에서 '주어진 무한 직선'이라는 용어가 등장한다. 그 외에는 끝없이 계속되는 상황에서 무한이라는 용어를 쓴다.

6. **표면의 끝**은 선이다.

7. **평면**이란 자신 위의 직선들과 균등하게 놓인 것이다.

8. **편평한 각**은,[3] 평면 안에서 서로 닿되[4] 직선에 놓이지는 않은 두 선끼리의 경사이다.

9. 각을 둘러싼 선들이 직선일 때, 그 각을 **직선 각**이라고 부른다.[5]

10. 직선 위에 선 직선이 이웃하는 각들을 서로 같게 할 때, 같은 각들 각각은 **직각**이고, 일어선 직선은 그것이 일어선 직선 위로 **수직**이라고 부른다.

∴

3 여기서 각은 일반적인 개념이다. 뿔각도 포함한다. 뿔각은 제3권 명제 16에서 등장하는데 거기서 '접하는 직선과 원이 이루는 각'이 언급된다. 그러나 유클리드는 '편평한 각' 또는 '직선 각'이라고 하지 않고 문맥에서 명확하면 그냥 '각'이라고 한다.

4 선들이 만나는 형태로 네 개의 동사가 나온다. 서로를 자르며 교차하는 것(τέμνω), 직선이 점점 모여드는 것(συμβάλλω), 점 하나를 대듯이 모이는 것(ἅπτω), 평행 직선 둘 또는 평행 평면 둘이 길게 연장되어 하나로 모이는 것(συμπίτνω). 위 네 개의 동사는 차례대로 '교차하다 (또는 자르다,) 만나다, 닿다. 한데 모이다'로 번역하였다.

5 『원론』의 '정의'에서 쓰이는 동사는 세 개이다. 첫째는 εἰμί이고, 둘째는 καλεῖται이다. 각각 '이다'와 '부른다'로 번역한다. 제1권에서는 거의 '이다' 유형이지만 정의 9 (직선 각), 정의 10 (수직선), 정의 15 (둘레), 정의 16 (중심), 정의 22 (사다리꼴)에서 '부른다' 유형이 등장한다. 제5권 정의 6(비례), 제10권의 정의 3, 4 (무리 직선)과 그 세부 항목들인 메디알, 비노미알, 비메디알 같은 특수 용어들에서도 '부른다' 유형이 나온다. 그리고 제13권 명제 17에서 정십이면체를 작도하는 증명에서 '정십이면체라고 불리는 도형'이라는 표현이 나온다. 그 외에는 이 낱말이 나오지 않는다. 셋째는 제2권부터 자주 등장하는 λέγεται로 '말한다'로 번역하였다.

11. **둔각**이란 직각보다 큰 각이다.

12. **예각**은 직각보다 작은 각이다.

13. **경계**란 어떤 것의 끝이다.

14. **도형**이란 어떤 것 또는 어떤 것들의 경계로 둘러싸인 것이다.

15. **원**이란 [둘레라고 부르는] 한 선으로 둘러싸인 평면도형으로, 그 도형의 내부에 놓인 점들 중 한 점으로부터 [그 원의 둘레까지] 뻗은[6] 모든 직선들은 서로 같다.[7]

---

6 (1) 뻗다로 번역한 동사 προσπίτνω는 『원론』에서 몇 번만 나온다(제3권 명제 7, 8, 9, 36, 37과 제4권 명제 10). 원의 반지름을 언급할 때, 그리고 빛이 나오듯이 한 점으로부터 직선들이 뻗어 나와 원(의 둘레)까지 이르는 상황을 설명한다. 이런 선분을 지금은 반지름이라고 하지만 유클리드는 '중심으로부터 원까지 뻗은 직선'이라는 용어를 쓴다. 그리고 공준 3에 따라 원을 작도할 때는 '간격'이라는 용어도 쓴다. 아래 공준 3의 각주 참조. (2) 헤이베르는 대괄호 안에 '원의 둘레까지'라고 덧붙였는데 『원론』에서 '뻗다'라는 용어는 대부분 '원까지'와 함께 나온다. 드물지만 '원의 둘레까지'와 함께 나올 때도 있다(제3권의 명제 8).

7 (1) 현대에는 '중심에서 같은 거리에 있는 점들의 집합'으로 생각하는 게 보통이다. 그러나 그럴 경우 점들의 개수는 얼마인가, 짝수인가 홀수인가, 점들의 집합이 선이 되는가와 같은 여러 질문과 논쟁에 노출된다. 반면 『원론』의 정의는 (끝이 이어진) 선 하나를 전제했다. 또한 이 정의에는 '거리'라는 용어가 전면에 드러나지 않았다. (2) 제11권 정의 14의 구의 정의와 비교할 필요가 있다. 거기서 구는 중심으로부터 같은 거리에 있는 입체라는 정의도 아니고, 원을 정의하는 방식과도 다르다. 반원의 회전이라는 운동 개념을 도입한다. (3) 플라톤은 「파르메니데스 137e」에서 원을 현대적 정의와 비슷하게 한다. 묵자의 『묵경』에서 원을 정의할 때도 그렇다. (4) 마테오 리치 · 서광계의 번역서에는 원이라는 용어가 아닌 환(圜)을 썼다.

16. 그 점을 그 원의 **중심**이라고 부른다.

17. 그 원의 **지름**은[8] 그 중심을 통과하여 그어지고 그 원의 둘레로 양쪽에서 제한된 어떤 직선이다. (지름은) 그 원을 이등분한다.

18. **반원**은 지름과 그 지름으로 끊긴[9] 둘레로 둘러싸인 도형이다. **반원의 중심**은 원의 중심이기도 한 그 점이다.

19. **직선도형**이란[10] 직선으로 둘러싸인 도형이다. 삼변형 도형은 세 직선으로, 사변형 도형은 네 직선으로, 다변형 도형은 여러 직선 또는 네 변보다 많은 직선으로 둘러싸인다.

20. 삼변형 도형 중 **정삼각형**은[11] 같은 세 변을 갖는 (삼변형)이고, **이등변**

8 제11권의 정의 17 (구의 지름)과 거의 겹친다. 다만 원에는 '지름이 원을 이등분한다.'라는 문장이 더 있다. 평행사변형에 대해서는 '지름이 평행사변형 구역을 이등분한다'라는 명제(제1권 명제 34)로 등장하여 증명의 대상이지만 원은 정의로 나온 것이다. 즉, 이 정의는 공리형 또는 명제형 정의이다. 유클리드 이후 훗날 추가되었을 가능성도 있다.

9 (1) 원문의 동사형 ἀπολαμβάνω는 전체 중 일부를 잡아내다는 의미가 있다. 이 낱말은 제2권 명제 12와 13, 제3권 정의 9와 10 그리고 명제 36과 37에서만 나온다. 영어나 노어 번역은 '잘린'으로 표기하나, 그 말은 너무 일반적인 표현이고 원둘레가 (유한한 길이인) 지름으로 잘려 나간다고 해도 되는지 의문이다. '끊긴'으로 번역한다. (2) 현대적 관점에서 보면 반원은 제3권 정의 6에서 나오는 '활꼴'의 특수한 형태이다. 그런데도 활꼴은 모호하게 간단히 정의했고 반원은 문장을 꼼꼼히 구성했다.

10 직선, 직선각과 상응하는 말이다. 보통 제1권 명제 45에서처럼 원문에서는 '도형'이라는 말이 생략되어 쓰인다. 마테오리치 · 서광계의 한자 번역에서는 *有多邊直線形求作*이다. 제6권 명제 20에서 처음으로 다각형이라는 낱말이 정의 없이 나온다.

11 원문 그대로 번역하면, (삼)등변 삼각형이다. 즉, 원문에는 등변성만 드러나 있다. 제1권 명제 5에서 등변이면 등각이라는 성질이 명제로 제시된다. 따라서 등변 삼각형은 등각 삼각형

(삼각형)은 같은 두 변을 갖는 (삼변형)이고, **부등변** (삼각형)은 같지 않은 세 변을 갖는 (삼변형)이다.

21. 게다가 삼변형 도형 중 **직각 삼각형**은 직각을 갖는 (삼변형)이고 **둔각 (삼각형)**은 둔각을 갖는 (삼변형)이고 **예각 (삼각형)**은 세 각이 예각을 갖는 (삼변형)이다.

22. 사변형 도형 중 **정사각형**은 등변이며 직각인 (사변형)이고, **직사각형**은 직각이되 등변은 아닌 (사변형)이고, **마름모**는 등변이되 직각은 아닌 (사변형)이고, **마름모꼴**은 마주 보는 변과 각이 서로 같되 등변도 아니고 직각도 아닌 (사변형)이다. 이것들과 별개의 (다른) 사변형은 **사다리꼴**이라고 부르자.[12]

∴

도 되면서 우리가 알고 있는 정삼각형 개념이 '유도'된다. 이어지는 이등변 삼각형의 원문은 ἰσοσκελής로 어원의 사전적 의미는 '같은 길이의 발을 가진'이라는 뜻이다.

12 (1) 정사각형은 형용사 τετράγωνος의 번역이다. 문자 그대로는 '4각(사변형)'이지만 영어 square처럼 고유명사로 쓰인다. 기하 영역에서는 '정사각형'으로, 제7권과 제10권의 수론 영역에서는 '제곱'으로 번역했다. (2) '직사각형'이라는 낱말은 이 정의 이후 어디에서도 보이지 않는다. 원문은 ἑτερομήκης은 '다른 길이로 된'이라는 뜻이다. 따라서, 유클리드의 관점에서 정사각형은 직사각형에 포함되지 않는다. (3) 제2권 정의 1에 나오는 '직각으로 둘러싸인 평행사변형'이라는 표현이 『원론』 전체에 일관되게 사용된다. 이 용어가 지금 우리가 쓰는 직사각형의 의미이고 정사각형을 포함한다. 제6권 명제 17의 증명에서 '직각으로 둘러싸인 평행사변형' 중 옆 두 변이 같으면 정사각형이라고 한다. 반면 제1권 명제 46과 제10권 명제 53과 54 사이의 소정리에서는 정사각형임을 증명할 때, 평행사변형인데 등변이고 직각이라는 것을 보인다. (4) 마름모의 원문은 ῥόμβος이다. 가운데가 뭉툭하고 끝이 뾰족한 형태의 도구(악기, 기구, 장난감)로 추정된다. 그다음에 나오는 마름모꼴 ῥομβοειδής도 마찬가지다. 이 두 용어는 『원론』 어디에서도 다시 나오지 않는다. 대신 제1권 명제 34에서 정의 없이 '평행사변형παραλληλόγραμμος'(정확하게 직역하면 '평행한 직선들로 이루어진 구역')이라는 낱말이 나오고 그 뒤로 일관되게 그 용어를 사용한다. 제1권 명제 34의 주석 참조. (5) 사

23. **평행 직선들**이란 동일 평면 안에 있으면서 양쪽 각각으로 무한히 연장했을 때 어느 (쪽)에서도 한데 모이지 않는 직선들이다.

공준

(다음이) 요구된다고 하자.

1. 어떤 점으로부터 어떤 점으로 직선을 긋기가 (요구된다고 하자.)
2. 또, 종료된[13] 직선을 계속해서 직선으로 연장하기가 (요구된다고 하자.)
3. 또, 어느 중심과 어느 간격[14]으로든 원을 그리기가 (요구된다고 하자.)[15]
4. 또, 모든 직각이 서로 같다는 것이 (요구된다고 하자.)[16]

∴

다리꼴로 번역한 원문 τραπέζιον은 식탁(옛날에는 발이 셋 또는 넷)을 뜻한다. 제1권 명제 35의 증명에서 한 번 나온다.

13 (1) 원문 πεπερασμένην은 영어와 노어로는 '유한한' 또는 '제한된'으로 번역하지만 여기서는 '종료된'으로 직역했다. 유클리드에게 직선은 본래 유한한 것이므로 '유한한 직선'이라는 말은 불필요하다고 보았기 때문이다. (2) 이 낱말을 쓴 경우는 이 공준과 제1권 명제 1(정삼각형 작도), 명제 10(직선을 이등분하는 작도), 명제 22(세 직선으로 삼각형 작도)의 증명에서, 그리고 제6권 명제 30(직선을 특정 비율로 절단하는 작도)뿐이다.

14 원문 διάστημα는 벌어진 틈새, 간격이라는 뜻이다. 유클리드에게 원에서 중요한 개념인 지름은 제1권 정의 17에서 전문 용어로 명시했다. 반면 반지름이라는 용어는 나오지 않는다. 영어 번역에는 radius라고 하지만 이 낱말은 훗날 반지름 개념이 중요하게 다뤄지면서 정착된 특수 용어다. 이런 상황을 반영하기 위해 '간격'이라는 말로 직역한다.

15 원을 그릴 때는 항상 γράψαι를 쓰지만 예외가 한 번 나온다. 제12권 명제 13에서 '원을 만들다'라는 표현이 등장한다. 다만 그 명제는 원기둥을 평면으로 자르면서 원이 나타나는 것이라 원을 그리는 행위와 다르다.

16 (1) 이 공준은 제3권 명제 3의 증명에서 명시적으로 한 번만 나온다. (2) 힐베르트는 『기하학의 기초』에서 '모든 직각이 같다'라는 유클리드의 공준 4를 정리 15로 '증명'한다. 이때 '연속공리'를 쓰지 않고 증명한다.

5. 또, 한 직선이 두 직선을 가로질러 동일한 쪽의 내각들(의 합)을 두 직각(의 합)보다 작게 만들면[17] 그 두 직선은 (합이) 두 직각(의 합)보다 작은 (내각)들이 있는 쪽에서 무한히 연장되어 한데 모인다는 것이 (요구된다고 하자.)

공통 개념[18]

1. 동일한 것과 같은 것은 서로도 같다.[19]

∴

17 원문은 이 번역 중 괄호 부분이 없다. 유크리드는 '합'이라는 표현을 쓰지 않는다. 예를 들어 현재 우리에게는 'A, B, C의 합과 D와 E의 합이 같다'라는 표현이 익숙하지만 유클리드는 단순히 'A, B, C 들은 D, E와 같다'라고 표현한다. 왜 그랬을까? 유클리드가 쓰는 언어의 특성이어서 그랬을 수 있고 'A, B, C의 합'이라는 표현을 쓰면 문장이 장황해서 그랬을 수도 있다. 유클리드에게 어떤 대상 또는 연산이 존재한다는 것은 그것이 구체적으로 '어떻게' 존재하는지 보이는 태도도 연관이 있는 것 같다. 예를들어 정삼각형이 있다고 전제하지 않고 그것들을 작도함으로써(제1권 명제 1) 그 존재성을 증명한다. 따라서 A, B, C가 어떻게 결합하는지 보이지 않는다면 '합한다'라고 말하는 것은 유클리드의 관점에서는 너무 추상적이라고 볼 수 있다. 다만 드물게 'A, B, C 들을 모두 함께' 또는 'A, B, C 들에서 결합하여'라는 표현을 쓴다. 본 번역은 유클리드 방식을 따랐다가 교정 단계에서 'A, B, C 들(의 합)과 D와 E(의 합)이 같다'라고 고친 것이다.

18 공히 받아들이는 생각, 전제되는 지식 또는 상식이라는 뜻이다. 아리스토텔레스 용어로는 αξιώματα(axiomata)이다. 여기서 제시된 아홉 개의 공통 개념 중 1, 2, 3, 7, 8만 있는 판본도 있고 1부터 8까지 있는 판본도 있고, 1부터 9까지 있는 판본도 있다.

19 (1) 공통 개념에서 나오는 '같음'은 크기 또는 양을 비교하는 추상적인 개념이다. 길이, 넓이, 부피, 각 등에 적용된다. 유클리드는 '길이가 같다' 또는 '넓이가 같다'라는 말을 쓰지 않고 '같다'라고 쓸 뿐이다. (2) 두 대상의 관계를 비교할 때 유클리드는 그것이 논리적 관계임을 의식하고 매번 이행성(transitiveness)을 검토한다. 크기의 같음에 대해서는 여기 공통 개념에서 공리처럼 제시되었고 평행성의 이행성은 제1권 명제 30, 제11권 명제 9에서, 비율의 동일성의 이행성은 제5권 명제 11에서, 도형의 닮음의 이행성은 제6권 명제 21에서 '증명'된다.

2. 또, 같은 것에 같은 것을 보태면 그 전체는 같다.

3. 또, 같은 것에서 같은 것이 빠지면 남은 것은 같다.

[4. 또, 같지 않은 것에 같은 것을 보태면 그 전체는 다르다.

5. 또, 동일한 것의 두 배는 서로 같다.

6. 또, 동일한 것의 절반은 서로 같다.]

7. 또, 서로에 겹치는 것들은 서로 같다.

8. 또, 전체는 부분보다 크다.

[9. 또, 두 직선은 구역을 둘러쌀 수 없다.[20]]

명제 1

종료된 주어진 직선 위에 정삼각형을 구성하기[21]

∴

20 (1) 제1권 명제 4와 제11권 명제 3의 증명에서 이 문장이 나온다. (2) 이 공통 개념은 정의 19, 공준 1과 연결해서 봐야 한다. 특히, 공준 1에서 점과 점을 연결하는 직선을 언급할 때 유클리드는 단수형을 썼다. 따라서 공준 1을 두 점에 대하여 연결하는 직선이 하나만 있다고 해석하면 이 공통 개념은 필요없다. 두 점을 연결하는 직선이 둘 이상 있을 때 (평면) 구역이 생길 수 있을 테니까 말이다. 다만 두 점을 연결하는 직선이 둘 이상 있다는 사실을 수용한다해도 그로부터 구역이 생긴다는 사실이 즉각 도출되지는 않는다.

21 (1) 흔히 쓰는 용어인 '작도' 대신 '구성'으로 번역했다. 유클리드는 삼각형, 각, 활꼴에서만 이 낱말을 사용하고 정사각형, 직사각형, 평행사변형, 외접 내접 다각형에서는 각각 다른 용어를 쓴다. 작도하는 대상에 따라 동사가 다르고 대상이 같아도 상황에 따라 낱말이 바뀐다. 예를 들어 제1권 명제 45에서 주어진 직선으로부터 정사각형을 작도할 때는 '그려 넣다'라는 낱말을 쓰고 제2권 명제 14에서 주어진 다각형과 넓이가 같은 정사각형을 작도할 때는 '구성하다'로 표현한다. '구성하다'로 번역한 원문은 συστήσασθαι로 제1권 명제 1처럼 여러 요소들을 모아 함께 세운다는 뜻이다. (2) 유클리드의 명제는 두 가지 유형이 있다. 제1권 명제 1과 같은 작도는 '문제(problem)' 유형이고 그 외의 대부분의 명제는 '정리(theorem)' 유형이다. 이 구분에 대해서 W. Knorr, *The Aancient Tradition of Geometric Problems*,

종료된 주어진 직선을 AB라 하자. 이제 직선 AB에 정삼각형을 구성해야 한다.[22]

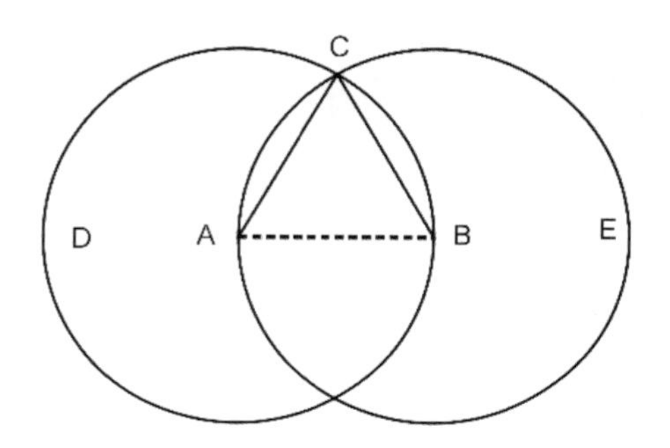

중심은 A로, 간격은 AB로 원 BCD가 그려졌고[공준 3], 다시, 중심은 B로, 간격은 BA로 원 ACE도 그려졌고, 원들이 거기서 교차하는 그 점 C로부터 점 A와 B까지 직선 CA와 CB가 이어졌다고 하자[공준 1].

p. 348 참조. (3) 유클리드는 세 변이 같다는 사실만 증명한다. 원문을 직역하면 '삼등변 (삼각형)을 구성하기'이므로 보여야 할 것은 등변성뿐이다. 등각성은 제1권 명제 5에서 따라 나온다.

22 『원론』의 문단 구조는 명제별로 형식이 같다. 먼저 명제(Propositio)가 일반적인 언어로 표현된다. 이것이 한 문단이다. 이어서 도형을 도입하여 명제를 특수한 경우로 가져가고 그 도형에 제시된 기호를 빌려 명제를 구체적으로 제시(Expositio)한다. 명제의 조건 부분에 해당하는 대목이다. 이어서 지정(Determinatio)하는 문장이 따라온다. '정리형' 명제의 경우 '나는 주장한다'가 나오고 '문제형' 명제의 경우 '해야 한다'가 나온다. 명제의 결론 부분에 해당한다. 여기까지 또 한 문단이다. 본 번역문에는 명제–제시–지정의 문단 다음에 도형을 넣었다. 이어서 필요하다면 추가 작도(Constructio)가 나온다. 제시 단계에서 주어진 것들 말고 도형을 추가하여 논증을 보조하는 단계다. 이어서 제시와 추가 작도에서 제시된 대상들에 의존해서 증명(Demonstratio)을 전개하는 문단이 나온다. 마지막으로 결론(Conclusio)이 나오면서 명제를 반복하고 논증이 완결되었음을 선언한다. '정리형' 명제에 대한 증명의 끝 문장은 대부분 '밝혀야 했던 바로 그것이다'라고 하면서 끝이 난다. 이 문장의 라틴어 번역이 quod erat demonstrandum이고 그 첫 글자만 따면 Q.E.D.이다. 반면, '문제형' 명제는 '해야 했던 바로 그것이다(quod oportebat fieri)'로 끝난다.

점 A는 원 CDB의 중심이므로 AC가 AB와 같다[I-def-15]. 다시, 점 B는 원 CAE의 중심이므로 BC는 BA와 같다. 그런데 CA가 AB와 같다는 것은 밝혀졌다. 그래서 CA와 CB 각각은 AB와 같다. 그런데 동일한 것과 같은 것은 서로도 같다[공통 개념 1]. 그래서 CA도 CB와 같다. 그래서 세 직선 CA, AB, BC는 서로 같다.

그래서 삼각형 ABC는 정삼각형이고 종료된 주어진 직선 AB 위에 구성되었다. 해야 했던 바로 그것이다.

명제 2

주어진 직선과 같은 직선을 주어진 점에 대어 놓기[23]

주어진 점 A, 주어진 직선 BC가 있다고 하자. 이제 주어진 직선 BC와 같은 직선을 점 A에 대어 놓아야 한다.

점 A로부터 점 B까지 직선 AB가 이어졌고[공준 1], 그 직선 위에 정삼각형 DAB를 구성했고[I-1], 직선 DA, DB와 직선으로 AE, BF가 연장되었다고 하자[공준 2]. 또 중심은 B, 간격은 BC로 원 CGH가 그려졌고[공준 3], 다시 중심은 D로, 간격은 DG로 원 GKL이 그려졌다고 하자.

점 B는 원 CGH의 중심이므로 BC는 BG와 같다[I-def-15]. 다시, 점 D는

23 원문은 τίθημι이다. 그런데 증명의 끝' 결론' 부분에서 명제를 반복하면서 그 동사를 그대로 쓰지 않고 다른 동사 κεῖμαι로 바뀌었다. τίθημι와 κεῖμαι는 뜻이 비슷하지만, 결론 부분에서 명제 부분을 반복하면서 단어가 바뀌는 경우는 『원론』 안에서 극히 드물다. κεῖμαι는 『원론』에서 흔하게 나오는 동사이지만 τίθημι는 이 명제가 유일하다. 전치사 πρὸς와 함께 번역해서 대어 놓다로 번역한다. κεῖμαι는 놓다로 번역했다.

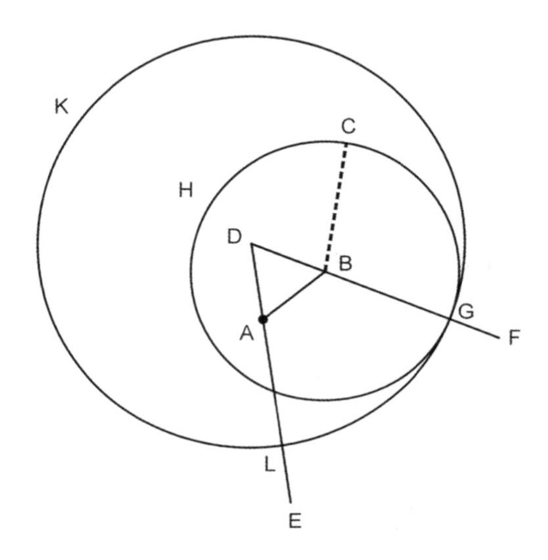

원 KLG의 중심이므로 DL은 DG와 같은데 그중 DA는 DB와 같다. 그래서 남은 AL이 남은 BG와 같다[공통 개념 3]. 그런데 BC가 BG와 같다는 것도 밝혀졌다. 그래서 AL과 BC 각각이 BG와 같다. 그런데 동일한 것과 같은 것은 서로도 같다[공통 개념 1]. 그래서 AL도 BC와 같다.

그래서 주어진 직선 BC와 같은 직선 AL이 주어진 점 A에 놓인 것이다. 해야 했던 바로 그것이다.

명제 3

같지 않은 주어진 두 직선에 대하여 작은 직선과 같은 직선을 큰 것으로부터 빼내기

같지 않은 주어진 두 직선 AB, C가 있는데 그중 AB가 크다고 하자. 이제 작은 C와 같은 직선을 큰 AB로부터 빼내야 한다.

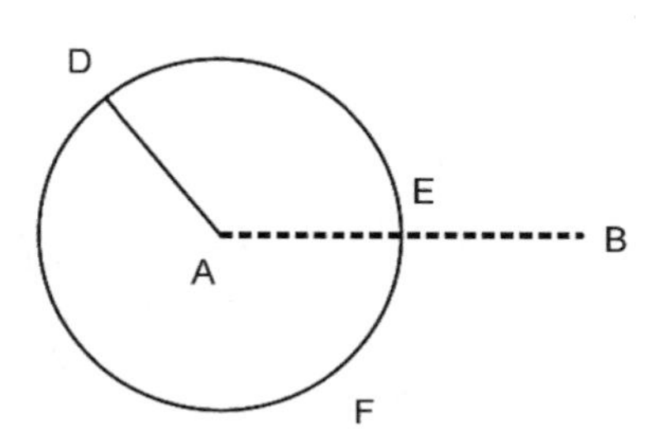

점 A에서 직선 C와 같게 AD가 놓이고[I-2] 중심은 A로, 간격은 AD로 원 DEF가 그려졌다고 하자[공준 3].

점 A는 원 DEF의 중심이므로 AE가 AD와 같다[I-def-15]. 한편 C가 AD와 같다. 그래서 AE와 C 각각은 AD와 같다. 결국 AE가 C와 같게 된다[공통 개념 1].

그래서 같지 않은 주어진 두 직선 AB, C에 대하여 작은 C와 같은 직선 AE가 큰 AB로부터 빠졌다. 밝혀야 했던 바로 그것이다.

명제 4

두 삼각형이 두 변과 각각 같은 두 변을 가진다면, 그리고 같은 직선들로 둘러싸인 각과 같은 각을 가진다면, 밑변도[24] 같은 밑변을 가질 것이고, 삼각형도 삼각형과 같을

24 원문은 '변'을 언급하지 않고 단순히 '밑(βάσις)'이다. 이 용어에 대한 정의는 없다. 제3권 정의 8에서 '활꼴의 밑'이라고 할 때도 이 낱말이고 명제 20, 21에서 원주각 또는 중심각이 '둘

것이고, 같은 변들이 마주하는 남은 각들도 각각 남은 각들과 같을 것이다.

두 변 DE, DF와 각각 같은 두 변 AB, AC를 가지는, (즉) DE와 (같은) AB를, DF와 (같은) AC를 (가지는), 그리고 각 EDF와 같은 각 BAC를 (가지는) 두 삼각형 ABC, DEF가 있다고 하자. 나는 주장한다. 밑변 BC도 밑변 EF와 같고 삼각형 ABC는 삼각형 DEF와 같고, 남은 각들도 각각 남은 각들과 같다. (즉), 각 ABC는 DEF와, ACB는 DFE와 (같다).

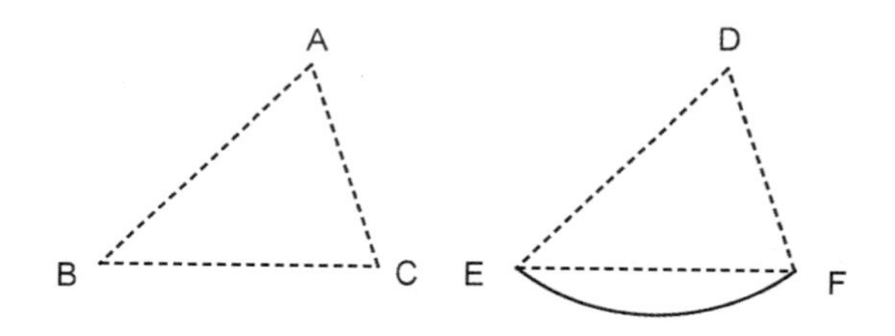

삼각형 ABC가 DEF 위에 겹치면서,[25] 그리고 점 D 위에는 점 A가, 직선 DE 위에는 직선 AB가 자리하면서, 점 E 위에는 점 B가 겹칠 것이다. AB가 DE와 같기 때문이다. 이제 AB가 DE 위에 겹치면서 직선 AC도 DF 위

••

레를 밑으로 가진다'라고 할 때도 그냥 '밑'이라고 쓴다. 제11권에서는 입체에 대해서도 이 용어를 쓴다. 정의 20 등에서 원뿔 또는 원기둥의 밑면이라고 할 때, 그리고 명제 25 등에서 평행육면체의 밑면에 대해서도 원문은 βάσις일 뿐이다. 또 원문에서 직선 AB나 각 ABC를 단순히 AB, ABC 등으로 생략해서 쓰는 경우가 허다하지만 밑을 언급할 때는 거의 생략이 없다.

25 (1) 근거가 허술하고 논리가 약한 부분이다. 컴퍼스를 들었다 놓는 행위로 해석할 수 있는 제1권 명제 2는 증명을 엄격하게 했는데 도형을 겹쳐 대보는 것은 당연하게 받아들였다. 들어서 옮기고 댄다는 점에서 3차원 공간을 전제하고 있는데 3차원 공간의 성격은 제11권에 가서야 등장한다. (2) '겹치다'라는 이 이 용어는 『원론』에서 세 번 나온다. 제1권 명제 4와 8(삼각형을 겹치기), 제3권 명제 24 (활꼴을 겹치기).

에 겹칠 것이다. 각 BAC가 EDF와 같기 때문이다. 결국 점 C도 점 F 위에 겹치게 될 것이다. 다시, AC가 DF와 같기 때문이다. 더군다나 B는 E 위에 겹치기도 한다. 결국 밑변 BC가 밑변 EF 위에 겹치게 될 것이다. B가 E에 겹치고 C가 F에 겹치는데 만약 밑변 BC가 밑변 EF에 겹치지 않는다면 두 직선이 구역을 둘러싸게 되는데 이것은 불가능하니까 말이다[공준 1, 공통 개념 9]. 그래서 밑변 BC는 EF 위에 겹칠 것이고 또한 그것과 같을 것이다[공통 개념 7]. 결국 삼각형 ABC 전체가 삼각형 DEF 전체 위에 겹칠 것이고 또한 그것과 같을 것이고[공통 개념 7], 남은 각들도 남은 각들 위에 겹칠 것이고 또한 그것들과 같을 것이다[공통 개념 3, 4]. 즉, ABC는 DEF와, ACB는 DFE와 (같을 것이다).

그래서 두 삼각형이 두 변과 각각 같은 두 변을 가진다면, 그리고 같은 직선들로 둘러싸인 각과 같은 각을 가진다면, 밑변도 같은 밑변을 가질 것이고, 삼각형도 삼각형과 같을 것이고, 같은 변들이 마주하는 남은 각들도 각각 남은 각들과 같을 것이다. 밝혀야 했던 바로 그것이다.[26]

26 힐베르트는 『기하학의 기초들』에서 합동 공리 다섯 개를 제시한다. 그 공리들은 유클리드의 제1권 명제 4와 연관된 명제들을 세분한 것이라고 볼 수 있다. 그 공리들에서 유클리드의 제1권 명제 4가 즉각 도출된다. 그렇게 SAS 합동을 증명한 후 이것에 기대어 SSS, ASA 합동을 증명한다. 반면 유클리드는 직관적으로는 분명하나 논리적으로는 모호한 기하적 연산인 '겹치기'를 제시하고, 명쾌하지 않은 근거인 [공통 개념 9]와 충돌시켜 귀류법으로 SAS를 증명한다. 유클리드의 경우도 SAS 증명은 거의 공리라고 볼 수 있다. 유클리드도 이 명제에 기대어 제1권 명제 8(SSS 합동)과 제1권 명제 26(ASA 합동)을 증명한다.

명제 5

이등변 삼각형에 대하여 밑변에서의 각들은 서로 같다. 또 같은 직선들이 더 연장되어 (생기는) 밑변 아래의 각들도 서로 같을 것이다.

변 AC와 같은 변 AB를 갖는 이등변 삼각형 ABC가 있다고 하자. 또 직선 AB, AC에서 직선 BD, CE가 더 연장되었다고 하자[공준 2]. 나는 주장한다. 각 ABC는 ACB와 같고 CBD는 BCE와 같다.[27]

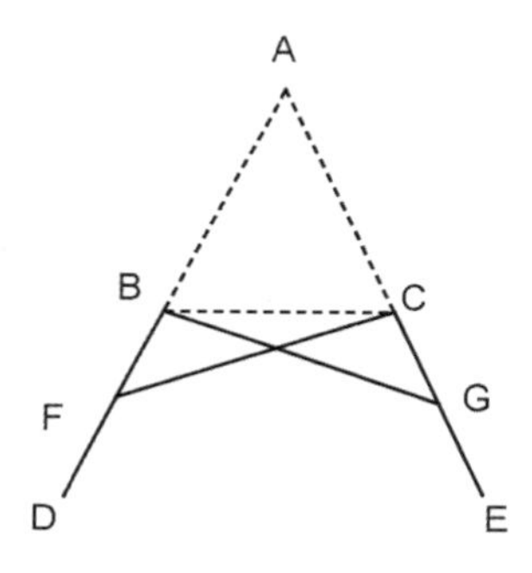

BD 위에서 임의의 점 F를 잡았고, 큰 AE로부터 작은 AF와 같은 AG가 빠졌고[I-3], 직선 FC, GB가 이어졌다고 하자[공준 1].

AF가 AG와 같고 AB가 AC와 같으므로 두 직선 FA, AC는 두 직선 GA, AB와 각각 같고 또한 공통 각 FAG를 둘러싼다. 그래서 밑변 FC는 밑변 GB와 같고 삼각형 AFC는 삼각형 AGB와 같고, 같은 변들이 마주하는 남은 각들도 각각 남은 각들과 같다[I-4]. (즉), 각 ACF가 ABG와 같고 AFC는 AGB와 같다. 또 AF 전체가 AG 전체와 같은데 그중 AB는 AC와 같으

27 이 증명에서 쓰이는 그림은 제1권 명제 9와 제3권 명제 17과 비교해서 볼 만하다.

므로 남은 BF는 남은 CG와 같다[공통 개념 3]. FC가 GB와 같다는 것은 밝혀졌다. 두 직선 BF, FC도 두 직선 CG, GB와 각각 같고 각 BFC는 CGB와 같고, 그것들의 밑변은 공히 BC이다. 그래서 삼각형 BFC는 삼각형 CGB와 같고, 같은 변들이 마주하는 남은 각들은 각각 남은 각들과 같을 것이다[I-4]. 그래서 FBC는 GCB와, BCF는 CBG와 같다. 전체 각 ABG가 전체 각 ACF와 같다는 것은 이미 밝혔는데 그중 CBG가 BCF와 같으므로 남은 ABC는 남은 ACB와 같다[공통 개념 3]. 삼각형 ABC의 밑변에서의 각들이기도 하다. 그런데 FBC가 GCB와 같다는 것도 밝혀졌다. 그 밑변 아래에 있는 각들이기도 하다.

그래서 이등변 삼각형에 대하여 밑변에서의 각들은 서로 같다. 또 같은 직선들이 더 연장되어 (생기는) 밑변 아래의 각들도 서로 같을 것이다. 밝혀야 했던 바로 그것이다.

명제 6

삼각형의 두 각이 서로 같다면, 같은 각을 마주하는 변도 서로 같을 것이다.

각 ACB와 같은 각 ABC를 갖는 삼각형 ABC가 있다고 하자. 나는 주장한다. 변 AB도 변 AC와 같다.

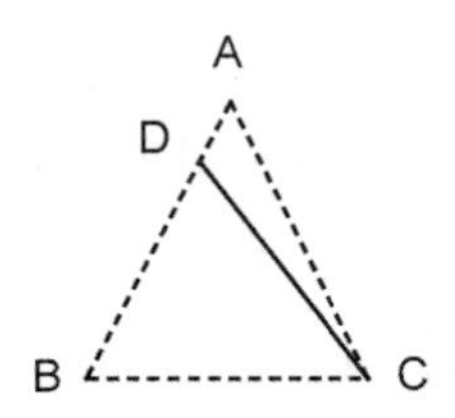

만약 AB가 AC와 같지 않다면, 그것들 중 하나가 더 크다. AB가 크다고 하자. 작은 AC와 같은 DB가 큰 AB로부터 빠졌고[I-3] DC가 이어졌다고 하자[공준 1].

DB는 AC와 같은데 BC는 공통이므로 두 직선 DB, BC는 두 직선 AC, CB와 각각 같고, 각 DBC는 각 ACB와 같다. 그래서 밑변 DC는 밑변 AB와 같고 삼각형 DBC는 삼각형 ACB와 같을 것이다[I-4]. 작은 것이 큰 것과 같다는 말이다. 이것은 있을 수 없다[공통 개념 8]. 그래서 AB는 AC와 같지 않을 수 없다. 그래서 같다.

그래서 삼각형의 두 각이 서로 같다면, 같은 각들을 마주하는 변들도 서로 같을 것이다. 밝혀야 했던 바로 그것이다.

명제 7

동일 직선 위에, (주어진) 두 직선과 각각 같고 원래의 그 직선들과 동일한 끝(점)들을 가지면서, 동일한 쪽에서 다른 점과 다른 점에 (대는), (원래 직선들이 아닌) 다른 두 직선은 구성될 수 없다.

혹시 가능하다면, 직선 AB 위에, (주어진) 두 직선 AC, CB와 각각 같고 동일한 끝(점)들을 가지면서, 동일한 쪽에서 다른 점 C와 다른 점 D에 (대서),

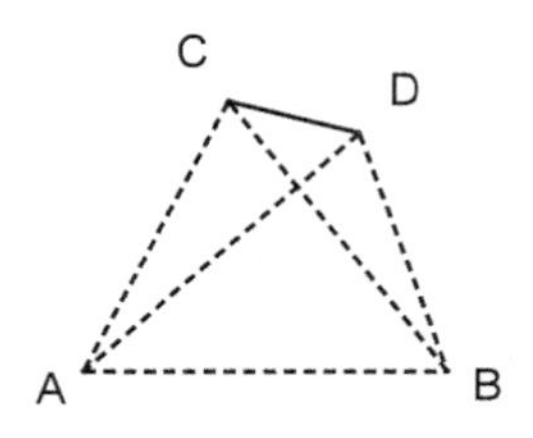

결국 동일한 끝 A를 가지면서 CA가 DA와 같고 동일한 끝 B를 가지면서 CB가 DB와 같아지도록, (원래 직선 AC, CB가 아닌) 두 직선 AD, DB가 구성되었다고 하자. 그리고 CD가 이어졌다고 하자[공준 1].
AC가 AD와 같으므로 각 ACD는 ADC와 같다[I-5]. 그래서 ADC가 DCB보다 크다[공통 개념 8]. 그래서 CDB는 DCB보다 더욱 크다[공통 개념 8]. 다시 CB가 DB와 같으므로 각 CDB는 각 DCB와 같다[I-5]. 그런데 그 각보다 더욱 크다는 것이 밝혀졌다. 이것은 불가능하다.
그래서 동일 직선 위에, (주어진) 두 직선과 각각 같고 원래의 그 직선들과 동일한 끝(점)들을 가지되, 동일한 쪽에서 다른 점과 다른 점에 (대는) (원래 직선들이 아닌) 다른 두 직선은 구성될 수 없다. 밝혀야 했던 바로 그것이다.

명제 8

두 삼각형이 두 변과 각각 같은 두 변을 가지면, 그리고 밑변과 같은 밑변을 가지면, 같은 직선들로 둘러싸이는 각도 같은 각을 가질 것이다.
두 변 DE, DF와 각각 같은 두 변 AB, AC를 갖는 두 삼각형 ABC, DEF가 있는데, (즉) AB는 DE와, AC는 DF와 (같고), 밑변 EF와 같은 밑변 BC를 갖는다고 하자. 나는 주장한다. 각 BAC도 각 EDF와 같다.
삼각형 ABC가 DEF 위에 겹치면서, 그리고 점 E 위에는 점 B가, 직선 EF 위에는 직선 BC가 자리하면서, 점 F 위에는 점 C가 겹칠 것이다. BC가 EF와 같기 때문이다. 이제 BC가 EF 위에 겹치면서 BA, CA도 ED, DF 위에 겹칠 것이다. 만약 밑변 BC가 밑변 EF에 겹치는데 BA, CA가 ED, DF 위에 겹치지 않고 EG, GF처럼 비어져 나온다면, 동일 직선 위에 동일한 두

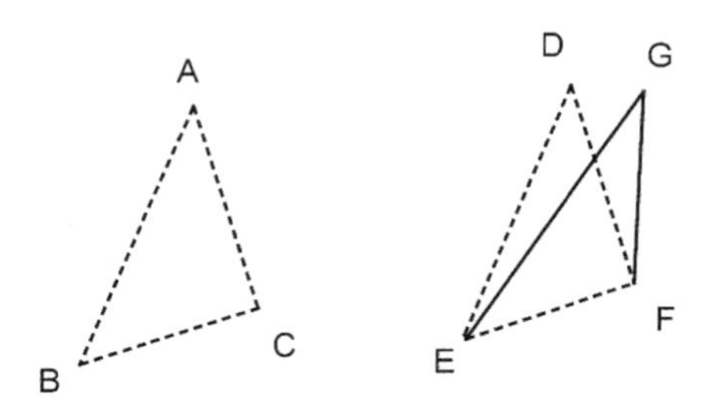

직선과 각각 같고 원래 직선들과 동일한 끝(점)들을 가지면서, 동일한 쪽에서 다른 점과 다른 점에(대는), (원래 직선들이 아닌) 다른 두 직선이 구성될 것이다. 그런데 (그런 직선들은) 구성될 수 없다[I-7]. 그래서 밑변 BC가 밑변 EF와 겹치는데 BA, AC가 ED, DF 위에 겹치지 않을 수는 없다. 그래서 겹칠 것이다. 결국 각 BAC는 각 EDF 위에 겹치게 될 것이고 또한 그것과 같게 될 것이다[공통 개념 7].

그래서 두 삼각형이 두 변과 각각 같은 두 변을 가지면, 그리고 밑변과 같은 밑변을 가지면, 같은 직선들로 둘러싸이는 각도 같은 각을 가질 것이다. 밝혀야 했던 바로 그것이다.

명제 9

주어진 직선 각을 이등분하기.

주어진 직선 각 BAC가 있다고 하자. 이제 그 각을 이등분해야 한다.

AB 위에 임의의 점 D를 잡았고, AD와 같은 AE가 AC에서 빠졌고[I-3], DE가 이어졌고, DE 위에 정삼각형 DEF을 구성했고[I-1], AF가 이어졌다고 하자. 나는 주장한다. 직선 AF는 각 BAC를 이등분하였다.

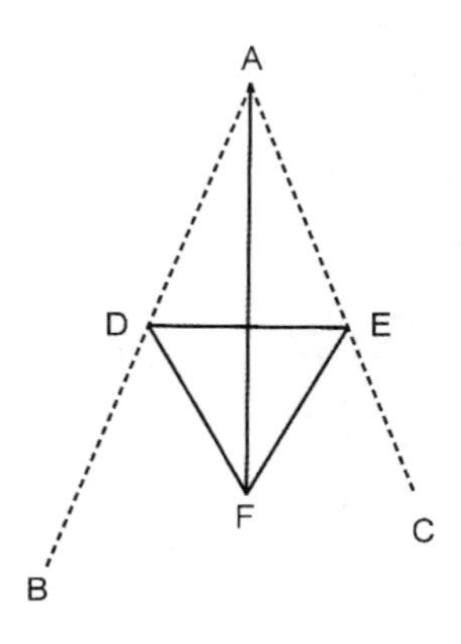

AD는 AE와 같고 AF는 공통이므로 두 직선 DA, AF는 두 직선 EA, AF와 각각 같다. 또한 밑변 DF는 밑변 EF와 같다. 그래서 각 DAF는 각 EAF와 같다[I-8].

그래서 직선 AF는 주어진 직선 각 BAC를 이등분하였다. 해야 했던 바로 그것이다.

명제 10

종료된 주어진 직선을 반으로 자르기.

종료된 주어진 직선 AB가 있다고 하자. 이제 종료된 직선 AB를 이등분해야 한다.

그 직선 위에 정삼각형 ABC를 구성했고[I-1] 각 ACB를 직선 CD가 이등분했다고 하자[I-9]. 나는 주장한다. 직선 AB가 점 D에서 이등분되었다.

AC가 CB와 같고 CD는 공통이므로 두 직선 AC, CD는 두 직선 BC, CD와 각각 같다. 또 각 ACD는 각 BCD와 같다. 그래서 밑변 AD는 밑변 BD와

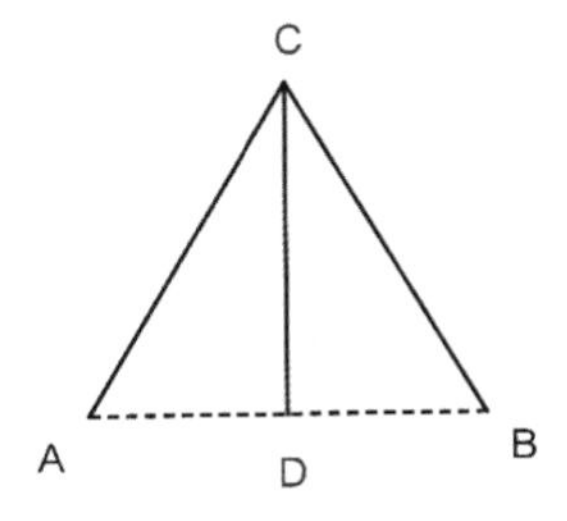

같다[I-4].

그래서 종료된 주어진 직선 AB가 점 D에서 이등분되었다. 해야 했던 바로 그것이다.

명제 11

주어진 직선상의 주어진 점으로부터 그 직선과 직각으로 직선을 긋기.

주어진 직선 AB가 있는데 그 직선 위에 주어진 점 C가 있다고 하자. 이제 점 C로부터 직선 AB와 직각으로 직선을 그어야 한다.

AC 위에 임의의 점 D를 잡았고, CD와 같게 CE가 놓이고[I-3], DE 위에 정삼각형 FDE를 구성했고[I-1], FC가 이어졌다고 하자. 나는 주장한다. 주어

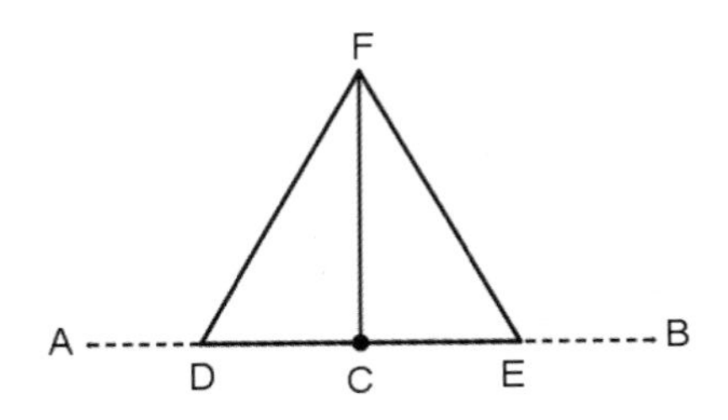

진 직선 AB상의 주어진 점 C로부터 그 직선과 직각으로 직선 FC를 그었다.

DC는 CE와 같고 CF는 공통이므로 두 직선 DC, CF는 두 직선 EC, CF와 각각 같다. 또 밑변 DF는 밑변 FE와 같다. 그래서 각 DCF가 각 ECF와 같다[I-8]. 이웃하기도 한다. 직선 위에 선 직선이 이웃하는 각들을 서로 같게 할 때, 같은 각들 각각은 직각이다[I-def-10]. 그래서 DCF, FCE 각각은 직각이다.

그래서 주어진 직선 AB상의 주어진 점 C로부터 그 직선과 직각으로 직선 CF가 그어졌다. 해야 했던 바로 그것이다.

명제 12

주어진 무한 직선 위에 없는 주어진 점으로부터 그 직선과 수직인 직선을 긋기.

주어진 무한 직선 AB가 있고 그 직선 위에 없는 주어진 점 C가 있다고 하자. 이제 주어진 무한 직선 AB로, 그 직선 위에 없는 주어진 점 C로부터 수직인 직선을 그어야 한다.

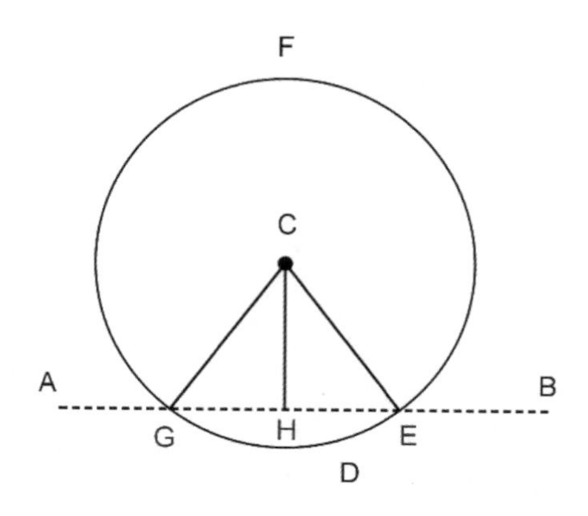

직선 AB의 다른 쪽에 임의의 점 D를 잡았고, 중심은 C로, 간격은 CD로 원 EFG가 그려졌고[공준 3], 직선 EG가 H에서 이등분되었고[I-10], 직선 CG, CH, CE가 이어졌다고 하자. 나는 주장한다. 주어진 무한 직선 AB로, 그 직선 위에 없는 주어진 점 C로부터 수직인 CH가 그어졌다.

GH가 HE와 같고 HC는 공통이므로 두 직선 GH, HC는 두 직선 EH, HC와 각각 같다. 또한 밑변 CG가 밑변 CE와 같다. 그래서 각 CHG는 각 EHC와 같다[I-8]. 이웃하기도 한다. 직선 위에 선 직선이 이웃하는 각들을 서로 같게 할 때, 같은 각들 각각은 직각이고, 일어선 직선은 그것이 일어선 직선 위로 수직이라고 불린다[I-def-10].

그래서 주어진 무한 직선 AB로, 그 직선 위에 없는 주어진 점 C로부터 수직인 CH가 그어졌다. 해야 했던 바로 그것이다.

명제 13

직선 위로 세운 직선이 각을 만들면, 두 직각(의 합)이거나 두 직각(의 합)과 같게 만들 것이다.

어떤 직선 AB가 어떤 직선 CD 위로 서서 각 CBA, ABD가 만들어졌다고[28] 하자. 나는 주장한다. 각 CBA, ABD 들(의 합)은 두 직각(의 합)이거나 두 직각(의 합)과 같다.

28 두 직선으로 어떤 특정한 각을 이루게 할 때 유클리드는 '구성하다'라는 동사를 쓴다. 그러나 여기서는 '만들다'라는 동사를 썼다. 아마도 특정한 각을 구성한 게 아니라 직선 위에 직선이 서면서 우연히 각을 이루게 된 것이므로 그런 표현을 쓴 것으로 추정된다.

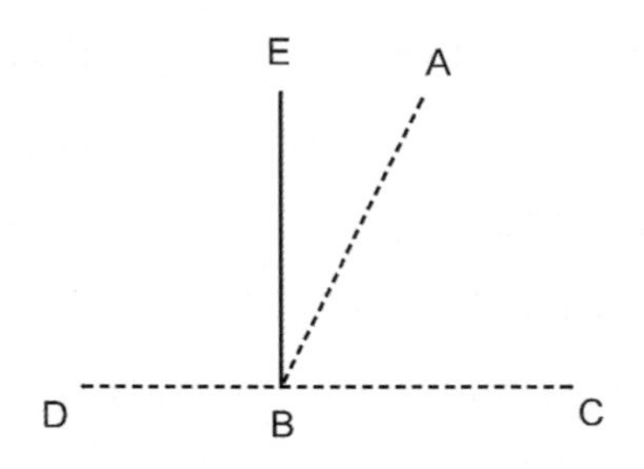

만약 CBA가 ABD와 같다면 두 각은 직각들이다[I-def-10]. 같지 않다면 점 B로부터 CD와 직각으로 BE를 그었다고 하자[I-11]. 그래서 CBE, EBD 들(의 합)이 두 직각(의 합)이다. CBE가 두 각 CBA, ABE 들(의 합)과 같으므로 EBD를 공히 보태자. 그래서 CBE, EBD 들(의 합)은 세 각 CBA, ABE, EBD 들(의 합)과 같다[공통 개념 2]. 다시 DBA가 두 각 DBE, EBD 들(의 합)과 같으므로 ABC를 공히 보태자. 그래서 DBA, ABC 들(의 합)은 세 각 DBE, EBA, ABC 들(의 합)과 같다[공통 개념 2]. CBE, EBD 들(의 합)이 그 세 각(의 합)과 같다는 것은 밝혀졌다. 동일한 것과 같은 것은 서로도 같다[공통 개념 1]. 그래서 CBE, EBD 들(의 합)은 DBA, ABC 들(의 합)과 같다. 한편 CBE, EBD 들(의 합)은 두 직각(의 합)이다. 그래서 DBA, ABC 들(의 합)도 두 직각(의 합)과 같다.

그래서 직선 위로 세운 직선이 각을 만들면, 두 직각(의 합)이거나 두 직각(의 합)과 같게 만들 것이다. 밝혀야 했던 바로 그것이다.

명제 14

어떤 직선에 대고 그 직선 위의 점에서 동일한 쪽에 놓이지 않은 두 직선이 이웃 각들

(의 합)을 두 직각(의 합)과 같게 만들면, (두) 직선은 서로 직선으로 있을 것이다.

어떤 직선 AB에 대고 그 직선 위의 점 B에서, 동일한 쪽에 놓이지 않은 두 직선 BC, BD가 이웃하는 각 ABC, ABD 들(의 합)을 두 직각(의 합)과 같게 만들었다고 하자. 나는 주장한다. CB와 BD가 직선으로 있다.

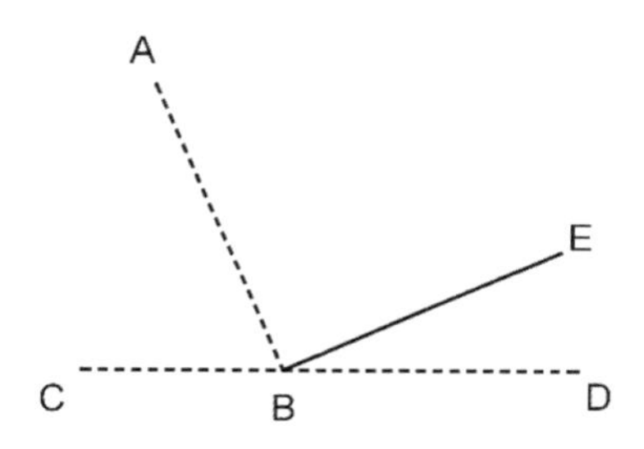

만약 BD가 BC와 직선으로 있지 않다면, CB와 직선으로 BE가 있다고 하자. 직선 AB가 직선 CBE 위로 섰으니 각 ABC, ABE 들(의 합)은 두 직각(의 합)과 같다[I-13]. 그런데 각 ABC, ABD 들(의 합)도 두 직각(의 합)과 같다. 그래서 CBA, ABE 들(의 합)이 CBA, ABD 들(의 합)과 같다[공준 4, 공통 개념 1]. ABC를 공히 빼내자. 그래서 남은 각 ABE는 남은 각 ABD와 같다[공통 개념 3]. (즉), 작은 것이 큰 것과 같다는 말이다. 이것은 불가능하다[공통 개념 8]. 그래서 CB와 직선으로 BE가 있을 수 없다. BD를 제외하고 다른 어떤 직선도 (CB와 직선으로 있을 수) 없다는 것도 이제 우리는 비슷하게 밝힐 수 있다. 그래서 CB가 BD와 직선으로 있다.

그래서 어떤 직선에 대고 그 직선 위의 점에서 동일한 쪽에 놓이지 않은 두 직선이 이웃 각들(의 합)을 두 직각(의 합)과 같게 만들면, (두) 직선은 서로 직선으로 있을 것이다. 밝혀야 했던 바로 그것이다.

명제 15

두 직선이 교차하면, 맞꼭지각들을 서로 같게 만든다.

두 직선 AB, CD가 점 E에서 교차한다고 하자. 나는 주장한다. 각 AEC는 각 DEB와 같고 CEB는 AED와 같다.

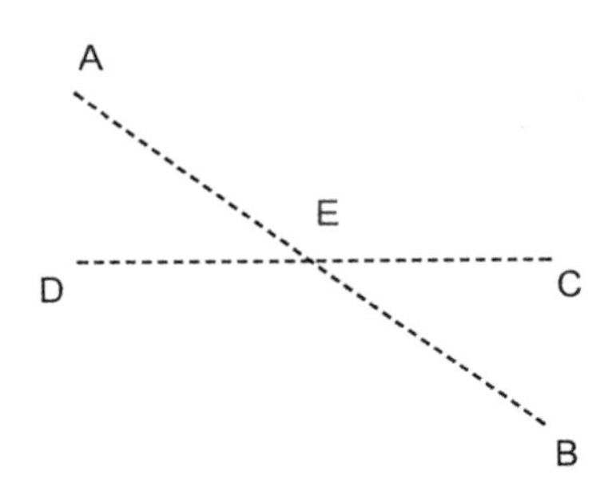

직선 AE가 직선 CD 위로 각 CEA, AED 들을 만들며 섰으므로 각 CEA, AED 들(의 합)은 두 직각(의 합)과 같다[I-13]. 다시, 직선 DE가 직선 AB 위로 각 AED, DEB 들을 만들며 섰으므로 각 AED, DEB 들(의 합)은 두 직각(의 합)과 같다. 그런데 CEA, AED 들(의 합)이 두 직각과 같다는 것은 밝혀졌다. 그래서 CEA, AED 들(의 합)은 AED, DEB 들(의 합)과 같다[공통 개념 1]. AED를 공히 빼내자. 그러면 남은 각 CEA는 남은 BED와 같다[공통 개념 3]. 각 CEB, DEA가 같다는 것도 이제 비슷하게 밝혀질 것이다.

그래서 두 직선이 교차하면, 맞꼭지각들을 서로 같게 만든다. 밝혀야 했던 바로 그것이다.

따름. 이제 이로부터 분명하다. 두 직선이 교차하면, 교차 (점)에서의 각들을 네 직각(의 합)과 같게 만든다.

명제 16

모든 삼각형에 대하여 변들 중 하나가 더 연장되면서, 외각은 반대쪽 내각들 각각보다 크다.[29]

삼각형 ABC가 있고 그것의 한 변 BC가 D로 더 연장되었다고 하자. 나는 주장한다. 외각 ACD는 반대쪽 내각 CBA, BAC 각각보다 크다.

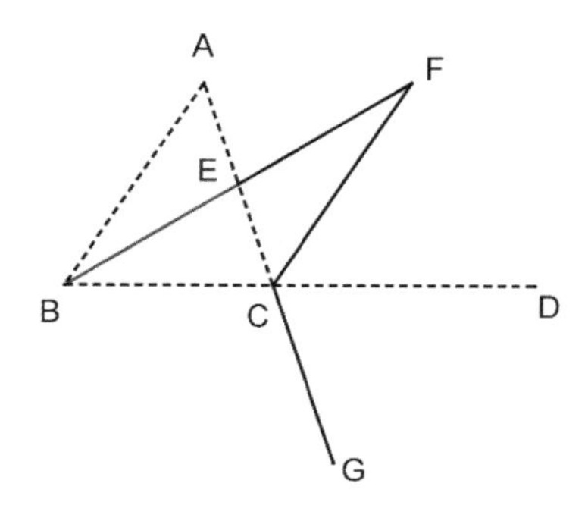

AC를 점 E에서 이등분하고[I-10], BE를 이으면서 F로 직선으로 연장하고,

29 (1) 삼각형의 약한 외각 정리다. 이 정리는 공준 5인 '평행선 공준'을 사용하지 않았다. 따라서 평행선을 기준으로 분류한 비유클리드 기하학에서도 이 정리는 참이다. 평행선 공준을 사용하는 강한 외각 정리는 제1권 명제 32에서야 등장한다. 그런데 유클리드는 강한 외각 정리를 쓰면 증명이 간단한 경우라도, 그럴 수만 있다면 약한 외각 정리를 써서 증명한다(예: 제3권 명제 16의 증명). (2) 점 F가 각 ACD쪽에 반드시 놓일까? 유클리드는 그 사실은 당연하게 받아들였다.

BE와 같게 EF가 놓이고[I-3], FC를 잇고, AC를 G로 더 긋자.

AE가 EC와 같고 BE가 EF와 같으므로 두 직선 AE, EB는 두 직선 CE, EF와 각각 같다. 또 각 AEB는 FEC와 같다. 맞꼭지각이니까 말이다[I-15]. 그래서 밑변 AB는 밑변 FC와 같고, 삼각형 ABE는 삼각형 FEC와 같고, 같은 변들이 마주하는, 남은 각들도 각각 남은 각들과 같다[I-4]. 그래서 BAE는 ECF와 같다. 그런데 ECD가 ECF보다 크다. 그래서 ACD가 BAE보다 크다.

BC가 이등분되면서 BCG, 다시 말해 ACD가 ABC보다 크다는 것도 비슷하게 밝혀질 것이다.

그래서 모든 삼각형에 대하여 변들 중 하나가 더 연장되면서 외각은 반대쪽 내각들 각각보다 크다. 밝혀야 했던 바로 그것이다.

명제 17

모든 삼각형에 대하여 두 각(의 합)은, 어떻게 함께 잡든, 두 직각(의 합)보다 작다.

삼각형 ABC가 있다고 하자. 나는 주장한다. 삼각형 ABC의 두 각(의 합)은, 어떻든 함께 잡든, 두 직각(의 합)보다 작다.

BC를 D로 연장하자.

삼각형 ABC의 각 ACD가 외각이므로 반대쪽 내각 ABC보다 크다[I-16].

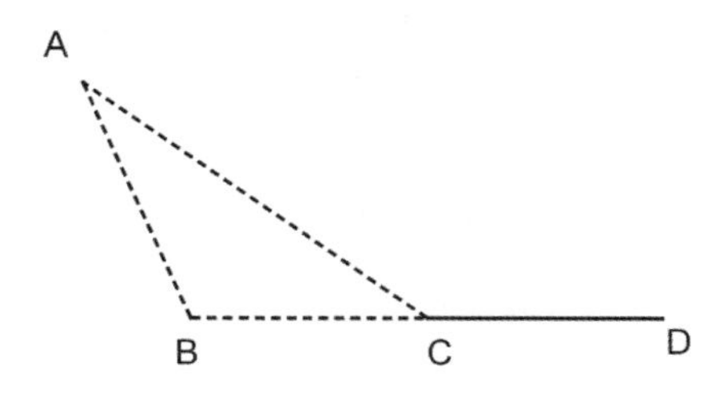

ACB를 공히 보태자. 그래서 ACD, ACB 들(의 합)은 ABC, BCA 들(의 합)보다 크다. 한편 ACD, ACB 들(의 합)은 두 직각(의 합)과 같다[I−13]. 그래서 ABC, BCA 들(의 합)은 두 직각(의 합)보다 작다. BAC, ACB 들(의 합)이 두 직각(의 합)보다 작다는 것과 CAB, ABC 들(의 합)이 (두 직각의 합보다 작다는 것)도 이제 우리는 비슷하게 밝힐 수 있다.

그래서 모든 삼각형에 대하여 두 각(의 합)은, 어떻게 함께 잡든, 두 직각(의 합)보다 작다. 밝혀야 했던 바로 그것이다.

명제 18

모든 삼각형에 대하여 더 큰 변은 더 큰 각을 마주한다.

AB보다 큰 변 AC를 갖는 삼각형 ABC가 있다고 하자. 나는 주장한다. 각 ABC가 BCA보다 크다.

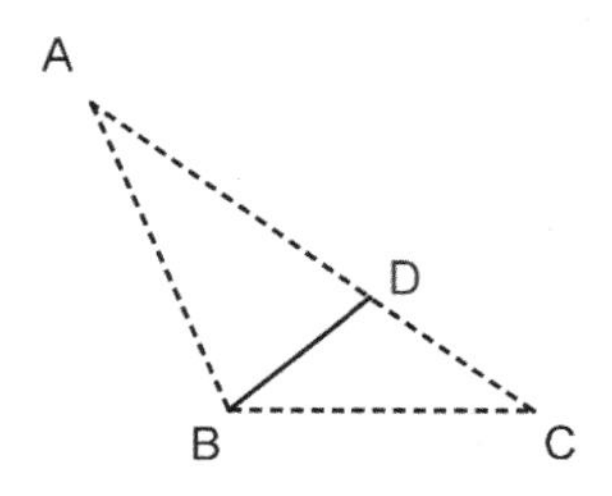

AC가 AB보다 크므로 AB와 같게 AD가 놓이고[I−3] BD가 이어졌다고 하자. 각 ADB는 삼각형 BCD에 대하여 외각이므로 반대쪽 내각 DCB보다 크다[I−16]. 그런데 ADB가 ABD와 같다. 변 AB가 AD와 같으니까 말이다

[I-5]. 그래서 ABD도 ACB보다 크다. 그래서 ABC는 ACB보다 더욱 크다. 그래서 모든 삼각형에 대하여 더 큰 변은 더 큰 각을 마주한다. 밝혀야 했던 바로 그것이다.

명제 19

모든 삼각형에 대하여 더 큰 각에 더 큰 변이 마주한다.

각 BCA보다 큰 각 ABC를 갖는 삼각형 ABC가 있다고 하자. 나는 주장한다. 변 AC가 변 AB보다 크다.

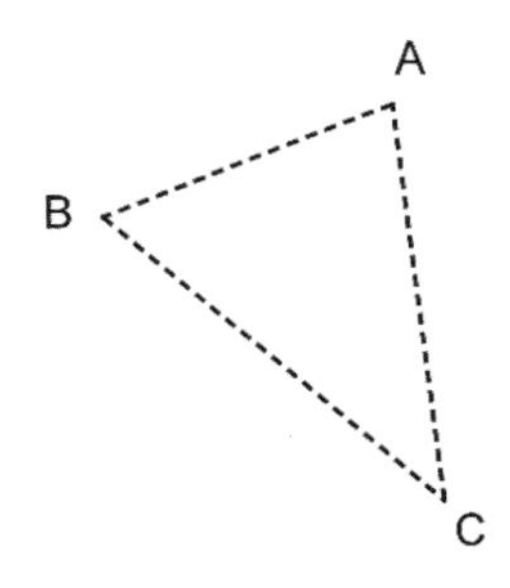

혹시 아니라면, AC가 AB와 같거나 작다. AC가 AB와 같지는 않다. 같다면 각 ACB가 ABC와 같아야 하는데[I-5] 그렇지 않으니까 말이다. 그래서 AC가 AB와 같지 않다. 더군다나 AC는 AB보다 작지도 않다. 작다면 각 ABC도 ACB보다 작아야 하는데[I-18] 그렇지 않으니까 말이다. 그래서 AC는 AB보다 작지 않다. 그런데 같지 않다는 것은 밝혀졌다. 그래서 AC가 AB보다 크다.

그래서 모든 삼각형에 대하여 더 큰 각에 더 큰 변이 마주한다. 밝혀야 했던 바로 그것이다.

명제 20

모든 삼각형에 대하여 두 변(의 합)은, 어떻게 함께 잡든, 남은 변보다 크다.

삼각형 ABC가 있다고 하자. 나는 주장한다. 삼각형 ABC의 두 변(의 합)은, 어떻든 함께 잡든, 남은 변보다 크다. (즉), BA, AC 들(의 합)은 BC보다 크고 AB, BC 들(의 합)은 AC보다 크고 BC, CA 들(의 합)은 AB보다 크다.

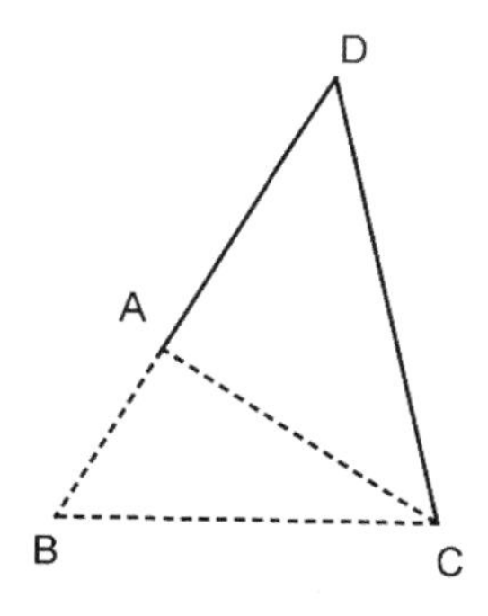

BA가 D로 더 그어졌고, CA와 같게 AD가 놓이고[I-3], DC가 이어졌다고 하자.

DA가 AC와 같으므로 각 ADC가 ACD와 같다[I-5]. 그래서 각 BCD는 ADC보다 크다. 또 삼각형 DCB는 각 BDC보다 큰 각 BCD를 갖는데 더 큰 각을 더 큰 변이 마주보므로[I-19] DB가 BC보다 크다. 그런데 DA가 AC와 같다. 그래서 BA, AC 들(의 합)은 BC보다 크다. AB, BC 들(의 합)이 AC보다 크고 BC, CA 들(의 합)이 AB보다 크다는 것도 이제 우리는 비슷하게 밝힐 수 있다.

그래서 모든 삼각형에 대하여 두 변(의 합)은, 어떻게 함께 잡든, 남은 변보다 크다. 밝혀야 했던 바로 그것이다.

명제 21

삼각형의 변들 중 하나 위에 (있는) 그 끝(점)들로부터 두 직선이 (삼각형의) 내부에 구성된다면, 구성된 두 변(의 합)은 그 삼각형의 남은 두 변(의 합)보다는 작을 것이고 반면 더 큰 각들을 둘러쌀 것이다.

삼각형 ABC의 변들 중 하나인 BC 위에 (있는) 그 끝(점) B, C로부터 직선 BD, DC가 (삼각형의) 내부에 구성되었다고 하자. 나는 주장한다. BD, DC 들(의 합)은 삼각형의 남은 변 BA, AC 들(의 합)보다 작고 반면 각 BAC보다 큰 각 BDC를 둘러싼다.

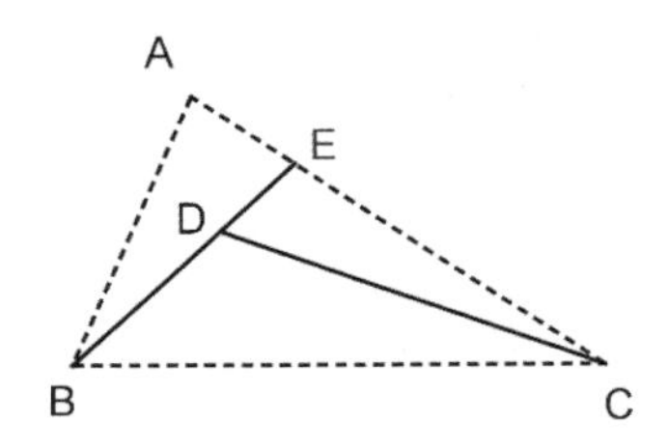

BD를 E까지 더 긋자.

모든 삼각형에 대하여 두 변(의 합)은 남은 변보다 크므로[I-20] 삼각형 ABE의 두 변 AB, AE 들(의 합)은 BE보다 크다. EC를 공히 보태자. 그래서 BA, AC 들(의 합)은 BE, EC들(의 합)보다 크다. 다시, 삼각형 CED의 두 변

CE, ED 들(의 합)은 CD보다 크므로, DB를 공히 보태서, CE, EB들(의 합)은 CD, DB 들(의 합)보다 크다. 한편 BE, EC 들(의 합)보다 BA, AC 들(의 합)이 크다는 것은 밝혀졌다. 그래서 BA, AC 들(의 합)은 BD, DC 들(의 합)보다 더욱 크다.

다시, 모든 삼각형에 대하여 외각은 반대쪽 내각보다 크므로[I-16] 삼각형 CDE에 대하여 외각 BDC는 CED보다 크다. 똑같은 이유로 삼각형 ABE에 대하여 외각 CEB는 BAC보다 크다. 한편 CEB보다 BDC가 크다는 것은 밝혀졌다. 그래서 BDC는 BAC보다 더욱 크다.

그래서 삼각형의 변들 중 하나 위에 (있는) 그 끝(점)들로부터 두 직선이 (삼각형의) 내부에 구성된다면, 구성된 두 변(의 합)은 그 삼각형의 남은 두 변(의 합)보다는 작을 것이고 반면 더 큰 각들을 둘러쌀 것이다. 밝혀야 했던 바로 그것이다.

명제 22

주어진 세 직선과 같은 세 직선으로 삼각형을 구성하기. (단) 두 변(의 합)이, 어떻게 함께 잡든, 남은 (한 변)보다 커야 한다. [모든 삼각형에 대하여 두 변(의 합)은, 어떻게 함께 잡든, 남은 변보다 크니까 말이다[I-20].]

주어진 세 직선 A, B, C가 있는데 그중에서 두 변(의 합)이, 어떻게 함께 잡든, 남은 (한 변)보다 크다고 하자. (즉), A, B 들(의 합)이 C보다 크고 A, C 들(의 합)이 B보다 크고 게다가 B, C 들(의 합)도 A보다 크다. 이제 그 A, B, C로 삼각형을 구성해야 한다.

(점) D에서는 종료되고 E로는 어떤 무한 직선 DE가 제시되고, 또한 직선

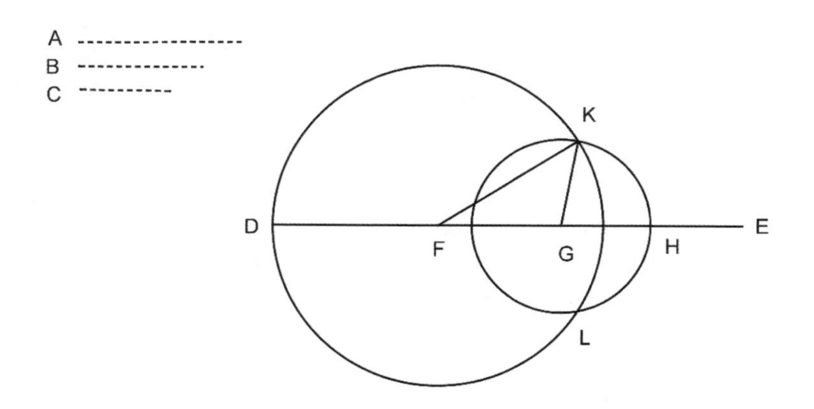

A와 같게는 DF가, 직선 B와 같게는 FG가, 직선 C와 같게는 GH가 놓인다고 하자[I-3]. 중심은 F로, 간격은 FD로 원 DKL이 그려졌다고 하자. 다시, 중심은 G로, 간격은 GH로 원 KLH가 그려졌다고 하자. KF, KG가 이어졌다고 하자.

나는 주장한다. 세 직선 A, B, C와 같은 직선들로 삼각형 KFG가 구성되었다.

점 F는 원 DKL의 중심이므로 FD가 FK와 같다. 한편 FD는 A와 같다. 그래서 KF도 A와 같다. 다시, 점 G는 원 LKH의 중심이므로 GH가 GK와 같다. 한편 GH는 C와 같다. 그래서 KG도 C와 같다. 그런데 FG도 B와 같다. 그래서 세 직선 KF, FG, GK는 세 직선 A, B, C와 같다.

그래서 주어진 세 직선 A, B, C와 같은 세 직선 KF, FG, GK로 삼각형 KFG가 구성되었다. 해야 했던 바로 그것이다.

명제 23

주어진 직선에 대고 그 직선상의 점에서, 주어진 직선 각과 같은 직선 각을 구성하기.

주어진 직선 AB, 그 직선상의 점 A, 주어진 직선 각 DCE가 있다고 하자.
이제 주어진 직선 AB에 대고 그 직선상의 점 A에서, 주어진 직선 각 DCE와 같은 직선 각을 구성해야 한다.
CD, CE 각각 위에 (있는) 임의의 점 D, E를 잡았고 DE가 이어졌다고 하자.
세 직선 CD, DE, CE와 같은 세 직선으로 삼각형 AFG를 구성했다고 하자 [I-22]. CD는 AF와, CE는 AG와, DE는 GF와 같도록 말이다.

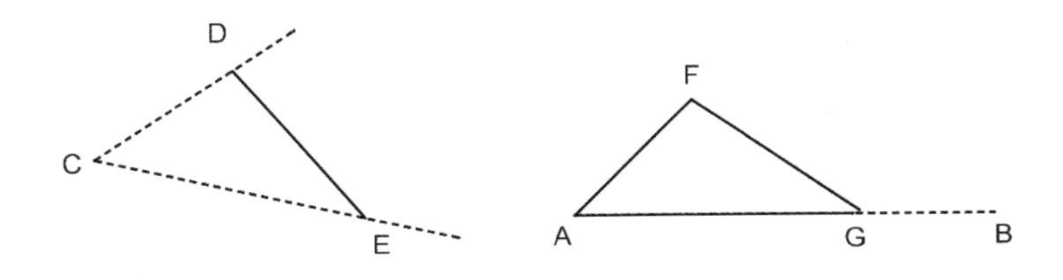

두 직선 DC, CE는 두 직선 FA, AG와 각각 같고, 밑변 DE는 밑변 FG와 같으므로 각 DCE가 각 FAG와 같다[I-8].
그래서 주어진 직선 AB에 대고 그 직선상의 점 A에서, 주어진 직선 각 DCE와 같은 직선 각이 구성되었다. 해야 했던 바로 그것이다.

명제 24

두 삼각형이 두 변과 각각 같은 두 직선을 가진다면, 그런데 같은 직선들로 둘러싸인

각보다 큰 각을 가진다면, 밑변보다 큰 밑변을 가질 것이다.

두 변 DE, DF와 각각 같은 두 변 AB, AC를 가지는, (즉) DE와 (같은) AB를, DF와 (같은) AC를 (가지는) 두 삼각형 ABC, DEF가 있다고 하자. 그런데 A에서의 각이 D에서의 각보다 크다고 하자. 나는 주장한다. 밑변 BC가 밑변 EF보다 크다.

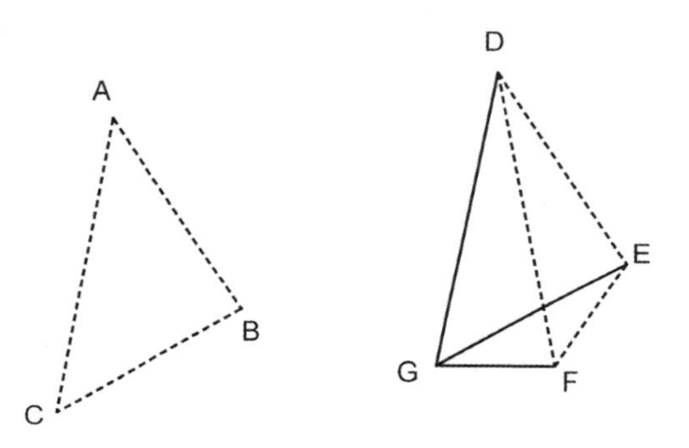

각 BAC가 EDF보다 크므로 DE에 대고 그 직선 위의 점 D에서 각 BAC와 같은 각 EDG를 구성했고[I-23] DG가 AC, DF 각각과 같게 놓이고[I-3] EG, FG가 이어졌다고 하자.

AB가 DE와 같고 AC가 DG와 같으므로 두 직선 BA, AC는 두 직선 ED, DG와 각각 같다. 각 BAC도 각 EDG와 같다. 그래서 밑변 BC는 밑변 EG와 같다[I-4]. 다시 DF는 DG와 같으므로 각 DGF도 DFG와 같다[I-5]. 그래서 DFG가 EGF보다 크다. 그래서 EFG는 EGF보다 더 크다. 또 삼각형 EFG는 각 EGF보다 큰 각 EFG를 가지는 삼각형인데 더 큰 각에 더 큰 변이 마주하므로[I-19] 변 EG가 EF보다 크다. 그런데 EG는 BC와 같다. 그래서 BC가 EF보다 크다.

그래서 두 삼각형이 두 변과 각각 같은 두 직선을 가진다면, 그런데 같은 직선들로 둘러싸인 각보다 큰 각을 가진다면, 밑변보다 큰 밑변을 가질 것이다. 밝혀야 했던 바로 그것이다.

명제 25

두 삼각형이 두 변과 각각 같은 두 변을 가지는데, 밑변보다 큰 밑변을 가지면, 같은 직선들로 둘러싸이는 각보다 더 큰 각을 가질 것이다.[30]

두 변 DE, DF와 각각 같은 두 변 AB, AC를 갖는, (즉) AB는 DE와, AC는 DF와 (같은), 두 삼각형 ABC, DEF가 있는데 밑변 EF보다 밑변 BC가 크다고 하자. 나는 주장한다. 각 BAC도 각 EDF보다 크다.

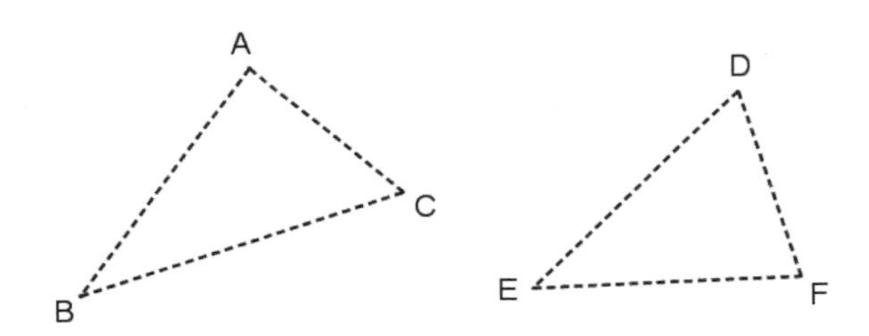

혹시 아니라면, 그것과 같거나 작다. (각) BAC가 (각) EDF와 같지는 않다. 같다면 밑변 BC가 밑변 EF와 같은데[I-4] 그렇지 않으니까 말이다. 그래

30 정확하게 제1권 명제 8과 문장 구조가 일치한다. 내용의 관점으로 봐도 그렇고 언어의 관점으로 봐도 제1권 명제 4가 씨앗이고 명제 8이 그것의 역이고 명제 24가 명제 4의 일반화, 명제 25가 명제 8의 일반화, 명제 26은 명제 25와 쌍을 이룬다.

서 각 BAC가 EDF와 같지는 않다. 더군다나 BAC는 EDF보다 작지도 않다. 작다면 밑변 BC도 밑변 EF보다 작은데[I-24] 그렇지 않으니까 말이다. 그래서 BAC는 EDF보다 작지 않다. 그런데 같지 않다는 것은 밝혀졌다. 그래서 BAC는 EDF보다 크다.

그래서 두 삼각형이 두 변과 각각 같은 두 변을 가지는데, 밑변보다 큰 밑변을 가지면, 같은 직선들로 둘러싸이는 각보다 더 큰 각을 가질 것이다. 밝혀야 했던 바로 그것이다.

명제 26

두 삼각형이 두 각과 각각 같은 두 각을 가지면, 그리고 한 변과 같은 한 변을 갖되 (그 변이) 같은 각들에서의 변이거나 또는 같은 각들 중 하나를 마주하는 변이면, 남은 변들도 [각각] 같은 남은 변들을 갖고, 남은 각도 같은 남은 각을 가질 것이다.

두 각 DEF, EFD와 각각 같은 두 각 ABC, BCA를 갖는, (즉) ABC는 DEF와, BCA는 EFD와 같은 두 삼각형 ABC, DEF가 있다고 하자. 또한 한 변과 같은 한 변을 가진다고 하자. 먼저, 같은 각에서의 변 EF와 같은 변 BC

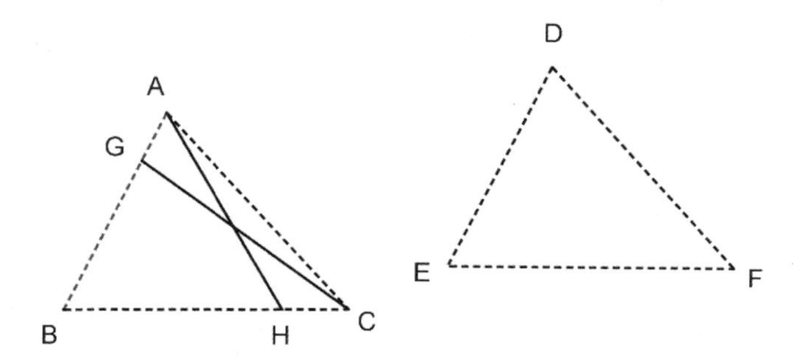

를 가진다고 하자. 나는 주장한다. (두 삼각형은) 남은 변들과 각각 같은 남은 변들을, (즉) DE와 같은 AB를, DF와 같은 AC를 갖는다. 또한 남은 각과 같은 남은 각을, (즉) EDF와 같은 BAC를 가진다.
만약 AB가 DE와 같지 않다면, 그것들 중 하나가 크다. AB가 더 크다고 하자. DE와 같게 BG가 놓이고[I-3] GC가 이어졌다고 하자.
BG는 DE와, BC는 EF와 같으므로 이제 두 직선 BG, BC와 두 직선 DE, EF는 각각 같다. 각 GBC도 각 DEF와 같다. 그래서 밑변 GC가 밑변 DF와 같고 삼각형 GBC가 삼각형 DEF와 같고, 같은 변들이 마주하는, 남은 각들도 남은 각들과 같을 것이다[I-4]. 그래서 각 GCB가 DFE와 같다. 한편 DFE가 BCA와 같다고 가정했다. 그래서 BCG가 각 BCA와 같다. (즉), 작은 것이 큰 것과 같다. 이것은 불가능하다. 그래서 AB는 DE와 같지 않을 수 없다. 그래서 같다. 그런데 BC는 EF와 같다. 이제 두 (변) AB, BC가 두 (변) DE, EF와 각각 같다. 각 ABC도 각 DEF와 같다. 그래서 밑변 AC가 밑변 DF와 같고, 남은 각 BAC도 남은 각 EDF와 같다[I-4].
한편, 다시, 이제 같은 각들이 마주하는 변들이 같다고 하자. 예를 들어 AB가 DE와 같다고 말이다. 나는 주장한다. 남은 변들도 남은 변들과 같다. (즉) AC는 DF와, BC는 EF와 같고, 게다가 남은 각 BAC도 남은 각 EDF와 같다.
만약 BC가 EF와 같지 않다면, 그것들 중 하나가 크다. 혹시 가능하다면 BC가 더 크다고 하자. EF와 같게 BH를 놓았고[I-3] AH가 이어졌다고 하자. BH는 EF와, AB는 DE와 같으므로 두 직선 AB, BH와 두 직선 DE, EF는 각각 같다. 또한 같은 각들을 둘러싼다. 그래서 밑변 AH가 밑변 DF와 같고 삼각형 ABH는 삼각형 DEF와 같고, 같은 변들이 마주하는, 남은 각들도 남은 각들과 같을 것이다[I-4]. 그래서 각 BHA는 EFD와 같다. 한편,

EFD가 BCA와 같다고 가정했다. 이제 삼각형 AHC에 대하여 외각 BHA가 반대쪽 내각 BCA와 같다. 이것은 불가능하다[I-16]. 그래서 BC는 EF와 같지 않을 수 없다. 그래서 같다. 그런데 AB도 DE와 같다. 이제 두 (변) AB, BC가 두 (변) DE, EF와 각각 같다. 같은 각들을 둘러싸기도 한다. 그래서 밑변 AC는 밑변 DF와 같고, 삼각형 ABC는 삼각형 DEF와 같고, 남은 각 BAC는 남은 각 EDF와 같다[I-4].

그래서 두 삼각형이 두 각과 각각 같은 두 각을 가진다면, 또한 한 변과 같은 한 변을 갖되 (그 변이) 같은 각들을 댄 변이거나 또는 같은 각들 중 하나를 마주하는 변이면, 남은 변들도 같은 남은 변들을 갖고, 남은 각과 같은 남은 각을 가질 것이다. 밝혀야 했던 바로 그것이다.

명제 27

두 직선을 가로질러 떨어지는 한 직선이 엇각들을 서로 같게 만든다면, 직선들은 서로 평행할 것이다.

두 직선 AB, CD를 가로질러 떨어지는 직선 EF가 엇각 AEF, EFD를 서로 같게 만든다고 하자. 나는 주장한다. AB는 CD와 평행하다.

혹시 아니라면 AB, CD는 연장되어 B, D 쪽 또는 A, C 쪽에서 한데 모일 것이다. 연장되었고 B, D 쪽인 (점) G에서 한데 모였다고 하자. 그러면 삼각형 GEF에 대하여 외각 AEF가 반대쪽 내각 EFG와 같다. 이것은 불가능하다[I-16]. 그래서 AB, CD는 연장되어 B, D 쪽에서 한데 모일 수 없다. A, C 쪽에서도 그럴 수 없다는 것이 이제 비슷하게 밝혀질 것이다. 그런데 양쪽 어디로도 한데 모이지 않은 직선들은 평행하다[I-def-23]. 그래서 AB는

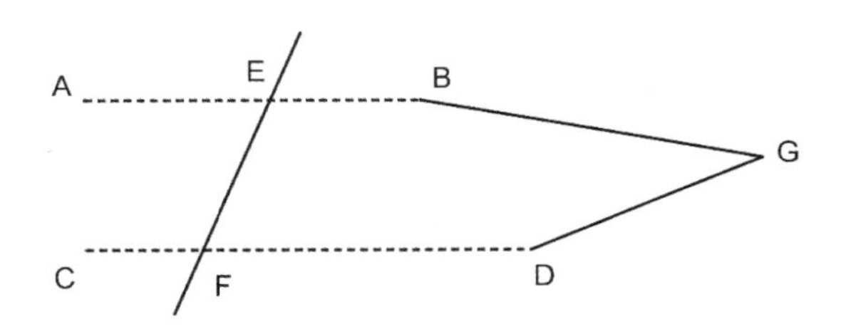

CD와 평행하다.

그래서 두 직선을 가로질러 떨어지는 한 직선이 엇각들을 서로 같게 만든다면, 직선들은 서로 평행할 것이다. 밝혀야 했던 바로 그것이다.

명제 28

두 직선을 가로질러 떨어는 한 직선이, 동일한 쪽에서 반대쪽 내각과 같게 외각을 만들거나 또는 동일한 쪽에서 내각들(의 합)을 두 직각(의 합)과 같게 만든다면, 직선들은 서로 평행할 것이다.

직선 AB, CD를 가로질러 떨어지는 직선 EF가, 반대쪽 내각 GHD과 같게 외각 EGB를 만들거나 또는 동일한 쪽에서 내각 BGH, GHD 들(의 합)을 두 직각(의 합)과 같게 만든다고 하자. 나는 주장한다. AB는 CD와 평행하다.

EGB가 GHD와 같은데 한편 EGB가 AGH와 같으므로[I-15] AGH는 GHD와 같다. 엇각들이기도 하다. 그래서 AB는 CD와 평행하다[I-27].

다시, BGH, GHD 들(의 합)이 두 직각(의 합)과 같은데 AGH, BGH 들(의 합)도 두 직각(의 합)과 같으므로[I-13] AGH, BGH 들(의 합)은 BGH, GHD

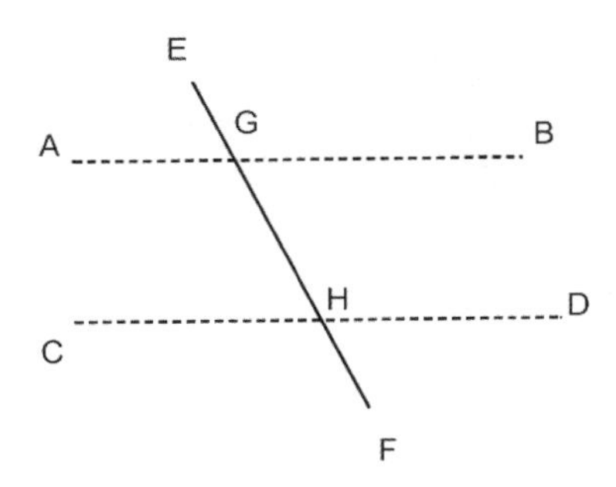

들(의 합)과 같다. BGH를 공히 빼내자. 그래서 남은 AGH는 남은 GHD와 같다. 엇각들이기도 하다. 그래서 AB는 CD와 평행하다[I–27].

그래서 두 직선을 가로질러 떨어지는 한 직선이, 동일한 쪽에서 반대쪽 내각과 같게 외각을 만들거나 또는 동일한 쪽에서 내각들(의 합)을 두 직각(의 합)과 같게 만든다면, 직선들은 평행할 것이다. 밝혀야 했던 바로 그것이다.

명제 29

평행인 직선들을 가로질러 떨어지는 한 직선은 엇각들을 서로 같게 만들고 외각을 반대쪽 내각과 같게 만들고 동일한 쪽에서 내각들(의 합)을 두 직각(의 합)과 같게 만든다.

평행인 직선 AB, CD를 지나 직선 EF가 떨어졌다고 하자. 나는 주장한다. 엇각 AGH, GHD를 같게 만들고 외각 EGB를 반대쪽 내각 GHD와 같게 만들고 동일한 쪽에서 내각 BGH, GHD 들(의 합)의 합 두 직각(의 합)과 같게 만든다.

만약 AGH가 GHD와 같지 않다면, 둘 중 하나가 크다. AGH가 크다고 하자. BGH를 공히 보태자. 그러면 AGH, BGH 들(의 합)은 BGH, GHD 들

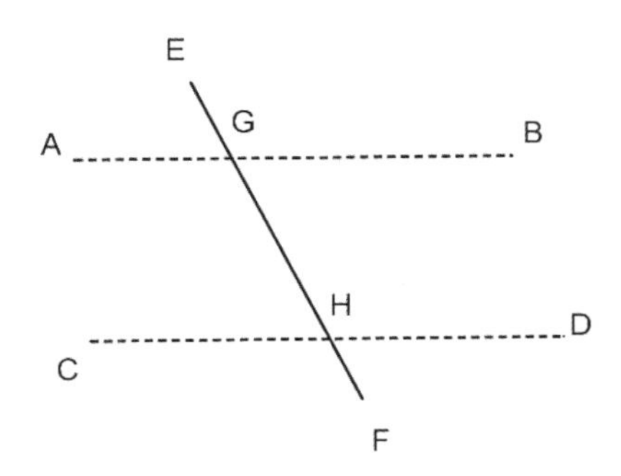

(의 합)보다 크다. 한편 AGH, BGH 들(의 합)은 두 직각(의 합)과 같다[I-13]. 그래서 BGH, GHD 들(의 합)은 두 직각(의 합)보다 작다. 그런데 (합이) 두 직각(의 합)보다 작은 (내각)들로부터[31] 무한히 연장되는 (직선들은) 한데 모인다[공준 5]. 그래서 AB, CD는 무한히 연장되어서 한데 모일 것이다. 그런데 그것들은 평행하다고 가정했기 때문에 한데 모이지 않는다[I-def-23]. 그래서 AGH는 GHD와 같지 않을 수 없다. 그래서 같다. 한편 AGH는 EGB와 같고[I-15] 그래서 EGB는 GHD와 같다. BGH를 공히 보태자. 그러면 EGB, BGH 들(의 합)은 BGH, GHD 들(의 합)과 같다. 한편 EGB, BGH 들(의 합) 두 직각(의 합)과 같다[I-13]. 그래서 BGH, GHD 들(의 합)도 두 직각(의 합)과 같다.

그래서 평행인 직선들을 가로질러 떨어지는 한 직선은 엇각들을 서로 같게 만들고 외각을 반대쪽 내각과 같게 만들고 동일한 쪽에서 내각들(의 합)을 두 직각(의 합)과 같게 만든다. 밝혀야 했던 바로 그것이다.

31 평행선 공준인 공준 5가 처음 나왔는데 표현이 약간 다르다. 평행선 공준을 직접 인용하는 제1권의 명제 44, 그리고 제2권 명제 10의 증명에서도 이 표현이다.

명제 30

동일 직선과 평행인 직선들은 서로도 평행하다.

직선 AB, CD 각각이 EF와 평행하다고 하자. 나는 주장한다. AB도 CD와 평행하다.

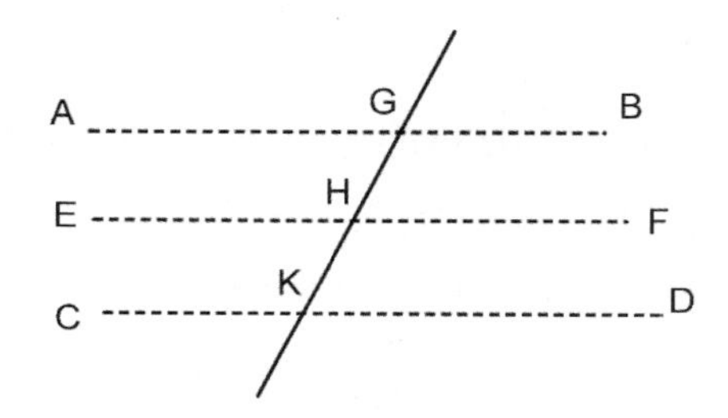

그 직선들을 가로질러 직선 GK가 떨어진다고 하자.

GK가 평행한 직선 AB, EF를 가로질러 떨어지므로 AGK는 GHF와 같다[I-29]. 다시, GK가 평행한 직선 EF, CD를 가로질러 떨어지므로 GHF는 GKD와 같다[I-29]. 그런데 AGK가 GHF와 같다는 것은 밝혀졌다. 그래서 AGK가 GKD와 같다. 엇각들이기도 하다. 그래서 AB는 CD와 평행하다[I-27]. [그래서 동일 직선과 평행인 직선들은 서로도 평행하다.] 밝혀야 했던 바로 그것이다.

명제 31

주어진 점을 통과하여 주어진 직선과 평행인 직선을 긋기.

주어진 점 A, 주어진 직선 BC가 있다고 하자. 이제 점 A를 통과하여 직선 BC와 평행인 직선을 그어야 한다.

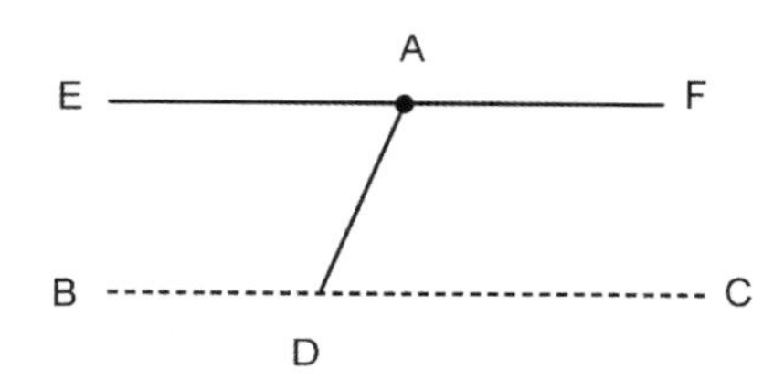

직선 BC에서 임의의 점 D를 잡고 AD가 이어졌다고 하자. 직선 DA에 대고 그 직선상의 점 A에서 각 ADC와 같은 DAE를 구성하였다고 하자[I-23]. EA와 직선으로 직선 AF를 연장했다고 하자[공준 2].
두 직선 BC, EF를 가로질러 직선 AD가 떨어지면서 엇각 EAD, ADC를 서로 같게 만들었으므로 직선 EAF는 BC와 평행이다[I-27].
그래서 주어진 점 A를 통과하여 주어진 직선 BC와 평행한 직선 EAF를 그었다. 해야 했던 바로 그것이다.

명제 32

모든 삼각형에 대하여 변들 중 하나가 더 연장되면서 외각은 반대쪽 두 내각(의 합)과 같고 그 삼각형의 세 내각(의 합)은 두 직각(의 합)과 같다.
삼각형 ABC가 있고, 그것의 한 변 BC가 D로 더 연장되었다고 하자. 나는 주장한다. 외각 ACD는 반대쪽 두 내각 CAB, ABC(의 합)과 같다. 또한 그 삼각형의 세 내각 ABC, BCA, CAB(의 합)은 두 직각(의 합)과 같다.

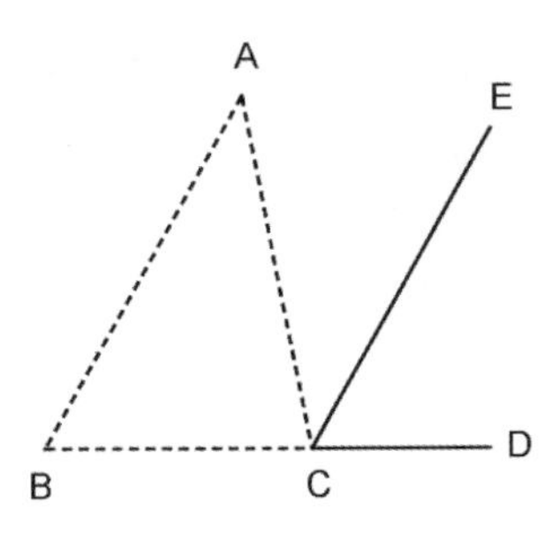

점 C를 통과하여 AB와 평행한 CE를 그었다고 하자[I−31].

AB가 CE와 평행하고 그것들을 가로질러 떨어지므로 엇각 BAC, ACE는 서로 같다[I−29]. 다시, AB가 CE와 평행하고 그것들을 가로질러 BD가 떨어지므로 외각 ECD는 반대쪽 내각 ABC와 같다[I−29]. 그런데 ACE가 BAC와 같다는 것은 밝혀졌다. 그래서 전체 각 ACD는 반대쪽 두 내각 BAC, ABC(의 합) 같다. ACB를 공히 보태자. 그래서 ACD, ACB들(의 합)은 세 각 ABC, BCA, CAB(의 합)과 같다. 한편 ACD, ACB 들(의 합)은 두 직각(의 합)과 같다[I−13]. 그래서 ACB, CBA, CAB 들(의 합)도 두 직각(의 합)과 같다. 그래서 모든 삼각형에 대하여 변들 중 하나가 더 연장되면서 외각은 반대쪽 두 내각(의 합)과 같고, 그 삼각형의 세 내각(의 합)은 두 직각(의 합)과 같다. 밝혀야 했던 바로 그것이다.

명제 33

같고도 평행한 직선들을 동일한 쪽에서 이은 직선들은 그들 또한 같고도 평행하다.

같고도 평행인 직선 AB, CD가 있고 동일한 쪽들에서 그것들을 가로질러 AC, BD가 이어졌다고 하자. 나는 주장한다. AC, BD 또한 같고도 평행하다.

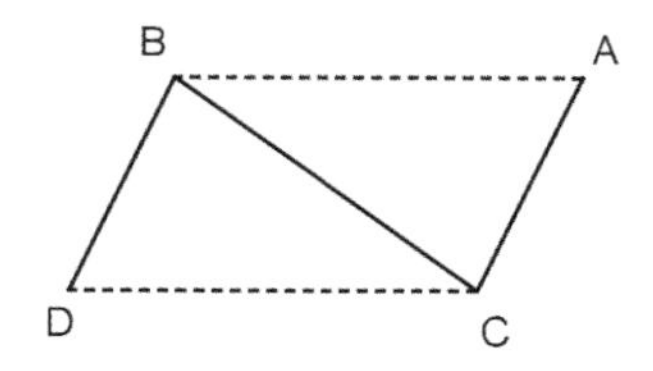

BC가 이어졌다고 하자.

AB가 CD와 평행하고 그것들을 가로질러 직선 BC가 떨어지므로, 엇각 ABC, BCD는 서로 같다[I-29]. 또한 AB와 CD는 같고 BC는 공통이므로, 두 (변) AB, BC는 두 (변) BC, CD와 같다. 또한 각 ABC는 각 BCD와 같다. 그래서 밑변 AC는 밑변 BD와 같고 삼각형 ABC는 삼각형 BCD와 같고, 같은 변들이 마주보는 남은 각들도 각각 남은 각들과 같을 것이다[I-4]. 그래서 각 ACB는 CBD와 같다. 두 직선 AC, BD를 가로질러 직선 BC가 떨어지면서 엇각들을 서로 같게 만들었다[I-27]. 그래서 AC는 BD와 평행하다. 그것과 같다는 것 또한 밝혀졌다.

그래서 같고도 평행한 직선들을 동일한 쪽에서 이은 직선들은 그들 또한 같고도 평행하다. 밝혀야 했던 바로 그것이다.

명제 34

평행사변형 구역들에 대하여,[32] 반대쪽 변들과 각들은 서로 같다. 또한 지름은[33] 그것들을 이등분한다.

평행사변형 구역 ACDB가 있는데 그것의 지름이 BC라고 하자. 나는 주장한다. 평행사변형 ACDB의 반대쪽 변들과 각들은 서로 같고 지름 BC는 그

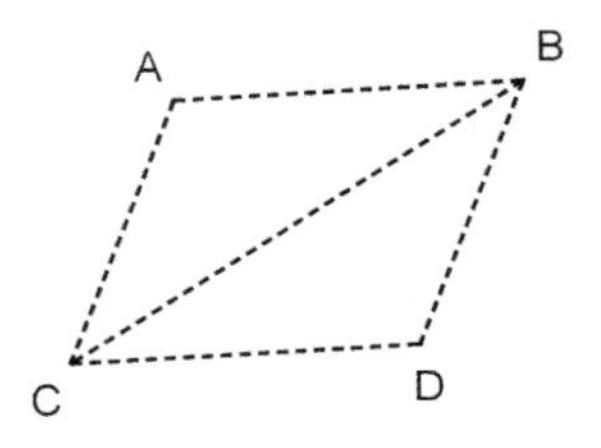

것을 이등분한다.

AB가 CD와 평행하고 그것들을 가로질러 직선 BC가 떨어졌으므로, 엇각 ABC, BCD는 서로 같다. 다시, AC가 BD와 평행하고 그것들을 가로질러 직선 BC가 떨어졌으므로, 엇각 ABC, BCD는 서로 같다[I-29]. 이제 삼각형 ABC, BCD는, 두 각 BCD, CBD와 각각 같은 두 각 ABC, BCA를 갖고, 한 변과 같은 한 변을 갖되 같은 각들에 댄, 공통 변 BC를 가지는, 두 삼각형이다. 그래서 (그 두 삼각형은) 남은 변들과 각각 같은 남은 변들을 갖고, 남은 각과 같은 남은 각을 가질 것이다[I-26]. 그래서 변 AB는 CD와, AC는 BD와, 게다가 각 BAC는 CDB와 같다. 또한 각 ABC는 BCD와, CBD는 ACB와 같으므로 전체 각 ABD는 전체 각 ACD와 같다. 그런데 BAC가 CDB와 같다는 것도 밝혀졌다. 그래서 평행사변형 구역에 대하여 반대쪽

32 원문은 παραλληλόγραμμος χωρίον. 정의 없이 바로 나온 용어다. Παραλληλόγραμμος는 '평행선으로 이루어진'이고 χωρίον은 '구역, 장소'이다. 원문에는 4개의 변이라는 '사변형'이라는 언급은 없다. 제1권 정의 22의 마름모꼴과는 다르다. 마름모꼴은 각과 변의 크기를 기준으로 정의한 도형이고 평행사변형 구역은 평행만을 기준으로 정의한 도형이다. 관례대로 평행사변형으로 번역한다. 제11권 명제 25에 '평행육면체(παραλληλεπίπεδον)'도 정의 없이 등장하고 원문에는 6개의 면이라는 언급이 없다.

33 원의 정의에서 함께 나온 '지름'과 같은 용어다. 따라서 여기서도 '대각선'이라는 특수 용어 대신 지름으로 번역한다. 원의 지름이 원이 둘러싼 구역을 이등분한다는 것은 정의였고 평행사변형의 지름이 평행사변형 구역을 이등분하는 것은 명제이다.

변과 각은 서로 같다.

이제 나는 주장한다. 지름은 그것을 이등분한다.

AB와 CD가 같고 BC는 공통이므로 두 (변) AB, BC는 두 (변) CD, BC와 각각 같다. 각 ABC도 각 BCD와 같다. 그래서 밑변 AC가 DB와 같다[I-4]. 그래서 삼각형 ABC도 삼각형 BCD와 같다[I-4].

그래서 지름 BC는 평행사변형 ABCD를[34] 이등분한다. 밝혀야 했던 바로 그것이다.

명제 35

동일한 밑변 위에, 그리고 동일한 평행선들 안에 있는 평행사변형들은 서로 같다.[35]

동일한 밑변 BC 위에, 그리고 동일한 평행선 AF, BC 안에 평행사변형 ABCD, EBCF가 있다고 하자. 나는 주장한다. ABCD는 평행사변형 EBCF와 같다.

∴

34 제시부와 지정부에서 ACDB라고 쓰다가 결론부에서 ABCD라고 바꿔 썼다. 이런 경우 원문에 따라 그대로 옮긴다.

35 (1) 이 명제 이전까지 '같음'은 두 가지였다. 길이라는 양에 대한 같음, 각이라는 양에 대한 같음이 그것이다. 이제 '넓이'의 같음이 등장했다. (2) 공통 개념 1의 주석에서 말했듯이 원문에는 '넓이가' 같다는 말을 결코 하지 않는다. 따라서 평행사변형과 평행사변형이 같다는 말은 최소한 두 가지로 해석할 수 있다. 두 평행사변형이 같은 조각으로 분할된다는 것으로, 그리고 두 평행사변형의 넓이가 같다는 것으로. 평면에서 다각형의 경우 이 두 개념이 같은 개념이라는 사실은 19세기에 증명된다. 유클리드의 이 증명은 '같은 조각으로 분할되는 것을 보여서 넓이가 같다'는 증명이라고 볼 수 있다. (3) 명제 35는 '동일한(same)' 밑변 위에서, 명제 36은 '같은(equal)' 밑변 위에서 비교한다. 즉 동일한 경우에서 같은 경우로 일반화한다. 이것은 명제 37과 38에서 그리고 명제 39와 40에서도 이어진다. 이처럼 유클리드는 『원론』 전체에서 '같음'과 '동일함'을 철저하게 구분해서 쓴다. 따라서 번역도 그것을 준수한다.

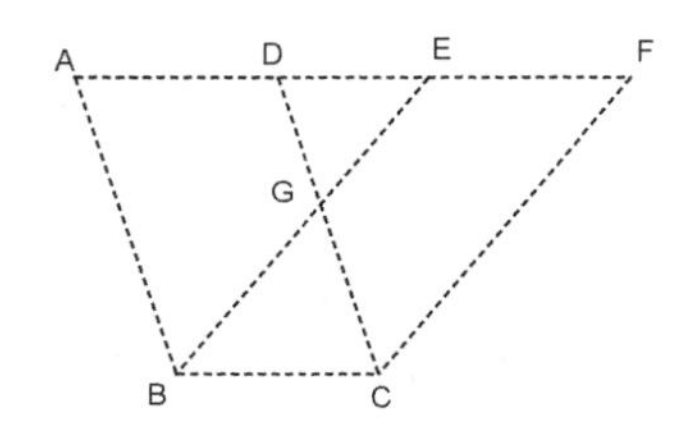

ABCD가 평행사변형이므로 AD는 BC와 같다[1-34]. 똑같은 이유로 EF는 BC와 같다. 결국 AD가 EF와 같다. 그리고 DE는 공통이다. 그래서 전체 AE는 전체 DF와 같다. 그런데 AB도 DC와 같다. 이제 두 직선 EA, AB는 두 직선 FD, DC와 각각 같다. 또한 각 FDC가 각 EAB와 같다. (즉), 외각이 내각과 (같다) [1-29]. 그래서 밑변 EB는 밑변 FC와 같고 삼각형 EAB는 삼각형 DFC와 같을 것이다[1-4]. 삼각형 DGE를 공히 빼내자. 그래서 남은 사다리꼴 ABGD는 남은 사다리꼴 EGCF와 같다. 삼각형 GBC를 공히 보태자. 그래서 전체 평행사변형 ABCD는 전체 EBCF와 같다.

그래서 동일한 밑변 위에, 그리고 동일한 평행선들 안에 있는 평행사변형들은 서로 같다. 밝혀야 했던 바로 그것이다.

명제 36

같은 밑변들 위에, 그리고 동일한 평행선들 안에 있는 평행사변형들은 서로 같다.

같은 밑변 BC, FG 위에, 그리고 동일한 평행선 AH, BG 안에 평행사변형 ABCD, EFGH가 있다고 하자. 나는 주장한다. 평행사변형 ABCD는 EFGH와 같다.

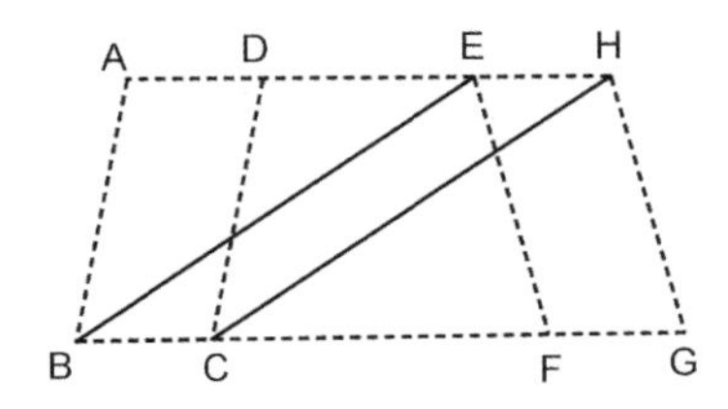

BE, CH가 이어졌다고 하자.

BC가 FG와 같고 한편 FG는 EH와 같으므로[1-34] BC가 EH와 같다[공통개념 1]. 평행 직선들이기도 하다. 또한 EB, HC가 그 직선들을 잇는다. 그런데 같고도 평행한 직선들을 동일한 쪽들에서 이은 직선들은 (그들 또한) 같고도 평행하다[1-33]. [그래서 EB, HC는 같고도 평행하다.] 그래서 EBCH는 평행사변형이다[1-34]. 또한 ABCD와 같다. 그 밑변과 동일한 밑변 BC를 갖고도, 동일한 평행선 BC, AH 안에 있으니까 말이다[1-35]. 똑같은 이유로 EFGH도 그 EBCH와 같다. 결국 평행사변형 ABCD도 EFGH와 같게 된다.

그래서 같은 밑변들 위에, 그리고 동일한 평행선들 안에 있는 평행사변형들은 서로 같다. 밝혀야 했던 바로 그것이다.

명제 37

동일한 밑변 위에, 그리고 동일한 평행선 안에 있는 삼각형들은 서로 같다.

동일한 밑변 BC 위에, 그리고 동일한 평행선 AD, BC 안에 삼각형 ABC, DBC가 있다고 하자. 나는 주장한다. 삼각형 ABC는 삼각형 DBC와 같다.

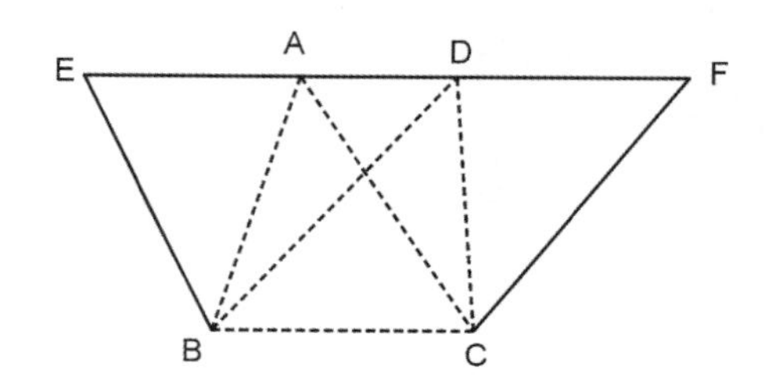

AD가 E, F 쪽 각각으로 연장되었고, B를 통과해서는 CA와 평행한 BE가, C를 통과해서는 BD와 평행한 CF가 그어졌다고 하자[1–31].

그래서 EBCA, DBCF 각각은 평행사변형이다. 같기도 하다. 동일 밑변 BC 위에, 그리고 동일한 평행선 BC, EF 안에 있으니까 말이다[1–35]. 또한 삼각형 ABC는 평행사변형 EBCA의 절반이다. AB가 지름이고 그 (평행사변형)을 이등분하니까 말이다[1–34]. [그리고 같은 것들의 절반은 서로도 같다[공통 개념 6]]. 그래서 삼각형 ABC는 삼각형 DBC와 같다.

그래서 동일한 밑변들 위에, 그리고 동일한 평행선들 안에 있는 삼각형들은 서로 같다. 밝혀야 했던 바로 그것이다.

명제 38

같은 밑변들 위에, 그리고 동일한 평행선들 안에 있는 삼각형들은 서로 같다.

같은 밑변 BC, EF 위에, 그리고 동일한 평행선 BF, AD 안에 삼각형 ABC, DEF가 있다고 하자. 나는 주장한다. 삼각형 ABC는 삼각형 DEF와 같다.

AD가 G, H 쪽 각각으로 연장되었고, B를 통과해서는 CA와 평행한 BG가, F를 통과해서는 DE와 평행한 FH가 그어졌다고 하자[I–31].

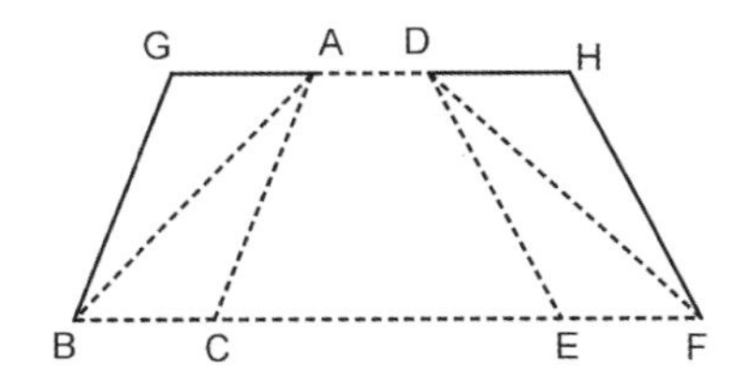

그래서 GBCA, DEFH 각각은 평행사변형이다. 같기도 하다. 같은 밑변 BC, EF 위에, 그리고 동일한 평행선 BF, GH 안에 있으니까 말이다[I-36]. 또 삼각형 ABC는 평행사변형 GBCA의 절반이다. AB가 지름이고 그 (평행사변형)을 이등분하니까 말이다[I-34]. 그런데 삼각형 FED는 평행사변형 DEFH의 반이다. DF는 지름이고 그 (평행사변형)을 이등분하니까 말이다[I-34]. [그리고 같은 것들의 절반들은 서로도 같다[공통 개념 6].] 그래서 삼각형 ABC는 삼각형 DEF와 같다.

그래서 같은 밑변 위에, 그리고 동일한 평행선들 안에 있는 삼각형들은 서로 같다. 밝혀야 했던 바로 그것이다.

명제 39

동일한 밑변 위에, 그리고 동일한 쪽에 있는 같은 삼각형들은 동일한 평행선들 안에도 있다.

동일한 밑변 BC 위에, 그리고 동일한 쪽에 같은 삼각형 ABC, DBC가 있다고 하자. 나는 주장한다. (그 삼각형들은) 동일한 평행선들 안에도 있다.

AD가 이어졌다고 하자. 나는 주장한다. AD는 BC와 평행하다.

혹시 아니라면, 점 A를 통과하여 BC와 평행한 AE가 그어졌고[I-31], EC가

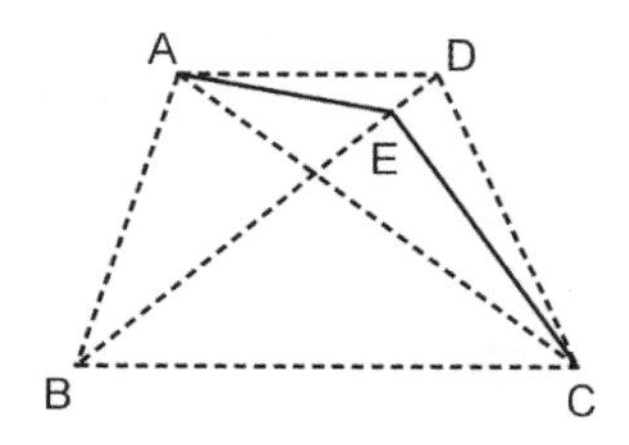

이어졌다고 하자. 그래서 삼각형 ABC는 삼각형 EBC와 같다. 동일한 밑변 BC 위에, 그리고 동일한 평행선들 안에 있으니까 말이다[I-37]. 한편 ABC가 DBC와 같다. 그래서 DBC가 EBC와도 같다. (즉), 큰 것이 작은 것과 같은 것이다. 이것은 불가능하다. 그래서 AE는 BC와 평행할 수 없다. AD를 제외하고 다른 어떤 직선도 (BC와 평행할 수) 없다는 것을 이제 우리는 비슷하게 밝힐 수 있다. 그래서 AD가 BC와 평행하다.

그래서 동일한 밑변 위에, 그리고 동일한 쪽에 있는 같은 삼각형들은 동일한 평행선들 안에도 있다. 밝혀야 했던 바로 그것이다.

명제 40

같은 밑변들 위에, 그리고 동일한 쪽에 있는 같은 삼각형들은 동일한 평행선들 안에도 있다.[36]

같은 밑변 BC, CE 위에, 그리고 동일한 쪽에 같은 삼각형 ABC, CDE가 있다고 하자. 나는 주장한다. (그 삼각형들은) 동일한 평행선들 안에도 있다.

36 이 명제는 훗날 보태어졌을 가능성이 있다. 헤이베르 편집본이 나온 이후 발견된 이집트 파피루스판에는 이 명제가 없다.

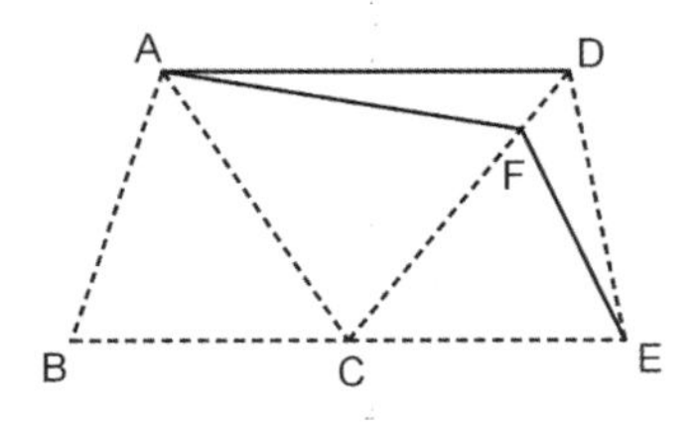

AD가 이어졌다고 하자. 나는 주장한다. AD는 BC와 평행하다.

혹시 아니라면, (점) F를 통과하여 BE와 평행한 AF를 그었고[I-31], FE가 이어졌다고 하자. 그래서 삼각형 ABC는 삼각형 FCE와 같다. 같은 밑변 BC, CE 위에, 그리고 동일한 평행선 BE, AF 안에 있으니까 말이다[I-38]. 한편 삼각형 ABC가 [삼각형] DCE와 같다. 그래서 [삼각형] DEC는 FCE와도 같다. (즉), 큰 것이 작은 것과 같다. 이것은 불가능하다. 그래서 AF는 BE와 평행할 수 없다. AD를 제외하고 다른 어떤 직선도 (평행할 수) 없다는 것을 우리는 비슷하게 밝힐 수 있다. 그래서 AD가 BE와 평행하다.

그래서 같은 밑변들 위에, 그리고 동일한 쪽에 있는 같은 삼각형들은 동일한 평행선들 안에도 있다. 밝혀야 했던 바로 그것이다.

명제 41

평행사변형이 삼각형과 동일한 밑변을 갖고 또한 동일한 평행선들 안에 있다면, 그 평행사변형은 그 삼각형의 두 배이다.

평행사변형 ABCD가 삼각형 EBC와 동일한 밑변 BC를 갖고 또한 동일한 평행선 BC, AE 안에 있다고 하자. 나는 주장한다. 평행사변형 ABCD는 삼각형 EBC의 두 배이다.

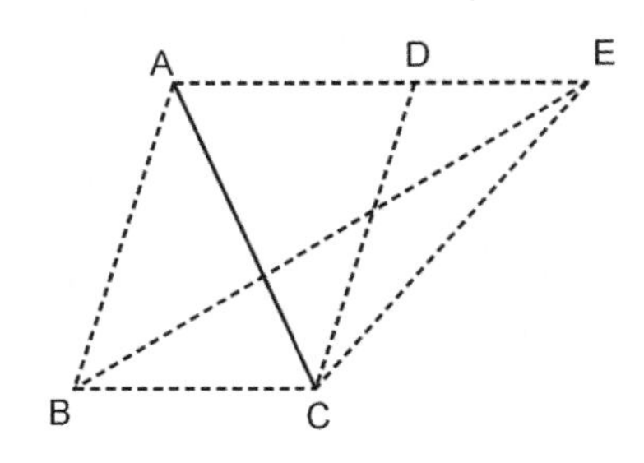

AC가 이어졌다고 하자.

삼각형 ABC는 삼각형 EBC와 같다. 동일한 밑변 BC 위에, 그리고 동일한 평행선 BC, AE 안에 있으니까 말이다[I-37]. 한편 평행사변형 ABCD는 삼각형 ABC의 두 배이다. 지름 AC가 그 (평행사변형)을 이등분하니까 말이다[I-34]. 결국 평행사변형 ABCD는 삼각형 EBC의 두 배가 된다.

그래서 평행사변형이 삼각형과 동일한 밑변을 갖고 또한 동일한 평행선 안에 있다면, 그 평행사변형은 그 삼각형의 두 배이다. 밝혀야 했던 바로 그것이다.

명제 42

주어진 삼각형과 같은 평행사변형을 주어진 직선 각 안에 구성하기.[37]

∴

37 (1) 제1권 명제 1에서는 삼각형에 대한, 명제 23에서는 각에 대한 작도에서 구성하기라는 동사를 썼다. 명제 42와 45에서 평행사변형을 작도할 때도 구성하기라는 동사를 쓴다. 그런데 평행사변형을 작도할 때 유클리드가 쓰는 용어가 하나 더 있다. 제1권 명제 44에 나오는 '나란히 대기'가 그것이다. 명제 42는 주어진 직선이 없는 상황에서의 작도이고, 명제 44는 주어진 직선이 있는 상황에서의 작도이다.

주어진 삼각형 ABC가 있고, 주어진 직선 각 D가 있다고 하자. 이제 삼각형 ABC와 같은 평행사변형을 각 D 안에 구성해야 한다.

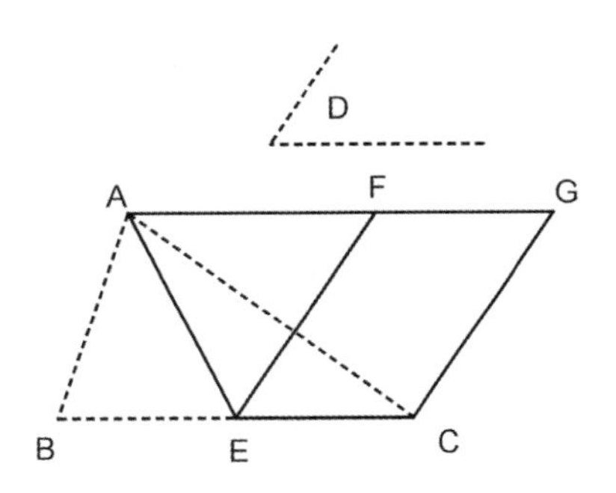

BC가 E에서 이등분되었고[I-10], AE가 이어졌고, 직선 EC에 대고 그 직선 상의 점 E에서 각 D와 같은 각 CEF를 구성하였고[I-23], A를 통과해서는 EC와 평행인 AG가, C를 통과해서는 EF와 평행인 CG가 그어졌다고 하자 [I-31].

그래서 FECG는 평행사변형이다. 또한 BE가 EC와 같으므로 삼각형 ABE도 삼각형 AEC와 같다. 같은 밑변 BE, EC 위에, 그리고 동일한 평행선 BC, AG 안에 있으니까 말이다[I-38]. 그래서 삼각형 ABC는 삼각형 AEC의 두 배이다. 그런데 평행사변형 FECG도 삼각형 AEC의 두 배이다. 그 (밑변)과 동일한 밑변을 갖고 그 (밑변)과 동일한 평행선 안에 있으니까 말이다[I-41]. 그래서 평행사변형 FECG는 삼각형 ABC와 같다. 또한 주어진 D와 같은 각 CEF를 갖는다.

그래서 주어진 삼각형 ABC와 같은 평행사변형 FECG를, 각 D와 같은 각 CEF 안에 구성하였다. 해야 했던 바로 그것이다.

명제 43

모든 평행사변형에 대하여 그 지름 부근의 평행사변형들의 보충 평행사변형들은[38] 서로 같다.

평행사변형 ABCD가 있고 그것의 지름 AC가 있는데, 그 AC 부근의 평행사변형 EH, FG가, 이른바 보충 평행사변형 BK, KD가 있다고 하자. 나는 주장한다. 보충 평행사변형 BK는 보충 평행사변형 KD와 같다.

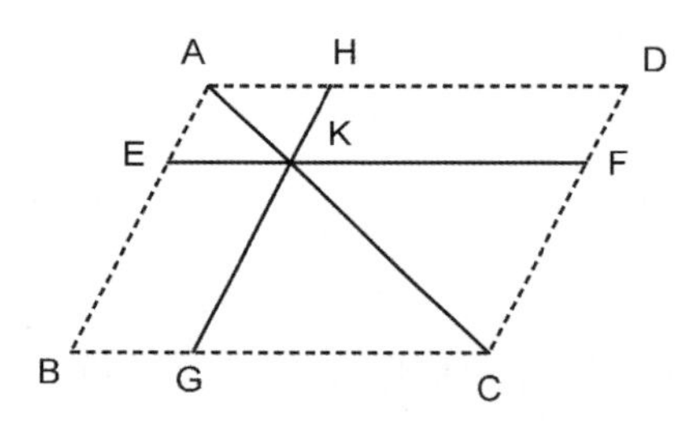

ABCD는 평행사변형이고 그것의 지름이 AC이므로 삼각형 ABC는 삼각형 ACD와 같다[I-34]. 다시, EH는 평행사변형이고 그것의 지름이 AK이므로 삼각형 AEK는 삼각형 AHK와 같다. 똑같은 이유로 삼각형 KFC는 삼각형 KGC와 같다. 삼각형 AEK가 삼각형 AHK와 같은데 KFC가 KGC와 같으므로 (삼각형) KGC와 함께 삼각형 AEK는, (삼각형) KFC와 함께 삼각형 AHK와 같다. 그런데 전체 삼각형 ABC도 전체 (삼각형) ADC와 같다. 그래

38 정의 없이 나온 용어다. 제1권과 2권에서만 등장한다. 그림으로 짐작할 수 있다. 전체 평행사변형이 있고 지름에 걸친 평행사변형들을 '지름 부근의 평행사변형'이라고 한다면 '보충 평행사변형'들은 전체 평행사변형을 만드는 데 채워 넣는 평행사변형들이다. 제 2권 정의 2, 제 6권 명제 24 참조.

서 남은 보충 평행사변형 BK가 남은 보충 평행사변형 KD와 같다.

그래서 모든 평행사변형 구역에 대하여 그 지름 부근의 평행사변형들의 보충 평행사변형들은 서로 같다. 밝혀야 했던 바로 그것이다.

명제 44

주어진 직선에 대고, 주어진 삼각형과 같은 평행사변형을 주어진 직선 각 안에 나란히 대기.[39]

주어진 직선 AB, 주어진 삼각형 C, 주어진 직선 각 D가 있다고 하자. 이제

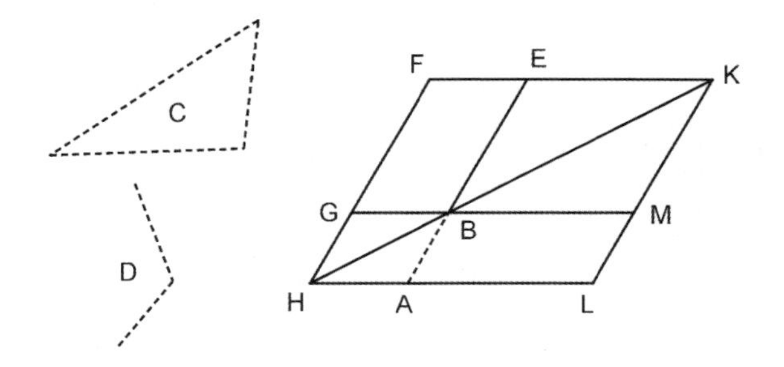

39 (1) 이 용어는 이후 제6권 명제 25부터 30까지 그리고 제10권에서 이 문장의 형태로 반복해서 등장한다. 영역본들은 대개 apply로 번역한다. 기하학의 특수 용어이다. 플라톤 『국가』 제7권 527a, b 참조. 이 용어를 쓰는 상황은 이 명제 44의 상황과 항상 같다. 즉, '어떤 직선이 먼저 제시될 때' 주어진 넓이와 같도록 '그 직선에 대고' 다른 한 변을 결정해서 평행사변형을 작도하는 상황이다. 따라서 본 번역도 이 문장의 형태를 끝까지 유지한다. (2) 주어진 다각형이 넓이가 b^2인 정사각형이고 결정할 평행사변형이 직사각형이라고 가정할 때, 주어진 직선 a가 제시된다면 $ax=b^2$인 x를 작도하는 문제이다. 이 문제의 완성이자 역명제라고 볼 수 있는 문제가 제2권 명제 14이다. 그 명제에서는 주어진 직사각형 ab에 대하여 그것과 넓이가 같은 정사각형의 한 변을 찾는 문제로 대수적 표현으로는 $ab=x^2$의 풀이이다.

주어진 직선 AB에 대고 주어진 삼각형 C와 같은 평행사변형을 D와 같은 각 안에 나란히 대야 한다.

삼각형 C와 같은 평행사변형 BEFG를 D와 같은 각 EBG 안에 구성했다고 하자[I-42].

BE가 AB와 직선으로 있도록 놓이고, FG가 H까지 더 그어졌고, A를 통과하여 BG, EF 중 어느 것과도 평행한 AH가 그어졌고[I-31], HB가 이어졌다고 하자. 평행한 직선 AH, EF를 가로질러 직선 HF가 떨어졌으므로 각 AHF, HFE 들(의 합)은 두 직각(의 합)과 같다[I-29]. 그래서 BHG, GFE 들(의 합)은 두 직각(의 합)보다 작다. 그런데 (합이) 두 직각(의 합)보다 작은 (내각)들로부터 무한히 연장되는 (직선들은) 한데 모인다[공준 5]. 그래서 HB, FE는 연장되어[40] 한데 모일 것이다. 연장되었고 K에서 한데 모였다고 하자. 점 K를 통과하여 EA, FH 중 어느 것과도 평행한 KL이 그어졌고[I-31], HA, GB가 점 L, M으로 연장되었다고 하자. 그래서 HLKF는 평행사변형, 그것의 지름은 HK이고, 그 HK 부근의 평행사변형은 AG, ME가, 이른바 보충 평행사변형은 LB, BF이다. 그래서 LB가 BF와 같다[I-43]. 한편 BF는 삼각형 C와 같다. 그래서 LB도 C와 같다. 또한 각 GBE가 ABM과 같고[I-15] 한편 GBE는 D와 같으므로 ABM도 각 D와 같다.

그래서 주어진 직선 AB에 대고, 주어진 삼각형 C와 같은 평행사변형을 각 D와 같은 각 ABM 안에 나란히 댔다. 밝혀야 했던 바로 그것이다.

40 제1권 명제 29와 비교할 때, 두 문장이 거의 같은데, 여기서는 '무한히(εἰς ἄπειρον)'라는 말이 생략되었다.

명제 45

주어진 직선 (도형)과 같은 평행사변형을 주어진 직선 각 안에 구성하기.[41]

주어진 직선 (도형) ABCD, 주어진 각 E가 있다고 하자. 이제 직선 도형 ABCD와 같은 평행사변형을 주어진 각 E 안에 구성해야 한다.

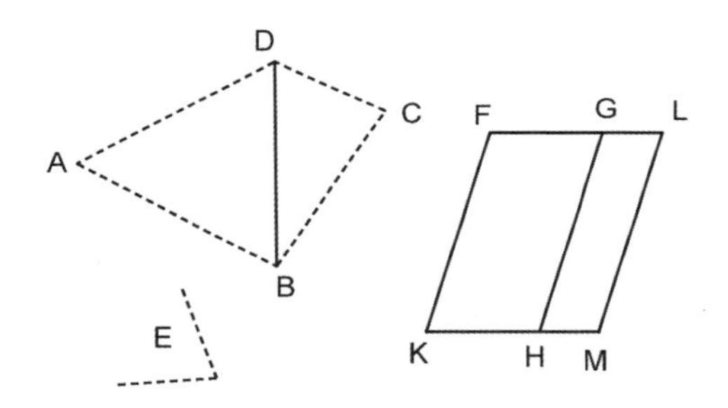

DB를 이었고, 삼각형 ABD와 같은 평행사변형 FH를 주어진 각 E와 같은 HKF 안에 구성했다고 하자[I-42]. 또 직선 GH에 대고 나란히, 삼각형 DBC와 같은 평행사변형 GM을 주어진 각 E와 같은 GHM 안에 댔다고 하자[I-44].

각 E는 HKF, GHM 각각과 같으므로 HKF는 GHM과 같다. KHG를 공히 보태자. 그래서 FKH, KHG 들(의 합)은 KHG, GHM 들(의 합)과 같다. 한편 FKH, KHG 들(의 합)은 두 직각(의 합)과 같다[I-29]. 그래서 KHG, GHM 들(의 합)도 두 직각(의 합)과 같다. 어떤 직선 GH에 대고 그 직선상

41 이제 주어진 다각형과 넓이가 같은 직사각형을 작도할 수 있다. 제2권의 마지막 명제인 명제 14에서는 주어진 직사각형과 넓이가 같은 정사각형을 작도한다. 따라서 다각형은 그것과 넓이가 같은 정사각형으로 '자와 컴퍼스만 써서' 작도된다. 이것을 영어로는 squaring 또는 quadrature라 한다. 원의 넓이 문제는 제12권 명제 2에서 비례식의 형태로 제시된다.

의 점 H에서, 동일한 쪽에 놓이지 않는 두 직선 KH, HM이 이웃 각들을 두 직각(의 합)과 같게 만들었다. 그래서 KH가 HM과 직선으로 있다[I-14]. 또한 평행한 KM, FG를 가로질러 직선 HG가 떨어졌으므로 엇각 MHG, HGF는 서로 같다[I-29]. HGL을 공히 보태자. 그래서 MHG, HGL 들(의 합)은 HGF, HGL 들(의 합)과 같다. 한편 MHG, HGL 들(의 합)은 두 직각과 같다[I-29]. 그래서 HGF, HGL 들(의 합)도 두 직각(의 합)과 같다. 그래서 FG가 GL과 직선으로 있다[I-14]. 또한 FK가 HG와 같고도 평행할 뿐만 아니라 한편 HG도 ML와 (같고도 평행)하므로[I-34], KF도 ML과 같고도 평행하다[I-30]. 또한 직선 KM, FL이 그 직선들을 잇는다. 그래서 KM, FL도 같고도 평행하다[I-33]. 그래서 KFLM은 평행사변형이다. 또한 삼각형 ABD는 평행사변형 FH와, DBC는 GM과 같으므로 직선 (도형) 전체 ABCD는 평행사변형 전체 KFLM과 같다.

그래서 주어진 직선 (도형) ABCD와 같은 평행사변형 KFLM을 주어진 각 E와 같은 FKM 안에 구성했다. 해야 했던 바로 그것이다.

명제 46

주어진 직선으로부터 정사각형을 그려 넣기.[42]

∴

42 (1) 주어진 (유한) 직선으로부터 정사각형이 만들어질 때는 형용사와 동사가 항상 같다. 출처, 기원을 뜻하는 전치사를 써서, '주어진 직선으로부터(ἀπὸ τῆς δοθείσης εὐθείας)'가 쓰이고 동사는 '그려 넣다(ἀναγράφω)'가 쓰인다. 원문에서는 대체로 '직선 AB로부터 그려 넣어진 정사각형'이라는 표현 대신 단순히 '직선 AB로부터'라는 축약을 쓴다. 우리는 이것을 '직선 AB로부터의 (정사각형)'이라고 번역한다. (2) 완성된 정사각형의 관점에서 볼 때 그 기원

주어진 직선 AB가 있다고 하자. 이제 직선 AB로부터 정사각형을 그려 넣어야 한다.

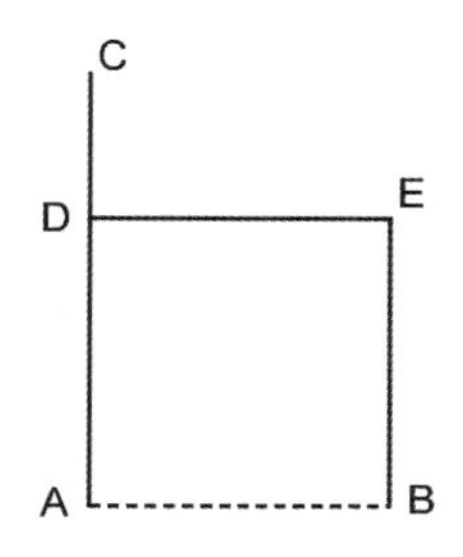

직선 AB에서의 점 A로부터 AB와 직각으로 AC가 그어졌고[I-11] AB와 같게 AD가 놓인다고 하자[I-3]. 점 D를 통과해서는 AB와 평행인 DE가 그어졌는데 점 B를 통과해서는 AD와 평행인 BE가 그어졌다고 하자[I-31].
그래서 ADEB는 평행사변형이다. 그래서 AB는 DE와, AD는 BE와 같다[I-34]. 한편 AB는 AD와 같다. 그래서 네 직선 BA, AD, DE, EB는 서로 같다. 그래서 ADEB는 등변 (사변형)이다.
이제 나는 주장한다. 직각 (사변형)이기도 하다.
평행인 AB, DE를 가로질러 직선 AD가 떨어지므로 각 BAD, ADE 들(의 합)은 두 직각(의 합)과 같다[I-29]. 그런데 BAD는 직각이다. 그래서 ADE

또는 '뿌리'는 밑변이다. 따라서 정사각형 x^2에 대해 변 x는 뿌리이다. 이것이 중세 이슬람 수학을 거쳐 라틴어권 중세 유럽을 거치면서 근(root)이라는 용어로 발전한다. (3) 그려 넣기는 세 번째 유형의 작도이다. 뿌리가 되는 직선 하나가 주어질 때 그것으로부터 정사각형을 완성하는 작도는 '그려 넣기'이다. 제11권 명제 27에서 평행육면체를 작도할 때도 '그려 넣다'라는 동사가 나오는데 그때도 '주어진 직선으로부터'와 함께 쓰인다. 반면 제2권 14처럼 주어진 직선 없이 특정한 조건을 만족하는 정사각형을 작도할 때는 '구성하기'라는 용어가 쓰인다.

도 직각이다. 평행사변형 구역들에 대하여 반대쪽 변들과 각들은 서로 같다[I-34]. 그래서 반대쪽 각 ABE, BED 각각도 직각이다. 그래서 ADEB는 직각 (평행사변형)이다. 그런데 등변이라는 것도 밝혀졌다.
그래서 정사각형이다. 또한 직선 AB로부터 그려 넣어졌다. 해야 했던 바로 그것이다.

명제 47

직각 삼각형들에서는[43] 직각을 마주하는 변으로부터의 정사각형이 직각을 둘러싸는 변들로부터의 정사각형들(의 합)과 같다.

직각 BAC를 갖는 삼각형 ABC가 있다고 하자. 나는 주장한다. BC로부터의 정사각형은 BA, AC로부터의 정사각형들(의 합)과 같다.
BC로부터 정사각형 BDEC를, BA, AC로부터 (정사각형) GB, HC를 그려 넣었다고 하자[I-46]. A를 통과하여 BD, CE 어느 것과도 평행인 AL이 그어졌다고 하자[I-31]. AD, FC가 이어졌다고 하자.
각 BAC, BAG 각각은 직각이므로 어떤 직선 BA에 대고 그 직선상의 점 A에서, 동일한 쪽에 놓이지 않는 두 직선 AC, AG가 이웃 각들(의 합)을 두 직각(의 합)과 같게 만들었다. 그래서 CA는 AG와 직선으로 있다[I-14]. 똑

43 (1) '직각 삼각형의' 또는 '직각 삼각형에 대하여'와 같은 방식으로 문장을 쓰지 않고, '직각 삼각형들에서는(ἐν τοῖς ὀρθογωνίοις τριγώνοις)'이라고 하였다. 이 명제 47의 일반화라고 볼 수 있는 제2권 명제 12, 13과 제6권 명제 31에서도 일관되게 이 표현이다. 직각 삼각형들의 모임에 대해 집합 개념을 적용하였다고 보고 그 상황을 반영하기 위해 직역했다. 제9권 명제 11에서도 등비수열인 수들을 하나의 모임으로 볼 때 이 표현이다.

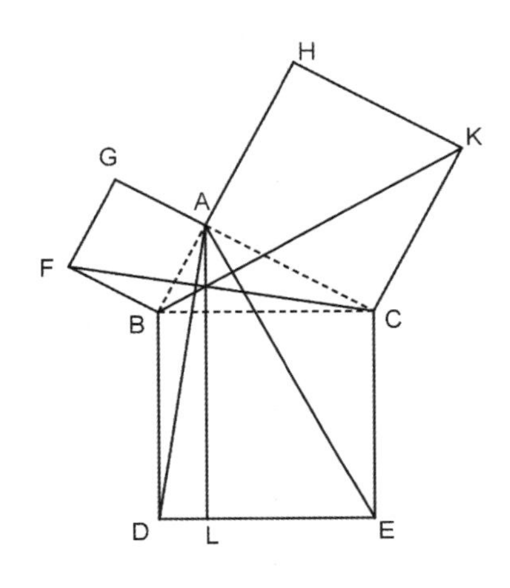

같은 이유로 BA는 AH와 직선으로 있다. 또한 각 DBC는 FBA와 같다. 각각은 직각이니까 말이다. ABC를 공히 보태자. 그래서 전체 각 DBA는 전체 각 FBC와 같다. 또한 DB는 BC와, FB는 BA와 같으므로 이제 두 (변) DB, BA가 두 (변) FB, BC와 각각 같다. 또한 각 DBA는 각 FBC와 같다. 그래서 밑변 AD는 밑변 FC와 같고, 삼각형 ABD는 삼각형 FBC와 같다[I-4]. 또한 삼각형 ABD의 두 배가 평행사변형 BL이다. 동일한 밑변 BD를 갖고도 동일한 평행선 BD, AL 안에 있으니까 말이다[I-41]. 그런데 삼각형 FBC의 두 배는 정사각형 GB이다. 다시, 동일한 밑변 FB를 갖고도 동일한 평행선 FB, GC 안에 있으니까 말이다[I-41]. [그런데 같은 것들의 두 배는 서로도 같다[공통 개념 5].] 그래서 평행사변형 BL은 정사각형 GB와 같다. AE, BK를 이어 평행사변형 CL이 정사각형 HC와 같다는 것도 이제 비슷하게 밝혀질 수 있다. 그래서 전체 정사각형 BDEC는 두 정사각형 GB, HC(의 합)과 같다. 또한 정사각형 BDEC는 BC로부터, (정사각형) GB, HC는 BA, AC로부터 그려 넣었다. 그래서 변 BC로부터의 정사각형은 변 BA,

AC로부터의 정사각형들(의 합)과 같다.

그래서 직각 삼각형들에서는 직각을 마주하는 변으로부터의 정사각형이 직[각]을 둘러싸는 변들로부터의 정사각형들(의 합)과 같다. 밝혀야 했던 바로 그것이다.

명제 48

삼각형의 변들 중 하나로부터의 정사각형이 그 삼각형의 남은 두 변으로부터의 정사각형들(의 합)과 같다면, 그 삼각형의 남은 두 변으로 둘러싸인 각은 직각이다.

삼각형 ABC의 한 변 BC로부터의 정사각형이 변 BA, AC로부터의 정사각형들(의 합)과 같다고 하자. 나는 주장한다. 각 BAC는 직각이다.

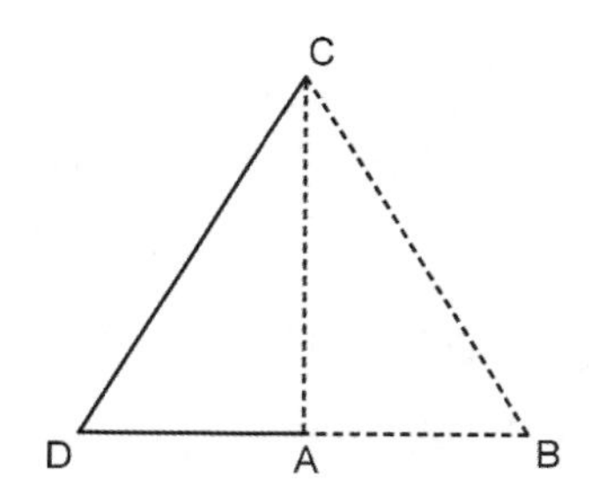

점 A로부터 직선 AC와 직각으로AD가 그어졌고[I-11], BA와 같게 AD가 놓이고[I-3] DC가 이어졌다고 하자.

DA가 AB와 같으므로 DA로부터의 정사각형은 AB로부터의 정사각형과 같다. AC로부터의 정사각형을 공히 보태자. 그래서 DA, AC로부터의 정사각형들(의 합)은 BA, AC로부터의 정사각형들(의 합)과 같다. 한편 DA, AC

로부터의 정사각형들(의 합)은 DC로부터의 정사각형과 같다. 각 DAC가 직각이니까 말이다[I-47]. BA, AC로부터의 정사각형들은 BC로부터의 정사각형과 같다. (그렇게) 가정되었으니까 말이다. 그래서 DC로부터의 정사각형이 BC로부터의 정사각형과 같다. 결국 DC가 BC와 같게 된다. DA는 AB와 같고, AC는 공통이므로, 이제 두 (변) DA, AC가 두 (변) BA, AC와 같다. 밑변 DC도 밑변 BC와 같다. 그래서 각 DAC가 각 BAC와 같다[I-8]. 그런데 DAC는 직각이다. 그래서 BAC도 직각이다.

그래서 삼각형의 변들 중 하나로부터의 정사각형이 그 삼각형의 남은 두 변으로부터의 정사각형들(의 합)과 같다면, 그 삼각형의 남은 두 변으로 둘러싸인 각은 직각이다. 밝혀야 했던 바로 그것이다.

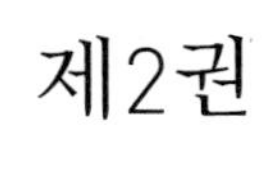
제2권

정의

1. 모든 직각 평행사변형은 직각을 둘러싸는 **두 직선으로 둘러싸인다**고 말한다.

2. 모든 평행사변형 구역에 대하여 그 지름 부근의 평행사변형들 중 임의의 하나를 두 보충 평행사변형과 합쳐 **그노몬**[44]이라고 부르자.

명제 1

두 직선이 있다면, 그런데 그중 하나가 몇 개이든 선분들[45]로 잘리면, 그 두 직선으로 둘러싸인 직각 (평행사변형)은 선분 각각과 안 잘린 직선으로 둘러싸인 직각 (평행사변형)들(의 합)과 같다.[46]

두 직선 A, BC가 있고, BC가 점 D, E에서 임의로 잘렸다고 하자. 나는 주장한다. A, BC로 둘러싸인 직각 (평행사변형)은 A, BD로 둘러싸인 직각 (평

44 원문 γνώμων은 'ㄱ'자 모양의 도구인데 여기서는 기하학 전문 용어로 쓰인다. 그노몬은 그림자 길이를 재는 도구로 쓰여 해시계를 뜻하기도 한다.

45 (1) 지금 우리는 선분과 직선을 무한과 유한 여부로 구분하지만 유클리드 『원론』에서는 의미가 다르다. 제1권 정의 3과 4에서 알 수 있듯, 보통의 경우 직선은 유한하다. 그랬을 때 유한한 직선이 주어지는데 그것이 부분들로 나눠지면 선분이다. (2) 원문은 단순하게 '부분, 조각, 파편'이라는 뜻이다. 제3권 정의 6에서 원의 조각을 가리킬 때도 이 낱말을 쓴다. 본 번역에서는 직선의 조각에 대해서는 선분, 원의 조각에 대해서는 활꼴이라고 옮긴다.

46 현대 관점에서 보면 이 명제는 넓이를 정의하는 공리 중 하나이다. 유클리드는 명제로 선언하고 직관에 의존하여 '증명'했다. 제1권, 제4권, 제5권, 제7권, 제10권, 제11권의 첫 명제들도 공리적 성격을 띠거나 보이지 않은 공리를 내포한다.

행사변형)과 A, DE로 둘러싸인 직각 (평행사변형)과 게다가 A, EC로 둘러싸인 직각 (평행사변형) 들(의 합)과 같다.

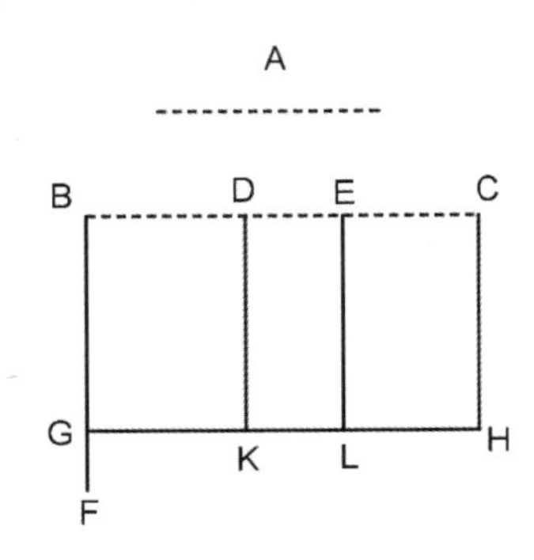

B에서 BC에 직각인 BF가 그어졌고[I-11], A와 같게 BG가 놓이고[I-3], 점 G를 통과하여 BC와 평행한 직선 GH가 그어졌고, 점 D, E, C를 통과하여 BG와 평행한 직선 DK, EL, CH가 그어졌다고 하자[I-31].

BH는 BK, DL, EH 들(의 합)과 같다.[47]

BH는 A, BC로 (둘러싸인 직각 평행사변형)이다. GB, BC로 둘러싸인 (직각 평행사변형)인데 BG가 A와 같으니까 말이다. BK는 A, BD로 (둘러싸인 직각 평행사변형)이다. GB, BD로 둘러싸인 (직각 평행사변형)인데 BG가 A와 같으니까 말이다. DL은 A, DE로 (둘러싸인 직각 평행사변형)이다. DK, 즉 BG가 A와 같으니까 말이다. 게다가 마찬가지로 EH도 A, EC로 (둘러싸인 직각 평행사변형)이다. 그래서 A, BC로 둘러싸인 직각 (평행사변형)은 A, BD 사이와 A, DE 사이와 게다가 A, EC로 (둘러싸인 직각 평행사변형) 모두와 같다.

47 BGHC가 평행사변형일 때 유클리드는 대각선 부분의 기호만 써서 '평행사변형 BH' 또는 단순히 'BH'라고 한다.

그래서 두 직선이 있다면, 그런데 그중 하나가 몇 개이든 선분들로 잘리면, 그 두 직선으로 둘러싸인 직각 (평행사변형)은 선분 각각과 안 잘린 직선으로 둘러싸인 직각 (평행사변형)들(의 합)과 같다. 밝혀야 했던 바로 그것이다.

명제 2

직선이 임의로 잘리면, 선분 각각과 전체로 둘러싸인 직각 (평행사변형)들(의 합)은 전체 직선으로부터의 정사각형과 같다.

직선 AB가 점 C에서 임의로 잘렸다고 하자. 나는 주장한다. BA, AC로 둘러싸인 직각 (평행사변형)과 함께 AB, BC로 둘러싸인 직각 (평행사변형)은 AB로부터의 정사각형과 같다.

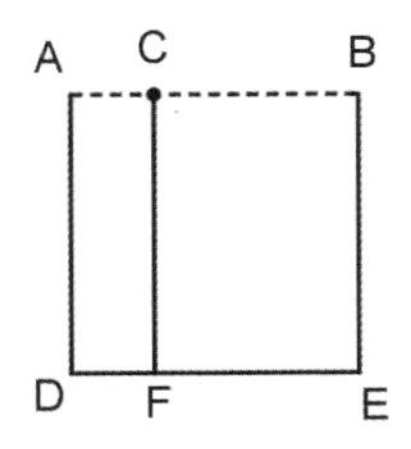

직선 AB로부터 정사각형 ADEB를 그려 넣었고[I-46], 점 C를 통과하여 AD, BE 어느 것과도 평행한 CF가 그어졌다고 하자[I-31].

이제 AE는 AF, CE들(의 합)과 같다[II-1]. 그리고 AE는 AB로부터의 정사각형, AF는 DA, AC로 둘러싸인 직각 (평행사변형)인데 AD가 AB와 같으니까 BA, AC로 둘러싸인 직각 (평행사변형), CE는 BE가 AB와 같으니까 AB, BC로 둘러싸인 직각 (평행사변형)이다. 그래서 BA, AC로 (둘러싸인 직각 평행사변형)은 AB, BC로 (둘러싸인 직각 평행사변형)과 더불어 AB로부터의 정사각형과 같다.

그래서 직선이 임의로 잘리면, 선분들 각각과 전체로 둘러싸인 직각 (평행사변형)들(의 합)은 전체 직선으로부터의 정사각형과 같다. 밝혀야 했던 바로 그것이다.

명제 3

직선이 임의로 잘리면, 선분들 중 하나와 전체로 둘러싸인 직각 (평행사변형)은 선분으로 둘러싸인 직각 (평행사변형)과 앞에서 언급한 그 선분으로부터의 정사각형 모두와 같다.

직선 AB가 점 C에서 임의로 잘렸다고 하자. 나는 주장한다. AB, BC로 둘러싸인 직각 (평행사변형)은, BC로부터의 정사각형과 함께한 AC, CB로 둘러싸인 직각 (평행사변형)과 같다.

CB로부터 정사각형 CDEB가 그려 넣어졌고[I-46], ED가 F까지 더 그어졌고, A를 통과하여 CD, BE 어느 것과도 평행한 직선 AF가 그어졌다고 하

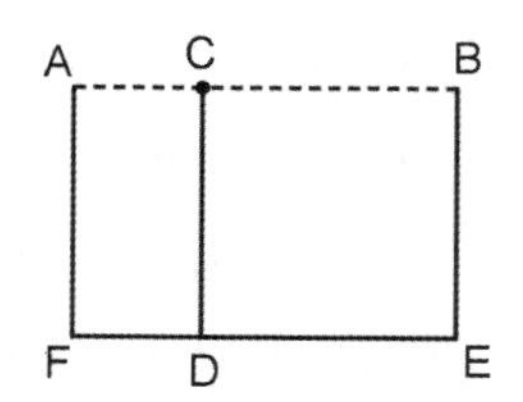

자[I−31].

이제 AE가 AD, CE 들(의 합)의 같다[II−1].

그리고 AE는 AB, BC로 둘러싸인 직각 (평행사변형)과 같다. (AE가) AB, BE로 둘러싸인 직각 (평행사변형)인데 BE가 BC와 같으니까 말이다. AD는 AC, CB로 둘러싸인 직각 (평행사변형)과 같다. DC가 CB와 같으니까 말이다. 그런데 DB는 CB로부터의 정사각형과 같다. 그래서 AB, BC로 둘러싸인 직각 (평행사변형)은, BC로부터의 정사각형과 함께한 AC, CB로 둘러싸인 직각 (평행사변형)과 같다.

그래서 직선이 임의로 잘리면, 선분들 중 하나와 전체로 둘러싸인 직각 (평행사변형)은 선분으로 둘러싸인 직각 (평행사변형)과 앞서 언급한 그 선분으로부터의 정사각형 모두와 같다. 밝혀야 했던 바로 그것이다.

명제 4

직선이 임의로 잘리면, 전체로부터의 정사각형은 선분들로부터의 정사각형들과 선분으로 둘러싸인 직각 (평행사변형)의 두 배 모두와 같다.

직선 AB가 점 C에서 임의로 잘렸다고 하자. 나는 주장한다. AB로부터의 정사각형은 AC, CB로부터의 정사각형들과 AC, CB로 둘러싸인 직각 (평행사변형)의 두 배 모두와 같다.

AB로부터 정사각형 ADEB가 그려 넣어졌고[I−46], BD가 이어졌고, C를 통과하여 AD, EB 어느 것과도 평행한 직선 CF가 그어졌고, G를 통과하여 AB, DE 어느 것과도 평행한 직선 HK가 그어졌다고 하자[I−31].

CF는 AD와 평행하고 BD가 그 직선들을 가로질러 떨어졌으므로 외각

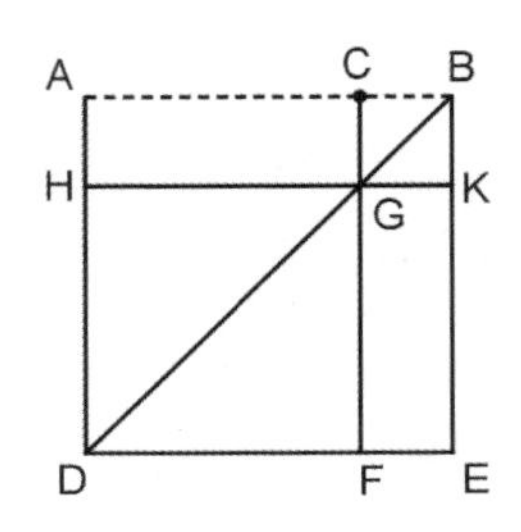

CGB는 반대쪽 내각 ADB와 같다[I-29]. 한편 변 BA가 AD와 같으므로 각 ADB는 ABD와 같다[I-5]. 그래서 각 CGB도 GBC와 같다. 결국 변 BC가 변 CG와 같다[I-6]. 한편 CB는 GK와, CG는 KB와 같다[I-34]. 그래서 GK가 KB와 같다. 그래서 CGKB는 등변 (평행사변형)이다.

이제 나는 주장한다. 직각 (평행사변형)이기도 하다.

CG가 BK와 평행하고 [CB가 그것을 가로질러 떨어졌으므로] 각 KBC, GCB 들(의 합)은 두 직각(의 합)과 같다[I-29]. 그런데 KBC가 직각이다. 그래서 BCG도 직각이다. 결국 반대쪽 각 CGK, GKB도 직각이다[I-34]. 그래서 CGKB는 직각 (평행사변형)이다. 그런데 등변 (평행사변형)이라는 것도 밝혀졌다. 그래서 정사각형이다. CB로부터 (그려 넣은 것)이기도 하다. 똑같은 이유로 HF도 정사각형이고 HG, 즉 AC로부터 (그려 넣은 것)이기도 하다[I-34]. 그래서 HF, KC는 AC, CB로부터의 정사각형들이다. 또한 AG가 GE와 같고[I-43], AG는 AC, CB로 (둘러싸인 직각 평행사변형)과 같다. GC가 CB와 같으니까 말이다. 그래서 GE가 AC, CB로 (둘러싸인 직각 평행사변형)과 같다. 그래서 AG, GE는 AC, CB로 (둘러싸인 직각 평행사변형)의 두 배와 같다. 그런데 HF, CK는 AC, CB로부터의 정사각형들이다. 그래서 HF, CK, AG, GE 넷(의 합)은 AC, CB로부터 올린 정사각형들과 AC, CB로 둘러싸인 직각 (평행사변형)의 두 배 모두와 같다. 한편 HF, CK, AG, GE 들

(의 합)은 AB로부터의 (정사각형) 전체인 ADEB이다. 그래서 AB로부터의 정사각형은, AC, CB로부터의 정사각형들과 AC, CB로 둘러싸인 직각 (평행사변형)의 두 배 모두와 같다.
그래서 직선이 임의로 잘리면, 전체로부터의 정사각형은 선분들로부터의 정사각형들과 선분으로 둘러싸인 직각 (평행사변형)의 두 배 모두와 같다. 밝혀야 했던 바로 그것이다.

따름. 이제 이로부터 분명하다. 정사각형 구역들 안에서 지름 부근의 평행사변형들은 정사각형이다.

명제 5

직선이 같은 (선분들)과 같지 않은 (선분들)로 잘리면, 전체의 같지 않은 선분들로 둘러싸인 직각 (평행사변형)은 잘린 것들[48] 중 중간(선분)으로부터의 정사각형과 함께, (전체 직선의) 절반으로부터의 정사각형과 같다.

직선 AB가 점 C에서는 같은 (선분)들로, 점 D에서는 같지 않은 (선분)들로 잘렸다고 하자. 나는 주장한다. AD, DB로 둘러싸인 직각 (평행사변형)은 CD로부터의 정사각형과 함께, CB로부터의 정사각형과 같다.
CB로부터 정사각형 CEFB가 그려 넣어졌고, BE가 이어졌고, D를 통과하

48 어떤 직선이 잘리면, 선분들(τμῆμα)이라는 용어를 쓴다. 제2권 명제 5와 9의 경우, 같게 자르기 한 번, 다르게 자르기 한 번을 하면서 직관적인 용어인 '중간'이라는 낱말을 쓰는데, 이때는 '잘린 것들(τομή)'이라는 용어를 쓴다.

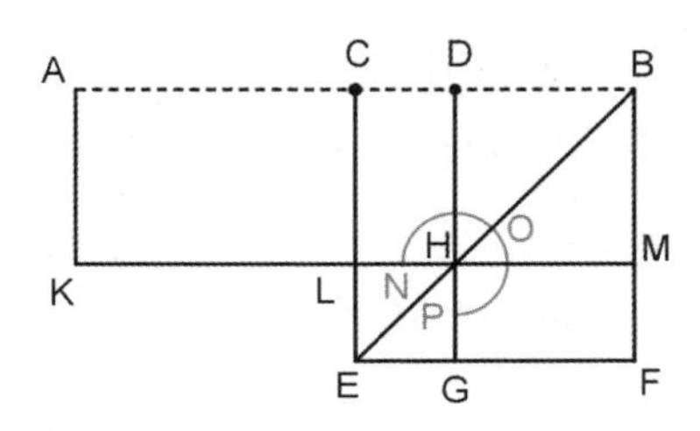

여 CE, BF 어느 것과도 평행한 DG가 그어졌고, H를 통과하여 AB, EF 어느 것과도 평행한 KM이 그어졌고, 다시, A를 통과하여 CL, BM 어느 것과도 평행한 AK가 그어졌다고 하자.

보충 평행사변형 CH가 보충 평행사변형 HF와 같으므로 DM을 공히 보태자. 그래서 전체 CM은 전체 DF와 같다. 한편, AC와 CB가 같아서 CM이 AL과 같다. 그래서 AL이 DF와 같다. CH를 공히 보태자. 그래서 전체 AH가 그노몬 NOP와 같다. 한편 AH는 AD, DB로 (둘러싸인 직각 평행사변형)과 같다. DH가 DB와 같으니까 말이다. 그래서 그노몬 NOP는 AD, DB로 (둘러싸인 직각 평행사변형)과 같다. CD로부터의 (정사각형)과 같은 LG를 공히 보태자. 그래서 그노몬 NOP와 LG는 AD, DB로 둘러싸인 직각 (평행사변형)과 CD로부터의 (정사각형)과 같다. 한편 그노몬 NOP와 LG 들(의 합)은 CB로부터의 (정사각형)인 전체 정사각형 CEFB와 같다. 그래서 AD, DB로 둘러싸인 직각 (평행사변형)은 CD로부터의 정사각형과 함께, CB로부터의 정사각형과 같다.

그래서 직선이 같은 (선분들)과 같지 않은 (선분들)로 잘리면, 같지 않은 선분과 전체로 둘러싸인 직각 (평행사변형)은 잘린 것들 중 중간 (선분)로부터의 정사각형과 함께, (전체 직선의) 절반으로부터의 정사각형과 같다. 밝혀야 했던 바로 그것이다.[49]

명제 6

직선이 이등분되는데, 그것에 어떤 (다른) 직선을 직선으로 덧대면, 보탠 직선에 전체를 합친 직선과 보탠 직선으로 둘러싸인 직각 (평행사변형)은 (전체 직선의) 이등분으로부터의 정사각형과 함께, (전체의) 절반과 보탠 직선 모두가 함께 놓인 직선으로부터의 정사각형과 같다.

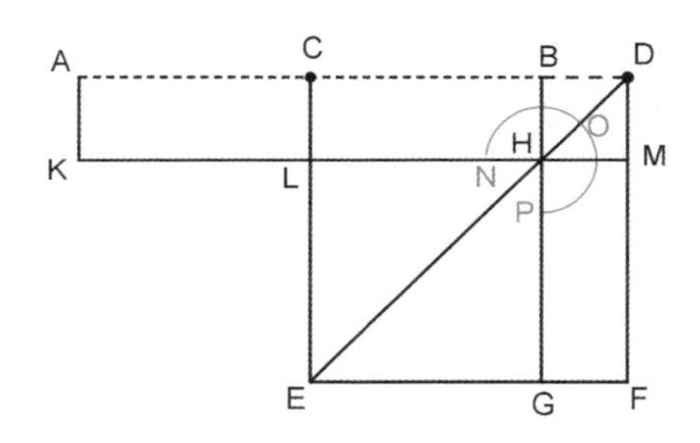

49 이집트의 옥시링쿠스(Oxyrhynchus)에서 발견된 파피루스 조각으로 현존하는 가장 오래된 『원론』의 필사본 조각이다. 기원 후 100년경의 것으로 추정한다.

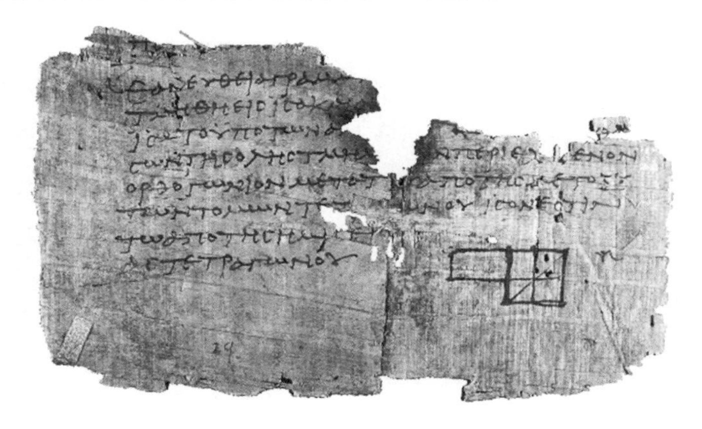

직선 AB가 점 C에서 이등분되었는데, 그 (직선 AB)에 어떤 직선 BD가 직선으로 보태어졌다고 하자. 나는 주장한다. AD, DB로 둘러싸인 직각 (평행사변형)은 CB로부터의 정사각형과 함께, CD로부터의 정사각형과 같다.

CD로부터 정사각형 CEFB를 그려 넣었고[I-46], DE가 이어졌고, 점 B를 통과해서는 EC, DF 어느 것과도 평행한 BG가, H를 통과해서는 AB, EF 어느 것과도 평행한 KM이, 게다가 A를 통해서는 CL, DM 어느 것과도 평행한 AK가 그어졌다고 하자[I-31].

AC가 CB와 같으므로 AL도 CH와 같다[I-36]. 한편 CH는 HF와 같다[I-43]. 그래서 AL도 HF와 같다. CM을 공히 보태자. 그래서 전체 AM은 그노몬 NOP와 같다. 한편 AM은 AD, DB로 (둘러싸인 직각 평행사변형)이다. DM이 DB와 같으니까 말이다. 그래서 그노몬 NOP는 AD, DB로 (둘러싸인 직각 평행사변형)과 같다. BC로부터의 (정사각형)과 같은 LG를 공히 보태자. 그래서 AD, DB로 둘러싸인 직각 (평행사변형)은 CB로부터의 (정사각형)과 함께, 그노몬 NOP와 LG(의 합)과 같다. 한편 그노몬 NOP와 LG(의 합)은 CD로부터의 (정사각형)인 전체 정사각형 CEFD와 같다. 그래서 AD, DB로 둘러싸인 직각 (평행사변형)은 CB로부터의 정사각형과 함께, CD로부터의 정사각형과 같다.

그래서 직선이 이등분되는데, 그것에 어떤 (다른) 직선을 직선으로 덧대면, 보탠 직선에 전체를 합친 직선과 보탠 직선으로 둘러싸인 직각 (평행사변형)은 (전체 직선의) 이등분으로부터의 정사각형과 함께, (전체의) 절반과 보탠 직선 모두가 함께 놓인 직선으로부터의 정사각형과 같다. 밝혀야 했던 바로 그것이다.

명제 7

직선이 임의로 잘리면, 전체로부터의 (정사각형)과 선분들 중 하나로부터의 정사각형들은 함께 합쳐져서, 언급된 그 선분과 전체로 둘러싸인 직각 (평행사변형)의 두 배와 남은 선분으로부터의 정사각형 모두와 같다.

직선 AB가 점 C에서 임의로 잘렸다고 하자. 나는 주장한다. AB, BC로부터의 정사각형들(의 합)은 AB, BC로 둘러싸인 직각 (평행사변형)의 두 배와 CA로부터의 정사각형 모두와 같다.

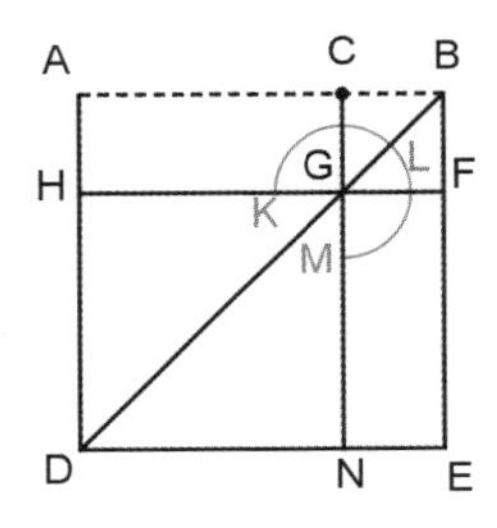

AB로부터 정사각형 ADEB를 그려 넣었다고 하자[I-46]. 또한 그 도형이 마저 그려졌다고 하자.[50]

AG가 GE와 같으므로[I-43] CF를 공히 보태자. 그래서 전체 AF는 전체 CE와 같다. 그래서 AF, CE(의 합)은 AF의 두 배이다. 한편 AF, CE(의 합)은 그노몬 KLM과 정사각형 CF(의 합)이다. 그래서 그노몬 KLM과 CF(의 합)은

50 특수 용어라고 봐야 한다. 제2권 명제 4, 5, 6에서 나온 작도, 즉 대각선의 어떤 점을 잡아 평행선을 반복해서 긋고 그노몬을 인식하는 과정을 유클리드는 '마저 그리기'라는 표현으로 대신했다. 제2권 명제 7과 8, 제6권 명제 27, 28, 29, 제10권 명제 92부터 96까지, 제13권 명제 1부터 5까지만 나오는데 모두 그런 의미이다.

AF의 두 배이다. 그런데 AF의 두 배는 AB, BC로 (둘러싸인 직각 평행사변형)의 두 배이기도 하다. BF가 BC와 같으니까 말이다. 그래서 그노몬 KLM과 정사각형 CF(의 합)은 AB, BC로 (둘러싸인 직각 평행사변형)의 두 배이다. AC로부터의 정사각형과 같은 DG를 공히 보태자. 그래서 그노몬 KLM과 정사각형 BG, GD 들(의 합)은 AB, BC로 둘러싸인 직각 (평행사변형)의 두 배와 AC로부터의 정사각형 모두와 같다. 한편 그노몬 KLM과 정사각형 BG, GD 들(의 합)은 ADEB 전체와 CF(의 합)과 같은데 그 (합)은 AB, BC로부터의 정사각형들(의 합)이다. 그래서 AB, BC로부터의 정사각형들(의 합)은, AB, BC로 둘러싸인 직각 (평행사변형)의 두 배와 AC로부터의 정사각형 모두와 같다.

그래서 직선이 임의로 잘리면, 전체로부터의 (정사각형)과 선분들 중 하나로부터의 정사각형들은 함께 합쳐져서, 언급된 그 선분과 전체로 둘러싸인 직각 (평행사변형)의 두 배와 남은 선분으로부터의 정사각형 모두와 같다. 밝혀야 했던 바로 그것이다.

명제 8

직선이 임의로 잘리면, 선분 중 하나와 전체로 둘러싸인 직각 (평행사변형)의 네 배는 남은 선분으로부터의 정사각형과 함께, 직선 하나인 듯 전체와 언급된 선분 모두로부터 그려 넣은 정사각형과 같다.

직선 AB가 점 C에서 임의로 잘렸다고 하자. 나는 주장한다. AB, BC로 둘러싸인 직각 (평행사변형)의 네 배는 AC로부터의 정사각형과 함께, 직선 하나인 듯 AB, BC 모두로부터 그려 넣은 정사각형과 같다.

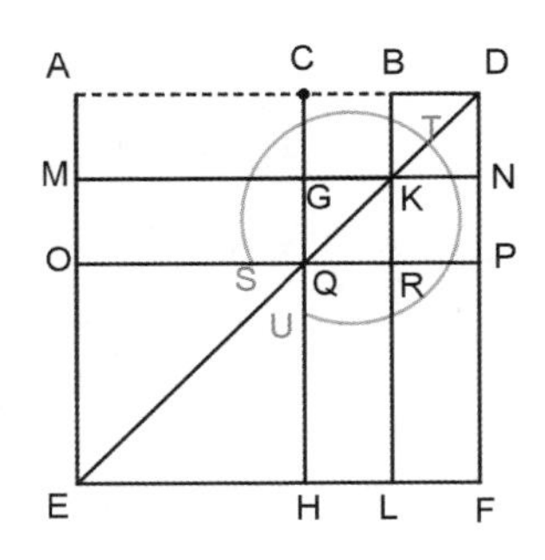

BD가 [직선 AB와] 직선으로 연장되었고, CB와 같게 BD가 놓이고[I-3], AD로부터 정사각형 AEFD가 그려 넣어졌고, 두 번 그 도형이 마저 그려졌다고 하자.

CB가 BD와 같은데 한편 CB는 GK와, BD는 KN과 같으므로[I-34] GK도 KN과 같다. 똑같은 이유로 QR이 RP와 같다. 또한 BC가 BD와, GK가 KN과 같으므로 CK는 KD와, GR은 RN과 같다[I-36]. 한편 CK는 RN과 같다. 평행사변형 CP의 보충 평행사변형들이니까 말이다[I-43]. 그래서 KD도 GR과 같다. 그래서 DK, CK, GR, RN 넷은 서로 같다. 그래서 그 넷(의 합)은 CK의 네 배이다. 다시, CB가 BD와 같은데 한편 BD는 BK와, 즉 CG와, CB는 GK와, 즉 GQ와 같으므로 CG도 GQ와 같다. 또한 CG는 GQ와, QR은 RP와 같으므로 AG는 MQ와, QL은 RF와 같다[I-36]. 한편 MQ는 QL과 같다. 평행사변형 ML의 보충 평행사변형들이니까 말이다[I-43]. 그래서 AG도 RF와 같다. 그래서 AG, MQ, QL, RF 넷은 서로 같다. 그래서 그 넷(의 합)은 AG의 네 배이다. 그런데 DK, CK, GR, RN 넷(의 합)이 CK의 네 배라는 것은 밝혀졌다. 그래서 그노몬 STU를 둘러싸는 여덟 (도형들의 합)은 AK의 네 배이다. 또한 AK는 AB, BD로 (둘러싸인 직각 평행사변형)이다. BK가 BD와 같으니까 말이다. 그래서 AB, BD로 (둘러싸인 직각 평행사변형)의 네 배는 AK의 네 배이다. 그런데 AK의 네 배가 그노몬 STU이기도 하다는 것도 밝혀졌다. 그래서 AB, BD로 (둘러싸인 직각 평행사변형)의 네 배는 그노몬 STU와 같다. AC로부터의 정사각형과 같은 OH를 공히 보태자. 그래서 AB, BD로 (둘러싸인 직각 평행사변형)의 네 배는 AC로부터의 정사각형과 함께, 그노몬 STU와 OH (모두)와 같다. 한편 그노몬 STU와 OH(의 합)은 AD로부터의 정사각형 AEFD 전체이다. 그래서 AB, BD로 (둘러싸인 직각 평행사변형)의 네 배는 AC로부터의 정사각형과 함께, AD로부터의 정사각형과 같다. 그런데 BD가 BC와 같다. 그래서 AB, BD로 (둘러싸인 직각 평행사변형)의 네 배는 AC로부터의 정사각형과 함께, AD로부터, 즉 직선 하나인 듯 AB, BC (모두)로부터 그려 넣은 정사각형과 같다.
그래서 직선이 임의로 잘리면, 선분 중 하나와 전체로 둘러싸인 직각 (평행사변형)의 네 배는 남은 선분으로부터의 정사각형과 함께, 직선 하나인 듯 전체와 언급된 선분 (모두)로부터 그려 넣은 정사각형과 같다. 밝혀야 했던 바로 그것이다.

명제 9

직선이 같은 (선분들)과 같지 않은 (선분들)로 잘리면, 전체 직선의 같지 않은 선분들로부터의 정사각형들(의 합)은 (전체의) 절반으로부터의 (정사각형)과 잘린 것들 중 중간 (선분)으로부터의 정사각형 모두의 두 배이다.[51]

51 (1) 앞 명제들과 한 종류인 명제인데 제2권 명제 9, 10에서 그림이 삼각형으로 바뀌었다. 이에 대하여 여러 설이 있다. 19세기 말 독일 수학사가 제우텐은 '대각선 수(diagonal

직선 AB가 점 C에서는 같은 (선분)들로, 점 D에서는 같지 않은 (선분)들로 잘렸다고 하자. 나는 주장한다. AD, DB로부터의 정사각형들(의 합)은 AC, CD로부터의 정사각형들(의 합)의 두 배이다.

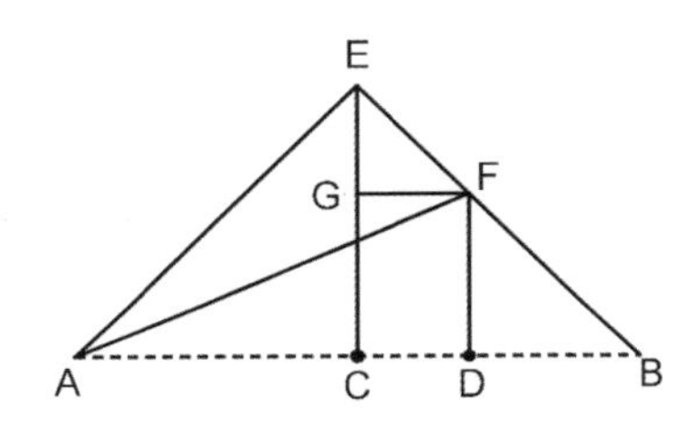

C로부터 AB와 직각으로 CE가 그어졌고[I-11], (그 CE가) AC, CB 각각과 같게 놓이고[I-3], EA, EB가 이어졌고, D를 통과해서는 EC와 평행한 DF가, F를 통과해서는 AB와 (평행한) FG가 그어졌고[I-31], AF가 이어졌다고 하자.

AC가 CE와 같으므로 각 EAC는 AEC와 같다[I-5]. 또한 (AC, CE가) C에서 직각이므로 남은 각 EAC, AEC의 (합)은 한 직각과 같다[I-32]. (서로) 같기도 하다. 그래서 CEA, CAE 각각은 직각의 절반이다. 똑같은 이유로 CEB, EBC 각각은 직각의 절반이다. 그래서 AEB 전체는 직각이다. 또한 GEF도 직각의 절반인데 EGF는 직각이다. 반대쪽 내각 ECB와 같으니까 말이다[I-29]. 그래서 남은 각 EFG가 직각의 절반이다[I-32]. 그래서 각 GEF가 EFG와 같다. 결국 변 EG가 GF와 같게 된다[I-6]. 다시 B에서의 각이 직각

number)'로 설명했고 그로부터 수십 년 뒤 『원론』에 대한 프로클로스의 주석서가 발견되고 거기에 대각선 수에 대한 언급이 나오면서 제우텐의 주장이 힘을 얻었다. 한편 제2권의 주요 명제들이 그중에서도 특히 명제 12와 13이 제1권 명제 47(피타고라스 정리)와 연관되었으므로 여기서 직각 삼각형을 제시하여 그 관련성을 환기시키는 의미일 수도 있다.

의 절반인데, FDB는 직각이다. 다시 반대쪽 내각 ECB와 같으니까 말이다[I-29]. 그래서 남은 각 BFD는 직각의 절반이다[I-32]. 그래서 B에서의 각은 DFB와 같다. 결국 변 FD도 변 DB와 같다[I-6]. 또한 AC가 CE와 같으므로 AC로부터의 (정사각형)은 CE로부터의 (정사각형)과 같다. 그래서 AC, CE로부터의 (정사각형)들(의 합)은 AC로부터의 (정사각형)의 두 배이다. 그런데 AC, CE로부터의 (정사각형)들(의 합)과 EA로부터의 정사각형이 같다. 각 ACE가 직각이니까 말이다[I-47]. 그래서 EA로부터의 (정사각형)은 AC로부터의 (정사각형)의 두 배이다.

다시 EG가 GF와 같으므로 EG로부터의 (정사각형)은 GF로부터의 (정사각형)과 같다. 그래서 EG, GF로부터의 정사각형들(의 합)은 GF로부터의 정사각형의 두 배이다. 그런데 EG, GF로부터의 정사각형들(의 합)과 EF로부터의 정사각형이 같다[I-47]. 그래서 EF로부터의 정사각형이 GF로부터의 (정사각형)의 두 배이다. 그런데 GF가 CD와 같다[I-34]. 그래서 EF로부터의 (정사각형)은 CD로부터의 (정사각형)의 두 배이다. 그런데 EA로부터의 (정사각형)은 AC로부터의 (정사각형)의 두 배이다. 그래서 AE, EF로부터의 정사각형들(의 합)은 AC, CD로부터의 정사각형들(의 합)의 두 배와 같다. 그런데 AE, EF로부터의 (정사각형)들(의 합)과 AF로부터의 정사각형이 같다. 각 AEF가 직각이니까 말이다[I-47]. 그래서 AF로부터의 정사각형이 AC, CD로부터의 (정사각형들의 합)의 두 배이다. 그런데 AF로부터의 (정사각형)이 AD, DF로부터의 (정사각형)들(의 합)과 같다. D에서의 각이 직각이니까 말이다[I-47]. 그래서 AD, DF로부터의 (정사각형)들(의 합)은 AC, CD로부터의 정사각형들(의 합)의 두 배이다. 그런데 DF가 DB와 같다. 그래서 AD, DB로부터의 정사각형들(의 합)은 AC, CD로부터의 정사각형들(의 합)의 두 배이다.

그래서 직선이 같은 (선분들)과 같지 않은 (선분들)로 잘리면, 전체 직선의 같지 않은 선분들로부터의 정사각형들(의 합)은, (전체의) 절반으로부터의 (정사각형)과 잘린 것들 중 중간 (선분)으로부터의 정사각형 모두의 두 배이다. 밝혀야 했던 바로 그것이다.

명제 10

직선이 이등분되는데, 그것에 어떤 (다른) 직선을 직선으로 덧대면, 보탠 직선에 전체를 합친 직선으로부터의 (정사각형)과 보탠 직선으로부터의 정사각형들은 함께 합쳐져서, (전체 직선의) 절반으로부터의 (정사각형)과, 직선 하나인 듯 (전체 직선의) 반과 보태어진 직선 모두가 함께 놓인 직선으로부터 그려 넣은 정사각형 모두의 두 배이다.

직선 AB가 점 C에서 이등분되었고, 그것에 어떤 직선 BD가 직선으로 보태어졌다고 하자. 나는 주장한다. AD, DB로부터의 정사각형들(의 합)은 AC, CD로부터의 정사각형들(의 합)의 두 배이다.

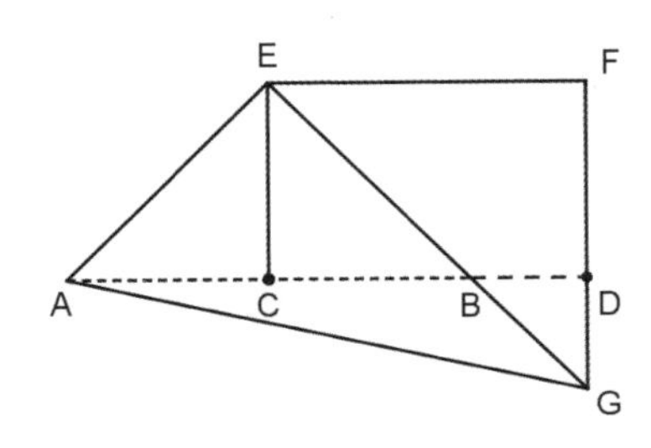

점 C로부터 AB와 직각으로 CE가 그어졌고[I-11], (그 CE가) AC, CB 각각과 같게 놓이고[I-3], EA, EB가 이어졌고, E를 통과해서는 AD와 평행한

EF가, D를 통과해서는 CE와 평행한 FD가 그어졌다고 하자[I-31].

평행한 직선 EC, FD를 가로질러 어떤 직선 EF가 떨어지므로 CEF, EFD 들(의 합)은 두 직각(의 합)과 같다[I-29]. 그래서 FEB, EFD 들(의 합)은 두 직각(의 합)보다는 작다. 그런데 (합이) 두 직각(의 합)보다 작은 (내각)들로부터 연장되는 직선들은 한데 모인다[공준 5]. 그래서 EB, FD는 연장되어 B, D 쪽에서 한데 모일 것이다. (그것들이) 연장되었고 G에서 모였다고 하고 AG가 이어졌다고 하자. AC가 CE와 같으므로 각 EAC는 AEC와 같다[I-5]. 또한 C에서의 각은 직각이다. 그래서 EAC, AEC 각각은 직각의 절반이다[I-32]. 똑같은 이유로 CEB, EBC 각각도 직각의 절반이다. 그래서 AEB는 직각이다. EBC도 직각의 절반이므로 DBG도 직각의 반이다[I-15]. 그런데 BDG는 직각이다. DCE와 엇각으로 같으니까 말이다[I-29]. 그래서 남은 각 DGB는 직각의 절반이다. 그래서 DGB는 DBG와 같다. 결국 변 BD도 변 GD와 같다[I-6]. 다시, EGF는 직각의 절반인데, F에서의 각은 직각이다. (그 각은) 반대쪽 각인 C에서의 각과 같으니까 말이다[I-34]. 그래서 남은 각 FEG는 직각의 절반이다. 그래서 각 EGF는 FEG와 같다. 결국 변 GF도 변 EF와 같다[I-6]. 또한 [EC가 CA와 같으므로] EC로부터의 정사각형은 CA로부터의 정사각형과 같다. 그래서 EC, CA로부터의 정사각형들(의 합)은 CA로부터의 정사각형의 두 배이다. 그런데 EC, CA로부터의 정사각형들(의 합)과 EA로부터의 (정사각형)은 같다[I-47]. 그래서 EA로부터의 정사각형은 AC로부터의 정사각형의 두 배이다.

다시, FG가 EF와 같으므로 FG로부터의 (정사각형)은 EF로부터의 (정사각형)과 같다. 그래서 GF, FE로부터의 (정사각형)들(의 합)은 EF로부터의 (정사각형)의 두 배이다. 그런데 GF, FE로부터의 정사각형들(의 합)과 EG로부터의 (정사각형)이 같다[I-47]. 그래서 EG로부터의 (정사각형)은 EF로부터의 (정사각형)의 두 배이다. 그런데 EF가 CD와 같다[I-34]. 그래서 EG로부터의 정사각형은 CD로부터의 (정사각형)의 두 배이다. 그런데 EA로부터의 (정사각형)이 AC로부터의 (정사각형)의 두 배라는 것도 밝혀졌다. 그래서 AE, EG로부터의 정사각형들(의 합)은 AC, CD로부터의 정사각형들(의 합)의 두 배이다. 그런데 AE, EG로부터의 정사각형들(의 합)과 AG로부터의 정사각형이 같다[I-47]. 그래서 AG로부터의 (정사각형)은 AC, CD로부터의 (정사각형)들(의 합)의 두 배이다. 그런데 AG로부터의 (정사각형)과 AD, DG로부터의 (정사각형)들(의 합)이 같다[I-47]. 그래서 AD, DG로부터의 [정사각형]들(의 합)은 AC, CD로부터의 [정사각형]들(의 합)의 두 배이다. 그런데 DG가 DB와 같다. 그래서 AD, DB로부터의 [정사각형]들(의 합)은 AC, CD로부터의 정사각형들(의 합)의 두 배이다.

그래서 직선이 이등분되는데, 그것에 어떤 직선이 직선으로 덧대면, 보탠 직선에 전체를 합친 직선으로부터의 (정사각형)과 보탠 직선으로부터의 정사각형들은 함께 합쳐져서, (전체 직선의) 절반으로부터의 (정사각형)과, 직선 하나인 듯 (전체 직선의) 반과 보탠 직선 모두가 함께 놓인 직선으로부터 그려 넣은 정사각형 모두의 두 배이다. 밝혀야 했던 바로 그것이다.

명제 11

주어진 직선을, 잘린 것들 중 하나와 전체로 둘러싸인 직각 (평행사변형)이 잘린 것 중 남은 (선분)으로부터의 정사각형과 같도록 자르기.[52]

∴

52 흔히 '황금비' 작도라고 한다. 제6권 명제 30에서는 비례의 언어로 다시 나타난다. 이 작도에

주어진 직선 AB가 있다고 하자. 이제 AB를, 잘린 것들 중 하나와 전체로 둘러싸인 직각 (평행사변형)이 잘린 것 중 남은 (선분)으로부터의 정사각형과 같도록 잘라야 한다.

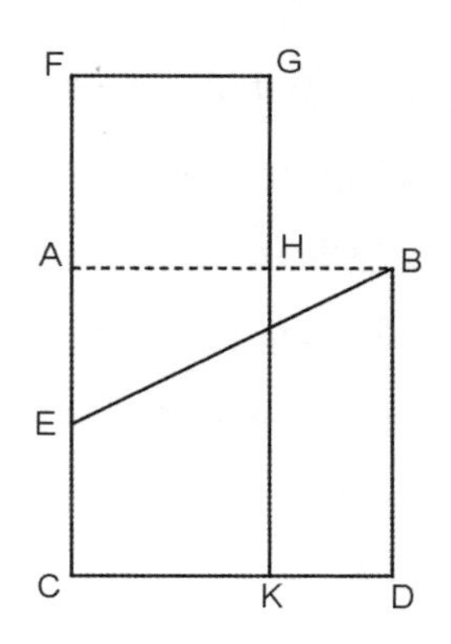

AB로부터 정사각형 ABCD가 그려 넣어졌고[I-46], 점 E에서 AC가 이등분되었고[I-10], BE가 이어졌고, F 쪽으로 CA가 더 그어졌고, BE와 같게 EF가 놓이고[I-3], AF로부터 정사각형 FH가 그려 넣어졌고[I-46], K까지 GH가 더 그어졌다고 하자. 나는 주장한다. AB는 H에서, AB, BH로 둘러싸인 직각 (평행사변형)이 AH로부터의 정사각형과 같게 만들도록 잘렸다.

직선 AC가 E에서 이등분되었는데 그것에 FA가 보태어지므로 CF, FA로 둘러싸인 직각 (평행사변형)은 AE로부터의 정사각형과 함께, EF로부터의 정사각형과 같다[II-6]. 그런데 EF가 EB와 같다. 그래서 CF, FA로 (둘러싸인

••

기대어 제4권 명제 10에서 '황금비 삼각형'이 작도되고 이것은 이어지는 제4권 명제 11에서 정오각형을 작도하는 초석이 된다. 그리고 정오각형은 제10권 전체의 주제인 무리 직선을 발생시키는 씨앗이다. 제13권의 정다면체론에서도 정오각형은 결정적인 역할을 한다. 그 도도한 흐름의 출발점이 바로 이 명제다.

직각 평행사변형)은 AE로부터의 (정사각형)과 함께, EB로부터의 (정사각형)과 같다. 한편 EB로부터의 (정사각형)과 BA, AE로부터의 (정사각형)들(의 합)이 같다. A에서의 각이 직각이니까 말이다[I-47]. 그래서 CF, FA로 (둘러싸인 직각 평행사변형)은 AE로부터의 (정사각형)과 함께, BA, AE로부터의 (정사각형)들(의 합)과 같다. AE로부터의 (정사각형)을 공히 빼냈다고 하자. 그래서 남은 CF, FA로 (둘러싸인 직각 평행사변형)은 AB로부터의 정사각형과 같다. 또한 AF가 FG와 같으니까 CF, FA로 (둘러싸인 직각 평행사변형)은 FK요, AB로부터의 (정사각형)은 AD이다. 그래서 FK가 AD와 같다. AK를 공히 빼냈다고 하자. 그래서 남은 FH가 HD와 같다. 또한 AB와 BD가 같으니까 HD는 AB, BH로 (둘러싸인 직각 평행사변형)이요, FH는 AH로부터의 (정사각형)이다. 그래서 AB, BH로 둘러싸인 직각 (평행사변형)은 HA로부터의 정사각형과 같다.

그래서 AB, BH 사이에 둘러싸인 직각 (평행사변형)이 AH로부터의 정사각형과 같게 만들도록 AB는 H에서 잘렸다. 해야 했던 바로 그것이다.

명제 12

둔각 삼각형들에서는 둔각을 마주하는 변으로부터의 정사각형이 둔각을 둘러싸는 변들로부터의 정사각형들(의 합)보다 크다. 둔각 부근의 변들 중 그리로 수직선이 떨어지는 그 변 하나와 둔각에 댄 채 수직선에 의해 (삼각형의) 외부에서 끊긴 직선으로 둘러싸인 직각 (평행사변형)의 두 배만큼 (말이다).

둔각 BAC를 갖는 둔각 삼각형 ABC가 있고, 연장된 CA까지 점 B로부터 수직선 BD가 그어졌다고 하자. 나는 주장한다. BC로부터의 정사각형은

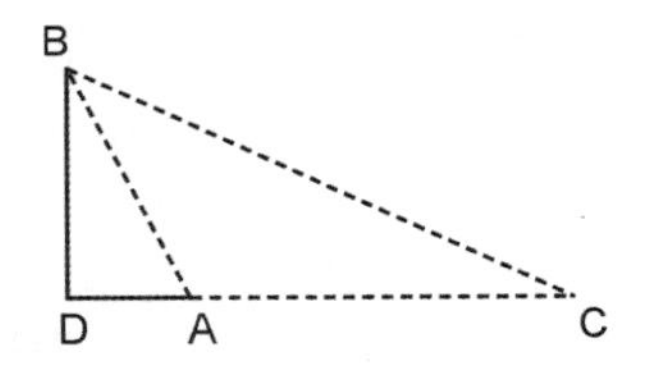

BA, AC로부터의 정사각형들(의 합)보다 CA, AD로 둘러싸인 직각 (평행사변형)의 두 배만큼 크다.

CD가 임의로 점 A에서 잘렸으므로 DC로부터의 (정사각형)은 CA, AD로부터의 정사각형들과 CA, AD로 둘러싸인 직각 (평행사변형)의 두 배 (모두)와 같다[II-4]. DB로부터의 (정사각형)을 공히 보태자. 그래서 CD, DB로부터의 정사각형들(의 합)은 CA, AD, DB로부터의 정사각형들과 CA, AD로 (둘러싸인 직각 평행사변형)의 두 배 모두와 같다. 한편 CD, DB로부터의 (정사각형)들(의 합)은 CB로부터의 (정사각형)과 같다. D에서의 각이 직각이니까 말이다[I-47]. AD, DB로부터의 (정사각형)들(의 합)과는 AB로부터의 (정사각형)이 같다[I-47]. 그래서 CB로부터의 정사각형은 CA, AB로부터의 정사각형들과 CA, AD로 둘러싸인 직각 (평행사변형)의 두 배 모두와 같다. 결국 CB로부터의 정사각형은 CA, AB로부터의 정사각형들(의 합)보다 CA, AD로 둘러싸인 직각 (평행사변형)의 두 배만큼 크다.

그래서 둔각 삼각형들에서는 둔각을 마주하는 변으로부터의 정사각형이 둔각을 둘러싸는 변들로부터의 정사각형들(의 합)보다 크다. 둔각 부근의 변들 중 그리로 수직선이 떨어지는 그 변 하나와, 둔각에 댄 채 (삼각형의) 외부에서 수직선에 의해 끊긴 직선으로 둘러싸인 직각 (평행사변형)의 두 배만큼 (말이다). 밝혀야 했던 바로 그것이다.

명제 13

예각 삼각형들에서는 예각을 마주하는 변으로부터의 정사각형이 예각을 둘러싸는 변들로부터의 정사각형들(의 합)보다 작다. 예각 부근의 변들 중 그리로 수직선이 떨어지는 그 변 하나와, 예각에 댄 채 (삼각형의) 내부에서 수직선에 의해 끊긴 직선으로 둘러싸인 직각 (평행사변형)의 두 배만큼 (말이다).

B에서의 각을 예각으로 갖는 예각 삼각형 ABC가 있고, 점 A로부터 BC까지 수직선 AD가 그어졌다고 하자[I-12]. 나는 주장한다. AC로부터의 정사각형은 CB, BA로부터의 정사각형들(의 합)보다 CB, BD로 둘러싸인 직각 (평행사변형)의 두 배만큼 작다.

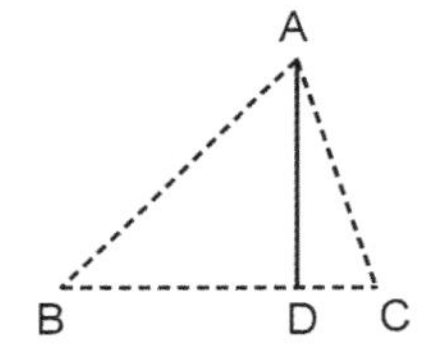

CB가 임의로 점 D에서 잘렸으므로 CB, BD로부터의 정사각형들(의 합)은 CB, BD로 둘러싸인 직각 (평행사변형)의 두 배와 DC로부터의 정사각형 모두와 같다[II-7]. DA로부터의 (정사각형)을 공히 보태자. 그래서 CB, BD, DA로부터의 정사각형들(의 합)은 CB, BD로 둘러싸인 직각 (평행사변형)의 두 배와 AD, DC로부터의 정사각형들 모두와 같다. 한편 BD, DA로부터의 (정사각형)들(의 합)은 AB로부터의 (정사각형)과 같다. D에서의 각이 직각이니까 말이다[I-47]. 그런데 AD, DC로부터의 (정사각형)들(의 합)과는 AC로부터의 (정사각형)이 같다[I-47]. 그래서 CB, BA로부터의 (정사각형)들(의 합)은 AC로부터의 (정사각형)과 CB, BD로 (둘러싸인 직각 평행사변형)의 두 배 모두와 같다. 결국 AC로부터의 (정사각형) 하나는 CB, BA로부터의 (정사각형)들(의 합)보다 CB, BD로 둘러싸인 직각 (평행사변형)의 두 배만큼 작다. 그래서 예각 삼각형들에서는 예각을 마주하는 변으로부터의 정사각형이 예각을 둘러싸는 변들로부터의 정사각형들(의 합)보다 작다. 예각 부근의 변들 중 그리로 수직선이 떨어지는 그 변 하나와, 예각에 댄 채 (삼각형의) 내부에서 수직선에 의해 끊긴 직선으로 둘러싸인 직각 (평행사변형)의 두 배만큼 (말이다). 밝혀야 했던 바로 그것이다.

명제 14

주어진 직선 (도형)과 같은 정사각형을 구성하기.

주어진 직선 (도형)이 A라고 하자. 그 직선 (도형) A와 같은 정사각형을 구성해야 한다.

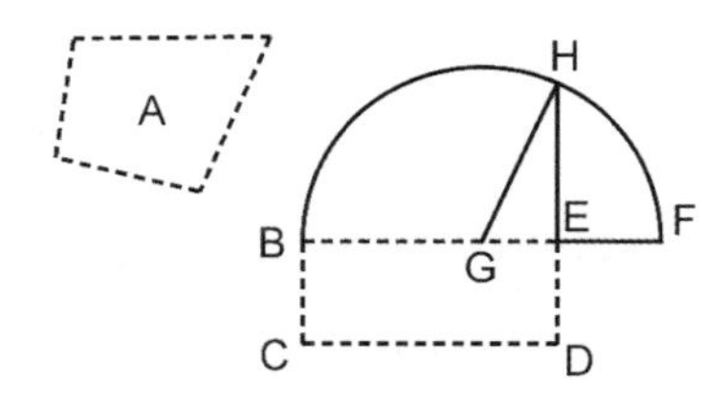

직선 (도형) A와 같은 직각 평행사변형 BD를 구성했다고 하자[I-45]. 만약 BE가 ED와 같다면 해야 했던 것이 이미 된 것이다. 직선 (도형) A와 같은 정사각형 BD가 구성되었으니까 말이다. 만약 같지 않다면 BE, ED 중 하나가 크다. BE가 크다고 하고, F로 연장되었고, ED와 같게 EF가 놓이고

[I-3], BF가 G에서 이등분되었다고 하고[I-10], 중심은 G로, 간격은 GB와 GF 중 하나로 반원 BHF가 그려졌고, H까지 DE가 연장되었고, GH가 이어졌다고 하자.

직선 BF가 G에서는 같은 (선분)들로, E에서는 같지 않은 (선분)들로 잘렸으므로 BE, EF로 둘러싸인 직각 (평행사변형)은 EG로부터의 정사각형과 함께, GF로부터의 정사각형과 같다[II-5]. 그런데 GF가 GH와 같다. 그래서 BE, EF로 둘러싸인 직각 (평행사변형)은 GE로부터의 정사각형과 함께, GH로부터의 정사각형과 같다. 그런데 GH로부터의 정사각형은 HE, EG로부터의 정사각형들(의 합)과 같다[I-47]. 그래서 BE, EF로 둘러싸인 직각 (평행사변형)은 GE로부터의 정사각형과 함께, HE, EG로부터의 정사각형들(의 합)과 같다. GE로부터의 정사각형을 공히 빼내자. 그래서 남은 BE, EF로 둘러싸인 직각 (평행사변형)은 EH로부터의 정사각형과 같다. 한편 BE, EF로 (둘러싸인 직각 평행사변형)는 BD이다. EF가 ED와 같으니까 말이다. 그래서 평행사변형 BD는 HE로부터의 정사각형과 같다. 그런데 BD는 직선 (도형) A와 같다. 그래서 직선 (도형) A는 EH로부터 그려 넣어질 정사각형과 같다.

그래서 주어진 직선 (도형) A와 같은, EH로부터 그려 넣어질 정사각형이 구성되었다. 해야 했던 바로 그것이다.

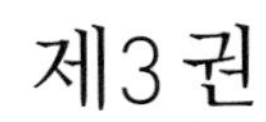

정의

1. **같은 원**들이란 그 지름이 같은 것들이거나, 중심으로부터 (원까지 뻗은) 직선이[53] 같은 것들이다.[54]

2. 원에 닿되 연장되어 그 원을 교차하지 않는 어떤 직선이든 (그) **직선은 원을 접한다**고[55] 말한다.

3. 서로 닿되 교차하지 않는 어떤 원들이든 **원들은 서로를 접한다**고 말한다.

4. 원 안에서, 그 중심으로부터 직선들로 (거리가) 같은 수직선들이 그어질

53 (1) 제1권 정의 15의 주석 참조. 현대의 한글 용어로는 '반지름'이다. 유클리드와 아르키메데스 등 고대 그리스 수학에서는 '중심으로부터 원까지 뻗은 (직선)'이라고 표현한다. 라틴어를 거쳐 영어로 정착된 radius는 『원론』의 표현을 내포한다. 한글 용어인 '반지름'이라는 표현은 지름의 반이라는 표현이어서 『원론』의 표현에 비해 밋밋하다. 본 번역에서는 직역을 선택했다. (2) 현대에는 원의 성격을 표현할 때 주로 반지름(radius)이라는 용어를 쓰지만 고대와 중세까지 원을 결정하는 핵심 용어는 지름이었다. 예를 들어 원의 넓이에 대한 명제들인 제12권 명제 12와 아르키메데스 『원의 측정』 명제 2, 3에서도 지름을 기준으로 원의 둘레와 넓이를 표현한다.

54 제3권은 뜻밖에도 원들의 같음이라는 관계를 정의하면서 시작한다. 지금까지 다각형들의 같음은 드러내서 정의한 적 없이 암묵적으로 '같은 조각으로 나뉨' 또는 '같은 구역을 차지함'이라는 뜻으로 쓰였다. 그런데 원에 대해서는 정의를 했다. 이 정의는 공리나 명제에 해당한다.

55 (1) 접함은 수학의 역사에서 매우 중요한 개념이다. 아폴로니우스, 아르키메데스를 거치며 원뿔곡선과 나선 등 더 넓은 범주의 곡선과 만나면서 이 접함이라는 개념은 점점 다듬어져 간다. 제3권 명제 16의 주석 참조. (2) '접하다'의 원문은 ἐφάπτω로 '스치며 만남'이라는 뜻을 갖는데 유클리드는 ἅπτω(닿다)라는 동사와 구분해서 쓴다. 예를 들면, 제4권 정의 1부터 3은 '닿다'라는 용어를 쓰고 정의 4에서 '접하다'라는 용어를 쓴다. 제12권 명제 16에서 ψαύω(접촉하다)라는 용어도 나온다. 마테오 리치 · 서광계의 번역어는 '절친하다'의 절(切)이다.

때, 그 직선들은 **중심으로부터 같게 떨어져 있다**고 말한다.[56]

5. 더 큰 수직선이 떨어질 때 그 직선은 **더 크게[57] 떨어져 있다**고 말한다.

6. 원의 **활꼴**이란[58] 직선과 원의 둘레로 둘러싸인 도형이다.

7. **활꼴의 각**은 직선과 원의 둘레로 둘러싸인 각이다.

8. **활꼴 안에서의 각**은, 그 활꼴의 둘레에 어떤 점을 잡고 그 활꼴의 밑인 직선의 끝(점)에서 그 점으로 직선들이 연결될 때, 연결된 직선들로 둘러싸인 각이다.[59]

9. 각을 둘러싸는 직선들이 어떤 둘레를 끊을 때, 거기에 그 각이 **서 있다**고 말한다.

56 이 정의는 제4권 명제 14와 제10권 명제 41과 42 사이의 보조정리, 그리고 마지막 명제인 제13권의 명제 18에서만 등장한다.

57 '멀다'라고 하지 않고 크게 떨어져 있다고 정의했다. 그런데 이 정의와 직접 닿아 있는 제3권 명제 15에서는 '멀다'라는 표현으로 대체되었다. 제3권의 명제 7, 8에서도 '더 멀다'라고 쓴다. '멀다' 또는 '가깝다'는 개념은 직관에 의존하는 모호한 용어이다. 『원론』 전체에서 위 세 명제에서만 등장하고 따라서 그 명제들의 증명 안에 논리적으로 약한 지점들이 있다. 제3권은 언어의 관점에서 다소 산만하다. 이 상황을 그대로 드러내기 위해 의역하지 않고 직역한다.

58 활꼴의 원문은 τμῆμα이다. 직선에 대하여 선분을 말할 때 썼던 용어다. 부분, 조각, 잘려 나온 것이라는 뜻이 있다. 직선의 부분을 말할 때도 이 낱말이다. 그때 선분으로 번역했으니 원의 부분을 원분으로 번역하는 게 일관성이 있지만 가독성을 위해 '활꼴'로 번역한다.

59 이 정의 안에는 둘레에 어느 점을 잡든 상관없다는 것이 이미 내포되어 있다. 주어진 활꼴 안에서의 각이 같다는 사실은 제3권 명제 20, 21, 23에서 밝혀진다.

10. 원의 **부채꼴**[60]은, 원의 중심에서 어떤 각이 구성되었을 때, 그 각을 둘러싼 직선들과 그 직선들로 끊긴 둘레로 둘러싸인 도형이다.

11. 원들의 **닮은 활꼴들**이란 같은 각들을 수용하는 (활꼴들) 또는 그 활꼴 안에서의 각들이 서로 같은 활꼴들이다.[61]

명제 1

주어진 원의 중심을 찾아내기.

주어진 원 ABC가 있다고 하자. 이제 원 ABC의 중심을 찾아내야 한다.

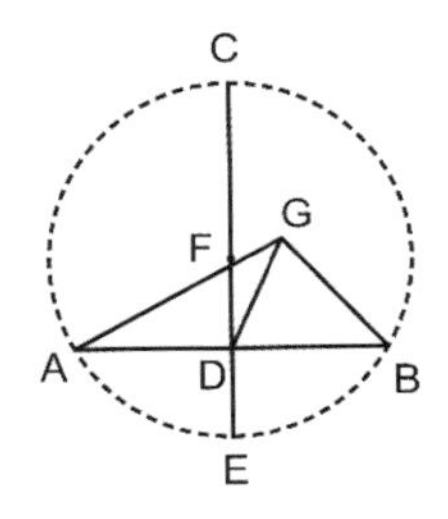

그 원을 가로질러 임의로 직선 AB가 지났고, 점 D에서 이등분되었고[I-9], D로부터 AB와 직각으로 DC가 그어졌고[I-11], E까지 더 그어졌다고 하자.

60 원문은 τομεύς로 자르는 도구, 이빨을 뜻한다. 이것의 라틴어 번역이 sector가 되면서 현대어까지 왔다. 이 낱말은 『원론』 어디에도 등장하지 않는다. 『원론』이 여러 이론과 연구들을 집대성하면서 여러 시대의 유물들이 섞여 있다는 흔적 중 하나이다.

61 두 활꼴이 있을 때 활꼴의 각이 같으면 활꼴 안에서의 각이 같다는 것을 전제했다. 증명이 필요하다. 제3권 명제 23부터 29 참조.

CE가 F에서 이등분되었다고 하자. 나는 주장한다. F가 원 ABC의 중심이다. 아니어서, 혹시 가능하다면,[62] G가 (그 중심)이라 하고 GA, GD, GB가 이어졌다고 하자. AD가 DB와 같은데 DG는 공통이므로 두 직선 AD, DG는 두 직선 GD, DB와 서로서로 같다. 또한 밑변 GA는 밑변 GB와 같다. 중심에서 (나온 직선들)이니까. 그래서 각 ADG는 GDB와 같다[I-8]. 직선 위에 서 있는 직선이 이웃하는 각들을 서로 같게 할 때, 같은 각들 각각은 직각이다[I-def-10]. 그래서 GDB는 직각이다. 그런데 FDB도 직각이다. 그래서 FDB가 GDB와 같다. 큰 것이 작은 것과 같다는 말이다. 이것은 불가능하다. 그래서 G는 원 ABC의 중심일 수 없다. F를 제외하고 다른 어떤 점도 중심이 아님을 이제 우리는 비슷하게 밝힐 수 있다.
그래서 점 F가 [원] ABC의 중심이다.

따름. 이제 이로부터 분명하다. 원 안에서 어떤 직선이 어떤 (다른) 직선을 이등분이고도 직각으로 자른다면, 자르는 직선 위에 원의 중심이 있다. 해야 했던 바로 그것이다.

명제 2

원의 둘레 위에 임의의 두 점이 잡히면, 그 점들을 잇는 직선은 원의 내부로 떨어질

∴

62 제3권은 원의 매우 기초적인 성질까지 증명해 가면서 탄탄하게 짜였다. 내용면에서 볼 때 엄격한 수학 이론의 본보기라 할 만하다. 반면 문장은 산만하고 허술한 부분이 가끔 보인다. 또한 이 증명부터 시작해서 평행선 공준에 의존하는 명제 20이 나오기 전까지 대부분이 간접 증명(귀류법)에 의존한다.

것이다.

원 ABC가 있고, 그것의 둘레 위에 임의의 두 점 A, B가 잡혔다고 하자. 나는 주장한다. A로부터 B까지 잇는 직선은 그 원의 내부로 떨어질 것이다.

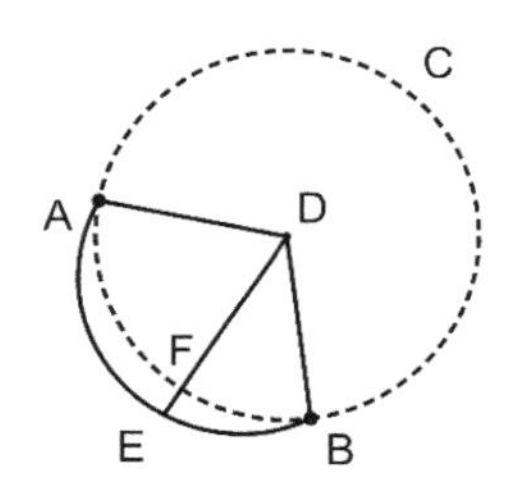

아니어서, 혹시 가능하다면, AEB처럼 외부로 떨어졌고, 원 ABC의 중심이 잡혔고[III−1], D라 하고, DA와 DB가 이어졌고, DFE가 더 그어졌다고 하자. DA가 DB와 같으므로 각 DAE와 DBE는 같다[I−5]. 또한 삼각형[63] DAE에 대하여 한 변 AEB가 더 연장되었으므로 각 DEB가 DAE보다 크다[I−16]. 그런데 DAE는 DBE와 같다[I−5]. 그래서 DEB가 DBE보다 크다. 그런데 큰 각 아래로는 더 큰 변이 마주한다[I−19]. 그래서 DB가 DE보다 크다. 그런데 DB는 DF와 같다. 그래서 DF가 DE보다 크다. (즉), 작은 것이 큰 것보다 크다는 말이다. 이것은 불가능하다. 그래서 A로부터 B까지 잇는 직선은 그 원의 외부로 떨어질 수 없다. 그 둘레 자체로 (떨어지지) 않는다는 것도 이제 우리는 비슷하게 밝힐 수 있다.

그래서 원의 둘레 위에 임의의 두 점이 잡히면, 그 점들을 잇는 직선은 원의 내부로 떨어질 것이다. 밝혀야 했던 바로 그것이다.

63 그림은 삼각형처럼 안 보이지만 A와 B를 '직선으로' 이었으므로 논리적으로 삼각형이다.

명제 3

원 안에서 중심을 통과하는 어떤 직선이[64] 중심을 통과하지 않는 직선을 이등분하면, 그 직선을 직각으로도 자른다. 또 그 직선을 직각으로 자르면, 그 직선을 이등분한다.

원 ABC가 있고, 그 안에서 중심을 통과하는 어떤 직선 CD가 중심을 통과하지 않은 직선 AB를 점 F에서 이등분한다고 하자. 나는 주장한다. 그 (직선 AB)를 직각으로도 자른다.

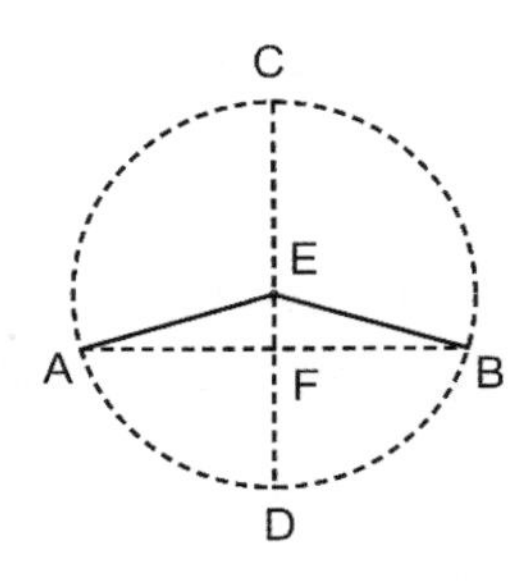

원 ABC의 중심이 잡혔고[III-1], E라 하고, EA와 EB가 이어졌다고 하자. AF가 FB와 같은데 FE는 공통이므로 (삼각형 AFE의) 두 직선이 (삼각형 BFE의) 두 직선과 같다. 밑변 EA도 밑변 EB와 같다. 그래서 각 AFE가 BFE와 같다[I-8]. 직선 위에 서 있는 직선이 이웃하는 각들을 서로 같게 할 때, 같은 각들 각각은 직각이다[I-def-10]. 그래서 AFE, BFE 각각은 직각이다. 그래서 중심을 통과하는 CD가 중심을 통과하지 않는 AB를 이등분하면서

64 제1권 정의 17에서 지름을 정의했고 지금까지 썼으나 정작 원의 성질이 주 관심사인 제3권에서는 지름이라는 용어를 잘 쓰지 않고 여기에서처럼 '중심을 지나는 직선'으로 풀어서 말한다. 명제 4에서는 중심을 통과하지 않는 직선의 성질에 대해서 말한다.

직각으로도 자른다.

한편 CD가 AB를 직각으로 자른다고 하자. 나는 주장한다. 그 (직선 AB)를 이등분한다. 즉, AF가 FB와 같다.

동일한 작도에서, EA가 EB와 같으므로 각 EAF가 EBF와 같다[I-5]. 그런데 직각 AFE는 직각 BFE와 같다.[65] 그래서 두 삼각형 EAF, EFB는 두 각과 같은 두 각을 갖고 한 변과 같은 한 변, (즉) 같은 각들 중 하나를 마주 보는 공통 (변) EF를 갖는 (삼각형)들이다. 그래서 남은 변들과 같은 남은 변들을 갖는다[I-26]. 그래서 AF가 FB와 같다.

그래서 원 안에서 중심을 통과하는 어떤 직선이 중심을 통과하지 않는 직선을 이등분하면, 그 직선을 직각으로도 자른다. 또한 그 직선을 직각으로 자르면, 그 직선을 이등분한다. 밝혀야 했던 바로 그것이다.

명제 4

원 안에서 중심을 통과하지 않는 두 직선이 서로를 자르면, 서로를 이등분하지 않는다.

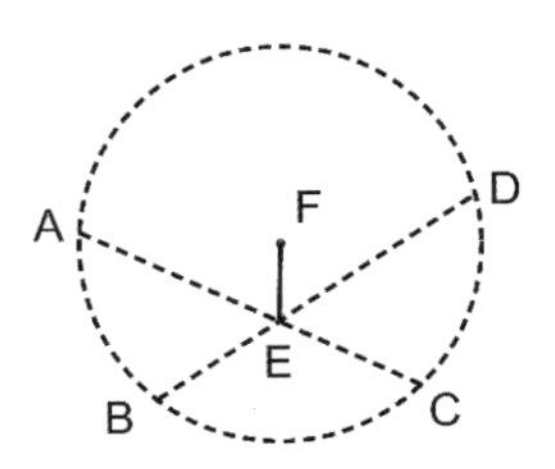

65 공준 4가 처음이자 마지막으로 언급된 부분이다.

원 ABCD가 있고, 그 원 안에 중심을 통과하지 않는 직선 AC, BD가 점 E에서 서로를 자른다고 하자. 나는 주장한다. 서로를 이등분하지 않는다.
혹시 가능하다면, AE가 EC와, BE가 ED와 같도록 서로를 이등분한다고 하자. 또 원 ABCD의 중심이 잡혔고[III-1] F라 하고, FE가 이어졌다고 하자. 중심을 통과하는 어떤 직선 FE는 중심을 지나지 않는 직선 AC를 이등분하므로 그 (직선 AC)를 직각으로도 자른다[III-3]. 그래서 FEA는 직각이다. 다시, 어떤 직선 FE는 어떤 직선 BD를 이등분하므로 그 (직선 BD)를 직각으로도 자른다. 그래서 FEB는 직각이다. 그런데 FEA가 직각이라는 것이 밝혀졌다. 그래서 FEA는 FEB와 같다. 작은 것이 큰 것과 같다는 말이다. 이것은 불가능하다. 그래서 AC, BD는 서로를 이등분하지 않는다.
그래서 원 안에서 중심을 통과하지 않는 두 직선이 서로를 자르면, 서로를 이등분하지 않는다. 밝혀야 했던 바로 그것이다.

명제 5

두 원이 서로를 교차하면, 그 원들은 동일한 중심을 갖지 않을 것이다.

두 원 ABC, CDG가 점 B, C에서 서로를 교차한다고 하자.[66] 나는 주장한다. 그 원들은 동일한 중심을 갖지 않을 것이다.
혹시 가능하다면, (그 중심이) E라 하고, EC가 이어졌고, 임의로 EFG가 더

66 교차한다고 했으니 최소한 두 점에서 만난다고 전제하고 그것을 B, C라고 둔 것이다. 두 점보다 많은 점에서는 교차할 수 없다는 사실은 제3권 명제 10에서 제시된다. 다만 명제 10에서 이 명제를 참조하지 않으니 논리적인 결함은 아니다.

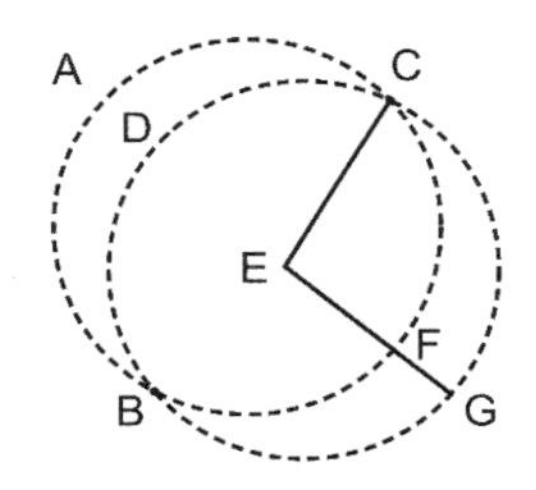

그어졌다고 하자.
점 E가 원 ABC의 중심이므로 EC는 EF와 같다. 다시, 점 E가 원 CDG의 중심이므로 EC는 EG와 같다. 그런데 EC가 EF와 같다는 것이 밝혀졌다. 그래서 EF는 EG와 같다. 작은 것이 큰 것과 같다는 말이다. 이것은 불가능하다. 점 E는 원 ABC, CDG의 (동일한) 중심이 아니다.
그래서 두 원이 서로를 교차하면 그 원들은 동일한 중심을 갖지 않을 것이다. 밝혀야 했던 바로 그것이다.

명제 6

두 원이 서로를 접하면, 그 원들은 동일한 중심을 갖지 않을 것이다.

두 원 ABC, CDE가 점 C에서 서로를 접한다고 하자. 나는 주장한다. 그 원들은 동일한 중심을 갖지 않을 것이다.
혹시 가능하다면, (그 중심이) F라 하고, FC가 이어졌고, 임의로 FEB가 더 그어졌다고 하자.
점 F가 원 ABC의 중심이므로 FC는 FB와 같다. 다시, 점 F가 원 CDE의 중심이므로 FC는 FE와 같다. 그런데 FC가 FB와 같다는 것이 밝혀졌다. 그래

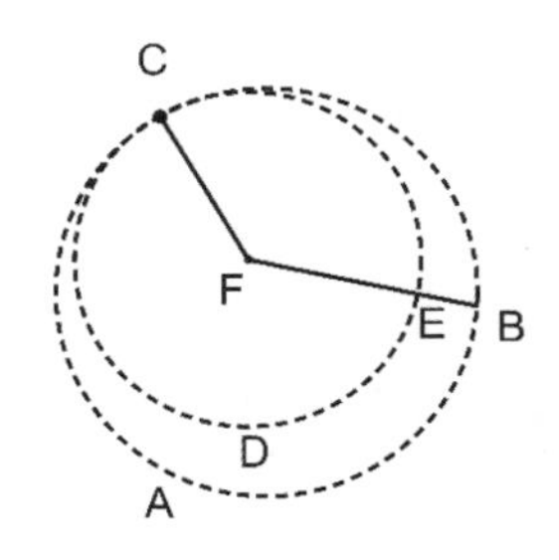

서 FC는 FB와 같다. 작은 것이 큰 것과 같다는 말이다. 이것은 불가능하다. 점 F는 원 ABC, CDE의 (동일한) 중심이 아니다.

그래서 두 원이 서로를 접하면, 그것들은 동일한 중심을 갖지 않을 것이다. 밝혀야 했던 바로 그것이다.

명제 7

원에 대하여, 지름 위에서 원의 중심이 아닌 어떤 점이 잡히면, 그런데 그 점으로부터 원까지 어떤 직선들이 뻗으면, 최대 직선은 그 위에 중심이 놓인 직선이요, 최소 직선은 (그 지름의) 남은 직선이요, 그 외의 직선들 중에서는 중심을 통과하는 직선에 가까운 직선이 먼 직선보다 항상 더 크며, 그 점으로부터, 최소 직선의 양쪽에 하나씩, 같은 직선 두 개만이 원까지 뻗을 것이다

원은 ABCD, 그 지름은 AD라고 하자. 원의 중심이 아닌 어떤 점 F가 AD 위에서 잡혔고, 원의 중심은 E라 하고, F로부터 원 ABCD로 어떤 직선 FB, FC, FG 들이 뻗는다고 하자. 나는 주장한다. 최대는 FA요, 최소는 FD요, 그 외의 직선들 중에서는 FB가 FC보다, FC가 FG보다 크다.

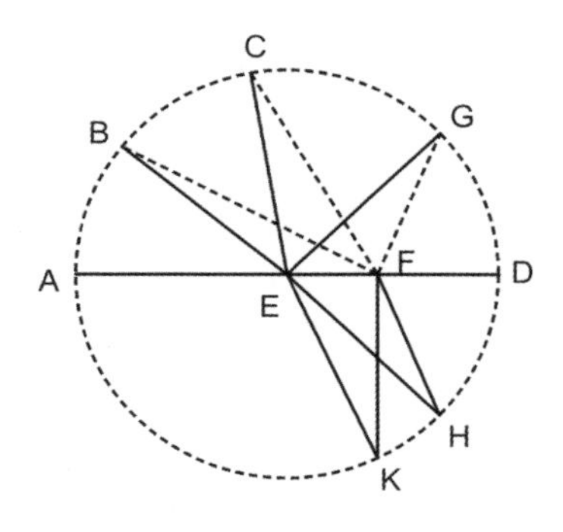

BE, CE, GE가 이어졌다고 하자.

모든 삼각형에 대하여 두 변의 합은 남은 변보다 크므로[I-20] EB, EF 들(의 합)은 BF보다 크다. 그런데 AE가 BE와 같다. [그래서 BE, EF 들(의 합)은 AF와 같다.] 그래서 AF가 BF보다 크다. 다시, BE가 CE와 같은데 FE는 공통이므로 두 직선 EB, EF(의 합)은 두 직선 CE, EF(의 합)과 같다. 한편 각 BEF가 CEF보다 크다.[67] 그래서 밑변 BF는 밑변 CF보다 크다[I-24]. 똑같은 이유로 CF가 FG보다 크다. 다시, GF, FE 들(의 합)은 EG보다 큰데[I-20], EG는 ED와 같으므로 GF, FE 들(의 합)은 ED보다 크다. EF를 공히 빼내자. 그래서 남은 GF가 남은 FD보다 크다. 그래서 최대는 FA, 최소는 FD이며, FB는 FC보다, FC는 FG보다 크다.

나는 주장한다. 점 F로부터 최소 FD의 양쪽에 하나씩, 같은 직선들 두 개만이 원 ABCD로 뻗을 것이다.

직선 EF에 대고 그 직선상의 점 E에서, 각 GEF와 같은 FEH를 구성했고

67 왜 각 BEF가 CEF보다 클까? 근거가 모호한 지점이다. 여러 주석서에 이 지점을 보충해서 증명하려는 시도가 있었고 그중에는 간접 증명도 있고 직접 증명도 있다. 제3권 명제 15의 증명에서도 마찬가지 상황이 발생한다.

[I-23], FH가 이어졌다고 하자. GE가 EH와 같고 EF는 공통이므로 두 직선 GE, EF는 두 직선 HE, EF와 같다. 또한 각 GEF가 각 FEH와 같다. 그래서 밑변 FG는 FH와 같다[I-4].

이제 나는 주장한다. 점 F로부터 원까지 FG와 같은 또 다른 직선이 뻗을 수는 없다.

혹시 가능하다면, (또 다른 직선) FK가 (원까지) 뻗는다고 하자. FK가 FG와 같은 한편, FH가 FG와 [같으므로] FK는 FH와 같다. 중심을 통과하는 (직선 EF에) 더 가까운 것이 더 먼 것과 같다는 말이다. 이것은 불가능하다. 그래서 점 F로부터 원까지 GF와 같은 또 다른 직선이 뻗을 수는 없다. 그래서 하나뿐이다.

그래서 원에 대하여, 원의 중심이 아닌 어떤 점을 지름 위에 잡으면, 그런데 그 점으로부터 원까지 어떤 직선들이 뻗으면, 최대 직선은 그 위에 중심이 놓인 직선이요, 최소 직선은 (그 지름의) 남은 직선이요, 그 외의 직선들 중에서는 중심을 통과하는 직선에 더 가까운 직선이 더 먼 직선보다 항상 더 크며, 그 점으로부터 최소 직선의 양쪽에 하나씩, 같은 직선 두 개만이 원까지 뻗을 것이다. 밝혀야 했던 바로 그것이다.

명제 8

원에 대하여, 외부에서 어떤 점이 잡히면, 그런데 그 점으로부터 원까지 어떤 직선들이, 그중 한 직선은 중심을 통과하여, 남은 직선들은 임의로 지나게 되면,[68] 오목한 둘

68 그동안 '뻗다'라는 용어를 썼는데 여기는 예외로 διαχθῶσιν이라는 동사를 쓴다. 게다가 바

레까지[69] 뻗은 직선들 중 중심을 통과하는 직선이 최대 직선이요,[70] 다른 직선들 중에서는 중심을 통과하는 직선에 더 가까운 직선이 더 먼 직선보다 항상 더 크다. 볼록한 둘레까지 (뻗은) 직선들 중에서는 주어진 점과 지름의 중간 직선이 최소 직선이요, 다른 직선들 중에서는 최소 직선에 더 가까운 직선이 더 먼 직선보다 항상 더 작으며, 그 점으로부터 최소 직선의 양쪽에 하나씩 같은 직선 두 개만이 원까지 뻗을 것이다.

원 ABC가 있고, 그 원의 외부에서 어떤 점 D가 잡혔고, 그 점으로부터 어떤 직선 DA, DE, DF, DC가 지나갔는데 DA가 중심을 통과하여 (지나갔다고) 하자. 나는 주장한다. 오목한 둘레 AEFC까지 뻗은 직선들 중 중심을 통과하는 DA가 최대 직선이요, DE는 DF보다, DF는 DC보다 크며 볼록한 둘레 HLKG까지 뻗은 직선들 중에서는 그 점과 지름 AG의 중간 DG가 최소 직선이요, 최소 직선 DG에 더 가까운 직선이 더 먼 직선보다, (즉) DK는 DL보다, DL은 DH보다 항상 더 작다.

원 ABC의 중심이 잡혔고[III-1], M이라 하고 ME, MF, MC, MK, ML, MH가 이어졌다고 하자.

AM이 EM과 같으므로 MD를 공히 보태자. 그래서 AD가 EM, MD 들(의 합)과 같다. 그런데 EM, MD 들(의 합)은 ED보다 크다[I-20]. 그래서 AD가

로 앞의 명제 7과 달리 여기서는 '임의로'라는 낱말을 썼다.

69 (1) 볼록성, 오목성이 무엇인지 도해에 기초해서 직관적으로 이해할 수밖에 없다. 오목이라는 용어는 이 명제 외에 어디서도 나오지 않는다. 볼록이라는 용어도 제3권 명제 36, 37을 제외하고 나오지 않는다. 제3권 명제 36, 37은 명제 8에서 제시된 성질의 양적인 관계를 나타내는 명제라고 본다면 명제 8과 36은 묶어서 볼 수 있다. (2) 『원론』의 다른 부분에서는 '원까지' 뻗는다고 표현하는데 명제 8에서는 원의 '둘레까지' 뻗는다는 표현을 쓴다.

70 앞의 명제 7과 달리 이 경우, 즉 원의 외부 점에서 원의 오목한 둘레까지 직선이 뻗은 경우에는 최소 직선에 대한 언급이 없다. 마찬가지로, 원의 외부 점에서 원의 볼록한 둘레까지 직선이 뻗은 경우에도 최대 직선에 대한 언급이 없다.

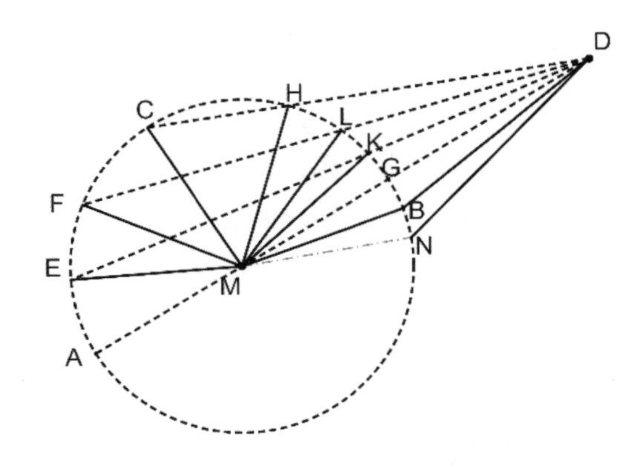

ED보다 크다. 다시, ME가 MF와 같은데 MD는 공통이므로 EM, MD 들(의 합)은 FM, MD 들(의 합)과 같다. 또 각 EMD가 FMD보다 크다. 그래서 밑변 ED가 밑변 FD보다 크다[I-24]. FD가 CD보다 크다는 것도 이제 우리는 비슷하게 밝힐 수 있다. 그래서 DA가 최대 직선이요, DE는 DF보다, DF는 DC보다 크다.

또한 MK, KD 들(의 합)은 MD보다 큰데[I-20], MG가 MK와 같으므로 남은 KD가 남은 GD보다 크다. 결국 GD가 KD보다 작다. 또한 삼각형 MLD에 대하여 변들 중 하나인 MD 위에 직선 MK, KD 들이 내부에 구성되었으므로 MK, KD 들(의 합)은 ML, LD 들(의 합)보다 작다[I-21]. 그런데 MK가 ML과 같다. 그래서 남은 DK가 남은 DL보다 작다. DL이 DH보다 작다는 것도 이제 우리는 비슷하게 밝힐 수 있다. 그래서 최소는 DG이며 DK는 DL보다, DL은 DH보다 작다.

나는 주장한다. 그 점 D로부터 최소 직선 DG의 양쪽에 하나씩 같은 직선 두 개만이 원까지 뻗을 것이다.

직선 MD에 대고 그 직선상의 점 M에서 각 KMD와 같은 각 DMB를 구성했고[I-23], DB가 이어졌다고 하자. MK가 MB와 같은데 MD는 공통이므로 두 직선 KM, MD는 두 직선 BM, MD와 서로 같다. 또한 각 KMD는 각 BMD와 같다. 그래서 밑변 DK가 밑변 DB와 같다[I-4].

[이제] 나는 주장한다. 점 D로부터 원까지 DK와 같은 또 다른 직선이 뻗을 수는 없다.

혹시 가능하다면, (또 다른 직선이 원까지) 뻗고 (그것이) DN이라고 하자. DK가 DN과 같고 한편 DK는 DB와 같으므로 DB가 DN과 같다. 최소 직선 DG에 가까운 직선이 먼 직선과 같다는 말이다. 이것이 불가능하다는 것은 밝혀졌다. 그래서 점 D로부터 원 ABC로, 최소 직선 DG의 양쪽에 하나씩 같은 직선은 두 개보다 많이 뻗을 수 없다.

그래서 원에 대하여, 외부에서 어떤 점이 잡히면, 그런데 그 점으로부터 원까지 어떤 직선들이, 그중 한 직선은 중심을 통과하고 남은 직선들은 임의로 지나게 되면, 오목한 둘레까지 뻗은 직선들 중 중심을 통과하는 직선이 최대 직선이고 다른 직선들 중에서는 중심을 통과하는 직선에 가까운 직선이 먼 직선보다 항상 더 크다. 볼록한 둘레까지 (뻗은) 직선들 중에서는 주어진 점과 지름의 중간 직선이 최소 직선이요, 다른 직선들 중에서는 최소 직선에 가까운 직선이 먼 직선보다 항상 더 작으며, 그 점으로부터 최소 직선의 양쪽에 하나씩 같은 직선 두 개만이 원까지 뻗을 것이다. 밝혀야 했던 바로 그것이다.

명제 9

원에 대하여, 내부에 어떤 점이 잡히는데, 그 점으로부터 원까지 같은 직선들이 두 개보다 많이 뻗으면, 잡힌 점은 원의 중심이다.

원 ABC가 있고 그 내부에 점 D가 있고 D로부터 원 ABC로 같은 직선 DA, DB, DC가 두 개보다 많이 뻗는다고 하자. 나는 주장한다. 점 D는 원 ABC의 중심이다.

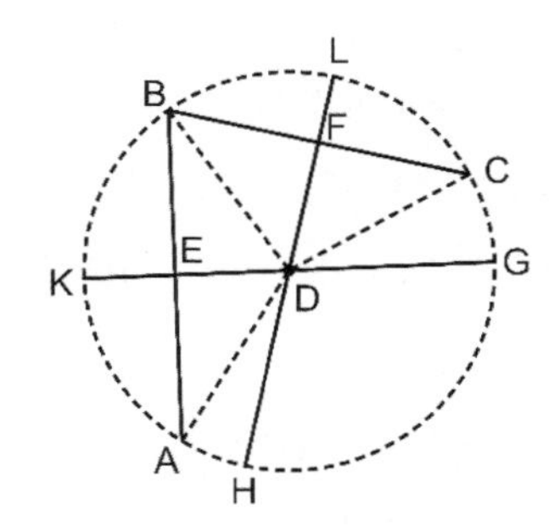

AB, BC가 이어졌고, 점 E, F에서 이등분되었고[I-10], ED, FD가 이어졌고, 점 G, K, H, L까지 더 그어졌다고 하자.

AE가 EB와 같은데 ED는 공통이므로 이제 두 직선 AE, ED가 두 직선 BE, ED와 같다. 밑변 DA도 밑변 DB와 같다. 그래서 각 AED는 각 BED와 같다[I-8]. 그래서 각 AED, BED 각각은 직각이다[I-def-10]. 그래서 GK는 AB를 이등분이고도 직각으로 자른다. 또한 원 안에서 어떤 직선이 어떤 (다른) 직선을 이등분이고도 직각으로 자른다면, 자르는 직선 위에 원의 중심이 있다[III-1 따름]. 그래서 GK 위에 원의 중심이 있다. 똑같은 이유로 HL 위에 원 ABC의 중심이 있다. 또한 직선 GK, HL은 D 말고 다른 공통점을 가지지 않는다. 그래서 점 D가 원 ABC의 중심이다.

그래서 원에 대하여, 내부에 어떤 점이 잡히면, 그런데 그 점으로부터 원까지 같은 직선들이 두 개보다 많이 뻗으면, 잡힌 점은 원의 중심이다. 밝혀야 했던 바로 그것이다.

명제 10

원은 (다른) 원을 둘보다 많은 점들에서는 교차하지 않는다.

혹시 가능하다면, 원 ABC가 원 DEF를 둘보다 많은 점 B, G, F, H[71]에서 교차하고 BH, BG를 이으면서 점 K, L에서 이등분되었다고 하자[I-10]. 또 점 K, L로부터 BH, BG와 직각으로 KC, LM이 그어졌고[I-11] 점 A, E까지 더 그어졌다고 하자.

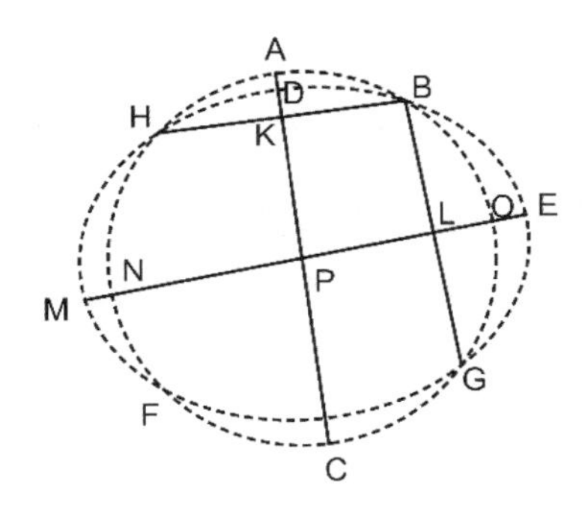

원 ABC 안에서 어떤 직선 AC가 어떤 직선 BH를 이등분이고도 직각으로 자르므로 AC 위에 원 ABC의 중심이 있다[III-1 따름]. 다시, 동일한 원 ABC 안에서 어떤 직선 NO가 어떤 직선 BG를 이등분이고도 직각으로 자르므로 NO 위에 원 ABC의 중심이 있다. AC 위에 (있다는 것)은 이미 밝혀졌고, 점 P 말고 다른 어떤 점에서도 AC, NO는 만나지 않는다. 그래서 점

71 교차점이 두 개보다 많으면 세 개를 가정할 텐데 유클리드는 바로 교차점이 네 개 있는 경우를 예시했다. 즉, 원의 대칭성 자체를 전제한다. 그림도 그렇다. 다만 증명에서는 점 세 개만 증명에 참여한다. 즉, 그림은 교차점이 세 개만 있는 경우로 상정했어도 증명에는 아무 차이가 없었는데 교차점이 네 개 있는 경우를 상정한 것이다.

P가 원 ABC의 중심이다. 원 DEF의 중심 또한 점 P라는 것도 이제 우리는 비슷하게 밝힐 수 있다. 그래서 서로를 자르는 두 원 ABC, DEF에 대하여 P가 동일한 중심이다. 이것은 불가능하다[III-5].
그래서 원은 (다른) 원을 둘보다 많은 점들에서는 교차하지 않는다. 밝혀야 했던 바로 그것이다.

명제 11

두 원이 서로를 내부에서 접한다면, 또한 그 중심들이 잡히면, 그 중심들을 잇는 직선은 연장되어 그 원들의 접합 지점으로[72] 떨어질 것이다.

두 원 ABC, ADE가 내부에서, (즉) 점 A에서 서로를 접하고, 원 ABC의 중심은 F가, 원 ADE의 중심은 G가 잡혔다고 하자[III-1]. 나는 주장한다. G

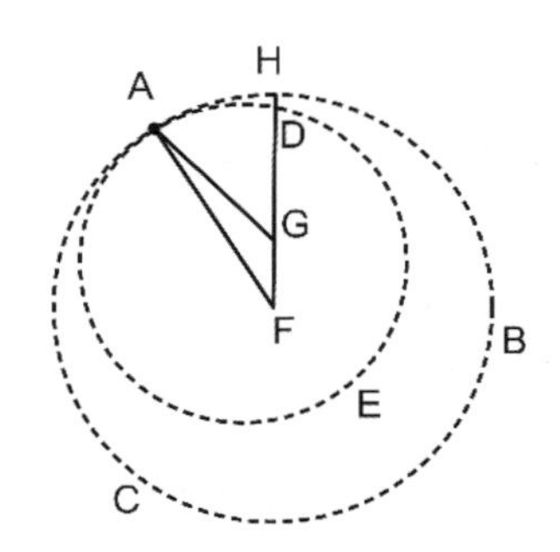

72 통틀어 한 번만 등장하는 용어다. 원문은 συνάπτω로 모여서 만나다는 뜻이다. 제3권 정의 2 또는 3에서 나온 접함의 뜻이 아니고 단순한 만남도 아니다. 제12권 명제 17의 ψαύω(접촉하다, 건드리다)도 아니다. 이어지는 명제 12에서는 바깥에서 접촉한다는 뜻인 ἐπαφή를 쓴다.

로부터 점 F까지[73] 잇는 직선은 연장되어 A 위로 떨어질 것이다.

그렇지 않아서, 혹시 가능하다면, FGH처럼 떨어지고 AF, AG가 이어졌다고 하자.

AG, GF(의 합)이 FA, 즉 FH보다 크므로[I-20] FG를 공히 빼내자. 그래서 남은 AG가 남은 GH보다 크다. 그런데 AG는 GD와 같다. 그래서 GD도 GH보다 크다. 작은 것이 큰 것보다 크다는 말이다. 이것은 불가능하다.

그래서 F로부터 점 G까지 잇는 직선은 외부로 떨어지지 않을 것이다. 그래서 접합 지점인 A에서 떨어질 것이다.

그래서 두 원이 서로를 내부에서 접한다면 [또한 그 중심들이 잡히면] 그 중심들을 잇는 직선은 [연장되어] 원들의 연결 지점으로 떨어질 것이다. 밝혀야 했던 바로 그것이다.

명제 12

두 원이 서로를 외부에서 접한다면, 그 중심들을 잇는 직선은 원들의 접촉 지점을 통과하여 갈 것이다.

두 원 ABC, ADE가 외부에서, (점) A에서 서로를 접하고, 원 ABC의 중심은 F가, 원 ADE의 중심은 G가 잡혔다고 하자[III-1]. 나는 주장한다. F로부터 점 G까지 잇는 직선은 접촉 지점 A를 통과하여 갈 것이다.

73 사실 F로부터 G까지라고 해야 한다. 증명에서는 그렇게 했다. 끝나는 지점에서도 […] 부분이 빠졌다는 것도 이상하다. 그 외에도 이 증명의 곳곳에서 제1권과 2권에서 유지되던 엄격함이 상당히 풀린 듯한 느낌을 준다.

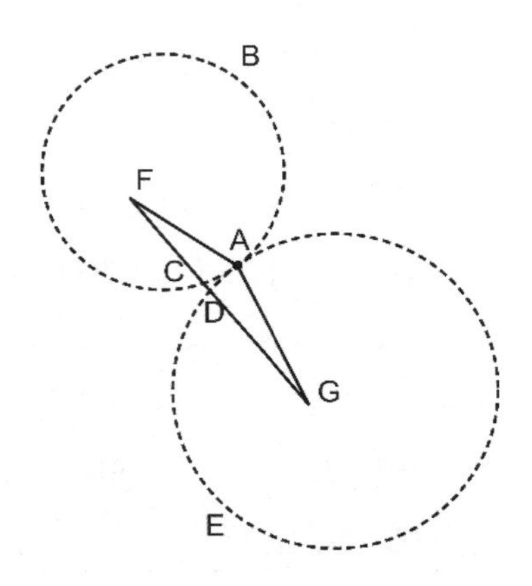

그렇지 않아서, 혹시 가능하다면, FCDG처럼 간다고 하고 AF, AG가 이어졌다고 하자.

점 F가 원 ABC의 중심이므로 FA는 FC와 같다. 다시 점 G가 원 ADE의 중심이므로 GA는 GD와 같다. 그런데 FA가 FC와 같다는 것도 밝혀졌다. 그래서 FA, AG 들(의 합)은 FC, GD들(의 합)과 같다. 결국 전체 FG가 FA, AG 들(의 합)보다 크게 된다. 한편 작기도 하다. 이것은 불가능하다. F로부터 점 G까지 잇는 직선은 접촉 지점 A를 통과하여 가지 않을 수 없다. 그래서 그것을 통과하여 (간다).

그래서 두 원이 서로를 외부에서 접한다면, 그 중심들을 잇는 직선은 원들의 접촉 지점을 통과하여 갈 것이다. 밝혀야 했던 바로 그것이다.

명제 13

원은 원을 내부에서 (접하든) 외부에서 접하든, 하나보다 많은 점들에서는 접할 수 없다.

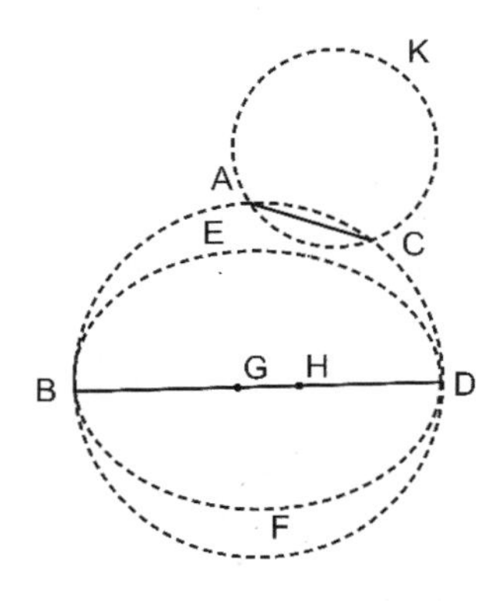

혹시 가능하다면, 원 ABCD가 원 EBFD를 먼저 내부에서, 하나보다 많은 점들 D, B에서 접한다고 하자.

원 ABCD의 중심은 G가, 원 EBFD의 중심은 H가 잡혔다고 하자[III-1].

그래서 G로부터 H로 이은 직선은 B, D 위로 떨어질 것이다[III-11].

BGHD처럼 떨어진다고 하자. 점 G는 원 ABCD의 중심이므로 BG가 GD와 같다. 그래서 BG는 HD보다 크다. 그래서 BH는 HD보다 더욱 크다. 다시, 점 H는 원 EBFD의 중심이므로 BH가 HD와 같다. 그런데 그것보다 더 크다는 것도 밝혀졌다. 이것은 불가능하다. 그래서 원은 원을 내부에서, 하나보다 많은 점들에서는 접할 수 없다.

이제 나는 주장한다. 외부에서도 그럴 수 없다.

혹시 가능하다면, 원 ACK가 원 ABCD를 외부에서, 하나보다 많은 점들 A, C에서 접한다고 하자. AC가 이어졌다고 하자.

원 ABCD, ACK 하나하나의 둘레 위에서 임의의 두 점 A, C가 잡혔으므로 그 점들을 잇는 직선은 각각의 내부로 떨어질 것이다[III-2]. 한편 ABCD에서는 내부로, ACK에서는 외부로 떨어졌다[III-def-3]. 이것은 있을 수 없다. 그래서 원은 원을 외부에서, 하나보다 많은 점들에서는 접할 수 없다.

내부에서도 그럴 수 없다는 것은 밝혀졌다.

그래서 원은 원을 내부에서 (접하든) 외부에서 접하든, 하나보다 많은 점들에서는 접할 수 없다. 밝혀야 했던 바로 그것이다.

명제 14

원 안에서, 같은 직선들은 중심으로부터 같게 떨어져 있고, 중심으로부터 같게 떨어져 있는 직선들은 서로 같다.

원 ABCD가 있고 그 안에 같은 직선 AB, CD가 있다고 하자. 나는 주장한다. AB, CD는 그 중심으로부터 같게 떨어져 있다.

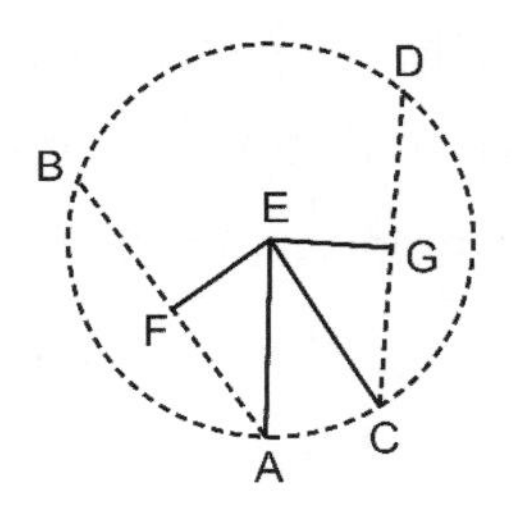

원 ABCD의 중심이 잡혔고 E라고 하고[III-1], E로부터 AB, CD 위로 수직선 EF, EG가 그어졌고[I-12] AE, EC가 이어졌다고 하자.

중심을 통과하는 어떤 직선 EF가 중심을 통과하지 않은 어떤 직선 AB를 직각으로 자르므로, 그것을 이등분한다[III-3]. 그래서 AF가 FB와 같다. 그래서 AB는 AF의 두 배이다. 똑같은 이유로 CD도 CG의 두 배이다. 또한 AB가 CD와 같다. 그래서 AF는 CG와 같다. AE가 EC와 같으므로 AE

로부터의 (정사각형)도 EC로부터의 (정사각형)과 같다. 한편 AE로부터의 (정사각형)은 AF, EF로부터의 (정사각형)들(의 합)과 같다. F에서의 각이 직각이니까 말이다[I-47].[74] 그런데 EC로부터의 (정사각형)은 EG, GC로부터의 (정사각형)들(의 합)과 같다. G에서의 각이 직각이니까 말이다. 그래서 AF, EF로부터의 (정사각형)들(의 합)은 EG, GC로부터의 (정사각형)들(의 합)과 같은데 그중 AF로부터의 (정사각형)은 CG로부터의 (정사각형)과 같다. AF는 CG와 같으니까 말이다. 그래서 남은 FE로부터의 (정사각형)이 EG로부터의 (정사각형)과 같다. 그래서 EF가 EG와 같다. 그런데 원 안에서, 그 중심으로부터 직선들로 (거리가) 같은 수직선들이 그어질 때, 그 직선들은 중심으로부터 같게 떨어져 있다고 말한다[III-def-4]. 그래서 AB, CD는 중심으로부터 같게 떨어져 있다.

한편 이제 AB, CD가 중심으로부터 같게 떨어져 있다고 하자. 즉 EF가 EG와 같다. 나는 주장한다. AB도 CD와 같다.

동일한 작도에서 AB가 AF의 두 배, CD가 CG의 두 배라는 것도 비슷하게 우리는 밝힐 수 있다. 또한 AE가 CE와 같으므로 AE로부터의 (정사각형)은 CE로부터의 (정사각형)과 같다. 한편 EF, FA로부터의 (정사각형)들(의 합)은 AE로부터의 (정사각형)과, EG, GC로부터의 (정사각형)들(의 합)은 CE로부터의 (정사각형)과 같다[I-47]. 그래서 EF, FA로부터의 (정사각형)들(의 합)은 EG, GC로부터의 (정사각형)들(의 합)과 같은데 그중 EF로부터의 (정사각형)이 EG로부터의 (정사각형)과 같다. EF가 EG와 같으니까 말이다. 그래서 남

74 유클리드는 제1권에서와 마찬가지로 제3권에서도 중간 부분까지 평행선 공준을 피할 수 있으면 피하면서 증명했다. 그런데 이 명제에서는 평행선 공준 없이 증명할 수 있는데 평행선 공준을 전제로 한 피타고라스 정리를 써서 증명했다.

은 AF로부터의 (정사각형)은 CG로부터의 (정사각형)과 같다. 또한 AF의 두 배는 AB이고, CG의 두 배는 CD이다. 그래서 AB가 CD와 같다.
그래서 원 안에서, 같은 직선들은 중심으로부터 같게 떨어져 있고, 중심으로부터 같게 떨어져 있는 직선들은 서로 같다. 밝혀야 했던 바로 그것이다.

명제 15

원 안에서, 최대 직선은 지름이고, 다른 것들 중에서는 중심에 가까운 직선이 먼 직선보다 항상 더 크다.

원 ABCD, 그것의 지름 AD, 중심 E가 있다고 하자. 또 BC는 지름 AD에 더 가까이, FG는 더 멀리 있다고 하자. 나는 주장한다. AD가 가장 크고, BC가 FG보다 크다.

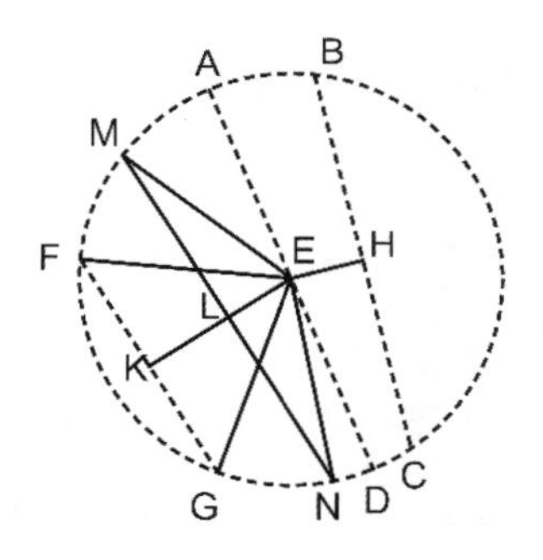

중심 E로부터 BC, FG 위로 수직선 EH, EK가 그어졌다고 하자[I-12]. BC가 중심에 더 가까이, FG가 더 멀리 있으므로 EK가 EH보다 더 크다[III-def-5]. EH와 같게 EL이 놓이고[I-3] L을 통과하여 EK와 직각으로 그어진

[I-11] LM을 N까지 더 그었다고 하자. ME, EN, FE, EG가 이어졌다고 하자. EH가 EL과 같으므로 BC가 MN과 같다[III-14]. 다시, AE는 EM과, ED는 EN과 같으므로 AD가 ME, EN 들(의 합)과 같다. 한편 ME, EN 들(의 합) MN보다 크고[I-20], [AD도 MN보다 큰데], MN은 BC와 같다. 그래서 AD가 BC보다 크다. 또 두 직선 ME, EN이 두 직선 FE, EG와 같고 각 MEN도 각 FEG보다 크므로 밑변 MN이 밑변 FG보다 크다[I-24]. 한편 MN이 BC와 같다고 [또한 BC는 FG보다 크다고] 밝혀졌다. 그래서 지름 AD가 가장 크고, BC는 FG보다 크다.

그래서 원 안에서, 최대 직선은 지름이고, 다른 것들 중에서는 중심에 가까운 직선이 먼 직선보다 항상 더 크다. 밝혀야 했던 바로 그것이다.

명제 16

원의 지름 끝에서 그 지름과 직각으로 그어진 직선은 원 외부로 떨어질 것이다. 또 직선과 둘레 사이의 공간을 가로질러 어떤 다른 직선이 끼어들 수 없다. 또 반원의 각은 어떤 직선 예각보다 크고, 남은 각은 (어떤 직선 예각보다) 작다.[75]

75 (1) 접선의 역사에서 매우 중요한 정리다. 원의 접선 개념은 고대 그리스, 인도, 이슬람 수학을 지나면서 더 보편적인 곡선에 대한 접선 개념으로 확장된다. 1574년에 출간된 클라비우스 주석판 『원론』에서 이 정리에 담긴 무한소 개념을 두고 논쟁이 있었고 17세기 중반 데카르트와 페르마, 17세기 말 라이프니츠와 뉴턴의 시대를 거치면서 접선의 개념이 다듬어지고 널리 활용되면서 접선의 개념은 미적분학의 기초가 된다. 이 명제가 그 긴 여정의 출발점이다. (2) 제1권 정의 9부터 12까지를 볼 때 예각은 직선 각이다. 그런데 굳이 여기서 '직선꼴' 예각이라고 밝혔다. 직선과 원둘레가 이루는 각인 뿔각과 대조해서 보기 때문에 강조한 듯하다. (3) 증명에서 삼각형의 강한 외각 정리인 제1권 명제 32를 쓰지 않고 약한 외각 정리인

중심 D와 지름 AB 주위에 원 ABC가 있다고 하자.[76] 나는 주장한다. (AB의) 끝인 A로부터 AB와 직각으로 그어진 직선은 그 원의 외부로 떨어질 것이다.

아니어서, 혹시 가능하다면, CA처럼 내부로 떨어진다고 하고 DC가 이어졌다고 하자.

DA가 DC와 같으므로 각 DAC는 각 ACD와 같다[I-5]. 그런데 DAC는 직각이다. 그래서 ACD도 직각이다. 그 삼각형 ACD에서 두 각 DAC, ACD

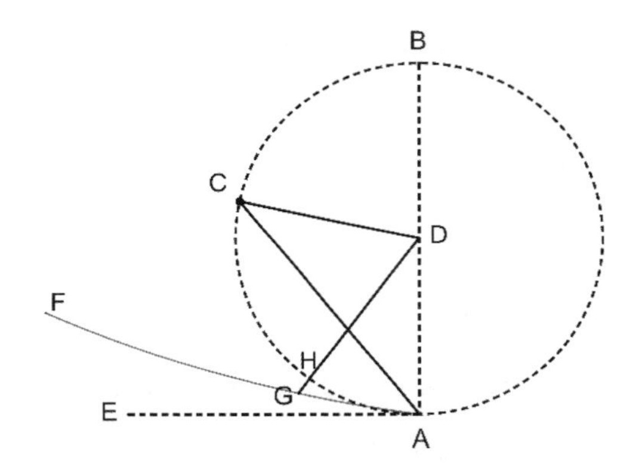

∴

제1권 16, 17을 쓴 것도 주목할 대목이다. 즉, 평행선 공준을 쓰지 않았다. (4) 각이 어떤 예각보다 작다면 0도라고 생각하기 쉽지만 분명히 0도는 아니다. 왜냐하면 제1권 정의 8에 각은 '벌어진' 정도이기 때문이다. 그래서 '0도 각'이나 '180도 각'이라는 개념은 유클리드에게 성립하지 않는다. 여기서 접선과 원둘레 사이에 공간이 생겼고 그래서 벌어져 있다. 그렇다면 '어떤 예각보다 더 작다'라는 말은, 현대 수학에서 수렴의 개념을 말할 때 나오는 '주어진 어떤 값보다 더 작은'이라는 개념을 2,000년 정도 앞서 말한 씨앗이라고 볼 수 있다.

76 굳이 쓸 필요도 없어 보이고 『원론』 전체에서도 거의 쓰이지 않는 표현이다. 구들의 비율에 대한 유명한 명제인 제12권 명제 17의 따름 명제에서만 한 번 나온다. 하지만 구는 반원의 지름을 중심으로 회전하여 정의되었으니 '중심 주위의 구'를 언급해도 이상할 것이 없지만 원의 정의에 비춰보면 이 도입 문장은 아무래도 이상하다. 이 부분도 『원론』이 여러 저술의 집대성임을 암시하는 흔적으로 보인다.

들(의 합)이 두 직각(의 합)과 같다. 이것은 불가능하다[I-17]. 그래서 점 A로부터, BA와 직각으로 그어진 직선은 그 원의 내부로 떨어지지 않는다. 둘레로 떨어지지 않는다는 것도 이제 우리는 비슷하게 밝힐 수 있다. 그래서 외부로 (떨어진다).

AE처럼 떨어진다고 하자. 이제 나는 주장한다. 직선 AE와 둘레 CHA 사이의 공간을 가로질러 어떤 다른 직선이 끼어들 수 없다.

혹시 가능하다면, FA처럼 (직선이) 끼어든다고 하자. 점 D로부터 FA 위로 수직선 DG가 그어졌다고 하자[I-12]. AGD는 직각인데 DAG는 직각보다 작으므로 AD가 DG보다 크다[I-19]. 그런데 DA는 DH와 같다. 그래서 DH가 DG보다 크다. 작은 것이 큰 것보다 크다는 말이다. 이것은 불가능하다. 그래서 직선과 둘레 사이의 공간으로 어떤 다른 직선이 끼어들 수 없다.

나는 주장한다. 반원의 각, (즉) 직선 BA와 둘레 CHA로 둘러싸인 (각)은 어떤 직선 예각보다 크고, 남은 각, (즉) 둘레 CHA와 직선 AE로 둘러싸인 (각)은 어떤 직선 예각보다 작다.

어떤 직선 각이 직선 BA와 둘레 CHA로 둘러싸인 (각)보다 크거나 둘레 CHA와 직선 AE로 둘러싸인 어떤 직선 예각보다 작다면, 직선 BA와 둘레 CHA로 둘러싸인 각보다 크게 또는 직선 AE와 둘레 CHA로 둘러싸인 각보다 작게, 직선들로 둘러싸인 직선 각을 만들 직선이 둘레 CHA와 직선 AE 사이의 공간으로 끼어들 것이다. 그런데 끼어들지 않는다. 그래서 직선들로 둘러싸인 예각은 직선 BA와 둘레 CHA로 둘러싸인 각보다 클 수도 없으며 둘레 CHA와 직선 AE로 둘러싸인 각보다 작을 수도 없다.[77]

∴

77 제3권 정의 2에 '만나다'와 '교차하다'라는 용어가 있지만 뜻을 밝히지 않았기 때문에 직관에 의존할 수밖에 없었다. 그러나 이제 이 명제 덕분에 '접함'이라는 개념의 깊은 성격이 드러

따름. 이제 이로부터 분명하다. 원 지름의 끝으로부터 그 지름과 직각으로 그어진 직선은 원을 접한다. [또한 그 직선은 단 한 점에서만 원을 접한다. 두 점에서 (원을) 만나는 직선은 그것의 내부로 떨어진다는 것이 증명되었으니까 말이다.] 밝혀야 했던 바로 그것이다.

명제 17

주어진 점으로부터[78] 주어진 원을 접하는 직선을 긋기.

주어진 점은 A, 주어진 원은 BCD라고 하자. 점 A로부터 원 BCD를 접하는 직선을 그어야 한다.

원의 중심 E가 잡혔고[III-1] AE가 이어졌다고 하자. 또 중심은 E로, 간격은 EA로 원 AFG가 그려졌고 D로부터 EA와 직각인 DF가 그려졌고[I-11] EF, AB가 이어졌다고 하자. 나는 주장한다. 점 A로부터 원 BCD를 접하는 직선 AB가 그어졌다.

원 BCD, AFG의 중심이 E이므로 EA는 EF와, ED는 EB와 같다. 두 직선

났다. 즉, 한 점에서만 만나고, 그 사이로 어떤 직선도 지나지 않아야 하고, 주어진 어떤 예각보다 더 작다는 것이 그것이다. 곡선이 원에서 2차 곡선 또는 더욱 일반적인 곡선으로 확장될 때 이 명제의 역사적이며 논리적인 가치가 드러난다. 예를 들어 쌍곡선이나 나선을 생각하면 '만나되 교차하지 않는다'라는 정의가 불충분하기 때문이다. 실제로 아폴로니우스의 『원추단면론』이나 아르키메데스의 『나선에 대하여』 같은 저술로 미루어 보건대 고대 그리스에서 이미 '접점에서 직선이 곡선을 접하다'라는 현상을 '그 사이를 지나가는 직선이 없음'으로 이해하는 것 같다.

78 주어진 점이 원의 내부인지 외부인지 둘레인지 밝히지 않았다. 내부에서는 불가능하고 둘레는 바로 앞의 명제에서 밝혔으니 물론 원의 '밖'에서 주어진 점이겠지만 이런 표현은 『원론』의 다른 부분과 비교할 때 허술하다. 다만 증명은 절묘하다.

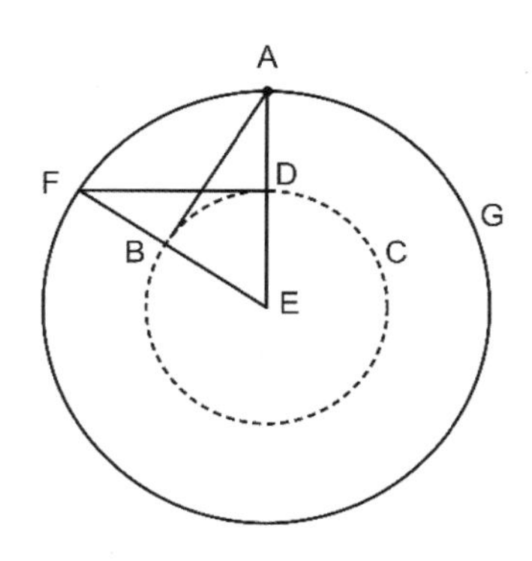

AE, EB가 두 직선 FE, ED와 같고 E에서 공통 각을 둘러싼다. 그래서 밑변 DF가 밑변 AB와 같고, 삼각형 DEF는 삼각형 EBA와 같고, 남은 각들도 남은 각들과 같다[I-4]. 그래서 (각) EDF는 (각) EBA와 같다. 그런데 (각) EDF는 직각이다. 그래서 (각) EBA도 직각이다. 또한 EB는 원의 중심으로부터 (원까지 뻗은 직선)이다. 원의 지름의 끝에서 그 지름과 직각으로 그어진 직선은 그 원을 접한다[III-16 따름]. 그래서 원 BCD를 접한다.

그래서 주어진 점 A로부터 주어진 원 BCD를 접하는 직선 AB가 그어졌다. 해야 했던 바로 그것이다.

명제 18

원을 어떤 직선이 접하는데 그 중심으로부터 닿은 데로 어떤 직선이 이어지면, 이어진 그 직선은 그 접선 위로 (그어진) 수직선일 것이다.

원 ABC를 어떤 직선 DE가 점 C에서 접한다고 하자[III-16 따름]. 원 ABC의 중심 F가 잡혔다고 하자[III-1]. 그 F로부터 C로 직선 FC가 이어졌다고

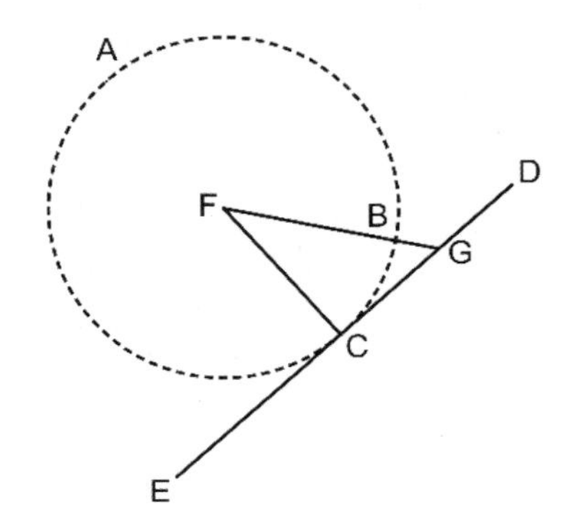

하자. 나는 주장한다. FC는 DE 위로 (그어진) 수직선이다.

만약 아니라면, F로부터 DE로 수직선 FG가 그어졌다고 하자.

각 FGC는 직각이므로 FCG는 예각이다[I-17]. 그런데 더 큰 각 아래로는 더 큰 변이 마주한다[I-19]. 그래서 FC가 FG보다 크다. 그런데 FC는 FB와 같다. 그래서 FB가 FG보다 크다. (즉), 작은 것이 큰 것보다 크다는 말이다. 이것은 불가능하다. 그래서 FG는 DE 위로 수직선일 수 없다. FC를 제외하고 다른 직선도 그럴 수 없다는 것도 이제 우리는 비슷하게 밝힐 수 있다. 그래서 FC가 DE로 (그어진) 수직선이다.

그래서 원을 어떤 직선이 접하는데 그 중심으로부터 닿은 데로 어떤 직선이 이어지면, 이어진 그 직선은 그 접선 위로 (그어진) 수직선일 것이다. 밝혀야 했던 바로 그것이다.

명제 19

원을 어떤 직선이 접하는데 닿은 데로부터 접하는 직선과 직각으로 직선이 그어지면, 그어진 그 직선 위에 원의 중심이 있을 것이다.

원 ABC를 어떤 직선 DE가 점 C에서 접한다고 하자[III-16 따름]. C로부터 DE와 직각으로 CA가 그어졌다고 하자[I-11]. 나는 주장한다. AC 위에 원의 중심이 있다.

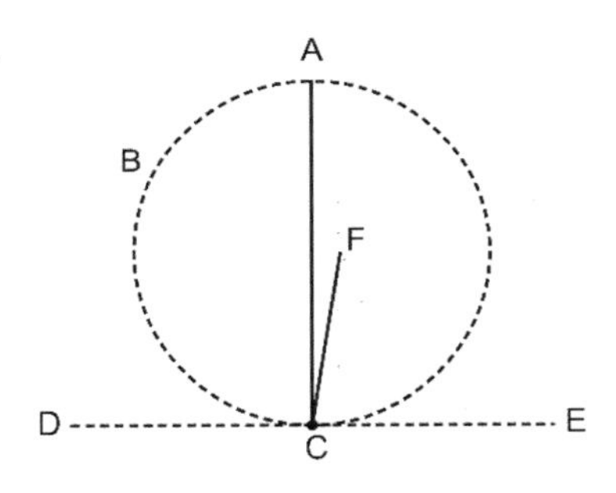

아니어서, 혹시 가능하다면, (중심) F가 있다 하고 CF가 이어졌다고 하자. 원 ABC를 어떤 직선 DE가 접하는데 그 중심으로부터 닿은 데로 FC가 이어졌으므로, FC는 DE 위로 (그어진) 수직선이다[III-18]. 그래서 FCE가 직각이다. 그런데 ACE도 직각이다. 그래서 FCE가 ACE와 같다. (즉), 작은 것이 큰 것과 같다는 말이다. 이것은 불가능하다. 그래서 F는 원 ABC의 중심일 수 없다. AC 위에 (있는 점)을 제외하고 어떤 다른 점도 그럴 수 없다는 것도 이제 우리는 비슷하게 밝힐 수 있다.

그래서 원을 어떤 직선이 접하는데 닿은 데로부터 접하는 직선과 직각으로 직선이 그어지면, 그어진 그 직선 위에 원의 중심이 있을 것이다. 밝혀야 했던 바로 그것이다.

명제 20

원 안에서, 각들이 동일한 둘레를 밑으로 가질 때, 중심각은 원주각의 두 배이다.[79]

원 ABC가 있고 그 원의 중심각은 BEC, 원주각은 BAC인데 둘레 BC를 밑[80]으로 가진다고 하자. 나는 주장한다. 각 BEC는 BAC의 두 배이다.

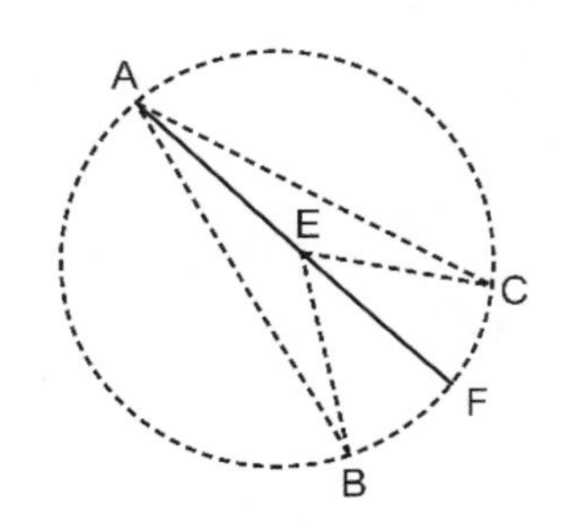

AE가 이어지면서 F까지 더 그어졌다고 하자.

EA가 EB와 같으므로 각 EAB는 EBA와 같다[I-5]. 그래서 각 EAB, EBA 들(의 합)은 EAB의 두 배이다. 그런데 BEF가 EAB, EBA 들(의 합)과 같다[I-32]. 그래서 BEF가 EAB의 두 배이다. 똑같은 이유로 FEC도 EAC의 두 배이다. 그래서 전체 BEC는 전체 BAC의 두 배이다.

다시, 이제는 꺾였고 (그래서) 다른 각 BDC가 있다고 하자. DE가 이어지면서 G까지 연장되었다고 하자. 각 GEC가 EDC의 두 배인데 그중 GEB가

79 (1) 중심각과 원주각의 원문은 각의 꼭지를 중심에 댄 각(중심각) 또는 각의 꼭지를 둘레에 댄 각(원주각)이라는 뜻이다. 직역할 때 '둘레 위에 각이 서 있다'라는 제3권 정의 9와 명제 26, 27에 담긴 직관적인 의미가 드러나지만 가독성을 위해 '중심각'과 '원주각'으로 의역했다. (2) 원문의 그림은 하나이지만 본 번역에서는 그림을 두 개로 나누었다.

80 원문은 βάσις로 삼각형에서는 '밑변'이라고 했던 그 낱말과 같다.

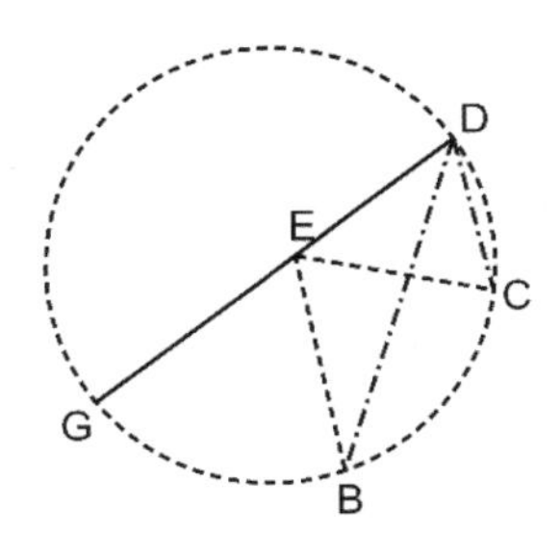

EDB의 두 배라는 것도 이제 우리는 비슷하게 밝힐 수 있다. 그래서 남은 BEC가 BDC의 두 배이다.

그래서 원 안에서, 각들이 동일한 둘레를 밑으로 가질 때, 중심각은 원주각의 두 배이다. 밝혀야 했던 바로 그것이다.

명제 21

원 안에서, 동일한 활꼴 안에서의 각들은 서로 같다.

원 ABCD가 있고, 그 원 안에서 동일한 활꼴 BAED 안에서의 각 BAD, BED가 있다고 하자. 나는 주장한다. 각 BAD, BED는 서로 같다.

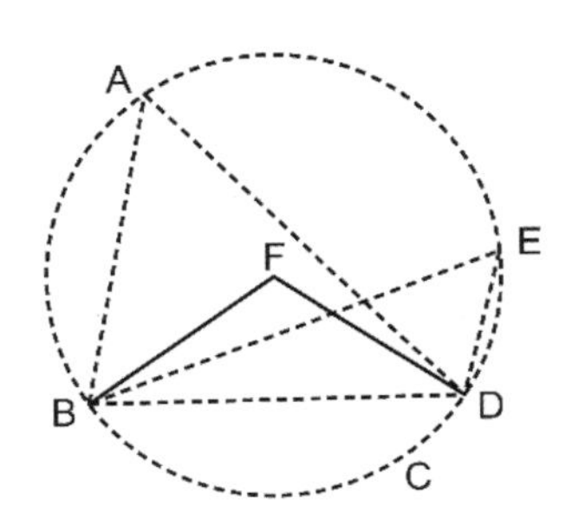

원 ABCD의 중심이 잡혔고 F라고 하고[III-1] BF, FD가 이어졌다고 하자. 각 BFD가 중심각, BAD가 원주각이고 동일한 둘레 BCD를 밑으로 가지므로 각 BFD는 BAD의 두 배이다[III-20]. 똑같은 이유로 BFD는 BED의 두 배이기도 하다. 그래서 BAD가 BED와 같다.

그래서 원 안에서, 동일한 활꼴 안에서의 각들은 서로 같다. 밝혀야 했던 바로 그것이다.

명제 22

원 안에 (맞댄) 사변형들에 대하여, 반대쪽 각들(의 합)은 두 직각(의 합)과 같다.

원 ABCD가 있고, 그 원 안에 (맞댄) 사변형 ABCD가 있다고 하자. 나는 주장한다. 반대쪽 각들(의 합)은 두 직각(의 합)과 같다.

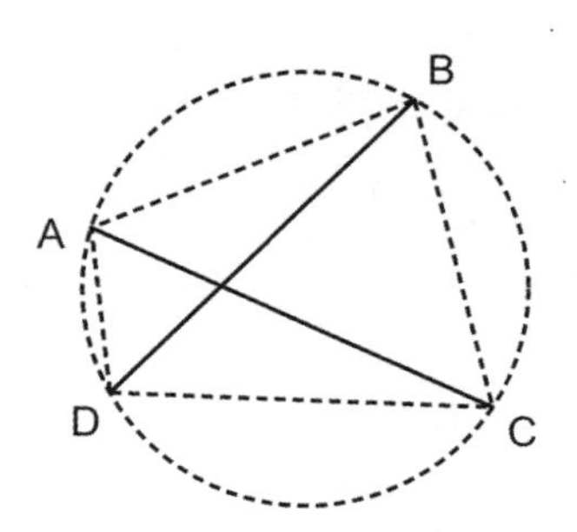

AC, BD가 이어졌다고 하자.

모든 삼각형에 대하여, 세 각(의 합)은 두 직각(의 합)과 같으므로[I-32] 삼각형 ABC의 세 각 CAB, ABC, BCA(의 합)은 두 직각(의 합)과 같다. 그런데 CAB가 BDC와 같다. 동일한 활꼴 BADC 안에서의 (각)들이니까 말이다[III-21]. 그런데 ACB는 ADB와 같다. 동일한 활꼴 ADCB 안에서의 (각)들이니까 말이다. 그래서 전체 ADC가 BAC, ACB 들(의 합)과 같다. ABC를 공히 보태자. 그래서 ABC, BAC, ACB 들(의 합)은 ABC, ADC 들(의 합)과 같다. 한편 ABC, BAC, ACB 들(의 합)은 두 직각(의 합)과 같다. 그래서 ABC, ADC 들(의 합)도 두 직각(의 합)과 같다. 각 BAD, DCB 들(의 합)이 두 직각(의 합)과 같다는 것도 이제 우리는 비슷하게 밝힐 수 있다.

그래서 원들에 (맞댄) 사변형들에 대하여, 반대쪽 각들(의 합)은 두 직각(의 합)과 같다. 밝혀야 했던 바로 그것이다.

명제 23

동일한 직선 위에서 동일한 쪽에는 닮고도 다른 두 활꼴이 구성될 수 없다.

혹시 가능하다면, 동일한 직선 AB 위에서 동일한 쪽에 닮고도 다른 두 활꼴 ACB, ADB를 구성했다고 하자. ACD가 더 그어졌고 CB, DB가 이어졌다고 하자.

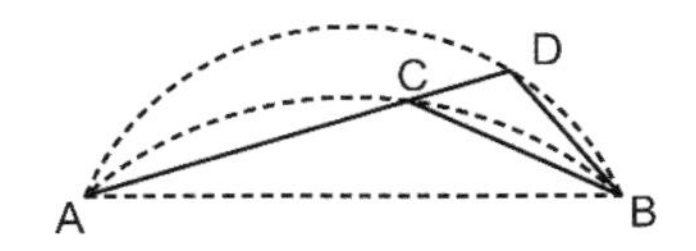

활꼴 ACB는 활꼴 ADB와 닮았는데 닮은 활꼴들은 같은 각들을 수용하는 (활꼴)들이므로[III-def-11], 각 ACB가 ADB와 같다. 외각이 내각과 같다는 말이다. 이것은 불가능하다[I-16].

그래서 동일한 직선 위에서 동일한 쪽에는 닮고도 다른 두 활꼴이 구성될 수 없다. 밝혀야 했던 바로 그것이다.

명제 24

같은 직선들 위의 닮은 활꼴들은 서로 같다.[81]

같은 직선들 AB, CD 위에 닮은 활꼴들 AEB, CFD가 있다고 하자. 나는 주장한다. 활꼴 AEB는 활꼴 CFD와 같다.

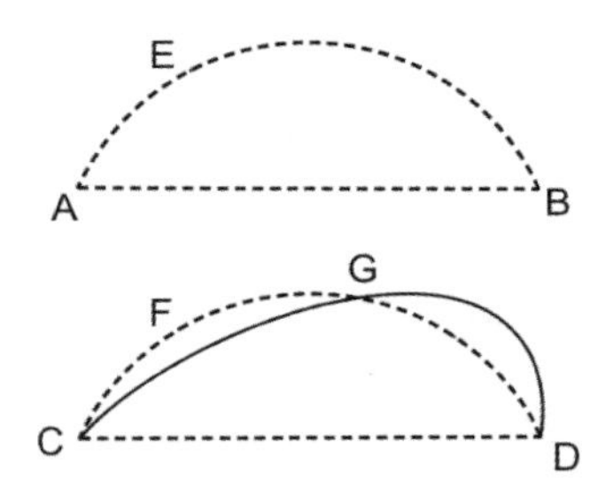

활꼴 AEB가 CFD 위에 겹치면서, 그리고 점 C 위에는 점 A가, 직선 CD 위에는 직선 AB가 자리하면서, 점 D 위에는 점 B가 겹칠 것이다. AB가 CD와 같기 때문이다. 그런데 CD 위에 AB가 겹치면서 활꼴 AEB도 활꼴 CFD 위에 겹칠 것이다. 만약 직선 AB가 CD 위에 겹치는데, 활꼴 AEB는 활꼴

81 (1) 활꼴에 대한 정리인 제3권 명제 23과 24는 삼각형에 대한 정리인 제1권 명제 7, 8과 흡사하다. 내용만 그런 게 아니라 문장도 그렇다. (2) 원들의 같음은 정의가 있지만 활꼴들의 같음은 정의하지 않았다. 공통 개념 7의 '겹치는 것은 같다'에 의존한다.

CFD 위에 겹치지 않는다면 그것의 내부로 떨어지거나 외부로 떨어지거나 CGD처럼 비어져 나올 것이고, 원이 원을 두 개보다 많은 점에서 교차하기도 한다. 이것은 불가능하다[III-10]. 그래서 직선 AB가 CD 위에 겹치면서, 활꼴 AEB가 활꼴 CFD 위에 겹치지 않을 수 없다. 그래서 겹치고, 또한 그것과 같을 것이다[공통 개념 7].

그래서 같은 직선들 위의 닮은 활꼴들은 서로도 같다. 밝혀야 했던 바로 그것이다.

명제 25

주어진 활꼴에 대하여, 부분이 그 활꼴인 (전체) 원을 마저 그리기.

주어진 활꼴 ABC가 있다고 하자. 부분이 그 활꼴인 (전체) 원을 마저 그려야 한다.

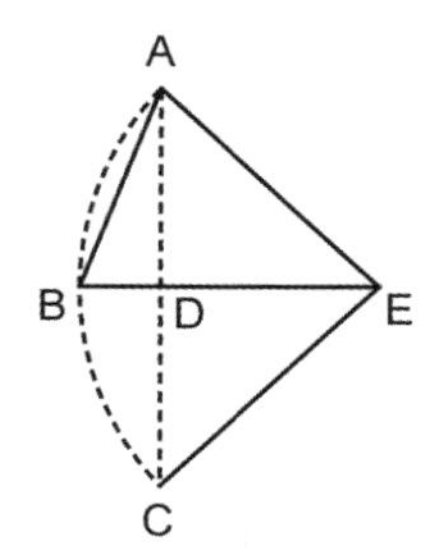

AC를 D에서 이등분했다고 하자[I-10]. 점 D로부터 AC와 직각으로 DB가 그어졌고[I-11] AB가 이어졌다고 하자. 그래서 각 ABD는 BAD보다 크거나 같거나 작다. 먼저 크다고 하자. 직선 BA에 대고 그 직선상의 점 A에서

각 ABD와 같은 각 BAE를 구성했다고 하자[I-23]. DB가 E까지 더 그어졌고 EC가 이어졌다고 하자.

각 ABE가 BAE와 같으므로 직선 EB가 EA와 같다[I-6]. AD도 DC와 같은데 DE는 공통이므로 두 직선 AD, DE는 두 직선 CD, DE와 서로 같다. 또한 각 ADE는 CDE와 같다. 각각이 직각이니까 말이다. 그래서 밑변 AE는 밑변 CE와 같다[I-4]. 한편 AE가 BE와 같다는 것은 밝혀졌다. 그래서 BE가 CE와 같기도 하다. 그래서 세 직선 AE, EB, EC는 서로 같다. 그래서 중심은 E로, 간격은 AE, EB, EC 중 하나로 그려진 원은 남은 점들도 통과해 갈 것이고 또한 마저 그려지게 될 것이다[III-9]. 그래서 원의 주어진 활꼴에 대하여 원이 마저 그려진 것이다. 또한 명백하다. 활꼴 ABC는 반원보다 작다. 중심 E가 그것의 외부에 있기 때문이다.

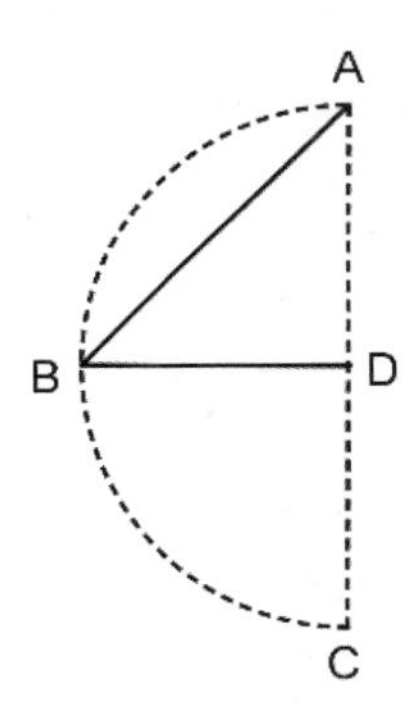

마찬가지로, 각 ABD가 BAD와 같다면, AD가 BD, DC 각각과 같게 되면서[I-6] 세 직선 DA, DB, DC는 서로 같을 것이고, D는 마저 그려진 원의 중심일 것이고, ABC는 분명히 반원일 것이다.

그런데 ABD가 BAD보다 작고, 직선 BA에 대고 그 직선상의 점 A에서 ABD와 같은 각을 우리가 구성했다면[I-23], 중심은 활꼴 ABC의 내부인

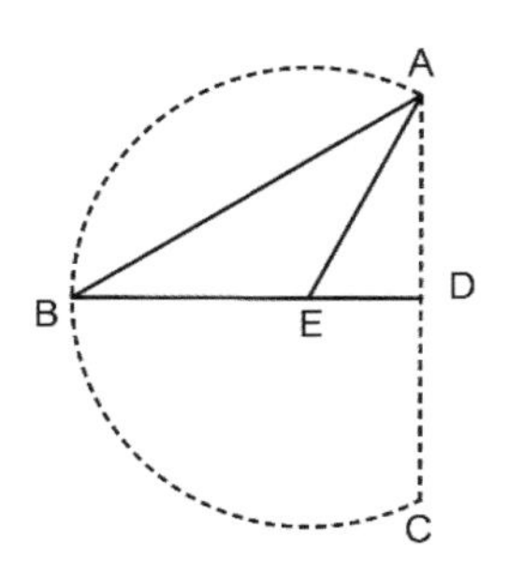

DB 위에 떨어질 것이고, 활꼴 ABC는 분명히 반원보다 클 것이다.

그래서 주어진 활꼴에 대하여, 부분이 그 활꼴인 바로 그 (전체) 원을 마저 그렸다. 해야 했던 바로 그것이다.

명제 26

같은 원들 안에서, 같은 각들은 (그것들이) 중심들에 섰든 둘레들에 섰든 같은 둘레들 위에 서 있다.

같은 원들 ABC, DEF가 있고 그 원들 안에서, 중심각 BGC, EHF가 같고 원주각 BAC, EDF도 같다고 하자. 나는 주장한다. 둘레 BKC가 둘레 ELF와 같다.

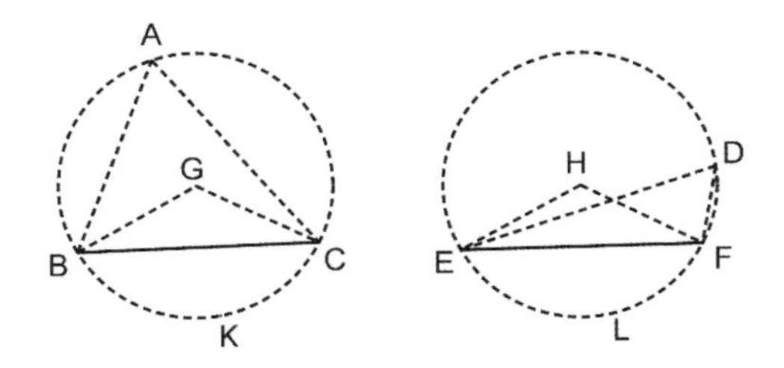

BC, EF가 이어졌다고 하자.
원 ABC, DEF가 같으므로 중심으로부터 나온 직선들도 같다[III-def-1]. 이제 두 직선 BG, GC와 두 직선 EH, HF가 같다. 또한 G에서의 중심각은 H에서의 중심각과 같다. 그래서 밑변 BC와 밑변 EF도 같다[I-4]. A에서의 원주각도 D에서의 원주각과 같으므로 활꼴 BAC는 활꼴 EDF와 닮았다[III-def-11]. 또한 같은 직선 [BC, EF] 들 위에 있다. 그런데 같은 직선들 위에 (있는) 닮은 활꼴들은 서로 같다[III-24]. 그래서 활꼴 BAC가 활꼴 EDF와 같다. 전체 원 ABC도 전체 원 DEF와 같다. 그래서 남은 둘레 BKC가 남은 둘레 ELF와 같다.
그래서 같은 원들 안에서, 같은 각들은 (그것들이) 중심들에 섰든 둘레들에 섰든 같은 둘레들 위에 서 있다. 밝혀야 했던 바로 그것이다.

명제 27

같은 원들 안에서, 같은 둘레들 위에 서 있는 각들은 (그것들이) 중심들에 섰든 둘레들에 섰든 서로 같다.[82]
같은 원들 ABC, DEF 안에서 중심 G, H에서의 중심각 BGC, EHF와 원주각 BAC, EDF가 같은 둘레 BC, EF 위에 서 있다고 하자. 나는 주장한다. (중심)각 BGC는 EHF와, (원주각) BAC는 EDF와 같다.
만약 BGC가 EHF와 다르다면 그들 중 하나가 클 것이다. BGC가 크다고

82 제6권 명제 33으로 이어지며 일반화된다. 두 명제의 문장도 거의 같다.

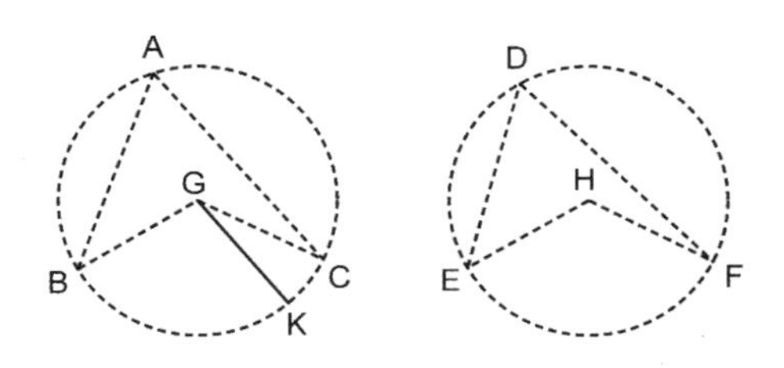

하자. 직선 BG에 대고 그 직선상의 점 G에서 EHF와 같은 BGK를 구성했다고 하자[I-23].

그런데 같은 각들은 같은 둘레들 위에 서 있다. 중심각이든 원주각이든 말이다[III-26]. 그래서 둘레 BK가 둘레 EF와 같다. 한편 (둘레) EF는 (둘레) BC와 같다. 그래서 (둘레) BK가 (둘레) BC와 같다. 작은 것이 큰 것과 같다는 말이다. 이것은 불가능하다. 그래서 BGC는 EHF와 같지 않을 수 없다. 그래서 같다. 또한 A에서의 원주각은 BGC의 반, D에서의 원주각은 EHF의 반이다. 그래서 A에서의 원주각은 D에서의 원주각과 같다.

그래서 같은 원들 안에서, 같은 둘레들 위에 서 있는 각들은 (그것들이) 중심들에 섰든 둘레들에 섰든 서로 같다. 밝혀야 했던 바로 그것이다.

명제 28

같은 원들 안에서, 같은 직선들은 같은 둘레들을 빼낸다. (즉), 큰 (둘레)와 (같은) 큰 (둘레)를, 작은 (둘레)와 (같은) 작은 (둘레)를 말이다.

같은 원 ABC, DEF가 있고 그 원들 안에 큰 둘레 ACB, DFE를 빼내고 작은 둘레 AGB, DHE를 빼내는 같은 직선 AB, DE가 있다고 하자. 나는 주장한다. 큰 둘레 ACB는 큰 둘레 DFE와, 작은 둘레 AGB는 DHE와 같다.

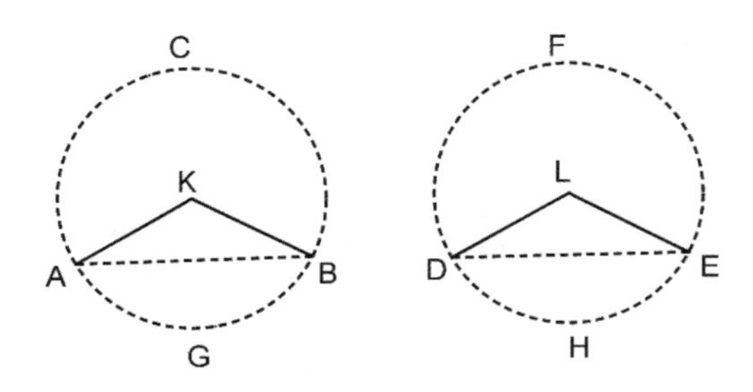

원들의 중심 K, L이 잡혔고[III-1] AK, KB, DL, LE가 이어졌다고 하자.

원들이 같으므로 중심들로부터 나온 직선들도 같다[III-def-1]. 이제 두 직선 AK, KB는 두 직선 DL, LE와 같다. 밑변 AB도 밑변 DE와 같다. 그래서 각 AKB가 DLE와 같다[I-8]. 그런데 같은 각들은 (그것들이) 중심들에 섰든 둘레들에 섰든, 같은 둘레들 위에 서 있다[III-26]. 그래서 둘레 AGB는 DHE와 같다. 그런데 원 전체 ABC가 원 전체 DEF와 같다. 그래서 남은 둘레 ACB는 남은 둘레 DFE와 같다.

그래서 같은 원들 안에서, 같은 직선들은 같은 둘레들을 빼낸다. (즉), 큰 (둘레)와 (같은) 큰 (둘레)를, 작은 (둘레)와 (같은) 작은 (둘레)를 말이다. 밝혀야 했던 바로 그것이다.

명제 29

같은 원들 안에서, 같은 둘레들을 같은 직선들이 마주한다.[83]

∴

83 (1) 삼각형에서 '변이 각을 마주한다'고 표현했다. 그런데 여기에서는 '현(직선)이 호(곡선)를 마주한다'고 표현했다. 호가 각의 역할을 한 것이다. (2) 주어진 '활꼴 안에서의 각'이 같다는

같은 원 ABC, DEF가 있고 그 원들 안에 같은 둘레 BGC, EHF가 끊겼고 직선 BC, EF가 이어졌다고 하자. 나는 주장한다. BC가 EF와 같다.

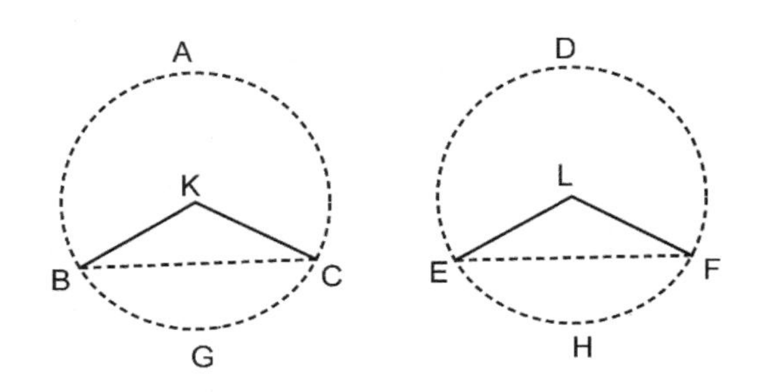

원들의 중심들이 잡혔고[III-1], K, L이라 하고, BK, KC, EL, LF가 이어졌다고 하자.

둘레 BGC가 둘레 EHF와 같으므로 각 BKC가 ELF와 같다[III-27]. 또한 원 ABC, DEF가 같으므로 중심들로부터 나온 직선들도 같다[III-def-1]. 이제 두 직선 BK, KC가 두 직선 EL, LF와 같다. 같은 각들을 둘러싸기도 한다. 그래서 밑변 BC가 밑변 EF와 같다[I-4].

그래서 같은 원들 안에서, 같은 둘레들을 같은 직선들이 마주한다. 밝혀야 했던 바로 그것이다.

∴

명제 21과 그것의 일반화인 명제 27과 이 명제는 원의 곡률에 대한 명제들이라고 볼 수 있다. 사실 이 명제들로 원을 다르게 정의할 수도 있다. 즉, 주어진 현이 마주 보는 각이 같은 점들의 집합은 원(의 활꼴)이다.

명제 30

주어진 둘레를 이등분하기.

주어진 둘레 ADB가 있다고 하자. 이제 둘레 ADB를 이등분해야 한다.

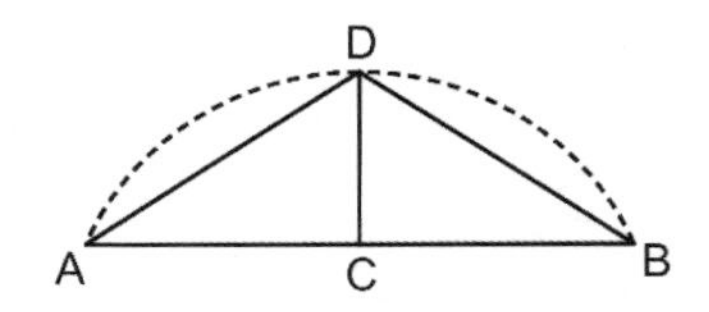

AB가 이어졌고, 점 C에서 이등분되었고[I-10] 점 C로부터 직선 AB와 직각으로 CD가 그어졌다고 하자[I-11]. AD, DB가 이어졌다고 하자.

AC가 CB와 같은데 CD는 공통이므로 두 직선 AC, CD가 두 직선 BC, CD와 같다. 또 각 ACD는 각 BCD와 같다. 각각은 직각이니까 말이다. 그래서 밑변 AD가 밑변 DB와 같다[I-4]. 그런데 같은 직선들은 같은 둘레들을 빼낸다. 큰 (둘레)와 (같은) 큰 (둘레)를, 작은 (둘레)와 (같은) 작은 (둘레)를 말이다[III-28]. 또한 둘레 AD, DB 각각은 반원보다 작다. 그래서 둘레 AD가 둘레 DB와 같다.

그래서 주어진 둘레는 점 D에서 이등분되었다. 해야 했던 바로 그것이다.

명제 31

원 안에서, 반원 안에서의 각은 직각이며 더 큰 활꼴 안에서의 각은 직각보다 작으며 더 작은 활꼴 안에서의 각은 직각보다 크다. 또한 더 큰 활꼴의 각은 직각보다 크고

더 작은 활꼴의 각은 직각보다 작다.

원 ABCD가 있는데, 그것의 지름이 BC, 중심이 E라고 하자. BA, AC, AD, DC가 이어졌다고 하자. 나는 주장한다. 반원 BAC 안에서의 각 BAC는 직각이며, 반원보다 큰 활꼴 ABC 안에서의 각 ABC는 직각보다 작으며, 반원보다 작은 활꼴 ADC 안에서의 각 ADC는 직각보다 크다.

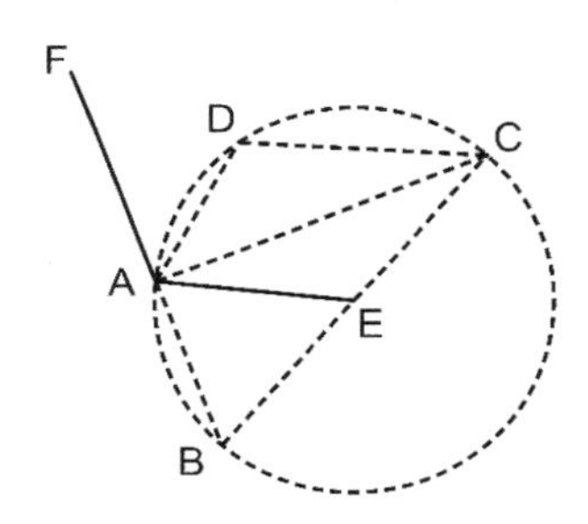

AE가 이어졌고 BA가 F까지 더 그어졌다고 하자.

BE가 EA와 같으므로 각 ABE는 BAE와 같다[I-5]. 다시, CE가 EA와 같으므로 각 ACE가 CAE와 같다. 그래서 전체 BAC는 두 각 ABC, ACB 들(의 합)과 같다. 그런데 삼각형 ABC의 외각 FAC는 두 각 ABC, ACB 들(의 합)과 같다[I-32]. 그래서 각 BAC가 FAC와 같다. 그래서 각각은 직각이다[I-def-10]. 그래서 반원 BAC 안에서의 각 BAC는 직각이다.

또한 삼각형 ABC의 두 각 ABC, BAC 들(의 합)은 두 직각(의 합)보다 작은데[I-17], BAC가 직각이므로 각 ABC는 직각보다 작다. (각 ABC는) 반원보다 큰 활꼴 ABC 안에서의 각이기도 하다.

또한 ABCD는 원 안에 (맞댄) 사변형이고 원들에 (맞댄) 사변형들에 대하여 반대쪽 각들(의 합)은 두 직각(의 합)과 같은데[III-22], [각 ABC, ADC 들(의 합)

이 두 직각(의 합)과 같고] ABC가 직각보다 작으므로 남은 각 ADC는 직각보다 크다. (각 ADC는) 반원보다 작은 활꼴 (ADC) 안에서의 각이기도 하다.

나는 주장한다. (반원보다) 더 큰 활꼴의 각, (즉) 둘레 ABC와 직선 AC로 둘러싸인 각은 직각보다 크며, (반원보다) 더 작은 활꼴의 각, (즉) 둘레 AD[C]와 직선 AC로 둘러싸인 각은 직각보다 작다.

그 자체로 분명하다. 직선 BA, AC 사이의 각은 직각이므로 둘레 ABC와 직선 AC로 둘러싸인 각은 직각보다 크다. 다시 직선 AC, AF 사이의 각은 직각이므로 직선 AC와 둘레 AD[C]로 둘러싸인 각은 직각보다 작다.

그래서 원 안에서, 반원 안에서의 각은 직각이며 더 큰 활꼴 안에서의 각은 직각보다 작으며 더 작은 [활꼴] 안에서의 각은 직각보다 크다. 또한 (반원보다) 더 큰 활꼴의 [각]은 직각보다 크고 더 작은 활꼴의 [각]은 직각보다 작다. 밝혀야 했던 바로 그것이다.

[**따름.** 이제 이로부터 분명하다. 삼각형의 어떤 각이 남은 두 각(의 합)과 같을 때, 그 각은 직각이다. 그것의 외각은 바로 그 두 각(의 합)과 같은데 이웃하는 두 각이 같다면 (그 각들은 각각) 직각이니까 말이다.]

명제 32

원을 어떤 직선이 접하는데, 닿은 데로부터 어떤 (다른) 직선이 원을 가로질러 그 원을 교차하며 지나갔다면, (교차하는 직선이) 접선과 만드는 각들은 엇갈린 활꼴 안에서의 각들과 같다.

원 ABCD를 어떤 직선 EF가 점 B에서 접하고 그 점 B로부터 직선 BD가 원 ABCD를 가로질러 그 원을 교차하며 지나갔다고 하자. 나는 주장한다. BD가 접선 EF와 더불어 만드는 각들은 원의 엇갈린 활꼴 안에서의 각들과 같다. 즉, 각 FBD는 활꼴 BAD 안에서 구성된 각과, 각 EBD는 활꼴 DCB 안에서 구성된 각과 같다.

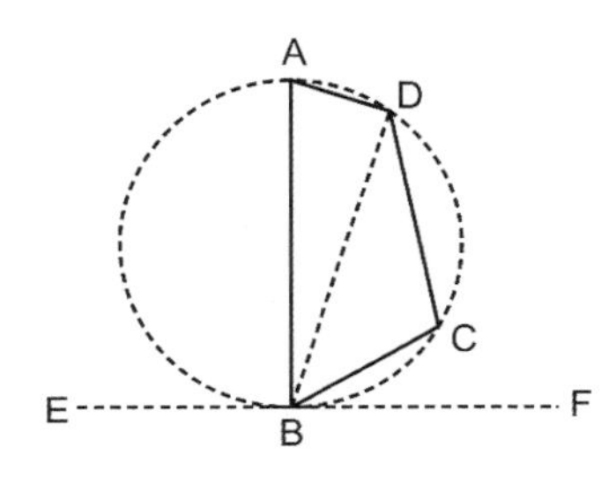

점 B로부터 EF와 직각으로 BA가 그어졌고[I-11] 둘레 BD 위에 임의의 점 C가 잡혔고 AD, DC, CB가 이어졌다고 하자.

원 ABCD를 어떤 직선 EF가 B에서 접하고, 닿은 데로부터 접선과 직각으로 BA가 그어졌으므로 직선 BA 위에 원 ABCD의 중심이 있다[III-19]. 그래서 BA는 원 ABCD의 지름이다. 그래서 반원 안에 있는 각 ADB는 직각이다[III-31]. 그래서 남은 BAD, ABD 들(의 합)은 직각 하나와 같다[I-32]. 그런데 ABF도 직각이다. 그래서 ABF는 BAD, ABD 들(의 합)과 같다. ABD를 공히 빼내자. 그래서 남은 각 DBF가 원의 엇갈린 활꼴 안에서의 각 BAD와 같다. 또한 ABCD가 원 안에 (맞댄) 사변형이므로, 반대쪽 각들(의 합)은 두 직각(의 합)과 같다[III-22]. 그런데 DBF, DBE 들(의 합)이 두 직각(의 합)과 같다[I-13]. 그래서 DBF, DBE 들(의 합)은 BAD, BCD 들(의 합)과 같은데 그중 BAD가 DBF와 같다는 것은 밝혀졌다. 그래서 남은 DBE가 원의 엇갈린 활꼴 DCB 안에서의 각 DCB와 같다.

그래서 원을 어떤 직선이 접하는데, 닿은 데로부터 어떤 (다른) 직선이 원을 가로질러 그 원을 교차하며 지나갔다면, (교차하는 직선이) 접선과 만드는 각들은 엇갈린 활꼴들에서의 각들과 같다. 밝혀야 했던 바로 그것이다.

명제 33

주어진 직선 위에, 주어진 직선 각과 같은 각을 수용하는 원의 활꼴을 그리기.

주어진 직선은 AB, 주어진 직선 각은 C에서의 각이라고 하자. 이제 주어진 직선 AB 위에, C에서의 각과 같은 각을 수용하는 원의 활꼴을 그려야 한다.

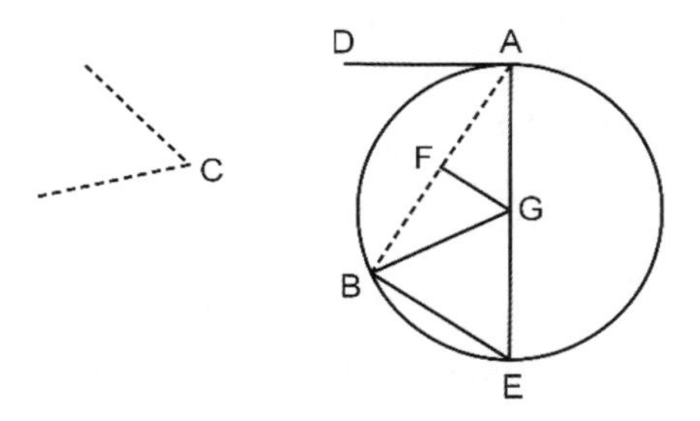

이제 C에서의 [각]은 예각이거나 직각이거나 둔각일 것이다. 먼저 예각이라고 하자. 첫 번째 그림에 (있는 것)처럼[84] 직선 AB에 대고 그 직선상의 점 A에서 C에서의 각과 같은 BAD를 구성했다고 하자[I-23]. 그래서 BAD도

84 (1)『원론』에서 드문 표현이다. (2) 원문에는 세 경우가 나란히 그려져 있다. 본 번역은 세 그림을 따로 놓았다.

예각이다. 직선 DA와 직각으로 AE가 그어졌고[I-11], AB가 F에서 이등분되었고[I-10], 점 F로부터 AB와 직각으로 FG가 그어졌고, GB가 이어졌다고 하자.

AF가 FB와 같은데 FG는 공통이므로 두 직선 AF, FG는 두 직선 BF, FG와 같다. 또한 각 AFG는 [각] BFG와 같다. 그래서 밑변 AG가 밑변 BG와 같다[I-4]. 그래서 중심은 G로, 간격은 GA로 그려진 원은 B도 통과해 갈 것이다. (그 원이) 그려졌고 ABE라고 하고, EB가 이어졌다고 하자. 지름 AE의 끝 A로부터 AD가 AE와 직각으로 있으므로 AD는 원 ABE를 접한다[III-16 따름]. 원 ABE를 어떤 직선 AD가 접하고, 접점인 A로부터 어떤 직선 AB가 원 ABE을 가로질러 지나갔으므로 각 DAB는 엇갈린 활꼴 안에서의 각 AEB와 같다[III-32]. 한편 DAB는 C에서의 각과 같다. 그래서 C에서의 각은 AEB와 같다.

그래서 주어진 직선 AB 위에 C에서의 주어진 (각)과 같은 각 AEB를 수용하는 원의 활꼴 AEB가 그려졌다.

한편 이제 C에서의 각이 직각이라고 하자. 다시 AB 위에 C에서의 직각과 같은 각을 수용하는 원의 활꼴을 그려야 한다고 하자.

[다시] 두 번째 그림에 있는 것처럼 C에서의 각과 같은 BAD를 구성했고[I-23],

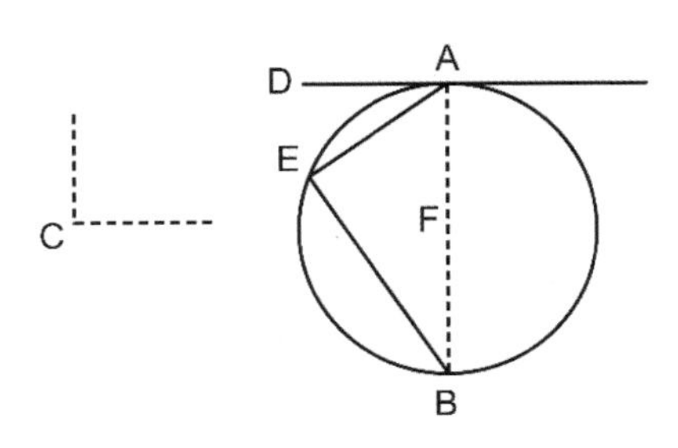

AB가 F에서 이등분되었고[I-10], 중심은 F로, 간격은 FA, FB 중 어떤 것으로 원 AEB가 그려졌다고 하자.

A에서 (지름 BA와) 직각으로 있기 때문에 직선 AD는 원 ABE를 접한다[III-16 따름]. 또한 각 BAD는 활꼴 AEB에서의 (각)과 같다. 반원 안에 있으면서 그것은 직각이니까 말이다[III-31]. 한편 BAD는 C에서의 각과 같다. 그래서 다시 AB 위에 C에서의 각과 같은 각 AEB를 수용하는 원의 활꼴 AEB가 그려졌다.

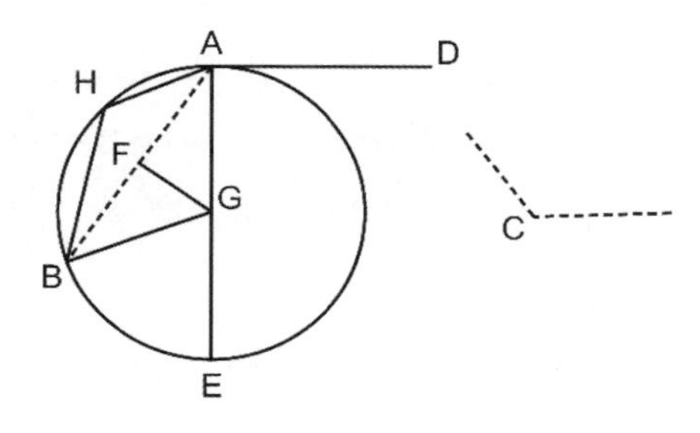

한편 C에서의 각이 둔각이라고 하자. 세 번째 그림처럼 직선 AB에 대고 그 직선상의 점 A에서 C에서의 각과 같은 BAD를 구성했고[I-23], AD와 직각으로 AE가 그어졌고[I-11] 다시 AB가 F에서 이등분되었고[I-10], AB와 직각으로 FG가 그어졌고, GB가 이어졌다고 하자.

다시 AF가 FB와 같고 FG는 공통이므로 두 직선 AF, FG는 두 직선 BF, FG와 같다. 또한 각 AFG는 BFG와 같다. 그래서 밑변 AG가 밑변 BG와 같다[I-4]. 그래서 중심은 G로, 간격은 GA로 그려진 원은 B도 통과해 갈 것이다. AEB처럼 간다고 하자. 지름 AE의 끝 A로부터 AD가 AE와 직각으로 있으므로, AD는 원 AEB를 접한다[III-16 따름]. 접점 A로부터 직선 AB가 지나갔다. 그래서 각 BAD는 엇갈린 활꼴 안에서 구성된 각 AHB와 같다[III−32]. 한편 각 BAD는 C에서의 각과 같다. 그래서 활꼴 AHB 안에서의 각은 C에서의 각과 같다.

그래서 주어진 직선 AB 위에 C에서의 각과 같은 각을 수용하는 원의 활꼴을 그렸다. 해야 했던 바로 그것이다.

명제 34

주어진 원으로부터, 주어진 직선 각과 같은 각을 수용하는 활꼴을 빼내기.

주어진 원은 ABC, 주어진 직선 각은 D에서의 각이라고 하자. 이제 원 ABC로부터 주어진 직선 각, (즉) D에서의 각과 같은 각을 수용하는 활꼴을 빼내야 한다.

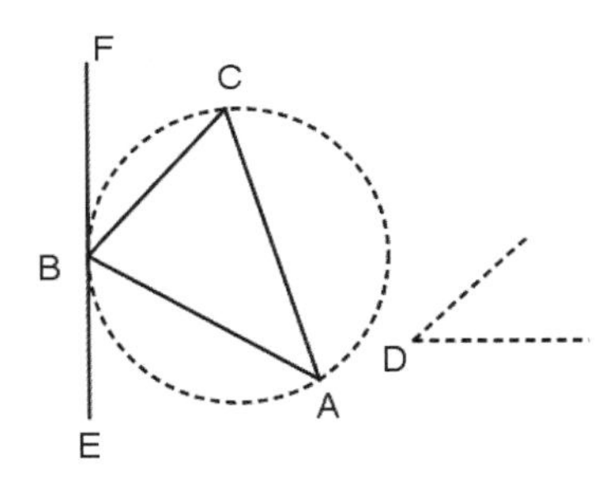

점 B에서 원 ABC를 접하는 EF가 그어졌다고 하자. 직선 FB에 대고 그 직선상의 점 B에서 D에서의 각과 같은 FBC를 구성했다고 하자[I−23].

원 ABC를 어떤 직선 EF가 접하고, 접점인 B로부터 직선 BC가 지나갔다. 그래서 각 FBC는 엇갈린 활꼴 BAC에서 구성된 각과 같다[III−32]. 한편 각 FBC는 D에서의 각과 같다. 그래서 활꼴 BAC 안에서의 각은 D에서의 [각]

과 같다.

그래서 주어진 원 ABC로부터, 주어진 직선 각, (즉) D에서의 각과 같은 각을 수용하는 활꼴 BAC가 빠져나갔다. 해야 했던 바로 그것이다.

명제 35

원 안에서 두 직선이 서로를 교차한다면 한 직선의 선분들로 둘러싸인 직각 (평행사변형)은 다른 직선의 선분들로 둘러싸인 직각 (평행사변형)과 같다.

원 ABCD 안에서 두 직선 AC, BD가 점 E에서 서로를 교차한다고 하자. 나는 주장한다. AE, EC로 둘러싸인 직각 (평행사변형)은 DE, EB로 둘러싸인 직각 (평행사변형)과 같다.

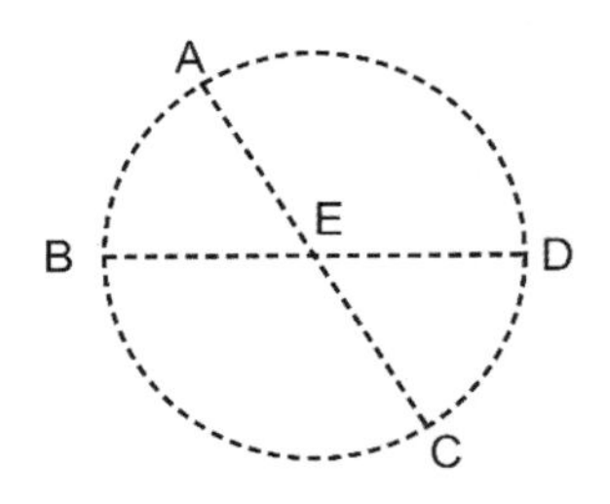

만약 AC, BD가 중심을 통과한 직선들이라면, (그래서) 결국 E가 원 ABCD의 중심이 된다면 AE, EC, DE, EB가 같게 있고 AE, EC로 둘러싸인 직각 (평행사변형)이 DE, EB로 둘러싸인 직각 (평행사변형)과 같다는 것은 분명하다.

이제 AC, BD가 중심을 통과한 직선들이 아니라고 하자. ABCD의 중심이 잡혔고[III-1], F라 하고, 그 F로부터 직선 AC, DB로 수직선 FG, FH가 그

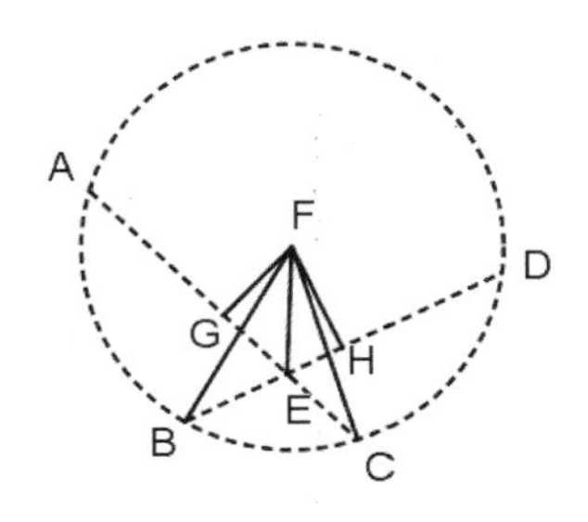

어졌고[I-12], FB, FC, FE가 이어졌다고 하자.

중심을 통과한 어떤 직선 GF가 중심을 통과하지 않은 어떤 직선 AC를 직각으로 교차하므로 그 직선을 이등분한다[III-3]. 그래서 AG가 GC와 같다. 직선 AC가 점 G에서 같은 (선분들로), 점 E에서 같지 않은 (선분들로) 잘렸으므로 AE, EC로 둘러싸인 직각 (평행사변형)은 EG로부터의 정사각형과 함께, GC로부터의 (정사각형)과 같다[II-5]. GF로부터의 (정사각형)을 [공히] 보태자. 그래서 AE, EC로 둘러싸인 직각 (평행사변형)은 GE, GF로부터의 (정사각형)들과 함께, CG, GF로부터의 (정사각형)들(의 합)과 같다. 한편 EG, GF로부터의 (정사각형)들(의 합)은 FE로부터의 (정사각형)과, CG, GF로부터의 (정사각형)들(의 합)은 FC로부터의 (정사각형)과 같다[I-47]. 그래서 AE, EC로 (둘러싸인 직각 평행사변형)은 FE로부터의 (정사각형)과 함께, FC로부터의 (정사각형)과 같다. 그런데 FC가 FB와 같다. 그래서 AE, EC로 (둘러싸인 직각 평행사변형)은 EF로부터의 (정사각형)과 함께, FB로부터의 (정사각형)과 같다. 똑같은 이유로 DE, EB로 (둘러싸인 직각 평행사변형)은 FE로부터의 (정사각형)과 함께, FB로부터의 (정사각형)과 같다. 그런데 AE, EC로 (둘러싸인 직각 평행사변형)은 FE로부터의 (정사각형)과 함께, FB로부터의 (정사각형)과 같다는 것이 밝혀졌다. 그래서 FE로부터의 (정사각형)과 함께 AE, EC로 (둘러싸인 직각 평행사변형)은, FE로부터의 (정사각형)과 함께 DE,

EB로 (둘러싸인 직각 평행사변형)과 같다. FE로부터의 (정사각형)을 공히 빼내자. 그래서 남은 AE, EC로 둘러싸인 직각 (평행사변형)은 남은 DE, EB로 둘러싸인 직각 (평행사변형)과 같다.

그래서 원 안에서 두 직선이 서로를 교차한다면 한 직선의 선분들로 둘러싸인 직각 (평행사변형)은 다른 직선의 선분들로 둘러싸인 직각 (평행사변형)과 같다. 밝혀야 했던 바로 그것이다.

명제 36

원에 대하여, 외부에 어떤 점이 잡히고 그 점으로부터 원까지 두 직선이 뻗으면, 또한 그 직선들 중 한 직선은 원을 교차하는데 다른 직선은 접한다면, 그 점과 볼록한 둘레 사이에 끊긴 외부 선분과 (원을) 교차하는 전체 직선으로 (둘러싸인 직각 평행사변형)은 그 접선으로부터의 정사각형과 같을 것이다.

원 ABC에 대하여 외부에 어떤 점 D가 잡혔고 그 D로부터 원 ABC로 두 직선 DC[A], DB가 뻗는다고 하자. 또한 DCA는 원 ABC를 교차하는데

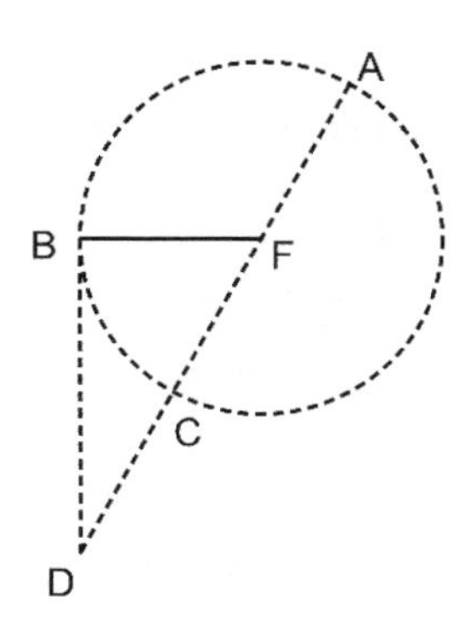

DB는 접한다고 하자. 나는 주장한다. AD, DC로 둘러싸인 직각 (평행사변형)은 DB로부터의 정사각형과 같다.

[D]CA는 중심을 통과한 직선이거나 (통과하지) 않는 (직선이다). 먼저 중심을 통과한 직선이라고 하자. F가 원 ABC의 중심이라고 하고 FB가 이어졌다고 하자.

그래서 FBD는 직각이다[III−18]. 또한 직선 AC가 F에서 이등분되었는데 그것에 CD가 보태어지므로 AD, DC로 (둘러싸인 직각 평행사변형)은 FC로부터의 (정사각형)과 함께, FD로부터의 (정사각형)과 같다[II−6]. 그런데 FC가 FB와 같다. 그래서 AD, DC로 (둘러싸인 직각 평행사변형)은 FB로부터의 (정사각형)과 함께, FD로부터의 (정사각형)과 같다. 그런데 FD로부터의 (정사각형)은 FB, BD로부터의 (정사각형)들(의 합)과 같다[I−47]. 그래서 AD, DC로 (둘러싸인 직각 평행사변형)은 FB로부터의 (정사각형)과 함께, FB, BD로부터의 (정사각형)들(의 합)과 같다. FB로부터의 (정사각형)을 공히 빼내자. 그래서 남은 AD, DC로 (둘러싸인 직각 평행사변형)은 접선 DB로부터의 (정사각형)과 같다.

한편 DCA가 원 ABC의 중심을 지나지 않는 직선이라고 하자. 중심 E가 잡혔고, 그 E로부터 AC로 수직선 EF가 그어졌고[I−12] EB, EC, ED가 이어졌다고 하자.

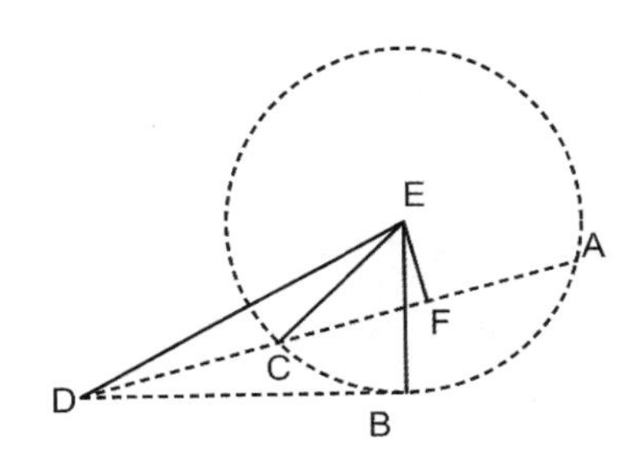

그래서 EBD는 직각이다[III-18]. 또한 중심을 지나는 어떤 직선 EF가 중심을 지나지 않는 어떤 직선 AC를 직각으로 교차하므로, 그 직선을 이등분한다[III-3]. 그래서 AF가 FC와 같다. 또한 직선 AC가 F에서 이등분되었는데 그것에 CD가 보태어지므로 AD, DC로 (둘러싸인 직각 평행사변형)은 FC로부터의 (정사각형)과 함께, FD로부터의 (정사각형)과 같다[II-6]. FE로부터의 (정사각형)을 공히 보태자. 그래서 AD, DC로 (둘러싸인 직각 평행사변형)은 CF, FE로부터의 (정사각형)들(의 합)과 함께, FD, FE로부터의 (정사각형)들(의 합)과 같다. 그런데 CF, FE로부터의 (정사각형)들(의 합)과 EC로부터의 (정사각형)이 같다. [각] EFC가 직각이니까 말이다[I-47]. 그런데 DF, FE로부터의 (정사각형)들(의 합)과 ED로부터의 (정사각형)이 같다[I-47]. 그래서 AD, DC로 (둘러싸인 직각 평행사변형)은 EC로부터의 (정사각형)과 함께, ED로부터의 (정사각형)과 같다. 그런데 EC가 EB와 같다. 그래서 AD, DC로 (둘러싸인 직각 평행사변형)은 EB로부터의 (정사각형)과 함께, ED로부터의 (정사각형)과 같다. 그런데 ED로부터의 (정사각형)은 EB, BD로부터의 (정사각형)들(의 합)과 같다. 각 EBD가 직각이니까 말이다[I-47]. 그래서 AD, DC로 (둘러싸인 직각 평행사변형)은 EB로부터의 (정사각형)과 함께, EB, BD로부터의 (정사각형)들(의 합)과 같다. EB로부터의 (정사각형)을 공히 빼내자. 그래서 남은 AD, DC로 (둘러싸인 직각 평행사변형)은 DB로부터의 (정사각형)과 같다.

그래서 원에 대하여, 외부에 어떤 점이 잡히고 그 점으로부터 원까지 두 직선이 뻗으면, 또한 그 직선들 중 한 직선은 원을 교차하는데 다른 직선은 접한다면, 그 점과 볼록한 둘레 사이에 끊긴 외부 선분과 (원을) 교차하는 전체 직선으로 (둘러싸인 직각 평행사변형)은 그 접선으로부터의 정사각형과 같을 것이다. 밝혀야 했던 바로 그것이다.

명제 37

원에 대하여, 외부에 어떤 점이 잡히고 그 점으로부터 원까지 두 직선이 뻗으면, 또한 그 직선들 중 한 직선은 원을 교차하는데 (다른 직선)은 (원까지) 뻗으면, 또한 이 점과 볼록한 둘레 사이에 끊긴 외부 선분과 (원을) 교차하는 전체 직선으로 (둘러싸인 직각 평행사변형)이 (원까지) 뻗은 직선으로부터의 (정사각형)과 같다면, 뻗은 직선은 그 원을 접할 것이다.

원 ABC에 대하여 외부에 점 D가 잡혔고, 그 D로부터 원 ABC로 두 직선 DCA, DB가 뻗는다고 하고, DCA는 원을 교차하는데 DB는 (원까지) 뻗는다고 하고, AD, DC로 (둘러싸인 직각 평행사변형)은 DB로부터의 (정사각형)과 같다고 하자. 나는 주장한다. DB는 원 ABC를 접한다.

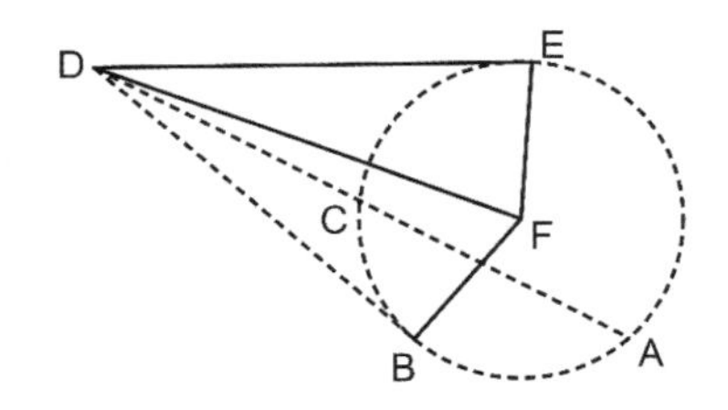

원 ABC의 접선 DE가 그어졌고[III-17], 원 ABC의 중심이 잡혔고[III-1], F라 하고, FE, FB, FD가 이어졌다고 하자.

그래서 FED는 직각이다[III-18]. 또한 DE가 원 ABC의 접선인데 직선 DCA는 교차하므로 AD, DC로 (둘러싸인 직각 평행사변형)은 DE로부터의 (정사각형)과 같다[III-36]. 그런데 AD, DC로 (둘러싸인 직각 평행사변형)은 DB로부터의 (정사각형)과 같다고 했으니 DE로부터의 (정사각형)은 DB로부터의 (정사각형)과 같다. 그래서 DE가 DB와 같다. 그런데 FE도 FB와 같다. 두 직선 DE, EF는 두 직선 DB, BF와 같다. 또한 그것들의 밑변 FD는 공통이다. 그래서 각 DEF가 각 DBF와 같다[I-8]. 그런데 DEF가 직각이다. 그래서 DBF도 직각이다. 또한 FB는 연장되어 지름이다. 그런데 그 원의 지름과 그 지름의 끝으로부터 직각으로 그어진 직선은 그 원을 접한다[III-16 따름]. 그래서 DB는 원 ABC를 접한다. 혹시 중심이 AC에 있게 된다 해도 이제 우리는 비슷하게 밝힐 수 있다.

그래서 원에 대하여, 외부에 어떤 점이 잡히고 그 점으로부터 원까지 두 직선이 뻗으면, 또한 그 직선들 중 (한 직선)은 원을 교차하는데, (다른 직선)은 (원까지) 뻗으면, 또한 이 점과 볼록한 둘레 사이에 끊긴 외부 선분과 (원을) 교차하는 전체 직선으로 (둘러싸인 직각 평행사변형)이 (원까지) 뻗은 직선으로부터의 (정사각형)과 같다면, (원까지) 뻗은 직선은 그 원을 접할 것이다. 밝혀야 했던 바로 그것이다.

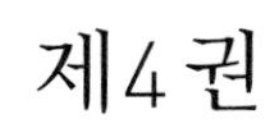

제4권

정의

1. 내접하는[85] 도형의 각들 각각이 그 (도형)이 안으로 내접하는 (다른 직선 도형)의 변들 각각에 닿을 때 **직선 도형이 그 (다른) 직선 도형 안으로 내접한다**고 말한다.

2. 마찬가지로, 외접하는 도형의 변들 각각이 그 (도형)이 바깥으로 외접하는 (다른 직선 도형)의 각들 각각에 닿을 때는 **직선 도형은 그 (다른 직선) 도형 바깥으로 외접한다**고 말한다.[86]

3. 내접하는 도형의 각들 각각이 원의 둘레에 닿을 때는 **직선 도형이 그 원 안으로 내접한다**고 말한다.

4. 외접하는 도형의 변들 각각이 원의 둘레를 접할 때는 **직선 도형은 그 원 바깥으로 외접한다**고 말한다.

5. 마찬가지로, 원의 둘레가 (직선 도형) 안으로 내접하면서 그 (직선 도형)의 변들 각각에 닿을 때는 그 **원은 그 직선 도형 안으로 내접한다**고 말한다.

85 유클리드는 원의 '접함'이라는 용어를 제3권 정의 2와 3에서 정의하고 명제 16에서 그 성격을 규명한 후 그 용어를 엄격하게 사용한다. 제4권에서 관례상 '내접하다', '외접하다'라고 의역한 용어의 원문에는 '접함'을 뜻하는 말이 없다. 각각 '안으로 맞대 그리다'와 '바깥으로 맞대 그리다'라는 뜻으로 해석할 수 있다. 영어 번역은 inscribe와 circumscribe인데 이 영어 번역이 원문의 직역이다.

86 제4권 정의 1과 2에 대한 명제는 『원론』에 없다.

6. 원의 둘레가 (직선 도형) 바깥으로 외접하면서 그 (직선 도형)의 각들 각각에 닿을 때는 그 **원은 그 직선 도형 바깥으로 외접한다**고 말한다.

7. 직선의 끝(점)들이 원의 둘레 위에 있을 때는 그 **직선이 그 원 안으로 맞춰진다**고 말한다.

명제 1

주어진 원 안으로, 원의 지름보다 크지 않은 주어진 직선과 같은 직선을 맞춰 넣기.[87]

주어진 원 ABC가 있고, 원의 지름보다 크지 않은 주어진 직선 D가 있다고 하자. 이제 원 ABC 안으로 직선 D와 같은 직선을 맞춰 넣어야 한다.

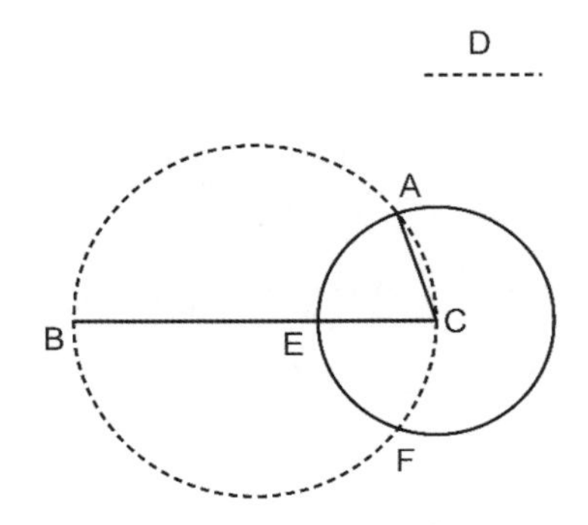

87 주어진 원에 주어진 직선을 '임의의' 위치에 맞춰 넣기이다. 이 작도와 비교해서 볼 것이 그리스의 '뉴시스(νεῦσις) 작도'이다. 이것은 '특정한 조건을 만족하도록' 끼워 넣기이다. 뉴시스 작도는 『원론』에서 허용한 작도는 아니지만 고대 그리스 수학에 종종 등장한다. 예를 들어 아르키메데스는 『보조 정리들』 명제 8에서 각을 삼등분하는 작도를 하는데 여기서 뉴시스 작도가 쓰인다.

원 ABC의 지름 BC가 그어졌다고 하자.

만약 BC가 D와 같다면, 해야 했던 것이 이미 된 것이다. 직선 D와 같은 BC가 원 ABC 안으로 맞춰졌기 때문이다. 만약 BC가 D보다 크다면 D와 같게 CE가 놓이고[I-3], 중심은 C로, 간격은 CE로 원 EAF가 그려졌고, CA가 이어졌다고 하자.

점 C가 원 EAF의 중심이므로 CA가 CE와 같다. 한편 D와 CE가 같다. 그래서 D도 CA와 같다.

그래서 주어진 원 안으로, 원의 지름보다 크지 않은 주어진 직선과 같은 직선이 맞춰졌다. 해야 했던 바로 그것이다.

명제 2

주어진 원 안으로, 주어진 삼각형과 등각인 삼각형을 내접하게 하기.

주어진 원 ABC, 주어진 삼각형 DEF가 있다고 하자. 이제 원 ABC 안으로 삼각형 DEF와 등각인 삼각형을 내접하게 해야 한다.

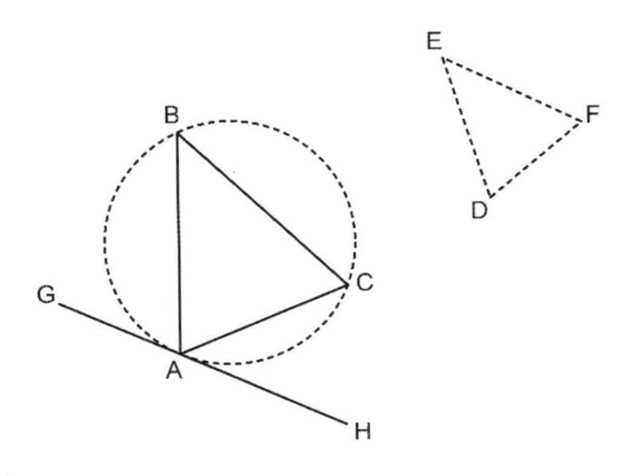

점 A에서 원 ABC의 접선 GH가 그어졌고, 직선 AH에 대고 그 직선상의 점 A에서 각 DEF와 같게는 HAC를, 직선 AG에 대고 그 직선상의 점 A에서 [각] DFE와 같게는 GAB를 구성했고[I-23] BC가 이어졌다고 하자.

원 ABC를 어떤 직선 AH가 접하고, 접점 A로부터 직선 AC가 원 안으로 지나갔으므로 HAC는 원의 엇갈린 활꼴 안에서의 각 ABC와 같다[III-32]. 한편 HAC는 DEF와 같다. 그래서 각 ABC가 DEF와 같다. 똑같은 이유로 ACB는 DFE와 같다. 그래서 남은 BAC도 남은 EDF와 같다[I-32]. [그래서 삼각형 ABC는 삼각형 DEF와 등각이고, 원 ABC 안으로 내접했다.]

그래서 주어진 원 안으로, 주어진 삼각형과 등각인 삼각형이 내접했다. 해야 했던 바로 그것이다.

명제 3

주어진 원 바깥으로, 주어진 삼각형과 등각인 삼각형을 외접하게 하기.

주어진 원 ABC, 주어진 삼각형 DEF가 있다고 하자. 이제 원 ABC 바깥으로 삼각형 DEF와 등각인 삼각형을 외접하게 해야 한다.

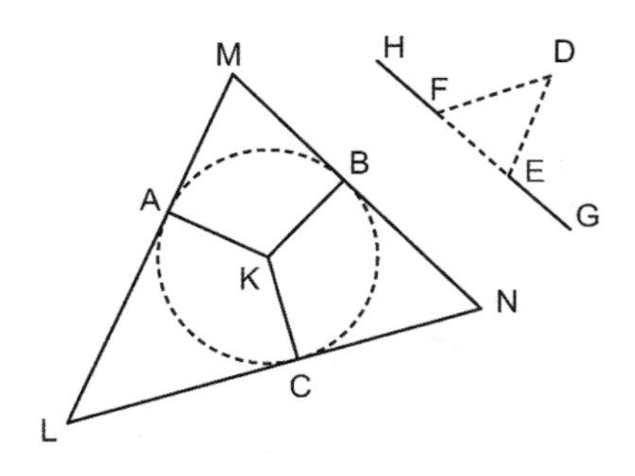

EF가 양쪽으로, (즉) 점 G, H로 연장되었다고 하자. 원 ABC의 중심 K가 잡혔고[III-1], 임의로 직선 KB가 지나갔고 직선 KB에 대고 그 직선상의 점 K에서 DEG와 같게는 각 BKA를, DFH와 같게는 각 BKC를 구성했고 [I-23], 점 A, B, C를 통과하여 원 ABC의 접선 LAM, MBN, NCL이 그어졌다고 하자[III-16 따름].

점 A, B, C에서 LM, MN, NL이 원 ABC를 접하는데 중심 K로부터 점 A, B, C로 KA, KB, KC가 이어져 있으므로 점 A, B, C에서의 각들은 직각이다[III-18]. 또한 AMBK가 삼각형 두 개로 분리되니 사변형 AMBK의 네 각은 직각의 네 배이므로[I-32], 그리고 각 KAM, KBM이 직각이므로, 남은 AKB, AMB 들(의 합)이 두 직각(의 합)과 같다. 그런데 DEG, DEF 들(의 합)도 두 직각(의 합)과 같다[I-13]. 그래서 AKB, AMB 들(의 합)이 DEG, DEF 들(의 합)과 같은데 그중 AKB가 DEF와 같다. 그래서 남은 AMB가 남은 DEF와 같다. LNB가 DFE와 같다는 것도 이제 비슷하게 밝혀질 것이다. 그래서 남은 MLN도 [남은] EDF와 같다[I-32]. 그래서 삼각형 LMN은 삼각형 DEF와 등각이다. 또한 원 ABC 바깥으로 외접했다.

그래서 주어진 원 바깥으로, 주어진 삼각형과 등각인 삼각형이 외접했다. 해야 했던 바로 그것이다.

명제 4

주어진 삼각형 안으로 원을 내접하게 하기.

주어진 삼각형 ABC가 있다. 이제 삼각형 ABC 안으로 원을 내접하게 해야 한다.

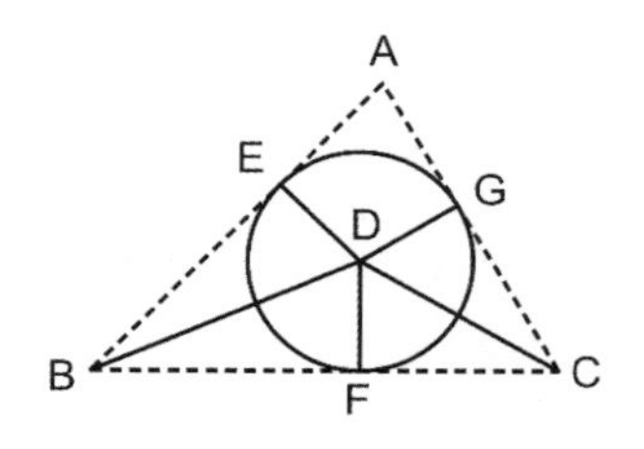

각 ABC, ACB가 직선 BD, CD에 의해 이등분되었고[I–9] 점 D에서 서로 만나고, 또한 D로부터 직선 AB, BC, CA 위로 수직선 DE, DF, DG가 그어졌다고 하자[I–12].

각 ABD가 CBD와 같은데 직각 BED도 직각 BFD와 같으므로, 이제 두 삼각형 EBD, FBD는 두 각과 같은 두 각을 가지면서 또한 한 변과 같은 한 변, (즉) 같은 각들 중 하나를 마주 보는 공통 (변) DB를 갖는 삼각형들이다. 그래서 남은 변들과 같은 남은 변들을 갖는다[I–26]. 그래서 DE가 DF와 같다. 똑같은 이유로 DG가 DF와 같다. 그래서 세 직선 DE, DF, DG는 서로 같다. 그래서 중심은 D로, 간격은 E, F, G 중 하나로[88] 그려진 원은 남은 점들도 통과해 갈 것이고, 또한 점 E, F, G에서의 각들은 직각이기 때문에 직선 AB, BC, CA를 접할 것이다.[89] 만약 그 직선들을 자른다면, 원의 지름의 끝으로부터 원의 지름과 직각으로 그어진 직선이 원 내부로 떨어질 텐데 이것은 있을 수 없다고 밝혀졌으니까 말이다[III–16]. 그래서 중심은 D로, 간격은 E, F, G 중 하나로 그려진 원은 직선 AB, BC, CA를 교차하지 않는다. 그래서 그것들을 접한다. 또한 삼각형 ABC 안으로 내접

88 DE, DF, DG라고 하는 게 옳지만 이렇게 표기되었고 이 '실수'가 아래에서 여러 번 반복되므로 그대로 직역한다.

89 그동안 직선이 원을 접하다고 했지 원이 직선을 접한다는 표현은 처음이다.

해 있다. 원 FGE처럼 내접했다고 하자.

그래서 주어진 삼각형 ABC 안으로 원 FGE가 내접했다. 해야 했던 바로 그것이다.

명제 5

주어진 삼각형 바깥으로 원을 외접하게 하기.

주어진 삼각형 ABC가 있다. 이제 삼각형 ABC 바깥으로 원을 외접하게 해야 한다.

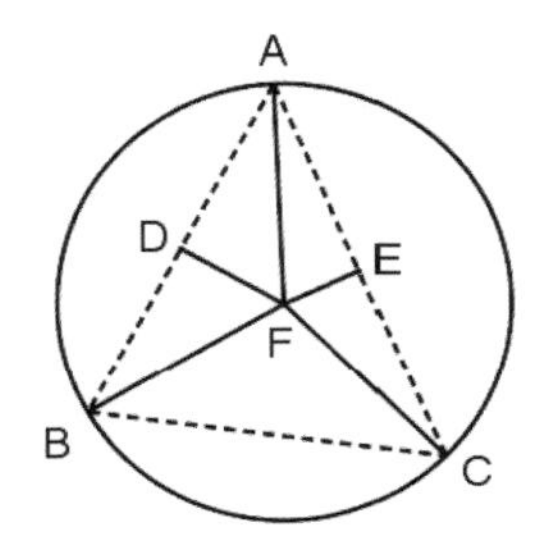

직선 AB, AC가 점 D, E에서 이등분되었고[I-10] 점 D, E로부터 직선 AB, AC와 직각으로 DF, EF가 그어졌다고 하자[I-11].

이제 (그 직선들은) 삼각형 ABC의 내부에서 또는 직선 BC 위에서 또는 BC의 외부에서[90] 한데 모일 것이다. 먼저 내부인 점 F에서 한데 모인다고 하

90 삼각형 ABC의 외부라는 뜻일 텐데, 직선 BC의 외부라고 표현했다. 조금 아래에서는 '삼각형의 외부'라고 말하고 따름 명제에서는 다시 직선의 외부라는 말이 나온다. 이 '실수'도 수정하지 않고 그대로 직역한다.

고 FB, FC, FA가 이어졌다고 하자. AD가 DB와 같은데 DF가 공통이고도 직각으로 있으므로 밑변 AF가 밑변 FB와 같다[I-4]. CF가 AF와 같다는 것도 이제 우리는 비슷하게 밝힐 수 있다. 결국 FB도 FC와 같다. 그래서 세 직선 FA, FB, FC가 서로 같다. 그래서 중심은 F로, 간격은 A, B, C 중 하나로 그려진 원은 남은 점들도 통과해 갈 것이고, 또한 삼각형 ABC 바깥으로 외접해 있을 것이다. 원 ABC처럼 외접했다고 하자.

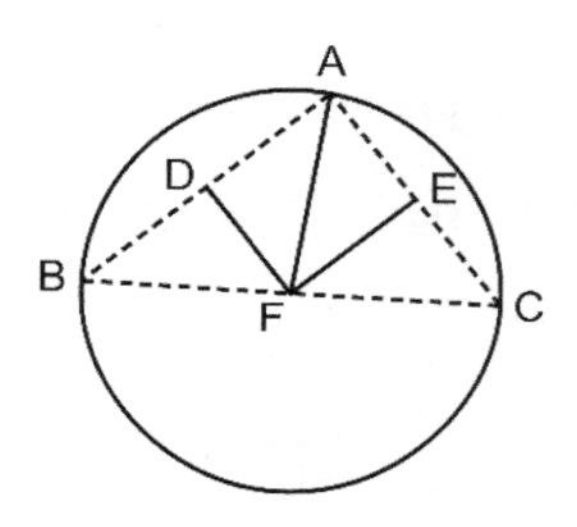

한편 이제는 두 번째 그림에 있는 것처럼 DF, EF가 직선 BC 위인 F에서 한데 모였다고 하고 AF가 이어졌다고 하자. 점 F가 삼각형 ABC 바깥으로 외접하는 원의 중심이라는 것도 이제 우리는 비슷하게 밝힐 수 있다.

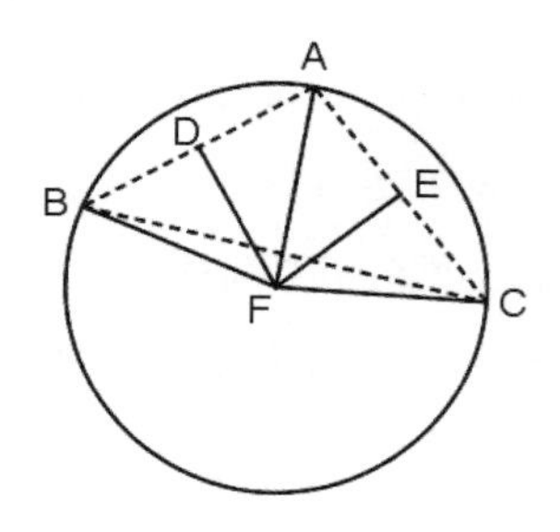

한편 이제는, 다시 세 번째 그림에 있는 것처럼 DF, EF가 삼각형 ABC의 외부에서 한데 모였다고 하고 AF, BF, CF가 이어졌다고 하자.

다시, AD가 DB와 같은데 DF가 공통이고도 직각으로 있으므로 밑변 AF가 밑변 BF와 같다[I-4]. CF가 AF와 같다는 것도 이제 우리는 비슷하게 밝힐 수 있다. 결국 BF도 FC와 같다. 그래서 중심은 F로, 간격은 FA, FB, FC 중 하나로 그려진 원은 남은 점들도 통과해 갈 것이고, 또한 삼각형 ABC 바깥으로 외접해 있을 것이다. 원 ABC처럼 외접했다고 하자.
그래서 주어진 삼각형 바깥으로 원이 외접했다. 해야 했던 바로 그것이다.

[**따름**. 또한 분명하다. 삼각형의 내부에 원의 중심이 떨어질 때는 반원보다 큰 활꼴 안에서의 각 BAC가 직각보다 작게 된다. 직선 BC 위에 중심이 떨어질 때는 반원에서의 각 BAC가 직각이다. 삼각형의 외부에 원의 중심이 떨어질 때는 반원보다 작은 활꼴 안에서의 각 BAC가 직각보다 크게 된다. 결국 수용된 각이 직각보다 작을 때는 DF, EF(의 교점)이 삼각형의 내부에, 직각일 때는 BC 위에, 직각보다 클 때는 BC 외부에 떨어질 것이다. 해야 했던 바로 그것이다.]

명제 6

주어진 원 안으로 정사각형을 내접하게 하기.

주어진 원 ABCD가 있다. 이제 원 ABCD 안으로 정사각형을 내접하게 해야 한다.
원 ABCD의 두 지름 AC, BD가 서로에 직각으로 그어졌고[III-1, 공준 1,2, I-11] AB, BC, CD, DA가 이어졌다고 하자.
BE가 ED와 같다. E가 중심이니까 말이다. 그런데 EA는 공통이고도 직각

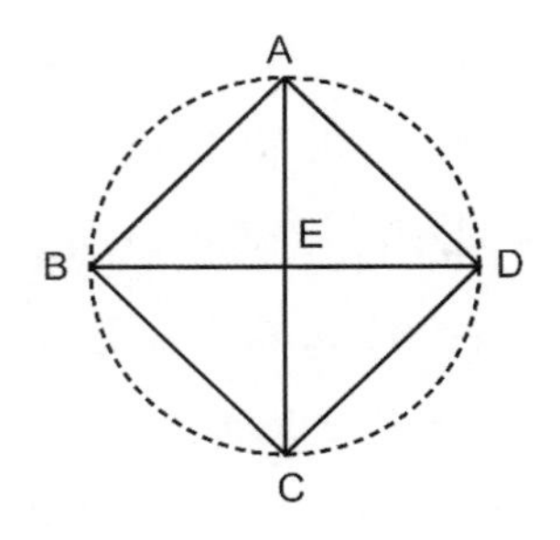

으로 있으므로 밑변 AB가 밑변 AD와 같다[I−4]. 똑같은 이유로 BC, CD가 AB, AD와 서로 같다. 그래서 사변형 ABCD는 등변 (사변형)이다.

이제 나는 주장한다. 직각 (사변형)이기도 하다.

직선 BD가 원 ABCD의 지름이므로 BAD는 반원이다. 그래서 각 BAD는 직각이다[III−31]. 똑같은 이유로 ABC, BCD, CDA 각각도 직각이다. 그래서 사변형 ABCD는 직각 (사변형)이다. 그런데 등변이라는 것도 밝혀졌다. 그래서 정사각형이다. 또한 원 ABCD 안으로 내접했다.

그래서 주어진 원 안으로 정사각형 ABCD가 내접했다. 해야 했던 바로 그것이다.

명제 7

주어진 원 바깥으로 정사각형을 외접하게 하기.

주어진 원 ABCD가 있다. 이제 원 ABCD 바깥으로 정사각형을 외접하게 해야 한다.

원 ABCD의 두 지름 AC, BD가 서로에 직각으로 그어졌다고 하자[III−1, 공준 1,2, I−11]. 점 A, B, C, D를 통과하여 원 ABCD의 접선 FG, GH, HK,

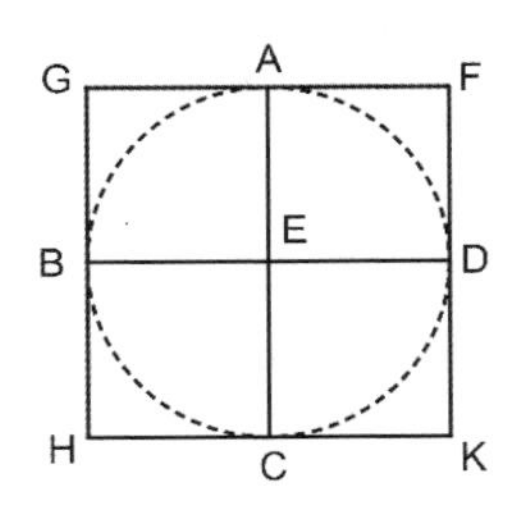

KF가 그어졌다고 하자[III−16. 따름].

FG가 원 ABCD를 접하는데 중심 E로부터 접점인 A 위로 EA가 이어졌으므로, A에서의 각들은 직각이다[III−18]. 똑같은 이유로 점 B, C, D에서의 각들도 직각이다. 또 각 AEB가 직각인데 EBG도 직각이므로 GH가 AC와 평행하다[I−29]. 똑같은 이유로 AC도 FK와 평행하다. 결국 GH가 FK와 평행하다[I−30]. GF, HK 각각이 BED와 평행하다는 것도 이제 우리는 비슷하게 밝힐 수 있다. 그래서 GK, GC, AK, FB, BK는 평행사변형들이다. 그래서 GF는 HK와, GH는 FK와 같다[I−34]. 또한 AC가 BD와 같은데 한편 AC는 GH, FK 각각과, BD는 GF, HK 각각과 같으므로[I−34] [또한 GH, FK 각각은 GF, HK 각각과 같으므로], 사변형 FGHK는 등변 (사변형)이다.

이제 나는 주장한다. 직각 (사변형)이기도 하다.

GBEA가 평행사변형이고 AEB가 직각이므로 AGB도 직각이다[I−34]. H, K, F에서의 각들도 직각이라는 것도 이제 우리는 비슷하게 밝힐 수 있다. 그래서 FGHK는 직각 (사변형)이다. 등변이라는 것도 밝혀졌다. 그래서 정사각형이다. 또한 원 ABCD 바깥으로 외접했다.

그래서 주어진 원 바깥으로 정사각형이 외접했다. 해야 했던 바로 그것이다.

명제 8

주어진 정사각형 안으로 원을 내접하게 하기.

주어진 정사각형 ABCD가 있다. 이제 정사각형 ABCD 안으로 원을 내접하게 해야 한다.

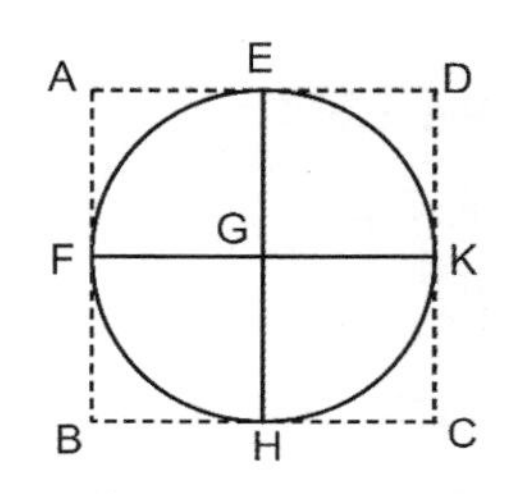

AD, AB 각각이 점 E, F에서 이등분되었고[I-10], E를 통과하여 AB, CD 어느 것과도 평행인 EH가 그어졌고, F를 통과하여 AD, BC 어느 것과도 평행인 FK가 그어졌다고 하자[I-31].

그래서 AK, KB, AH, HD, AG, GC, BG, GD 각각은 평행사변형이고 그 (평행사변형)들의 반대편 변들은 명백히 같다[I-34]. 또한 AD가 AB와 같고, AD의 절반은 AE요, AB의 절반은 AF이므로 AE가 AF와 같다. 결국 반대편 (변들)도 같게 된다. 그래서 FG가 GE와 같다. GH, GK 각각이 FG, GE 각각과 같다는 것도 이제 우리는 비슷하게 밝힐 수 있다. 그래서 네 직선 GE, GF, GH, GK는 서로 같다. 그래서 중심은 G로, 간격은 E, F, H, K 중 하나로 그려진 원은 남은 점들도 통과해 갈 것이다. 또한 점 E, F, H, K에서의 각들은 직각이기 때문에 직선 AB, BC, CD, DA를 접할 것이다. 만약 원이 AB, BC, CD, DA를 자른다면 원의 지름의 끝으로부터 원의 지름과 직각으로 그어진 직선이 원 내부로 떨어지게 되는데, 이것은 있을 수 없다고 밝혀졌으니까 말이다[III-16]. 그래서 중심은 G로, 간격은 E, F, H, K 중 하나로 그려진 원은 직선 AB, BC, CD, DA를 자르지 않는다. 그래서 그것들을 접한다. 또한 정사각형 ABCD 안으로 내접해 있다.

그래서 주어진 정사각형 안으로 원이 내접했다. 해야 했던 바로 그것이다.

명제 9

주어진 정사각형 바깥으로 원을 외접하게 하기.

주어진 정사각형 ABCD가 있다. 이제 정사각형 ABCD 바깥으로 원을 외접하게 해야 한다.[91]

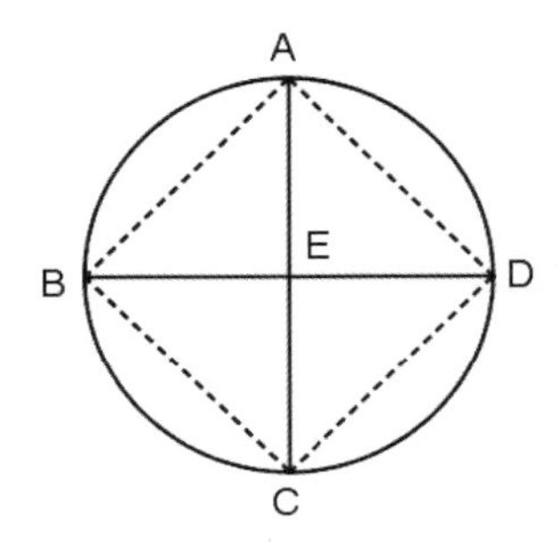

AC, BD가 이어지면서 점 E에서 서로를 교차한다고 하자.

DA가 AB와 같은데 AC는 공통이므로 두 직선 DA, AC가 두 직선 BA, AC와 같다. 밑변 DC도 밑변 BC와 같다. 그래서 각 DAC가 BAC와 같다[I-8]. 그래서 각 DAB가 AC에 의하여 이등분되었다. ABC, BCD, CDA

91 명제 6, 9는 7, 8과 달리 주어진 정사각형 그림을 45도 회전해서 나타냈다.

각각이 직선 AC, DB에 의하여 이등분되었다는 것도 이제 우리는 비슷하게 밝힐 수 있다. 또한 각 DAB가 ABC와 같은데, DAB의 절반은 EAB요, ABC의 절반은 EBA이므로 EAB가 EBA와 같다. 결국 변 EA가 EB와 같다 [I-6]. EA, EB 각각이 EC, ED 각각과 같다는 것도 이제 우리는 비슷하게 밝힐 수 있다. 그래서 네 직선 EA, EB, EC, ED는 서로 같다. 그래서 중심은 E로, 간격은 A, B, C, D 중 하나로 그려진 원은 남은 점들도 통과해 갈 것이고 정사각형 ABCD 바깥으로 외접해 있을 것이다. 원 ABCD처럼 외접했다고 하자.

그래서 주어진 정사각형 바깥으로 원이 외접했다. 해야 했던 바로 그것이다.

명제 10

밑변에서의 각들 각각이 남은 한 각의 두 배인 각을 갖는 이등변 삼각형을 구성하기.[92]

직선 AB가 제시되었고 AB, BC 사이에 둘러싸인 직각 (평행사변형)이 CA로

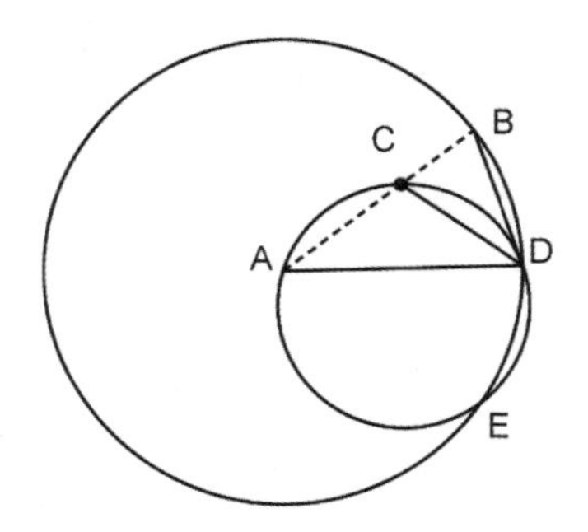

92 제1권부터 제4권의 전반부까지의 주요 명제들이 이 명제의 증명에 총동원되었다. 이 명제의 위상에 대해서는 제2권의 명제 11의 주석을 참조.

부터의 정사각형과 같게 되도록 점 C에서 잘렸다고 하자[II-11]. 중심은 A로, 간격은 AB로 원 BDE가 그려졌고, 원 BDE의 지름보다 크지 않으면서 직선 AC와 같은 직선 BD가 원 BDE 안으로 맞춰졌다고 하자[IV-1]. AD, DC가 이어졌고 삼각형 ACD 바깥으로 원 ACD가 외접했다고 하자[IV-5].
AB, BC로 (둘러싸인 직각 평행사변형)이 AC로부터의 (정사각형)과 같은데 AC가 BD와 같으므로 AB, BC로 (둘러싸인 직각 평행사변형)은 BD로부터의 (정사각형)과 같다. 또 원 ACD의 외부에 어떤 점 B가 잡혔고 그 B로부터 원 ACD까지 두 직선 BA, BD가 뻗었고 그 직선들 중 (BA)는 (원 ACD를) 교차하고 (BD)는 (원 ACD까지) 뻗는데 AB, BC로 (둘러싸인 직각 평행사변형)이 BD로부터의 (정사각형)과 같으므로 BD는 원 ACD를 접한다[III-37]. BD가 접하는데 접점인 D로부터 DC가 지나가므로 각 BDC는 원의 엇갈린 활꼴 안에서의 각 DAC와 같다[III-32]. BDC가 DAC와 같으므로 CDA를 공히 보태자. 그래서 전체 BDA는 두 각 CDA, DAC(의 합)과 같다. 한편 두 각 CDA, DAC(의 합)은 외각 BCD와 같다[I-32]. 그래서 BDA가 BCD와 같다. 한편 변 AD가 AB와 같아서 BDA는 CBD와 같다[I-5]. 결국 DBA가 BCD와 같다. 그래서 세 각 BDA, DBA, BCD는 서로 같다. 또한 각 DBC가 BCD와 같으므로 변 BD도 변 DC와 같다[I-6]. 한편 BD가 CA와 같다고 가정했다. 그래서 CA도 CD와 같다. 결국 각 CDA가 각 DAC와 같다[I-5]. 그래서 CDA, DAC 들(의 합)은 DAC의 두 배이다. 그런데 BCD가 CDA, DAC 들(의 합)과 같다. 그래서 BCD가 CAD의 두 배이다. 그런데 BCD는 BDA, DBA 각각과 같다. 그래서 BDA, DBA 각각은 DAB의 두 배이다.
그래서 밑변 DB에서의 각들 각각이 남은 각의 두 배인 각을 갖는 이등변 삼각형 ABD를 구성했다. 해야 했던 바로 그것이다.

명제 11

주어진 원 안으로 등변이며 등각인 오각형을 내접하게 하기.

주어진 원 ABCDE가 있다고 하자. 이제 원 ABCDE 안으로 등변이며 등각인 오각형을 내접하게 해야 한다.

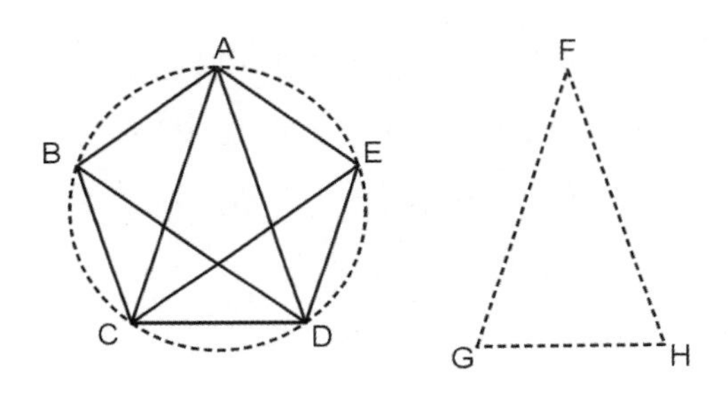

G, H에서의 각들 각각이 F에서의 각보다 두 배인 (각)을 갖는 이등변 삼각형 FGH가 제시되었고[IV-10], 원 ABCDE 안으로 삼각형 FGH와 등각인 삼각형 ACD가 내접했다고 하자[IV-2]. F에서의 각과는 CAD가 같고 G, H에서의 각들 각각은 ACD, CDA 각각과 같도록 말이다. 그래서 ACD, CDA 각각은 CAD의 두 배다. 이제 ACD, CDA 각각이 직선 CE, DB 각각에 의해 이등분되었고[I-9] AB, BC, [CD], DE, EA가 이어졌다고 하자.

각 ACD, CDA 각각이 CAD의 두 배이고 직선 CE, DB 각각에 의해 이등분되었으므로 다섯 각 DAC, ACE, ECD, CDB, BDA는 서로 같다. 그런데 같은 각들은 같은 둘레들 위에 서 있다[III-26]. 그래서 다섯 둘레 AB, BC, CD, DE, EA는 서로 같다. 그런데 같은 둘레들을 같은 직선들이 마주한다[III-29]. 그래서 다섯 직선 AB, BC, CD, DE, EA는 서로 같다. 그래서 오각형 ABCDE는 등변이다.

이제 나는 주장한다. 등각 (오각형)이기도 하다.

둘레 AB가 둘레 DE와 같으므로 (둘레) BCD를 공히 보태자. 그래서 전체 둘레 ABCD가 전체 둘레 EDCB와 같다. 또한 둘레 ABCD 위에는 각 AED가 섰고 둘레 EDCB 위에는 각 BAE가 섰다. 그래서 각 BAE는 AED와 같다[III-27]. 똑같은 이유로 각 ABC, BCD, CDE 각각이 BAE, AED 각각과 같다. 그래서 오각형 ABCDE는 등각 (오각형)이다. 그런데 등변 (오각형)이라는 것도 밝혀졌다.

그래서 주어진 원 안으로 등변이며 등각인 오각형이 내접했다. 해야 했던 바로 그것이다.

명제 12

주어진 원 바깥으로 등변이며 등각인 오각형을 외접하게 하기.

주어진 원 ABCDE가 있다고 하자. 이제 원 ABCDE 바깥으로 등변이며 등각인 오각형을 외접하게 해야 한다.

둘레 AB, BC, CD, DE, EA가 같도록 내접 오각형의 각들(이 대는) 점 A,

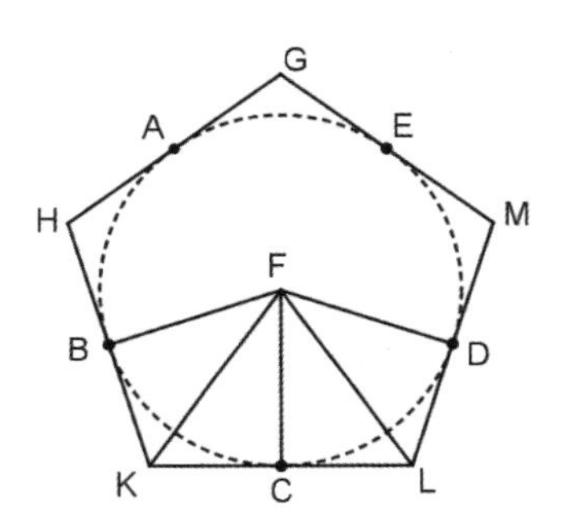

B, C, D, E를 상상하자[93][IV-11]. 그 A, B, C, D, E를 통과하여 접선 GH, HK, KL, LM, MG가 그어졌고[III-16 따름], 원 ABCDE의 중심 F가 잡혔고 [III-1], FB, FK, FC, FL, FD가 이어졌다고 하자.

직선 KL이 원 ABCDE를 점 C에서 외접하는데 중심 F로부터 접점인 C로 FC가 이어졌으므로 FC는 KL 위로 수직선이다[III-18]. 그래서 C에서의 각들 각각은 직각이다. 똑같은 이유로 점 B, D에서의 각들도 직각이다. 또한 각 FCK가 직각이므로 FK로부터의 (정사각형)은 FC, CK로부터의 (정사각형)들(의 합)과 같다[I-47]. 똑같은 이유로 FB, BK로부터의 (정사각형)들(의 합)과 FK로부터의 (정사각형)은 같다. 결국 FC, CK로부터의 (정사각형)들(의 합)이 FB, BK로부터의 (정사각형)들(의 합)과 같고 그중 FC로부터의 (정사각형)은 FB로부터의 (정사각형)과 같다. 그래서 남은 CK로부터의 (정사각형)이 BK로부터의 (정사각형)과 같다. 그래서 BK가 CK와 같다. FB가 FC와 같고 FK가 공통이므로 이제 두 직선 BF, FK가 두 직선 CF, FK와 같다. 밑변 KB가 밑변 CK와 같기도 하다. 그래서 각 BFK는 [각] KFC와, (각) BKF가 (각) FKC와 같다[I-8]. 그래서 BFC는 KFC의 두 배요, BKC는 FKC의 (두 배)이다. 똑같은 이유로 CFD는 CFL의 두 배요, DLC는 FLC의 (두 배)이다. 또한 둘레 BC가 (둘레) CD와 같으므로, 각 BFC가 CFD와 같다[III-27]. 또한 BFC는 KFC의 두 배, DFC는 LFC의 두 배이므로 KFC는 LFC와 같다. 그런데 각 FCK도 FCL과 같다. 이제 두 삼각형 FKC, FLC는 두 각과 같은 두 각을 가지면서 또한 한 변과

93 (1) 처음 나오고 드물게 나오는 표현이다. 입체 기하 영역인 제11권 명제 12, 제12권 명제 4와 5 사이의 보조정리, 명제 14, 15, 17, 18에서 나온다. (2) 이어지는 작도는 이상하다. 접선을 그으려면 중심부터 잡아야하기 때문이다.

같은 한 변, (즉) 같은 각들 중 하나를 마주 보는 공통 (변) FC를 갖는 (삼각형)이다. 그래서 남은 변들과 같은 남은 변들을, 남은 각들도 같은 남은 각들을 가질 것이다[I-26]. 그래서 직선 KC는 CL과, 각 FKC는 FLC와 같다. 또한 KC가 CL과 같으므로 KL은 KC의 두 배이다. 똑같은 이유로 HK도 BK의 두 배라고 밝혀질 것이다. 또한 BK는 KC와 같다. 그래서 HK가 KL과 같다. HG, GM, ML 각각이 HK, KL 각각과 같다는 것도 이제 비슷하게 밝혀질 것이다. 그래서 오각형 GHKLM은 등변 (오각형)이다.
이제 나는 주장한다. 등각 (오각형)이기도 하다.
각 FKC가 FLC와 같고, HKL은 FKC의 두 배, KLM은 FLC의 두 배라고 밝혀졌으므로 HKL이 KLM과 같다. KHG, HGM, GML 각각이 HKL, KLM 각각과 같다는 것도 이제 비슷하게 밝혀질 것이다. 그래서 다섯 각 GHK, HKL, KLM, LMG, MGH는 서로 같다. 그래서 오각형 GHKLM은 등각 (오각형)이다. 그런데 등변 (오각형)이라는 것도 밝혀졌고 원 ABCDE 바깥으로 외접했다.
[그래서 원 바깥으로 등변이고도 등각인 오각형을 외접했다]. 해야 했던 바로 그것이다.

명제 13

등변이며 등각인, 주어진 오각형 안으로 원을 내접하게 하기.

등변이며 등각인 오각형 ABCDE가 주어졌다고 하자. 이제 오각형 ABCDE 안으로 원을 내접하게 해야 한다.
각 BCD, CDE 각각이 직선 CF, DF 각각에 의해 이등분되었다고 하자[I-9].

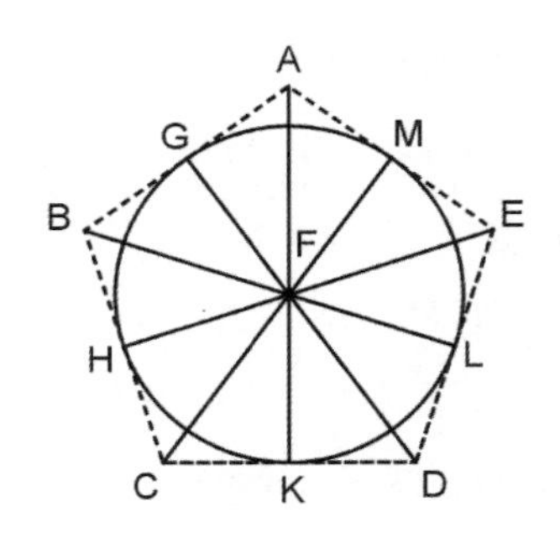

직선 CF, DF가 서로 만나는 곳인 점 F에서 직선 FB, FA, FE가 이어졌다고 하자.

BC가 CD와 같은데 CF는 공통이므로 두 직선 BC, CF는 두 직선 DC, CF와 같다. 각 BCF도 각 DCF와 같다. 그래서 밑변 BF가 밑변 DF와 같고 삼각형 BCF는 삼각형 DCF와 같고, 같은 변들이 마주 보는 남은 각들도 같은 남은 각들을 가질 것이다[I-4]. 그래서 각 CBF는 CDF와 같다. 또한 CDE가 CDF의 두 배이고, CDE가 ABC와 같은데, CDF가 CBF와 같으므로 CBA는 CBF의 두 배이다. 그래서 각 ABF는 FBC와 같다. 그래서 각 ABC를 직선 BF가 이등분하였다. BAE, AED 각각이 직선 FA, FE 각각에 의해 이등분되었다는 것도 이제 비슷하게 밝혀질 것이다.

점 F로부터 직선 AB, BC, CD, DE, EA로 수직선 FG, FH, FK, FL, FM이 그어졌다고 하자[I-12]. 각 HCF가 KCF와 같은데, 직각 FHC는 [직각] FKC와 같다. 이제 두 삼각형 FHC, FKC는 두 각과 같은 두 각을 가지면서 또한 한 변과 같은 한 변, (즉) 같은 각들 중 하나를 마주 보는 공통 (변) FC를 갖는 삼각형들이다. 그래서 남은 변들과 같은 남은 변들을 가질 것이다[I-26]. 그래서 수직선 FH가 수직선 FK와 같다. FL, FM, FG 각각이 FH, FK 각각과 같다는 것도 이제 비슷하게 밝혀질 것이다. 그래서 다섯 직선

FG, FH, FK, FL, FM은 서로 같다. 그래서 중심은 F로, 간격은 G, H, K, L, M 중 하나로 그려진 원은 남은 점들도 통과해 갈 것이고, 점 G, H, K, L, M에서의 각들은 직각이기 때문에 직선 AB, BC, CD, DE, EA를 접할 것이다. 만약 그것들을 접하지 않는다면, 한편 그것들을 자를 것이고, (그러면) 원의 지름 끝으로부터 원의 지름과 직각으로 그어진 직선이 원 내부로 떨어지게 되는 상황이 발생할 것인데 이것은 있을 수 없다고 이미 밝혔으니까 말이다[III-16]. 그래서 중심은 F로, 간격은 G, H, K, L, M 중 하나로 그려진 원은 직선 AB, BC, CD, DE, EA를 자르지 않는다. 그래서 그 직선들을 접한다. 원 ABCDE처럼 그려졌다고 하자.

그래서 등변이며 등각인, 주어진 오각형 안으로 원을 내접했다. 해야 했던 바로 그것이다.

명제 14

등변이며 등각인, 주어진 오각형 바깥으로 원을 외접하게 하기.

등변이며 등각인 오각형 ABCDE가 주어졌다고 하자. 이제 오각형 ABCDE 바깥으로 원을 외접하게 해야 한다.

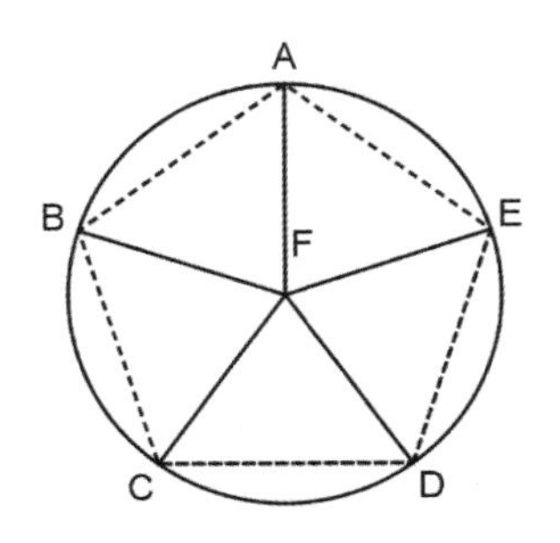

각 BCD, CDE 각각이 직선 CF, DF 각각에 의해 이등분되었고[I-9], 직선들이 만나는 곳인 점 F로부터 점 B, A, E로 직선 FB, FA, FE가 이어졌다고 하자. 각 CBA, BAE, AED 각각도 직선 FB, FA, FE 각각에 의해 이등분되었다는 것 또한 이제 이 앞과 비슷하게 밝혀질 것이다. 각 BCD가 CDE와 같고, FCD는 BCD의 절반, CDF는 CDE의 절반이므로 FCD도 FDC와 같다. 결국 변 FC도 변 FD와 같다[I-6]. FB, FA, FE 각각이 FC, FD 각각과 같다는 것도 이제 비슷하게 밝혀질 것이다. 그래서 다섯 직선 FA, FB, FC, FD, FE가 서로 같다. 그래서 중심은 F로, 간격은 FA, FB, FC, FD, FE 중 하나로 그려진 원은 남은 점들을 통과해 갈 것이고 외접할 것이다. 외접했다고 하고 (그것이 원) ABCDE라고 하자.

그래서 등변이며 등각인, 주어진 오각형 바깥으로 원을 외접했다. 해야 했던 바로 그것이다.

명제 15

주어진 원 안으로 등변이며 등각인 육각형을 내접하게 하기.

주어진 원 ABCDEF가 있다고 하자. 이제 원 ABCDEF 안으로 등변이며 등각인 육각형을 내접하게 해야 한다.

원 ABCDEF의 지름 AD가 그어졌고, 원의 중심 G가 잡혔고[III-1],[94] 중심은 D로, 간격은 DG로 원 EGCH가 그려졌고, 잇는 직선 EG, CG가 점 B,

94 제3권 명제 1 이후 처음으로 지름을 찾고 중심을 찾는다는 표현이 나왔다. 이것 말고도 증명에는 '직각의 삼분의 일', '하나씩 같다'처럼 낯선 표현들이 있다.

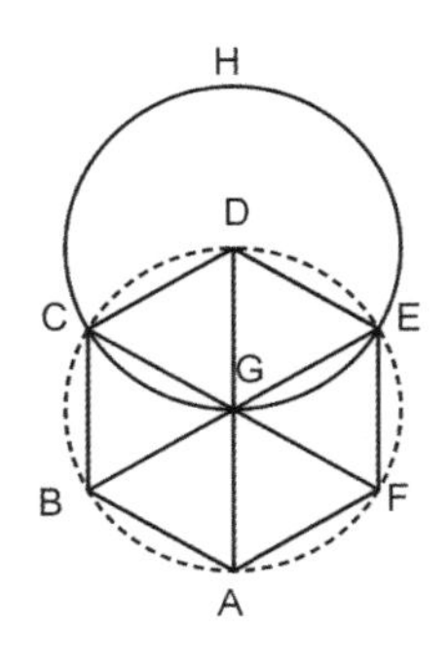

F로 더 그어졌고, AB, BC, CD, DE, EF, FA가 이어졌다고 하자. 나는 주장한다. ABCDEF는 등변이며 등각인 육각형이다.

점 G가 원 ABCDEF의 중심이므로 GE는 GD와 같다. 다시, 점 D는 원 GCH의 중심이므로 DE가 DG와 같다. 한편 GE가 GD와 같다고 밝혀졌다. 그래서 GE가 ED와 같기도 하다. 그래서 삼각형 EGD는 등변 (삼각형)이다. 또한 그 (삼각형)의 세 각 EGD, GDE, DEG는 서로 같다. 이등변 삼각형에 대하여 밑변에서의 각들은 서로 같으니 말이다[I−5]. 또한 삼각형의 세 각들(의 합)은 두 직각(의 합)과 같다[I−32]. 그래서 각 EGD는 두 직각(의 합)의 삼 분의 일이다. DGC가 두 직각(의 합)의 삼 분의 일이라는 것도 이제 비슷하게 밝혀질 것이다. 직선 EB 위에 선 직선 CG가 이웃하는 각 EGC, CGB 들(의 합)은 두 직각(의 합)과 같게 만드니까[I−13] 남은 CGB도 두 직각(의 합)의 삼 분의 일이다. 그래서 각 EGD, DGC, CGB는 서로 같다. 결국 그것들과 맞꼭지각인 BGA, AGF, FGE도 [EGD, DGC, CGB와] 같다[I−15]. 그래서 여섯 각 EGD, DGC, CGB, BGA, AGF, FGE가 서로 같다. 그런데 같은 각들은 같은 둘레 위에 서 있다[III−26]. 그래서 여섯 둘레 AB, BC, CD, DE, EF, FA가 서로 같다. 그런데 같은 둘레들을 같은 직선들이 마주한다[III−29]. 그래서 여섯 직선은 서로 같다. 그래서 육각형 ABCDEF

는 등변 (육각형)이다.

이제 나는 주장한다. 등각 (육각형)이기도 하다.

둘레 FA가 둘레 ED와 같으므로 둘레 ABCD를 공히 보태자. 그래서 전체 FABCD는 전체 EDCBA와 같다. 또한 둘레 FABCD 위에는 각 FED가 섰는데 둘레 EDCBA 위에는 각 AFE가 섰으므로, 각 AFE가 DEF와 같다[III-27]. 육각형 ABCDEF의 남은 각들이 각 AFE, FED 각각과 하나씩 같다는 것도 이제 비슷하게 밝혀질 것이다. 그래서 육각형 ABCDEF는 등각 (육각형)이다. 그런데 등변 (육각형)이라는 것도 밝혀졌다. 또 원 ABCDEF 안으로 내접했다.

그래서 주어진 원 안으로 등변이며 등각인 육각형이 내접했다. 해야 했던 바로 그것이다.

따름. 이제 이로부터 분명하다. 그 육각형의 변은 중심으로부터 (원까지 뻗은 직선)과 같다.

오각형에서 (했던 것)과 마찬가지로 원의 (여섯) 분할 (지점)들을 통과하여 접선들을 긋는다면, 오각형에서 언급한 것과 비슷한 이유로 원 바깥으로 등변이며 등각인 육각형이 외접할 것이다. 뿐만 아니라 오각형에서 언급한 대로 우리는 주어진 육각형 안으로 원을 내접하게 하고 (바깥으로) 외접하게도 할 수 있다. 해야 했던 바로 그것이다.

명제 16

주어진 원 안으로 등변이며 등각인 십오각형을 내접하게 하기.

주어진 원 ABCD가 있다고 하자. 원 ABCD 안으로 등변이며 등각인 십오각형을 내접하게 해야 한다.

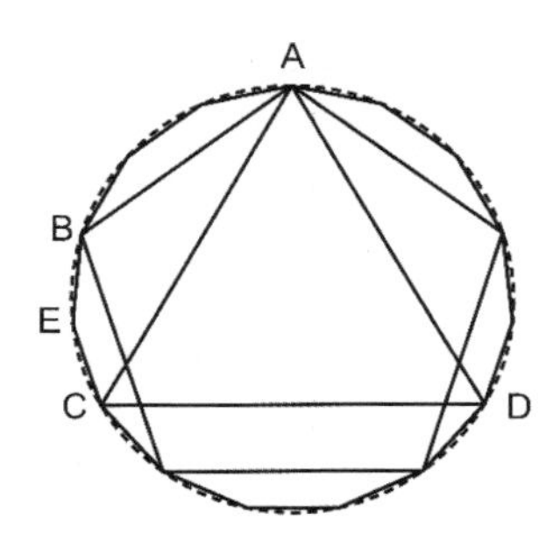

원 ABCD 안으로 내접하는 등변 삼각형의 변은 AC[IV–2], 등변[95] 오각형의 (변)은 AB가 내접했다고 하자[IV–11].
그래서 원 ABCD는 같은 부분들 열다섯 (개)일 텐데, 그 원의 삼분의 일인 둘레 ABC가 (같은 부분들)이 다섯 개일 것이고, 그 원의 오분의 일인 둘레 AB가 (같은 부분들)이 세 개일 것이다.[96] 그래서 남은 (둘레) BC는 (같은 부분들)이 두 개(일 것이다). (둘레) BC가 E에서 이등분되었다고 하자[III–30]. 그래서 둘레 BE, EC 각각은 원 ABCD의 십오분의 일이다. 그래서 우리가 BE, EC를 이으면서 그것들과 같은 직선들을 원 ABCD[E] 안으로 계속해서 맞춰 넣으면[97][IV–1] 등변이며 등각인 십오각형이 그 원안으로 내접해 있을 것이다. 해야 했던 바로 그것이다.

95 등변이며 등각인 오각형이라고 하지 않고 원문에서는 단순히 등변이라고 했다.
96 똑같은 표현이 마지막 명제인 제13권 18에 한 번 나온다.
97 똑같은 표현이 제12권 명제 16 증명에서 한 번 나온다.

오각형에서 (했던 것)와 마찬가지로 우리가 원의 구역을 통과하여 접선들을 긋는다면, 원 바깥에 등변이며 등각인 십오각형이 외접할 것이다. 뿐만 아니라 오각형에서 증명한 대로 우리는 주어진 십오각형에 원을 내접하게도 하고 외접하게도 할 것이다. 해야 했던 바로 그것이다.[98]

98 (1) 바로 앞의 명제 15에서는 이 문장이 따름 명제에 있다. 증명에 등장한 문장도 낯선 표현이 많다. 또 증명이 끝나면 이어서 나오는 '결론(conclusio)' 부분에서 하던 명제의 반복이 없다. 즉, "그래서 주어진 원 안으로 등변이며 등각인 십오각형을 내접했다. 해야 했던 바로 그것이다."라고 하던 관습을 깨고 단순히 "해야 했던 바로 그것이다."라고만 했다. (2) 이 명제는 그 이후 '작도가 가능한 다각형은 무엇인가?'라는 굵직한 문제를 던진다. 소수 p, q에 대하여 정p각형과 정q각형이 작도되면 정$p \times q$각형도 작도 가능하다라는 사실을 내포하기 때문이다. 작도 가능한 다각형 문제는 2,000년 후 가우스가 해결한다. 가우스는 이 기하학 문제를 처음에는 삼각함수를 써서, 다음에는 복소수 개념을 써서 대수학으로 증명했다. 곧 이어 방첼이 가우스의 정리에 대한 역정리를 증명하면서 이 명제에서 파생된 질문은 일단락 되었다.

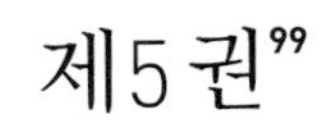

제5권[99]

99 (1) 정의 12부터 정의 18까지 본 번역자가 현대식 기호를 본문에 추가했다. 다만 이 기호 표기는 본 번역자의 해석이고 독자의 이해를 돕기 위한 제안임을 고려해야 한다. (2) 비례론의 기초인 제5권은 추상적인 이론이라 내부 구조와 배경, 제6, 7, 10권 들과의 연관성을 설명하는 연구가 꾸준하다. 갈릴레이는 제5권을 『원론』 중 난해한 부분이라고 했고, 수학자이자 논리학자 드모르간은 *The Connexion of Number and Magnitude: An Attempt to Explain The Fifth Book of Euclid*(1836)를 저술했다.

정의

1. (작은 크기가) 큰 크기를 잴[100] 때, 작은 크기는 큰 크기의 **몫**이다.

2. (큰 크기가) 작은 크기로 재어질 때, 큰 크기는 작은 크기의 **곱절**이다.

3. **비율**이란 동종인 두 크기의 양에 관한 어떤 의존성이다.[101]

4. 곱절하여 서로를 초과할 수 있는 크기들은 서로에 대해 **비율을 가진다**

⁘

100 원문은 단순히 μετρέω가 아니라 καταμετρέω이다. 완결이 강조된 것으로 보인다. μετρέω는 자주 나오지만 καταμετρέω는 드물다. 크기에 대한 비례론인 제5권(정의 1과 2)과 정수론인 제7권(정의 3과 4), 제7권 명제 1과 그 명제와 상응하는 제10권 명제 2에서만 나온다. 두 동사 모두 구분 없이 '재다'라고 번역했다. 다만 유클리드는 '재다'가 무엇인지 밝히지 않았다. 제7권 정의 3과 4를 비교하면 '작은 크기를 반복해서 큰 크기와 같게 되다'로 유추할 수 있다. 즉, $a>b$ 인 두 크기 a,b에 대하여 b를 n번 연장해서 a와 겹치면 b는 a의 몫이고 a는 b의 곱절이다. 현대 기호로 $a=b\times n$인 n이 존재하면 a는 b의 곱절, b는 a의 몫이다. 다만『원론』에서 n은 횟수일 뿐 수나 크기가 아니다. 따라서 '나눗셈'을 생각해서는 안 된다.

101 이 정의는 뜻이 모호하다. 크기, 동종, 의존성이 무엇인지 밝히지 않았다. 현대에 '집합'이나 '함수'를 직관적으로 정의하는 할 때와 마찬가지로 명제들과 함께 문맥 안에서 이해할 수밖에 없다. 여기 나온 몇몇 낱말에 본 번역자의 풀이를 붙이니 참조하라. (1) 크기. 순서 지을 수 있는 양으로 길이, 넓이 같은 것들을 말하는 것으로 추정할 수 있다. 아직은 제3권의 명제 16에 등장하는 '뿔각' 같은 양을 배제하지 않는다. 그러나 정의 4에서 비율을 고려할 때는 그런 양이 배제된다. (2) 동종. 각, 직선 길이, 표면 넓이, 입체 부피 등은 각각 동종이다. 다만 비율 각각은 동종이어야 하지만, 비율을 비교할 때(정의 5부터 10까지)는 동종이라는 제약은 없다. 예를 들어 제6권 명제 1에서는 넓이:넓이=밑변:밑변, 명제 33에서는 각:각=호:호, 제11권 명제 32와 제12권 명제 32에서는 부피:부피=넓이:넓이, 제12권 명제 2에서는 원넓이:원넓이=정사각형의 넓이:정사각형의 넓이이다. (3) 의존성. 원문은 '가지다'의 강조말인 ἴσχειν에서 온 명사형이다. 명사 σχέσις는 상태, 조건, 의존 상태 등의 뜻이 있다.

고 말한다.[102]

5. 크기들은, 첫째는 둘째에 대해 그리고 셋째는 넷째에 대해, **동일 비율로 있다**고 말한다, 몇 곱절이든 (상관없이), 첫째와 셋째를 같은 만큼 곱절한 것이 둘째와 넷째를 (같은 만큼) 곱절한 것보다, 대응 순서대로 잡아서, 각각 동시에 초과하거나 동시에 같거나 동시에 부족할 때 (말이다).[103]

6. 동일한 비율을 가지는 크기들은 **비례한다**고 부르자.

7. 같은 만큼 곱절한 것들 중 첫째를 몇 곱절한 것이 둘째를 몇 곱절한 것을 초과하는데, 셋째를 몇 곱절한 것이 넷째를 몇 곱절한 것을 초과하지 않을 때는, 첫째 대 둘째는 셋째 대 넷째에 비하여 **더 큰 비율을 가진다**고 말한다.[104]

---

102 힐베르트의 공리 체계에서 아르키메데스 연속 공리다. 이제 비율을 고려하는 크기의 범주에서 무한소나 무한대 같은 '크기'들은 제외된다. 제3권 명제 16, 제10권 명제 1 참조.

103 (1) 무리 직선의 등장 이후 비례 개념을 새로 정립하면서 나온 정의이다. 에우독수스의 이론으로 여겨진다. 2,000년 뒤 데데킨트가 절단(Dedekind Cut)이라는 개념으로 실수를 정의했는데 기본적인 생각은 이 정의 5와 같다. 자연수들의 비례는 제7권 정의 20에서 따로 정의된다. (2) 현대의 기호를 빌려 다시 쓰면 다음과 같다. 즉, 임의의 자연수 m, n에 대하여 $\mathrm{m}a>\mathrm{n}b \leftrightarrow \mathrm{m}c>\mathrm{n}d$ 또는 $\mathrm{m}a=\mathrm{n}b \leftrightarrow \mathrm{m}c=\mathrm{n}d$ 또는 $\mathrm{m}a<\mathrm{n}b \leftrightarrow \mathrm{m}c<\mathrm{n}d$ 일 때 $a:b \cong c:d$이다. 이때 a, b, c, d는 연속인 크기를, m, n은 횟수인 자연수를, $a:b$는 동종인 크기 a, b의 비율을, $\cong$는 '동일 비율'을 뜻하는 기호이다.

104 즉, 네 크기 a, b, c, d에 대하여 $\mathrm{m}a>\mathrm{n}b$인데 $\mathrm{m}a=\mathrm{n}b$ 또는 $\mathrm{m}a<\mathrm{n}b$인 횟수 m, n이 존재하면 $a:b$가 $c:d$에 비하여 더 큰 비율을 가진다.

8. 세 항으로 된 비례가 최소이다.[105]

9. 세 크기가 비례할 때는, 첫째 대 셋째는 (첫째) 대 둘째에 비하여 **이중 비율**이라고 말한다.[106]

10. 네 크기가 비례할 때는, 첫째 대 넷째가 (첫째) 대 둘째에 비하여 **삼중 비율**이라고 말하고,[107] 기타 등등, 비례가 발생하는 한, 비슷하게 계속 (된다).

11. 앞 크기들은 앞 크기들과, 뒤 크기들은 뒤 크기들과 **상응하는 크기들**이라고 말한다.[108]

12. **교대로 (잡은) 비율**이란 앞 대 앞, 뒤 대 뒤를 잡은 것이다.

$$a_1 : a_2 \cong a_3 : a_4 \text{일 때 } a_1 : a_3 \text{과 } a_2 : a_4$$

105 아리스토텔레스의 『니코마코스 윤리학』 제5권 1131a에서 공정을 비례 개념으로 논하면서 비례는 최소한 네 항으로 이루어진다고 언급하는 대목이 나온다.

106 (1) 현대 기호로 쓰면 $a:b=b:c$이면 a:c는 $a:b$의 이중 비율이다. (2) 비율을 유리수로, 합성을 곱셈으로 이해하는 현대의 독자에게는 낯선 개념이다. 유클리드에게 비율은 수가 아니다. 그러므로 '비율이 같다'는 말 대신 '동일 비율로 있다'는 말을 쓰고 유리수의 곱셈 이나 제곱의 비율이라는 용어 대신 이중 비율, 삼중 비율, 합성 비율과 같은 용어를 쓴다. 이 개념은 17세기까지 지속되다가 수의 개념이 점차 확장되면서 자연수의 비율은 유리수라는 실체로 바뀌고, 비율의 합성은 곱셈으로 바뀐다. 따라서 유클리드의 개념 안에서는 '첫째 크기 대 셋째 크기'는 주어가 아니고 '첫째 크기'가 주어이다. 이 정의를 원문에 가깝게 번역하면 '첫째는 둘째에 대하여 (가지는 비율에) 비하여 셋째에 대해 이중 비율을 갖는다'이다.

107 $a:b=b:c=c:d$이면 $a:d$는 $a:b$의 삼중 비율이다.

108 $a:b=c:d$이면 a는 c와 상응하고 b는 d와 상응한다.

13. **거꾸로 (잡은) 비율**이란 뒤 대신 앞을, 앞 대신 뒤를 잡은 것이다.

$$a_1 : a_2 \cong a_3 : a_4 \text{일 때 } a_2 : a_1 \text{과 } a_4 : a_3$$

14. **결합 비율**이란 하나인 것처럼 뒤와 함께한 앞 대 동일한 뒤를 잡은 것이다.[109]

$$a_1 : a_2 \cong a_3 : a_4 \text{일 때 } (a_1+a_2) : a_2 \text{와 } (a_3+a_4) : a_4$$

15. **분리 비율**이란 앞이 뒤를 초과하는 초과분 대 동일한 뒤를 잡은 것이다.

$$a_1 : a_2 \cong a_3 : a_4 \text{일 때 } (a_1-a_2) : a_2 \text{와 } (a_3-a_4) : a_4$$

16. **뒤집은 비율**이란 (동일한) 앞 대 앞이 뒤를 초과하는 초과분을 잡은 것이다.

$$a_1 : a_2 \cong a_3 : a_4 \text{일 때 } a_1 : (a_1-a_2) \text{와 } a_3 : (a_3-a_4)$$

109 (1) 정의 14, 15, 16의 직역은 각각 비율의 결합, 비율의 분리, 비율의 뒤집기이다. (2) 뜻은 다음과 같다. 예를 들어 '결합 비율'이란 비례하는 크기들이 있을 때 상응하는 항들에 대하여 '결합해서 잡은 비율'이라는 뜻이다. '분리 비율'이란 '분리해서 잡은 비율'이라는 뜻이다. (3) 따라서 그렇게 잡은 비율이 원래 비율과 비교해서 같은지 확인하는 문제가 남는다. 제5권의 명제는 이런 문제에 대한 해명이다.

17. 존재하는 여러 크기들 중에서, 그리고 (그 처음 크기들의 개수와) 같은 개수이며 동일한 비율로 둘씩 짝지어 잡은 다른 크기들 중에서, 처음 크기들 중 첫째 크기 대 가장 멀리 있는 크기는, 둘째 크기들 중 첫째 크기 대 가장 멀리 있는 크기일 때, **같음에서 비롯된 비율**이 발생한다. 다르게 말하면 가운데 항들을 제외하여 끝들을 잡은 것이다.

$$a_1 : b_1 \cong a_2 : b_2 \cong a_3 : b_3 \cong \cdots \cong a_k : b_k \text{일 때 } a_1 : a_k \text{와 } b_1 : b_k$$

18. 존재하는 세 크기 중에서, 그리고 (그 크기들의 개수와) 같은 개수인 다른 크기들 중에서, 처음 크기들 중 앞 대 뒤가 둘째 크기들 중 앞 대 뒤인데 처음 크기들 중 뒤 대 다른 (셋째 크기)가 둘째 크기들 중 다른 (셋째 크기) 대 앞 크기 일 때, **뒤섞인 비례**가 발생한다.

$$a_1 : a_2 \cong c_1 : c_2 \text{이고 } a_2 : a_3 \cong c_3 : c_1 \text{일 때 } a_1 : a_3 \text{과 } c_3 : c_2$$

명제 1

몇몇 크기들이 같은 개수의 몇몇 크기들에 대하여 각각이 각각을 같은 만큼 곱절한 것이라면, 그 (첫) 크기들 중 하나가 (둘째 크기들 중) 하나의 곱절인 만큼, 전체도 전체에 대하여 그만큼의 곱절일 것이다.[110]

110 명제 1부터 명제 6은 앞으로 전개될 비례이론의 기초이다. 수들은 벡터로, 곱절한 횟수들은 스칼라로 볼 때 벡터 해석학의 공리와 유사하다.

몇몇 크기들 AB, CD가 같은 개수의 몇몇 크기들 E, F에 대하여 각각이 각각을 같은 만큼 곱절한다고 하자. 나는 주장한다. AB가 E의 곱절인 만큼 AB, CD들(의 합)도 E, F들(의 합)에 대하여 그만큼의 곱절일 것이다.

A G B C H D

E F

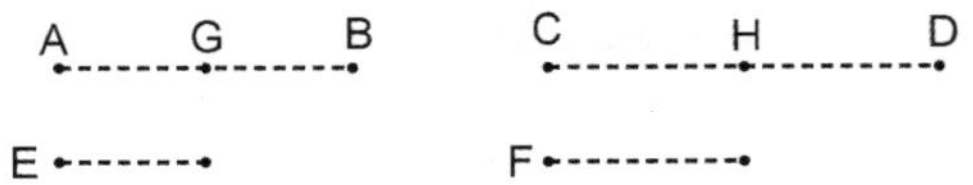

AB가 E를, CD가 F를 같은 만큼 곱절하므로, E와 같은 것이 AB 안에 있는 만큼, F와 같은 것이 CD 안에 그만큼 있다. E와 같은 크기 AG, GB로 AB가, F와 같은 크기 CH, HD로 CD가 쪼개졌다고 하자.

이제 AG, GB의 개수가 CH, HD의 개수와 같을 것이다. 또 AG는 E와, CH는 F와 같으므로 AG는 E와 같고 AG, CH 들(의 합)도 E, F 들(의 합)과 같다. 똑같은 이유로 GB는 E와 같고, GB, HD 들(의 합)도 E, F 들(의 합)과 같다. 그래서 E와 같은 것이 AB 안에 들어 있는 만큼 E, F 들(의 합)과 같은 것이 AB, CD 들(의 합) 안에 있다. 그래서 AB가 E의 몇 곱절이든 AB, CD 들(의 합)도 E, F 들(의 합)에 대하여 그만큼의 곱절일 것이다.

그래서 몇몇 크기들이 같은 개수의 몇몇 크기들에 대하여 각각이 각각을 같은 만큼 곱절한다면, 그 (첫) 크기들 중 하나가 (둘째 크기들 중) 하나의 곱절인 만큼, 전체도 전체에 대하여 그만큼의 곱절일 것이다. 밝혀야 했던 바로 그것이다.

명제 2

첫째가 둘째를, 셋째가 넷째를 같은 만큼 곱절하는데 다섯째가 둘째를, 여섯째가 넷째를 같은 만큼 곱절하면 첫째와 다섯째를 함께 놓은 것은 둘째를, 셋째와 여섯째를 (함께 놓은) 것은 넷째를 같은 만큼 곱절한다.

첫째 AB가 둘째 C를, 셋째 DE가 넷째 F를, 다섯째 BG가 둘째 C를, 여섯째 EH가 넷째 F를 같은 만큼 곱절한다고 하자. 나는 주장한다. 첫째와 다섯째를 함께 놓은 AG는 둘째 C를, 셋째와 여섯째를 (함께 놓은) DH는 넷째 F를 같은 만큼 곱절할 것이다.

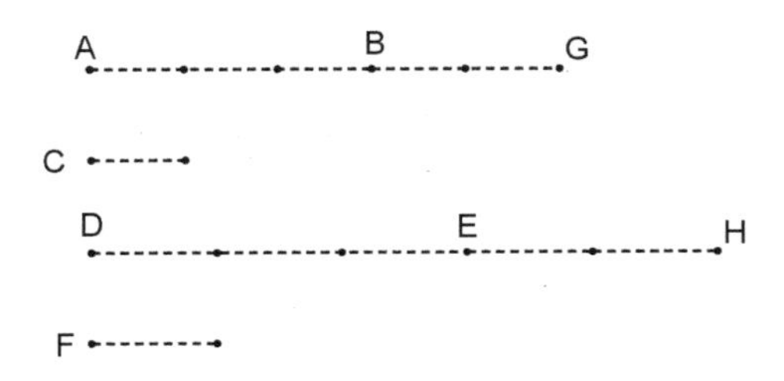

AB가 C를, DE가 F를 같은 만큼 곱절하므로 C와 같은 것이 AB 안에 있는 만큼 F와 같은 것이 DE 안에 그만큼 있다. 똑같은 이유로 C와 같은 것이 BG 안에 있는 만큼 F와 같은 것이 EH 안에 그만큼 있다. 그래서 C와 같은 것이 전체 AG 안에 있는 만큼 F와 같은 것이 DH 안에 그만큼 있다. 그래서 첫째와 다섯째를 함께 놓은 AG는 둘째 C를, 셋째와 여섯째를 (함께 놓은) DH는 넷째 F를 같은 만큼 곱절할 것이다.

그래서 첫째가 둘째를, 셋째가 넷째를 같은 만큼 곱절하는데 다섯째가 둘째를, 여섯째가 넷째를 같은 만큼 곱절하면 첫째와 다섯째를 함께 놓은 것은 둘째를, 셋째와 여섯째를 (함께 놓은) 것은 넷째를 같은 만큼 곱절한다. 밝혀야 했던 바로 그것이다.

명제 3

첫째가 둘째를, 셋째가 넷째를 같은 만큼 곱절하는데 첫째와 셋째 둘 다에 대해 같은 만큼의 어떤 곱절들이 잡혔다면, 같음에서 비롯해서, 잡힌 크기들은 각각이 각각을 같은 만큼 곱절할 것이다. (즉, 그 어떤 곱절 하나는) 둘째를, (그 다른 곱절 하나는) 둘째를 (같은 만큼 곱절할 것이다).

첫째 A가 둘째 B를, 셋째 C가 넷째 D를 같은 만큼 곱절한다고 하자. 또 A, C에 대해 같은 만큼의 어떤 곱절 EF, GH가 잡혔다고 하자. 나는 주장한다. EF는 B를, GH는 D를 같은 만큼 곱절한다.

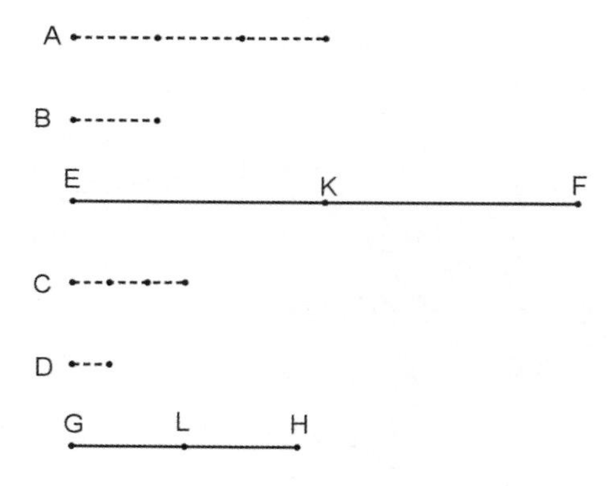

EF가 A를, GH가 C를 같은 만큼 곱절하므로 A와 같은 것이 EF 안에 있는 만큼, C와 같은 것이 GH 안에 그만큼 있다. A와 같은 크기 EK, KF로 EF

가, C와 같은 크기 GL, LH로 GH가 쪼개졌다고 하자. 이제 EK, KF의 개수는 GL, LH의 개수와 같을 것이다. 또 A가 B를, C가 D를 같은 만큼 곱절하는데 EK가 A와 같고 GL이 C와 같으므로 EK는 B를, GL은 D를 같은 만큼 곱절한다. 똑같은 이유로 KF는 B를, LH는 D를 같은 만큼 곱절한다. 그래서 첫째 EK가 둘째 B를, 셋째 GL이 넷째 D를 같은 만큼 곱절하는데 다섯째 KF는 둘째 B를, 여섯째 LH는 넷째 D를 같은 만큼 곱절하므로 첫째와 다섯째를 함께 놓은 EF가 둘째 B를, 셋째와 여섯째(를 함께 놓은) GH가 넷째 D를 같은 만큼 곱절한다[V-2].

그래서 첫째가 둘째를, 셋째가 넷째를 같은 만큼 곱절하는데 다섯째가 둘째를, 여섯째가 넷째를 같은 만큼 곱절하면 첫째와 다섯째를 함께 놓은 것은 둘째를, 셋째와 여섯째를 (함께 놓은) 것은 넷째를 같은 만큼 곱절한다. 밝혀야 했던 바로 그것이다.

명제 4

첫째가 둘째에 대해, 셋째가 넷째에 대해 (갖는 비율)과 동일 비율을 가진다면, 몇 곱절이든 첫째와 셋째 둘 다를 같은 만큼 곱절한 것들도 둘째와 넷째 둘 다를 같은 만큼 곱절한 것들에 대해 대응 순서대로 잡아서 동일 비율을 가질 것이다.

첫째 A가 둘째 B에 대해, 셋째 C가 넷째 D에 대해 (갖는 비율)과 동일 비율을 갖고, A, C에 대해서는 같은 곱절 E, F가, B, D에 대해서는 임의로 다르게 같은 곱절 G, H가 잡혔다고 하자. 나는 주장한다. E 대 G는 F 대 H이다.[111]

111 원문은 ὡς τὸ E πρὸς τὸ H, οὕτως τὸ Z πρὸς τὸ Θ이고 영어 번역은 문자 그대로 직역인

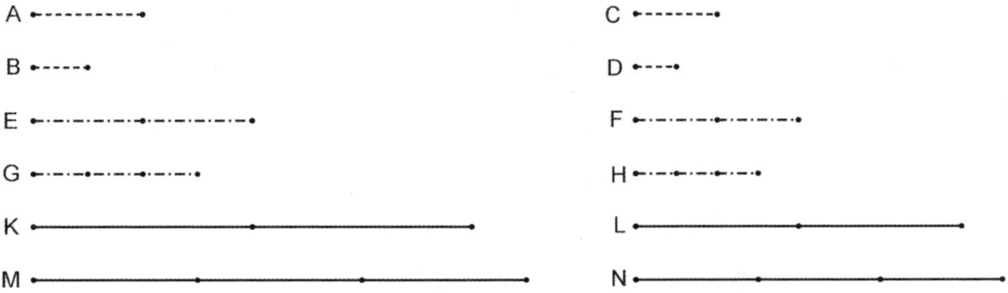

A C

B D

E F

G H

K L

M N

E, F에 대해서는 같은 곱절 K, L이, G, H에 대해서는 임의로 다르게 같은 곱절 M, N이 잡혔다고 하자.

E는 A를, F는 C를 같은 만큼 곱절하는데 E, F의 같은 곱절 K, L이 잡혔으므로 K는 A를, L은 C를 같은 만큼 곱절한다[V-3]. 똑같은 이유로 M은 B를, N은 D를 같은 만큼 곱절한다. 또 A 대 B는 C 대 D이고 A, C에 대해서는 같은 곱절 K, L이, B, D에 대해서는 임의로 다르게 같은 곱절 M, N이 잡혔으므로 K가 M을 초과한다면 L도 N을 초과하고, 같다면 같고 작다면 작다[V-def-5]. 또 K, L은 E, F를 같은 만큼 곱절한 것이고, M, N은 G, H를 임의로 다르게 같은 만큼 곱절한 것이다. 그래서 E 대 G는 F 대 H이다[V-def-5].

그래서 첫째가 둘째에 대해, 셋째가 넷째에 대해 (갖는 비율)과 동일 비율을 가진다면 몇 곱절이 되었든 첫째와 셋째 둘 다를 같은 만큼 곱절한 것들도 둘째와 넷째 둘 다를 같은 만큼 곱절한 것들에 대해, 대응 순서대로 잡아서, 동일 비율을 가질 것이다. 밝혀야 했던 바로 그것이다.

∴

as E is to G, so as F is to H이다. 직역하면 'E가 G에 대한 것처럼, F가 H에 대하여 (동일 비율로 있다)'이다. 지금부터 'E 대 G는 F 대 H이다'의 꼴로 번역한다.

명제 5

어떤 크기가 (다른) 크기를, 뺌 크기가 뺌 크기를 (곱절하는) 바로 그만큼 곱절한다면, 남은 크기도 남은 크기를, 전체 크기가 전체 크기의 곱절인 것과 같은 만큼으로 곱절할 것이다.

크기 AB가 크기 CD를, 뺌 AE가 뺌 CF를 (곱절하는) 바로 그만큼으로 곱절한다고 하자. 나는 주장한다. 남은 EB도 남은 FD를, 전체 AB가 전체 CD의 곱절인 것과 같은 만큼 곱절할 것이다.

AE가 CF의 곱절인 바로 그만큼 EB도 CG의 곱절이도록 했다고 하자.

AE가 CF를, EB가 GC를 같은 만큼 곱절하므로 AE는 CF를, AB는 GF를 같은 만큼 곱절한다[V-1]. 그런데 AE가 CF를, AB가 CD를 같은 만큼 곱절한다고 했다. 그래서 AB는 GF, CD 각각을 같은 만큼 곱절한다. 그래서 GF가 CD와 같다. CF를 공히 빼내자. 그래서 남은 GC가 남은 FD와 같다. 또한 AE가 CF를, EB가 GC를 같은 만큼 곱절하는데 GC가 DF와 같으므로 AE는 CF를, EB는 FD를 같은 만큼 곱절한다. 그런데 AE가 CF를, AB가 CD를 같은 만큼 곱절한다고 가정했다. 그래서 EB가 FD를, AB가 CD를 같은 만큼 곱절한다. 그래서 남은 EB도 남은 FD를, 전체 AB가 전체 CD의 곱절인 것과 같은 만큼 곱절할 것이다.

그래서 어떤 크기가 (다른) 크기를, 뺌 크기가 뺌 크기를 (곱절하는) 바로 그만큼 곱절한다면, 남은 크기도 남은 크기를, 전체 크기가 전체 크기의 곱절인 것과 같은 만큼 곱절할 것이다.

명제 6

두 크기가 두 크기를 같은 만큼 곱절하고, 어떤 뺌 크기들도 그 두 크기를 같은 만큼 곱절하면, 남은 크기들은, 그 두 크기와 같거나 그 두 크기를 같은 만큼 곱절한다.

두 크기 AB, CD가 두 크기 E, F를 같은 만큼 곱절한다고 하고, 뺌 크기 AG, CH도 그 크기 E, F를 같은 만큼 곱절한다고 하자. 나는 주장한다. 남은 GB, HD는 E, F와 같거나 그 크기들을 같은 만큼 곱절한다.

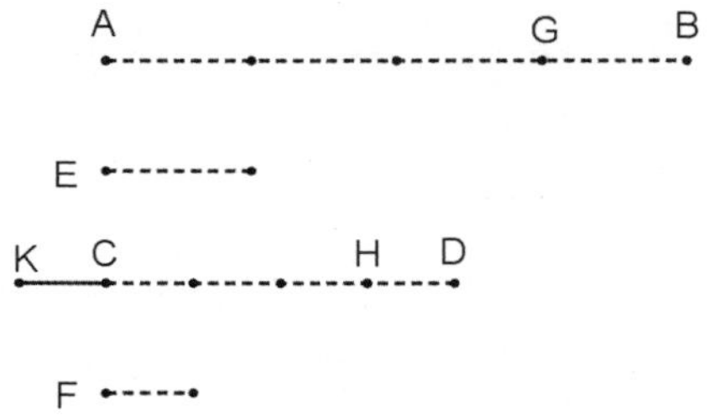

먼저 GB가 E와 같다고 하자. 나는 주장한다. HD도 F와 같다.

F와 같게 CK가 놓인다고 하자. AG가 E를, CH가 F를 같은 만큼 곱절하는데 GB는 E와, KC는 F와 같으므로 AB가 E를, KH가 F를 같은 만큼 곱절한다[V-2]. 그런데 AB가 E를, CD가 F를 같은 만큼 곱절한다고 가정했다. 그래서 KH가 F를, CD가 F를 같은 만큼 곱절한다. KH, CD 각각이 F를 같은 만큼 곱절하므로 KH는 CD와 같다. CH를 공히 빼내자. 그래서 남은 KC가 남은 HD와 같다. 한편 F가 KC와 같다. 그래서 HD도 F와 같다. 결국 GB가 E와 같다면 HD도 F와 같을 것이다.

GB가 E의 곱절이라면 HD도 F에 대해 그만큼의 곱절이라는 것도 이제 우리는 비슷하게 밝힐 수 있다.

그래서 두 크기가 두 크기를 같은 만큼 곱절하고, 어떤 뺌 크기들도 그 두 크기를 같은 만큼 곱절하면, 남은 크기들은 그 두 크기와 같거나 그 두 크기를 같은 만큼 곱절한다. 밝혀야 했던 바로 그것이다.

명제 7

같은 크기들은 동일한 크기에 대해 동일 비율을 갖고, 동일한 크기는 같은 크기들에 대해 (동일 비율을 가진다).

같은 크기 A, B가 있고 임의의 다른 어떤 크기 C가 있다고 하자. 나는 주장한다. A, B 각각은 C에 대해 동일 비율을 갖고, C는 A, B 각각에 대해 (동일 비율을 가진다).

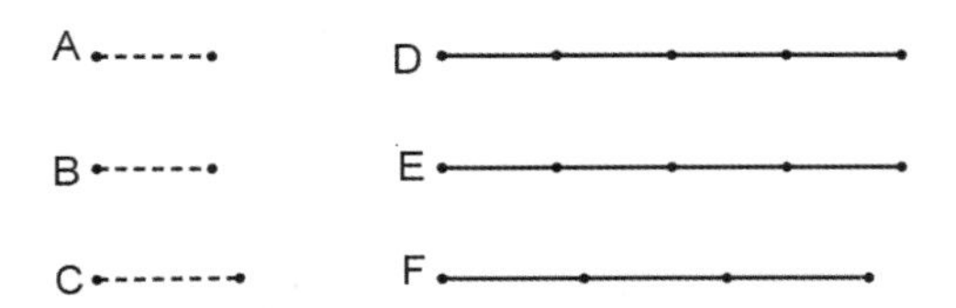

A, B에 대해서는 같은 곱절 D, E가, C에 대해서는 임의의 다른 곱절 F가 잡혔다고 하자.

E가 B를, D가 A를 같은 만큼 곱절하는데 A는 B와 같으므로 D가 E와 같다. 그런데 F는 임의의 다른 크기다. 그래서 만약 D가 F를 초과한다면 E도 F를 초과하고, 같다면 같고 작다면 작다. 또 A, B는 D, E에 대해서 같은 만큼의 곱절, F는 C에 대해서 임의의 다른 곱절이다. 그래서 A 대 C는

B 대 C이다[V-def-5].

[이제] 나는 주장한다. C는 A, B 각각에 대하여 동일 비율을 가진다.

동일한 작도에서 D가 E와 같다는 것도 이제 우리는 비슷하게 밝힐 수 있다. 그런데 F는 임의의 다른 크기다. 그래서 만약 F가 D를 초과한다면 (F가) E도 초과하고, 같다면 같고 작다면 작다. 또 F는 C에 대하여 곱절이고, D, E는 A, B에 대하여 임의로 다르게 같은 만큼의 곱절이다. 그래서 C 대 A는 C 대 B이다[V-def-5].

그래서 같은 크기들은 동일한 크기에 대해 동일 비율을 갖고, 동일한 크기는 같은 크기들에 대해 (동일 비율을 가진다).

따름. 이제 이로부터 분명하다. 어떤 크기들이 비례한다면 거꾸로도 [V-def-13] 비례할 것이다. 밝혀야 했던 그것이다.

명제 8

같지 않은 크기들에 대하여 큰 것 대 어떤 동일한 크기는 작은 것 대 (그 동일한 크기)에 비하여 더 큰 비율을 가진다. 또한 동일한 크기 대 작은 것은 그 (동일한 크기) 대 큰 것에 비하여 더 큰 비율을 가진다.

같지 않은 크기들 AB, C가 있는데 AB가 더 크다 하고 임의의 다른 D도 있다고 하자. 나는 주장한다. AB 대 D는 C 대 D에 비하여 더 큰 비율을 가진다. 또 D 대 C는 (D) 대 AB에 비하여 더 큰 비율을 가진다.

AB가 C보다 크므로 C와 같게 BE가 놓인다고 하자.

그러면 AE, EB 중 작은 것이 곱절되어 언젠가는 D보다 커질 것이다

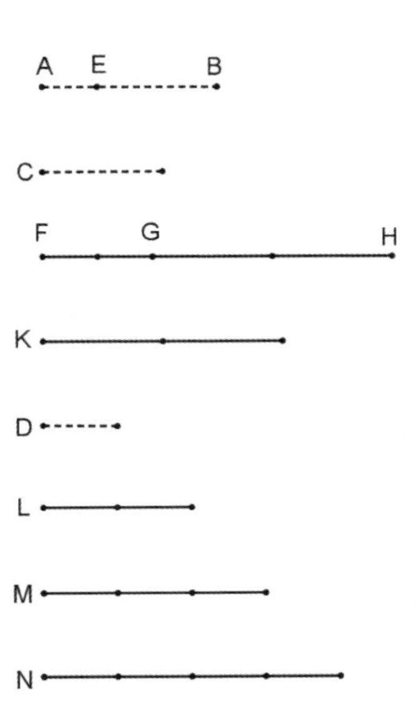

[V−def−4].[112] 먼저 AE가 EB보다 작고, AE가 곱절되었고, FG가 D보다 커진 그 크기라 하고, FG가 AE에 대하여 몇 곱절이든 GH는 EB에 대하여, K는 C에 대하여 그만큼의 곱절로 되었다고 하자. D의 어떤 곱절이 처음으로 K보다 크게 될 때까지 D의 두 곱절인 L, 세 곱절인 M, 차례차례 하나씩 더 (큰 곱절이) 잡혀간다고 하자. 잡혔고 D의 네 곱절인 N이 처음으로 K보다 크다고 하자.

K가 N보다 처음으로 작으므로 K가 M보다는 작지 않다. 또 FG가 AE를, GH가 EB를 같은 만큼 곱절하므로 FG는 AE를, FH는 AB를 같은 만큼 곱절한다[V−1]. 그런데 FG가 AE를, K가 C를 같은 만큼 곱절한다. 그래서

112 (1) 비율과 비례의 이론이 적용되는 크기들은 제5권 정의 4에 따라 제한된다. 이 '공리'가 최초로 적용된 사례다. (2) 이 명제 8은 제5권 전체를 지탱하는 기둥 역할을 한다.

FH가 AB를, K가 C를 같은 만큼 곱절한다. 그래서 FH, K는 AB, C를 같은 만큼 곱절한다. 다시, GH가 EB를, K가 C를 같은 만큼 곱절하는데 EB가 C와 같으므로 GH도 K와 같다. 그런데 K는 M보다 작지 않다. 그래서 GH도 M보다 작지 않다. 그런데 FG는 D보다 크다. 그래서 전체 FH는 D, M이 함께 합쳐진 것보다 크다. 한편 D, M은 함께 합쳐져서 N과 같다. M은 D의 세 곱절이니 M, D는 함께 합쳐져서 D의 네 곱절인데 N이 D의 네 곱절이니 말이다. 그래서 M, D는 함께 합쳐져서 N과 같다. 한편 FH는 M, D들(의 합)보다 크다. 그래서 FH가 N을 초과한다. 그런데 K는 N을 초과하지 않는다. 또한 FH, K는 AB, C에 대하여 같은 만큼의 곱절인데, N은 D에 대하여 임의의 다른 곱절이다. 그래서 AB 대 D는 C 대 D에 비하여 더 큰 비율을 가진다[V-def-7].

이제 나는 주장한다. D 대 C는 D 대 AB에 비하여 더 큰 비율을 가진다.

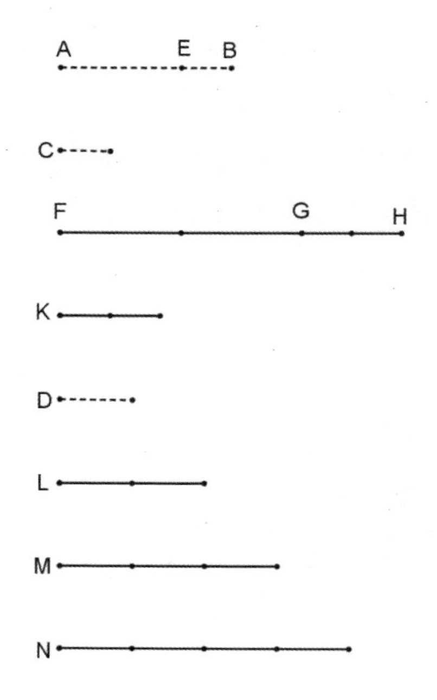

동일한 작도에서, N이 K를 초과하는데 N이 FH는 초과하지 않고, N은 D의 곱절인데 FH, K는 AB, C에 대하여 임의로 다르게 같은 곱절이라는 것도 우리는 비슷하게 보일 수 있다. 그래서 D 대 C는 D 대 AB에 비하여 더 큰 비율을 가진다[V-def-7].

한편 AE가 EB보다 크다고 하자. 이제 작은 EB가 곱절되어 언젠가는 D보다 커질 것이다. 곱절되었고, GH가 EB의 곱절인데 D보다 크다고 하자. 또 GH가 EB에 대하여 몇 곱절이든 FG는 AE에 대하여, K는 C에 대하여 그만큼의 곱절로 되었다고 하자. FH, K가 AB, C에 대하여 같은 만큼의 곱절이라는 것도 이제 우리는 비슷하게 밝힐 수 있다. 또한 (앞에서 한 것과) 비슷하게, D의 곱절인데 처음으로 FG보다 큰 N이 잡혔다고 하자. 결국 다시 FG는 M보다 작지 않다. 그런데 GH가 D보다 크다. 그래서 전체 FH는 D, M 들(의 합)보다 크다. 즉, N을 초과한다. 그런데 K는 N을 초과하지 않는다. GH보다, 즉 K보다 큰 FG가 N을 초과하지 않으니 말이다. 마찬가지로 위에서 언급된 (논의를) 좇아 우리는 증명을 완수할 수 있다.

그래서 같지 않은 크기들에 대하여 큰 것 대 어떤 동일한 크기는 작은 것 대 (그 동일한 크기)에 비하여 더 큰 비율을 가진다. 또 동일한 크기 대 작은 것은 그 (동일한 크기) 대 큰 것에 비하여 더 큰 비율을 가진다. 밝혀야 했던 바로 그것이다.

명제 9

동일한 크기에 대해 동일 비율을 갖는 크기들은 서로 같다. 또 동일한 크기가 어떤 크기들에 대해 동일 비율을 가지는 크기들은 같다.

A, B 각각이 C에 대해 동일 비율을 가진다고 하자. 나는 주장한다. A는 B와 같다.

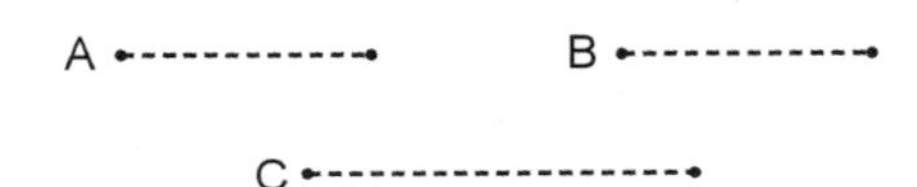

만약 그렇지 않다면, 그 경우에 A, B 각각이 C에 대해 동일 비율을 갖지 않아야 한다[V–8]. 그런데 (동일 비율을) 가진다. 그래서 A는 B와 같다.
이제 다시, C가 A, B 각각에 대해 동일 비율을 가진다고 하자. 나는 주장한다. A는 B와 같다.
만약 그렇지 않다면, 그 경우에 C가 A, B 각각에 대해 동일 비율을 갖지 않아야 한다[V–8]. 그런데 (동일 비율을) 가진다. 그래서 A는 B와 같다.
그래서 동일한 크기에 대해 동일 비율을 갖는 크기들은 서로 같다. 또 동일한 크기가 어떤 크기들에 대해 동일 비율을 가지는 크기들은 같다. 밝혀야 했던 바로 그것이다.

명제 10

동일한 크기에 대해 비율을 갖는 크기들 중 더 큰 비율을 가지는 크기가 더 크다. 반면에, 동일한 크기가 그것에 대해 더 큰 비율을 가지는 크기는 더 작다.
A 대 C가 B 대 C에 비하여 더 큰 비율을 가진다고 하자. 나는 주장한다. A가 B보다 크다.
만약 그렇지 않다면, A는 B와 같거나 작다. A는 B와 같지는 않다. 그 경

우에 A, B 각각이 C에 대해 동일 비율을 가져야 하는데[V–7] (동일 비율을) 갖지 않는다. 그래서 A가 B와 같지 않다. 더군다나 A는 B보다 작지도 않다. 그 경우에 A 대 C가 B 대 C에 비하여 더 작은 비율을 가져야 하는데 [V–8] (더 작은 비율을) 갖지 않는다. 그래서 A가 B보다 작지 않다. 같지 않다는 것은 밝혀졌다. 그래서 A가 B보다 크다.

이제 다시, C 대 B가 C 대 A에 비해서 더 큰 비율을 가진다고 하자. 나는 주장한다. B가 A보다 작다.

만약 그렇지 않다면 같거나 크다. B는 A와 같지 않다. 그 경우에 C가 A, B 각각에 대해 동일 비율을 가져야 한다[V–7]. 그런데 (동일 비율을) 갖지 않는다. 그래서 A가 B와 같지 않다. 더군다나 B는 A보다 크지도 않다. 그 경우에 C 대 B가 (C 대) A에 비하여 더 작은 비율을 가져야 한다[V–8]. 그런데 (더 작은 비율을) 갖지 않는다. 그래서 B가 A보다 크지 않다. 같지 않다는 것은 밝혀졌다. 그래서 B는 A보다 크다.

그래서 동일한 크기에 대해 비율을 갖는 크기들 중 더 큰 비율을 가지는 크기가 더 크다. 반면에, 동일한 크기가 그것에 대해 더 큰 비율을 가지는 크기는 더 작다. 밝혀야 했던 바로 그것이다.

명제 11

동일 비율과 동일한 비율들은 서로도 동일 (비율)이다.

A 대 B는 C 대 D이고, C 대 D는 E 대 F라고 하자. 나는 주장한다. A 대 B는 E 대 F이다.

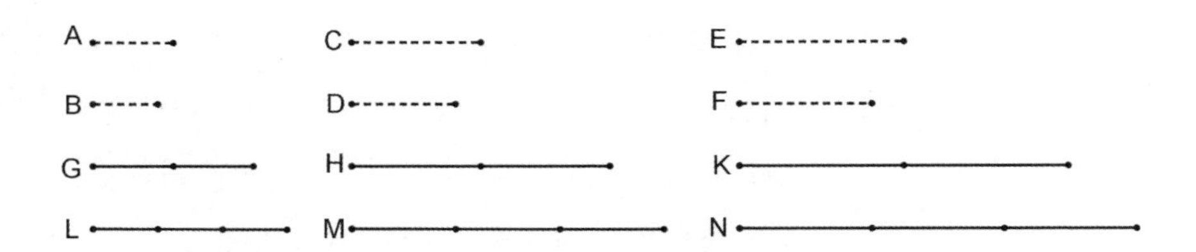

A, C, E에 대해서는 같은 곱절 G, H, K가, B, D, F에 대해서는 임의로 다르게 같은 곱절 L, M, N이 잡혔다고 하자.

A 대 B는 C 대 D인데, A, C에 대해서는 같은 곱절 G, H가, B, D에 대해서는 임의로 다르게 같은 곱절 L, M이 잡혔으므로 G가 L을 초과한다면 H도 M을 초과하고, 같다면 같고 부족하다면 부족하다[V-def-5]. 다시, C 대 D는 E 대 F인데 C, E에 대해서는 같은 곱절 H, K가, D, F에 대해서는 같은 곱절인 M, N이 잡혔으므로 H가 M을 초과한다면 K도 N을 초과하고, 같다면 같고 작다면 작다[V-def-5]. 한편 H가 M을 초과한다면 G도 L을 초과하고, 같다면 같고, 작다면 작다. 결국 G가 L을 초과한다면 K도 N을 초과하고, 같으면 같고, 작으면 작다. 또 G, K는 A, E에 대해서 같은 곱절이고, L, N은 B, F에 대해서 임의로 다르게 같은 곱절이다. 그래서 A 대 B는 E 대 F이다[V-def-5].

그래서 동일 비율과 동일한 비율들은 서로도 동일 (비율들)이다. 밝혀야 했던 바로 그것이다.

명제 12

몇몇 크기들이 비례하면, 앞 크기들 중 하나 대 뒤 크기들 중 하나는 앞 크기들 전체 대 뒤 크기들 전체일 것이다.

몇몇 크기들 A, B, C, D, E, F가 비례한다고 하자. (즉), A 대 B는 C 대 D이고 또 E 대 F라고 하자. 나는 주장한다. A 대 B는 A, C, E 들(의 합) 대 B, D, E 들(의 합)이다.[113]

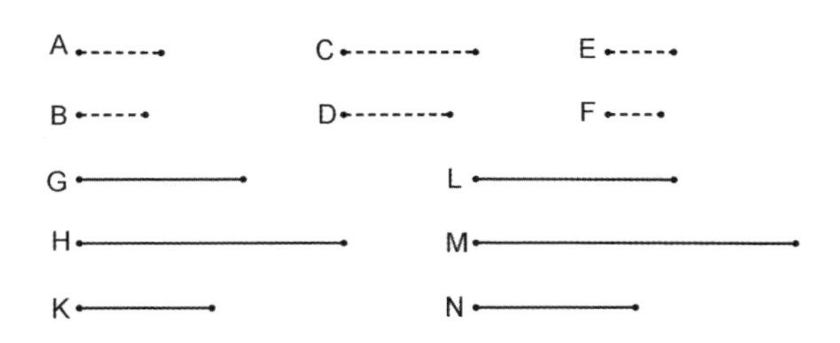

A, C, E에 대해서는 같은 곱절 G, H, K가, B, D, F에 대해서는 임의로 다르게 같은 곱절 L, M, N이 잡혔다고 하자.

A 대 B는 C 대 D이고 또한 E 대 F인데 A, C, E에 대해서는 같은 곱절 G, H, K가, B, D, F에 대해서는 임의로 다르게 같은 곱절인 L, M, N이 잡혔으므로 G가 L을 초과한다면 H도 M을 초과하고, K도 N을 초과하고, 같으면 같고, 작으면 작다[V-def-5]. 또 G가 L을 초과한다면 G, H, K 들(의 합)도 L, M, N 들(의 합)을 초과하고, 같으면 같고, 작으면 작다. G와 G, H,

113 제10권 명제 103의 증명에서 이 내용을 '하나 대 하나는 전부 대 전부이다'라고 간단히 표현한다.

K 들(의 합)은 A와 A, C, E 들(의 합)을 (각각) 같은 만큼 곱절한다. 몇몇 크기들이 같은 개수의 몇몇 크기들에 대하여 각각이 각각을 같은 만큼 곱절한다면, 그 (첫) 크기들 중 하나가 (둘째 크기들 중) 하나보다 몇 곱절이든지 전체도 전체에 대하여 그만큼의 곱절일 테니 말이다[V-1]. 똑같은 이유로 L과 L, M, N 들(의 합)은 B와 B, D, F 들(의 합)을 (각각) 같은 만큼 곱절한다. 그래서 A 대 B는 A, C, E 들(의 합) 대 B, D, E 들(의 합)이다[V-def-5]. 그래서 몇몇 크기들이 비례하면, 앞 크기들 중 하나 대 뒤 크기들 중 하나는 앞 크기들 전체 대 뒤 크기들에 전체일 것이다. 밝혀야 했던 바로 그것이다.

명제 13

첫째는 둘째에 대해, 셋째는 넷째에 대해 동일 비율을 갖는데, 셋째 대 넷째가 다섯째 대 여섯째에 비해서 더 큰 비율을 가지면, 첫째 대 둘째도 다섯째 대 여섯째에 비해서 더 큰 비율을 가질 것이다.

첫째 A는 둘째 B에 대해, 셋째 C는 넷째 D에 대해 동일 비율을 갖는데, 셋째 C 대 넷째 D가 다섯째 E 대 여섯째 F에 비해서 더 큰 비율을 가진다고 하자. 나는 주장한다. 첫째 A 대 둘째 B도 다섯째 E 대 여섯째 F에 비해서

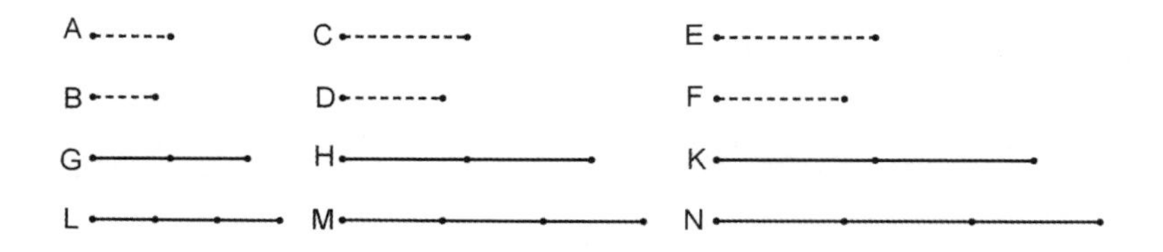

더 큰 비율을 가질 것이다.

C, E에 대해서 같은 곱절인 어떤 크기가 있고 D, F에 대해서는 임의로 다르게 같은 곱절인 어떤 크기가 있고, C의 곱절이 D의 곱절을 초과하는데 E의 곱절은 F의 곱절을 초과하지 않으므로[V-def-7] (그런 곱절들이) 잡혔다 하고, C, E에 대해서는 G, H가 같은 곱절이요, D, F에 대해서는 K, L이 임의로 다르게 같은 곱절이라고 하자. 결국 G는 K를 초과하고 H는 L을 초과하지 않게 되었다. G가 C에 대하여 몇 곱절이든 M도 A에 대하여 그만큼의 곱절이고 K가 D에 대하여 몇 곱절이든 N도 B에 대하여 그만큼의 곱절이라고 하자.

A 대 B는 C 대 D이고, A, C에 대해서는 같은 곱절 M, G가, B, D에 대해서는 임의로 다르게 같은 곱절 N, K가 잡혔으므로 M이 N을 초과한다면 G도 K를 초과하고, 같으면 같고, 작으면 작다[V-def-5]. 그런데 G가 K를 초과한다. 그래서 M도 N을 초과한다. 그런데 H는 L을 초과하지 않는다. 또 M, H는 A, E에 대해서는 같은 곱절이요, N, L은 B, F에 대해서는 임의로 다르게 같은 곱절이다. 그래서 A 대 B는 E 대 F에 비해서 더 큰 비율을 가질 것이다[V-def-7].

그래서 첫째는 둘째에 대해, 셋째는 넷째에 대해 동일 비율을 갖는데, 셋째 대 넷째가 다섯째 대 여섯째에 비해서 더 큰 비율을 가지면, 첫째 대 둘째도 다섯째 대 여섯째에 비해서 더 큰 비율을 가질 것이다. 밝혀야 했던 바로 그것이다.

명제 14

첫째는 둘째에 대해, 셋째는 넷째에 대해 동일 비율을 갖는데, 첫째가 셋째보다 크다면 둘째도 넷째보다 클 것이고, 같다면 같고 작다면 작을 것이다.

첫째 A는 둘째 B에 대해, 셋째 C는 넷째 D에 대해 동일 비율을 갖는데, 첫째 A가 셋째 C보다 크다고 하자. 나는 주장한다. B도 D보다 크다.

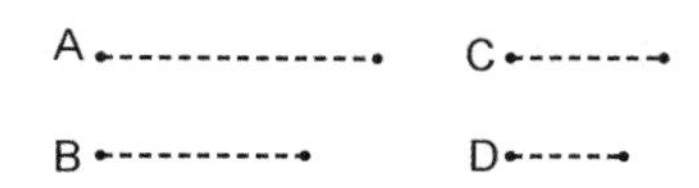

A가 C보다 큰데 B는 임의의 다른 크기이므로 A 대 B는 C 대 B에 비해서 더 큰 비율을 가진다[V–8]. 그런데 A 대 B는 C 대 D이다. 그래서 C 대 D는 C 대 B에 비해서 더 큰 비율을 가진다. 그런데 동일한 크기가 그것에 대해 더 큰 비율을 가지는 크기는 더 작다[V–10]. 그래서 D가 B보다 작다. 결국 B는 D보다 크게 된다.

A가 C와 같으면 B도 D와 같고, A가 C보다 작으면 B도 D보다 작을 것이라는 것도 이제 우리는 비슷하게 밝힐 수 있다.

그래서 첫째는 둘째에 대해, 셋째는 넷째에 대해 동일 비율을 갖는데, 첫째가 셋째보다 크다면 둘째도 넷째보다 클 것이고, 같다면 같고, 작다면 작을 것이다. 밝혀야 했던 바로 그것이다.

명제 15

몫들은, 대응 순서대로 잡아서, 같게 곱절한 크기들과 동일한 비율을 가진다.

AB가 C를, DE가 F를 같은 만큼 곱절한다고 하자. 나는 주장한다. C 대 F는 AB 대 DE이다.

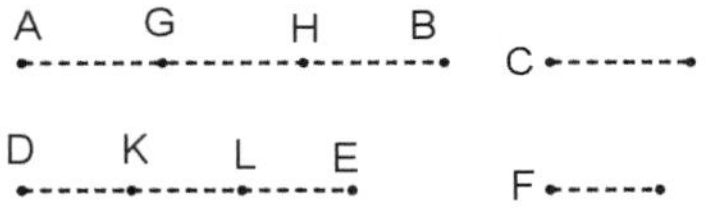

AB가 C를, DE가 F를 같은 만큼 곱절하므로 C와 같은 것이 AB 안에 있는 만큼 F와 같은 것이 DE 안에 그만큼 있다. C와 같은 크기 AG, GH, HB로 AB가, F와 같은 크기 DK, KL, LE로 DE가 쪼개졌다고 하자. 이제 AG, GH, HB의 개수는 DK, KL, LE의 개수와 같을 것이다. 또 AG, GH, HB는 서로 같은데 DK, KL, LE도 서로 같으므로, AG 대 DK는 GH 대 KL이고 HB 대 LE이다[V-7]. 그래서 앞 크기들 중 하나 대 뒤 크기들 중 하나는 앞 크기들 전체 대 뒤 크기들 전체일 것이다[V-12]. 그래서 AG 대 DK는 AB 대 DE이다. 그런데 AG는 C와, DK는 F와 같다. 그래서 C 대 F는 AB 대 DE이다.

그래서 몫들은, 대응 순서대로 잡아서, 같게 곱절한 크기들과 동일 비율을 가진다. 밝혀야 했던 바로 그것이다.

명제 16

네 크기가 비례하면 교대로도 비례할 것이다.

네 크기 A, B, C, D가 비례한다고 하자. (즉), A 대 B는 C 대 D이다. 나는 주장한다. 교대로도 [비례]할 것이다. (즉), A 대 C는 B 대 D이다.

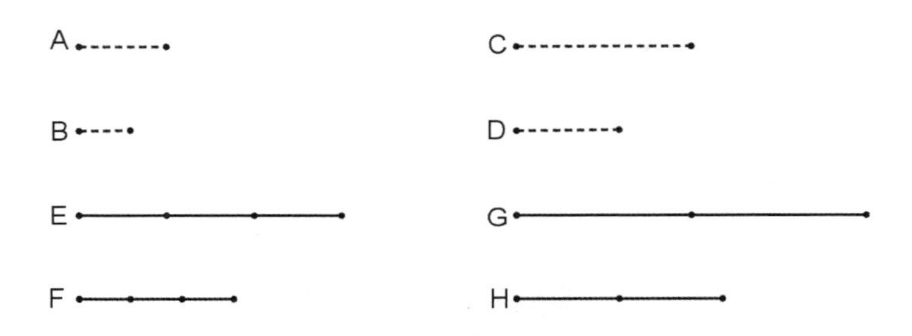

A, B에 대해서는 같은 곱절 E, F가, C, D에 대해서는 임의로 다르게 같은 곱절 G, H가 잡혔다고 하자.

E가 A를, F는 B를 같은 만큼 곱절하는데, 몫들은 같게 곱절한 크기들과 동일한 비율을 가지므로[V-15] A 대 B는 E 대 F이다. 그런데 A 대 B는 C 대 D이다. 그래서 C 대 D는 E 대 F이다[V-11]. 다시 G, H가 C, D를 같은 만큼 곱절하므로 C 대 D는 G 대 H이다[V-15]. 그런데 C 대 D는 E 대 F이다. 그래서 E 대 F가 G 대 H이다[V-11]. 네 크기가 비례하는데 첫째가 셋째보다 크다면 둘째도 넷째보다 클 것이고, 같으면 같고, 작으면 작을 것이다[V-14]. 그래서 만약 E가 G를 초과한다면 F도 H를 초과하고, 같으면 같고, 작으면 작다. 또 E, F는 A, B에 대해서 같은 곱절이요, G, H는 C, D에 대해서 임의로 다르게 같은 곱절이다. 그래서 A 대 C는 B 대 D이다[V-def-5].

그래서 네 크기가 비례하면 교대로도 비례일 것이다. 밝혀야 했던 바로 그 것이다.

명제 17

결합된 크기들이 비례하면, 분리된 크기들도 비례할 것이다.

결합된 크기 AB, BE, CD, DF가 비례한다고 하자. (즉), AB 대 BE가 CD 대 DF라고 하자. 나는 주장한다. 분리된 크기들도 비례할 것이다. (즉), AE 대 EB가 CF 대 DF이다.

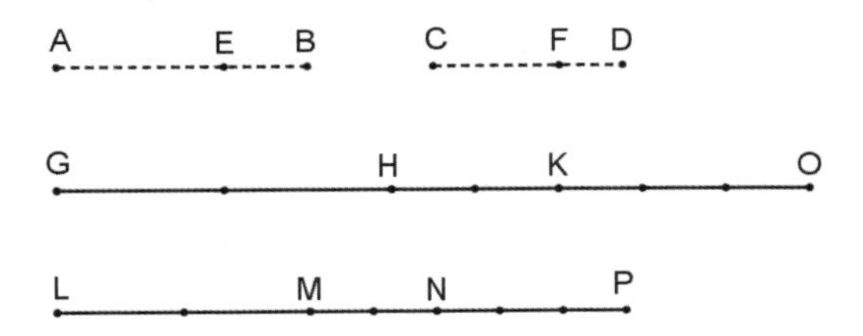

AE, EB, CF, FD에 대해서는 같은 곱절 GH, HK, LM, MN이, EB, FD에 대해서는 임의로 다르게 같은 곱절 KO, NP가 잡혔다고 하자.

GH가 AE를, HK가 EB를 같은 만큼 곱절하므로 GH는 AE를, GK는 AB를 같은 만큼 곱절한다[V-1]. 그런데 GH가 AE를, LM이 CF를 같은 만큼 곱절한다. 그래서 GK가 AB를, LM이 CF를 같은 만큼 곱절한다. 다시, LM이 CF를, MN이 FD를 같은 만큼 곱절하므로 LM이 CF를, LN이 CD를 같은 만큼 곱절한다[V-1]. 그런데 LM이 CF를, GK가 AB를 같은 만큼 곱절한다. 그래서 GK가 AB를, LN이 CD를 같은 만큼 곱절한다. 그래서 GK, LN은

AB, CD를 같은 만큼 곱절한다. 다시, HK가 EB를, MN이 FD를 같은 만큼 곱절하는데 KO가 EB를, NP가 FD를 같은 만큼 곱절하므로 결합된 HO는 EB를, MP는 FD를 같은 만큼 곱절한다[V-2]. 또한 AB 대 BE는 CD 대 DF인데 AB, CD에 대하여는 같은 곱절 GK, LN을, EB, CD에 대하여는 같은 곱절 HO, MP를 잡았으므로 GK가 HO를 초과하면 LN도 MP를 초과하고, 같으면 같고, 작으면 작다[V-def-5]. 그런데 GK가 HO를 초과한다고 하자. 그러면 공히 HK를 빼면서 GH가 KO를 초과한다. 한편 GK가 HO를 초과한다면 LN도 MP를 초과한다. 그래서 LN이 MP를 초과하고 공히 MN을 빼면서 LM도 NP를 초과한다. 결국 만약 GH가 KO를 초과하면 LM도 NP를 초과하게 된다. GH가 KO와 같으면 LM도 NP와 같고, 작으면 작을 것이라는 것도 이제 우리는 비슷하게 밝힐 수 있다. 또 GH, LM은 AE, CF에 대하여 같은 곱절인데 KO, NP는 EB, FD에 대하여 임의로 다르게 같은 곱절이다. 그래서 AE 대 EB는 CF 대 FD이다[V-def-5].

그래서 결합된 크기들이 비례하면 분리된 크기들도 비례할 것이다. 밝혀야 했던 바로 그것이다.

명제 18

분리된 크기들이 비례하면 결합된 크기들도 비례할 것이다.

분리된 크기 AE, EB, CF, FD가 비례한다고 하자. (즉), AE 대 EB는 CF 대 FD라고 하자. 나는 주장한다. 결합된 크기들도 비례할 것이다. (즉), AB 대 BE는 CD 대 FD이다.

만약 AB 대 BE가 CD 대 DF가 아니라면, AB 대 BE는 CD 대, DF보다 작

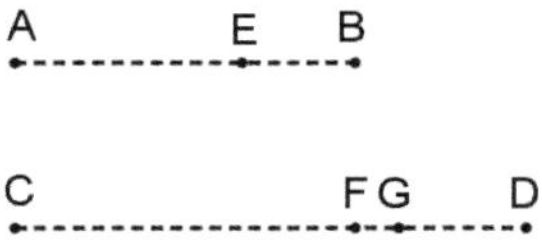

A E B

C FG D

은 어떤 크기이거나 (DF보다) 큰 어떤 크기일 것이다. 먼저 (AB 대 BE는 CD 대, DF보다) 작은 DG라고 하자. AB 대 BE는 CD 대 DG이므로 결합된 크기들이 비례한다. 결국 분리된 크기들도 비례하게 될 것이다[V-17]. 그래서 AE 대 EB는 CG 대 GD이다. 그런데 AE 대 EB는 CF 대 FD라고 가정했다. 그래서 CG 대 GD는 CF 대 FD이다[V-11]. 그런데 첫째 CG가 셋째 CF보다 크다. 그래서 둘째 GD도 넷째 FD보다 크다[V-14]. 한편 작기도 하다. 이것은 불가능하다. 그래서 AB 대 BE가 CD 대, FD보다 작은 어떤 크기일 수 없다. (AB 대 BE는 CD 대, DF보다) 더 큰 크기일 수 없다는 것도 이제 우리는 비슷하게 밝힐 수 있다. 그래서 (AB 대 BE는 CD) 대 그 (크기 DF)이다. 그래서 분리된 크기들이 비례하면 결합된 크기들도 비례할 것이다. 밝혀야 했던 바로 그것이다.

명제 19

전체 크기 대 전체 크기가 뺌 크기 대 뺌 크기이면, 남은 크기 대 남은 크기도 전체 대 전체일 것이다.

전체 AB 대 전체 CD는 뺌 (크기) AE 대 뺌 (크기) CF라고 하자. 나는 주장한다. 남은 EB 대 남은 FD도 전체 AB 대 전체 CD일 것이다.

AB 대 CD가 AE 대 CF이므로 교대로 BA 대 AE가 DC 대 CF이기도 하다

A E B

C F D

[V−16]. 또 결합된 크기들이 비례하면 분리된 크기들도 비례할 것이므로, BE 대 EA는 DF 대 CF이다[V−17]. 또 교대로 BE 대 DF는 EA 대 CF이기도 하다[V−16]. 그런데 AE 대 CF는 전체 AB 대 전체 CD라고 가정했다. 그래서 남은 EB 대 남은 FD는 전체 AB 대 전체 CD일 것이다.
그래서 전체 대 전체가 뺌 크기 대 뺌 크기이면 남은 크기 대 남은 크기도 전체 대 전체일 것이다. [밝혀야 했던 바로 그것이다.]
[AB 대 CD가 EB 대 FD라는 것이 밝혀졌고, 교대로 AB 대 BE는 CD 대 FD이기도 하므로 결합된 크기들이 비례한다. 그런데 BA 대 AE가 DC 대 CF라는 것도 밝혀졌다. 뒤집은 (비율)이기도 하다[V−def−16].]

따름. 이제 이로부터 분명하다. 결합된 크기들이 비례하면 뒤집은 크기들도 비례할 것이다. 밝혀야 했던 바로 그것이다.

명제 20

세 크기와 그것들과 같은 개수로 다른 크기들이 두 개씩 짝지어 잡아서 동일 비율로 있으면, 같음에서 비롯해서, 첫째가 셋째보다 크면, 넷째도 여섯째보다 클 것이다. 또 같으면 같고, 작으면 작을 것이다.

세 크기 A, B, C와 그것들과 같은 개수로 다른 크기 D, E, F가 두 개씩 짝지어 잡아서 동일 비율로 있으면, (즉) A 대 B는 D 대 E이고, B 대 C는 E 대 F이면, 같음에서 비롯해서, A가 C보다 크다고 하자. 나는 주장한다. D도 F보다 클 것이다. 또 같으면 같고, 작으면 작을 것이다.

A가 C보다 큰데 B는 다른 어떤 (임의의 크기)이고, 큰 것 대 어떤 동일한 크기는 작은 것 대 (그 크기)에 비해서 더 큰 비율을 가지므로[V-8] A 대 B가 C 대 B에 비해서 더 큰 비율을 가진다. 한편 A 대 B는 D 대 E인데, C 대 B는 거꾸로 F 대 E이다[V-7 따름]. 그래서 D 대 E는 F 대 E에 비해서 더 큰 비율을 가진다. 그런데 동일한 크기에 대해 비율을 갖는 크기들 중 더 큰 비율을 가지는 크기가 더 크다[V-10]. 그래서 D가 F보다 크다. A가 C와 같으면 D도 F와 같고, 작으면 작을 것이라는 것도 이제 우리는 비슷하게 밝힐 수 있다.

그래서 세 크기와 그것들과 같은 개수로 다른 크기들이 두 개씩 짝지어 잡아서 동일 비율로 있으면, 같음에서 비롯해서, 첫째가 셋째보다 크면 넷째도 여섯째보다 클 것이다. 또한 같으면 같고, 작으면 작을 것이다. 밝혀야 했던 바로 그것이다.

명제 21

세 크기가 있고 그것들과 같은 개수로 다른 크기들이 두 개씩 짝지어 잡아서 동일 비율로 있는데, 그것들이 뒤섞여 비례하면, 같음에서 비롯해서, 첫째가 셋째보다 크면 넷째도 여섯째보다 클 것이다. 또한 같으면 같고, 작으면 작을 것이다.

세 크기 A, B, C가 있고 그것들과 같은 개수로 다른 D, E, F가 두 개씩 짝지어 잡아서 동일 비율로 있는데, 그것들이 뒤섞여 비례하면, (즉) A 대 B가 E 대 F이고, B 대 C는 D 대 E이면, 같음에서 비롯해서, A가 C보다 크다고 하자. 나는 주장한다. D도 F보다 클 것이다. 또한 같으면 같고, 작으면 작을 것이다.

A가 C보다 크고 B는 다른 어떤 (임의의 크기)이므로 A 대 B는 C 대 B에 비해서 더 큰 비율을 가진다[V-8]. 한편 A 대 B는 E 대 F인데 C 대 B는 거꾸로 E 대 D이다[V-7 따름]. 그래서 E 대 F는 E 대 D에 비해서 더 큰 비율을 가진다. 그런데 동일한 크기가 그것에 대해 더 큰 비율을 가지는 크기는 더 작다[V-10]. 그래서 D보다 F가 작다. 그래서 D는 F보다 크다. A가 C와 같으면 D도 F와 같고, 작으면 작을 것이라는 것도 이제 우리는 비슷하게 밝힐 수 있다.

그래서 세 크기가 있고 그것들과 같은 개수로 다른 크기들이 두 개씩 짝지어 잡아서 동일 비율로 있는데, 그것들이 뒤섞여 비례하면, 같음에서 비롯해서, 첫째가 셋째보다 크면 넷째도 여섯째보다 클 것이다. 또한 같으면 같고 작으면 작을 것이다. 밝혀야 했던 바로 그것이다.

명제 22

몇몇 크기들이 있고 다른 크기들이 그것들과 같은 개수로 있고 두 개씩 짝지어 잡아서 동일 비율로도 있으면, 같음에서 비롯한 크기들도 동일 비율로 있을 것이다.

세 크기 A, B, C가 있고 그것들과 같은 개수로 다른 D, E, F가 두 개씩 짝지어 잡아서 동일 비율로 있으면, (즉) A 대 B는 D 대 E이고, B 대 C는 E 대 F라고 하자. 나는 주장한다. 같음에서 비롯한 크기들도 동일 비율로 있을 것이다. (즉, A 대 C는 D 대 F일 것이다.[V-def-17])

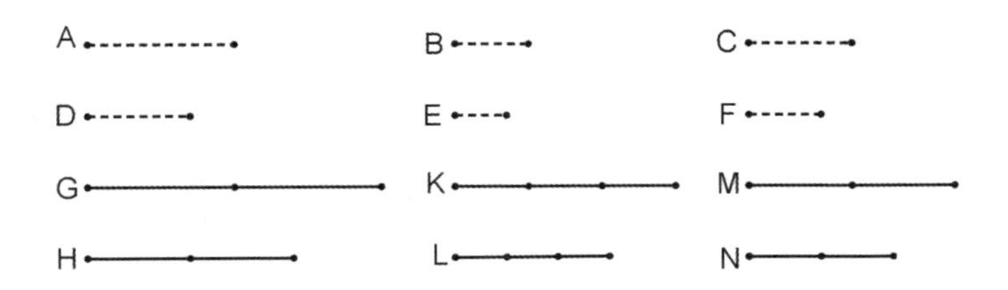

A, D에 대해서는 같은 곱절 G, H가, B, E에 대해서는 임의로 다르게 같은 곱절 K, L이, 게다가 C, F에 대해서는 임의로 다르게 같은 곱절 M, N이 잡혔다고 하자.

A 대 B는 D 대 E이고, A, D에 대해서는 같은 곱절 G, H가, B, E에 대해서는 임의로 다르게 같은 곱절 K, L이 잡혔으므로 G 대 K는 H 대 L이다

[V–4]. 똑같은 이유로 K 대 M은 L 대 N이다. 세 크기 G, K, M이 있고 그것들과 같은 개수로 다른 크기 H, L, N이 있는데, 두 개씩 짝지어 잡아서 동일 비율로 (있으므로), 같음에서 비롯해서, G가 M보다 크면 H도 N보다 크고, 같으면 같고, 작으면 작다[V–20]. 또 G, H는 A, D에 대하여 같은 곱절인데 M, N은 C, F에 대하여 임의로 다르게 같은 곱절이다. 그래서 A 대 C가 D 대 F이다[V–def–5].

그래서 몇몇 크기들이 있고 그것들과 같은 개수로 다른 크기들이 두 개씩 짝지어 잡아서 동일 비율로도 있으면, 같음에서 비롯한 크기들도 동일 비율로 있을 것이다. 밝혀야 했던 바로 그것이다.

명제 23

세 크기가 있고 그것들과 같은 개수로 다른 크기들이 두 개씩 짝지어 잡아서 동일 비율로 있는데 그것들이 뒤섞여 비례하면, 같음에서 비롯한 크기들도 비례할 것이다.

세 크기 A, B, C가 있고 그것들과 같은 개수로 다른 D, E, F가 두 개씩 짝지어 잡아서 동일 비율로 있는데, 그것들이 뒤섞여 비례하면, (즉) A 대 B가 E 대 F이고, B 대 C는 D 대 E라고 하자. 나는 주장한다. A 대 C는 D

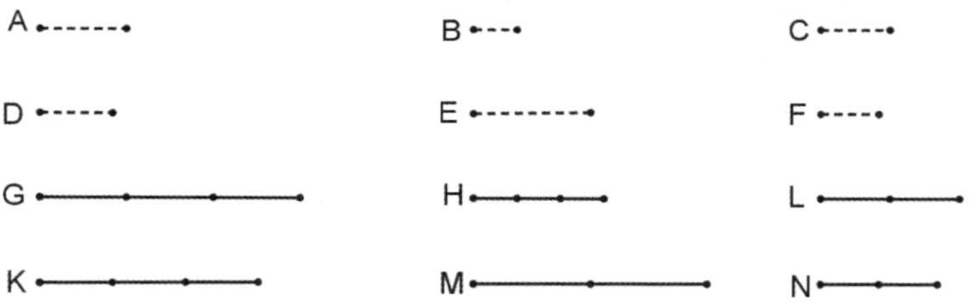

A B C
D E F
G H L
K M N

대 F이다.
A, B, D에 대해서는 같은 곱절 G, H, K가, C, E, F에 대해서는 임의로 다르게 같은 곱절 L, M, N이 잡혔다고 하자.
G, H가 A, B를 같은 만큼 곱절하는데, 몫들은 같게 곱절한 크기들과 동일한 비율을 가지므로[V-15] A 대 B는 G 대 H이다. 똑같은 이유로 E 대 F는 M 대 N이다. 또 A 대 B는 E 대 F이기도 하다. 그래서 G 대 H가 M 대 N이다[V-11]. 또 B 대 C는 D 대 E이므로, 교대로 B 대 D가 C 대 E이기도 하다[V-16]. 또 H, K가 B, D를 같은 만큼 곱절하는데 몫들은 같게 곱절한 크기들과 동일한 비율을 가지므로[V-15] B 대 D가 H 대 K이다. 한편 B 대 D는 C 대 E이다. 그래서 H 대 K는 C 대 E이다[V-11]. 다시 L, M이 C, E를 같은 만큼 곱절하므로 C 대 E는 L 대 M이다[V-15]. 한편 C 대 E는 H 대 K이다. 그래서 H 대 K는 L 대 M이고[V-11], 교대로, H 대 L이 K 대 M이기도 하다[V-16]. 그런데 G 대 H가 M 대 N이라는 것도 밝혀졌다. 세 크기 G, H, L이 있고 그것들과 같은 개수로 다른 K, M, N이 두 개씩 짝지어 잡아서 동일 비율로 있는데 그것들이 뒤섞여 비례하므로, 같음에서 비롯해서, G가 L을 초과하면 K도 N을 초과하고, 같으면 같고, 작으면 작다[V-21]. 또 G, K는 A, D를, L, N은 C, F를 같은 만큼 곱절한다. 그래서 A 대 C가 D 대 F이다[V-def-5].
그래서 세 크기가 있고 같은 개수로 다른 크기들이 두 개씩 짝지어 잡아서 동일 비율로 있는데 그것들이 뒤섞여 비례하면, 같음에서 비롯한 크기들도 비례할 것이다. 밝혀야 했던 바로 그것이다.

명제 24

첫째 대 둘째가 셋째 대 넷째와 동일한 비율을 갖고, 다섯째 대 둘째도 여섯째 대 넷째와 동일한 비율을 가지면, 첫째와 다섯째를 함께 놓은 것 대 둘째도, 셋째와 여섯째를 함께 놓은 것 대 넷째와 동일한 비율을 가질 것이다.

첫째 AB 대 둘째 C가 셋째 DE 대 넷째 F와 동일한 비율을 갖고, 다섯째 BG 대 둘째 C도 여섯째 EH 대 넷째 F와 동일한 비율을 가진다고 하자. 나는 주장한다. 첫째와 다섯째를 함께 놓은 AG 대 둘째 C도 셋째와 여섯째를 함께 놓은 DH 대 넷째 F와 동일한 비율을 가질 것이다

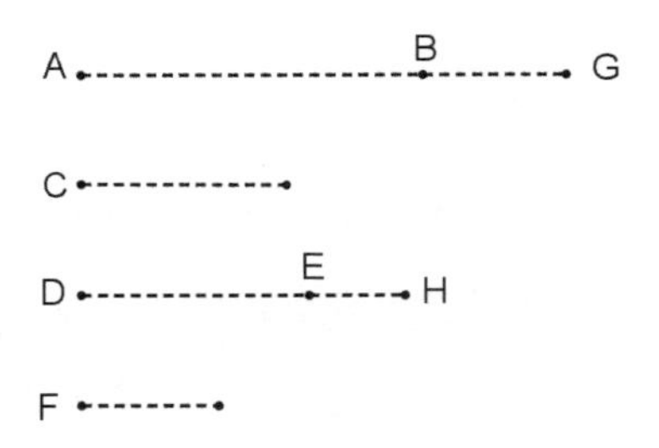

BG 대 C가 EH 대 F이므로, 거꾸로, C 대 BG는 F 대 EH이다[V-7 따름]. AB 대 C는 DE 대 F인데, C 대 BG가 F 대 EH이므로, 같음에서 비롯해서, AB 대 BG는 DE 대 EH이다[V-22]. 또 분리된 크기들이 비례하므로 결합된 크기들도 비례할 것이다[V-18]. 그래서 AG 대 GB는 DH 대 HE이다. 그런데 BG 대 C는 EH 대 F이다. 그래서, 같음에서 비롯해서, AG 대 C는 DH 대 F이다[V-22].

그래서 첫째 대 둘째가 셋째 대 넷째와 동일한 비율을 갖고, 다섯째 대 둘째도 여섯째 대 넷째와 동일한 비율을 가지면, 첫째와 다섯째를 함께 놓은

것 대 둘째도, 셋째와 여섯째를 함께 놓은 것 대 넷째와 동일한 비율을 가질 것이다. 밝혀야 했던 바로 그것이다.

명제 25

네 크기가 비례하면, [그중] 최대와 최소 크기들(의 합)은 남은 두 크기(의 합)보다 크다.

네 크기 AB, CD, E, F가 비례한다고 하자. (즉), AB 대 CD는 E 대 F이다. 그런데 AB가 최대이고 F가 최소라고 하자. 나는 주장한다. AB, F들(의 합)은 CD, E 들(의 합)보다 크다.

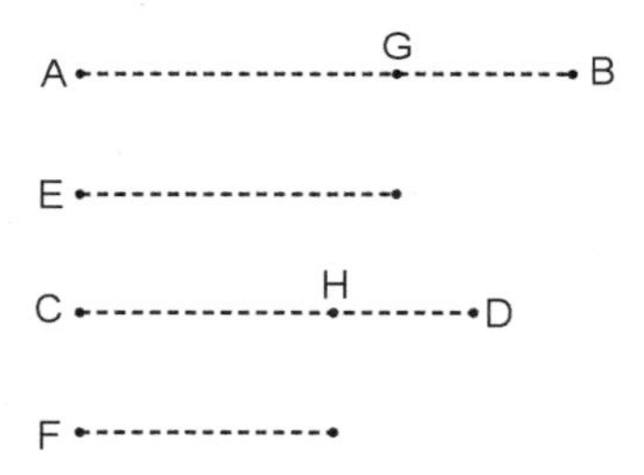

E와 같게 AG가, F와 같게 CH가 놓인다고 하자.

AB 대 CD가 E 대 F인데 E는 AG와, F는 CH와 같으므로 AB 대 CD는 AG 대 CH이다. 또 전체 AB 대 전체 CD가 뺌 (크기) AG 대 뺌 (크기) CH이므로, 남은 GB 대 남은 HD도 전체 AB 대 전체 CD일 것이다[V-19]. 그런데 AB가 CD보다 크다. 그래서 GB도 HD보다 크다. 또 AG는 E와, CH는 F와 같으므로 AG, F 들(의 합)은 CH, E 들(의 합)과 같다. 또한 [같지 않은 것들에 같은 것을 보태면 전체는 같지 않으니], 존재하는 같지 않은 크기 GB,

HD와 (그중) 큰 GB에 대하여, GB에는 AG, F가 보태어지고, HD에는 CH, E가 보태어진다면 AB, F 들(의 합)은 CD, E 들(의 합)보다 크다로 귀결된다. 그래서 네 크기가 비례하면 그중 최대와 최소 크기들(의 합)은 남은 두 크기(의 합)보다 크다. 밝혀야 했던 바로 그것이다.

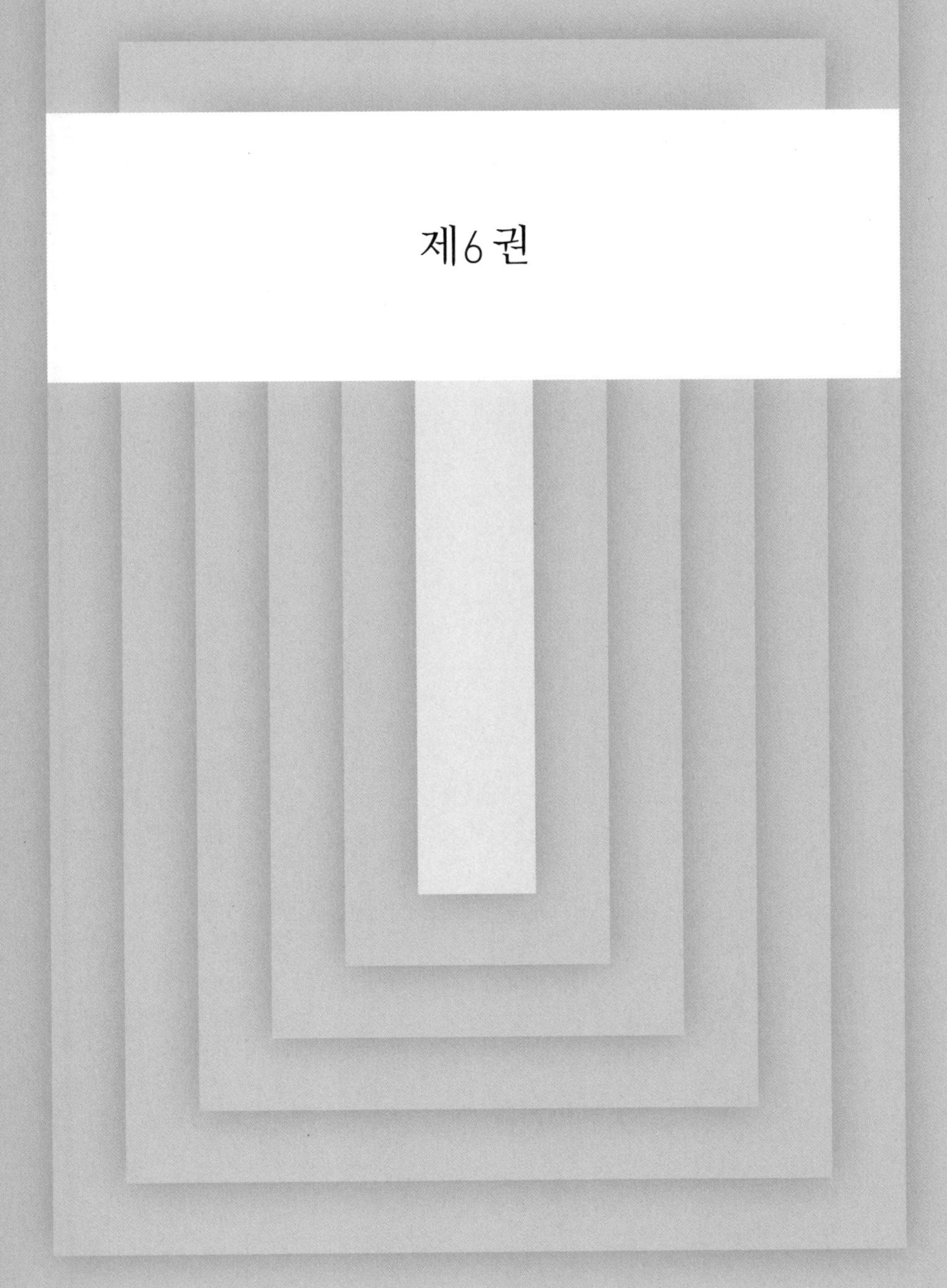

제6권

정의

1. **닮은 직선 도형들**이란, 하나씩 차례대로 같은 각을 갖고도 같은 각들 부근에서 비례하는 변들을 갖는 (도형)들이다.

2. 각각의 도형 안에서 앞 (비율)들과 뒤 (비율)들이 있을 때 **역닮은 도형들**이다[114].

3. 전체 직선 대 큰 선분이 큰 (선분) 대 작은 (선분)일 때, **극단과 중항인 비율로 직선이 잘린다**고[115] 말한다.

4. 모든 도형에 대하여 **높이**란 그 정상으로부터 밑변으로 그어진 수직선이다.

[5. 여러 비율이 서로 곱해지면서 무언가를 만들어낼 때마다, **비율들에서 비율이 합성된다**고 말한다.[116]]

114 헤이베르는 이 정의가 정본이 아니라고 봤다. 이 정의를 넣는 번역판도 있고 빼는 번역판도 있다. 뜻도 모호하고 이 용어는『원론』에 등장하지도 않는다. 다만 제6권 명제 14와 15에서 '선분들이 역으로 비례'라는 말로 등장한다.

115 이 정의에 대한 작도 문제가 제6권 명제 30에서 나오고 제13권 전체의 핵심 개념이다. 흔히 '황금비'라고 알려졌지만 여기서는 직역했다. 영역도 원문의 직역인 extreme and mean ratio이다. 전체 직선 a가 잘려서 선분 b와 c가 나오는 상황에서 쓰는 특수 용어이다. 전체이자 큰 극단인 a가 중항인 b와 작은 극단 c로 잘리면서 $a:b=b:c$인 비례를 이루므로 '극단과 중항'이라는 용어를 쓴 것 같다. Knorr, W. 1975. *The Evolution of the Euclidean Elements*. p. 22 참조. 유클리드는 이때 b를 비례 중항이라고 부른다. 제6권 명제 8의 따름, 명제 13 참조.

116 (1) 원본에는 이 정의가 없었을 가능성이 높다. 이 정의가 없는 판본도 많은데다 도형의 비율을 언급하는데 '곱셈'을 언급하는 것은『원론』과 어울리지 않는다. (2) 다만 제6권 명제

명제 1

삼각형들[117]이든 평행사변형들이든 동일한 높이로 있는 그 (도형)들은 서로에 대해, 그 밑변들처럼 있다.

삼각형은 ABC, ACD가, 평행사변형은 EC, CF가 동일한 높이 AC로 있다고 하자. 나는 주장한다. 밑변 BC 대 밑변 CD는, 삼각형 ABC 대 삼각형 ACD이고 평행사변형 EC 대 평행사변형 CF이다.

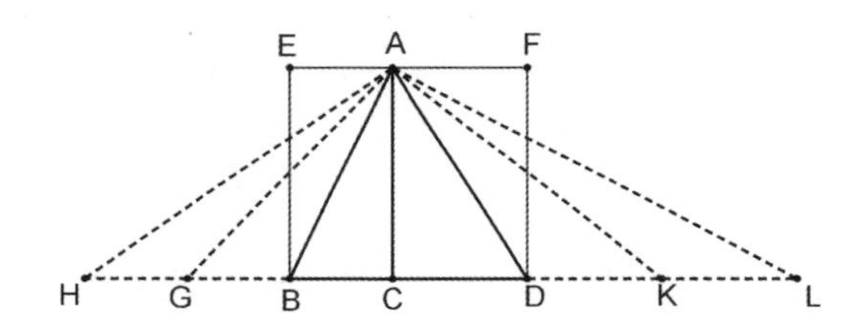

BD가 양쪽으로, (즉) 점 H, L로 연장되었다고 하자. 밑변 BC와 같게는 BG, GH가, 밑변 CD와 같게는 DK, KL이 몇 개든 놓인다고 하자. AG, AH, AK, AL이 이어졌다고 하자.

CB, BG, GH가 서로 같으므로 삼각형 AHG, AGB, ABC도 서로 같다[I-38]. 그래서 밑변 HC가 밑변 BC의 몇 곱절이든 삼각형 AHC도 삼각형 ABC에 대하여 그만큼의 곱절이다. 똑같은 이유로 밑변 LC가 밑변 CD의 몇 곱

23. 제8권 명제 5에서 '합성 비율'이라는 용어가 '정의 없이' 등장한다. 그 두 명제는 유클리드 『원론』 어디에도 쓰이지 않는다는 공통점도 있다.

117 유클리드의 체계에서는 삼각형 하나에 대한 '넓이 공식'은 없다. 유클리드는 삼각형 하나가 아니라 높이가 동일한 여러 삼각형을 놓고 밑변들에 대한 그 넓이들을 비교할 따름이다. 그래서 삼각형 여럿을 강조하는 복수형을 쓰는 것이 더 명확하다. 같은 문장에서 '그 도형들' '밑변들' 역시 그러한 개념으로 이해해야 한다.

절이든 삼각형 ALC도 삼각형 ACD에 대하여 그만큼의 곱절이다. 또 밑변 HC가 밑변 CL과 같다면 삼각형 AHC도 삼각형 ACL과 같고[I-38], 밑변 HC가 밑변 CL을 초과한다면 삼각형 AHC도 삼각형 ACL을 초과하고, 작다면 작다. 이제 존재하는 네 크기, (즉) 두 밑변 BC, CD, 두 삼각형 ABC, ACD에 대하여 밑변 BC와 삼각형 ABC에 대해서는 같은 곱절인 밑변 HC와 삼각형 AHC가, 밑변 CD와 삼각형 ADC에 대해서는 임의로 다르게 같은 곱절인 밑변 LC와 삼각형 ALC가 잡혔다. 밑변 HC가 밑변 CL을 초과한다면 삼각형 AHC도 삼각형 ALC를 초과하고, 같으면 같고, 작으면 작다는 것도 밝혀졌다. 그래서 밑변 BC 대 밑변 CD는 삼각형 ABC 대 삼각형 ACD이다[V-def-5]. 또 평행사변형 EC는 삼각형 ABC의 두 배, 평행사변형 FC는 삼각형 ACD의 두 배인데, 몫들은 같게 곱절한 크기들과 동일한 비율을 가지므로[V-15], 삼각형 ABC 대 삼각형 ACD는 평행사변형 EC 대 평행사변형 FC이다. 밑변 BC 대 밑변 CD가 삼각형 ABC 대 삼각형 ACD인데 삼각형 ABC 대 삼각형 ACD가 평행사변형 EC 대 평행사변형 FC라는 것은 이미 밝혔으므로 밑변 BC 대 밑변 CD는 평행사변형 EC 대 평행사변형 FC이다[V-11].
그래서 삼각형들이든 평행사변형들이든 동일 높이로 있는 (그 도형)들은 서로에 대해, 그 밑변들처럼 있다. 밝혀야 했던 바로 그것이다.

명제 2

삼각형의 변들 중 하나와 평행하게 어떤 직선이 그어지면, 그 삼각형의 변들을 비례하여 자를 것이다. 또한 삼각형의 변들이 비례하여 잘리면, 자르는 지점들을 잇는 직선은

그 삼각형의 남은 변과 평행할 것이다.

삼각형 ABC의 변들 중 하나인 BC와 평행하게 DE가 그어졌다고 하자. 나는 주장한다. BD 대 DA는 CE 대 EA이다.

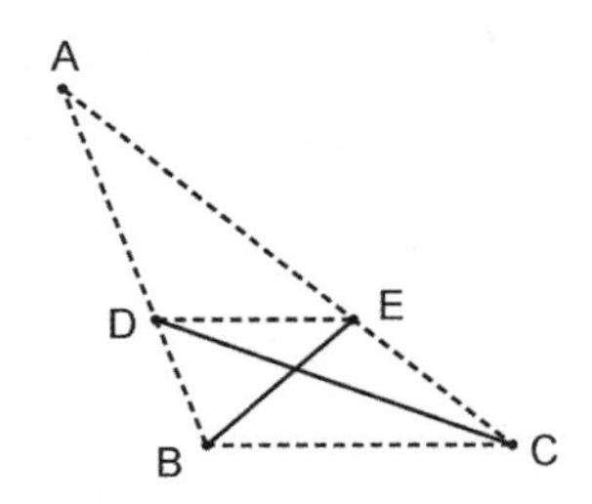

BE, CD가 이어졌다고 하자.

삼각형 BDE는 삼각형 CDE와 같다. 동일한 밑변 DE 위에 있고 또한 동일한 평행선들 DE, BC 안에 있으니 말이다[I-38]. 그런데 ADE는 어떤 다른 삼각형이다. 그런데 같은 크기들은 동일한 크기에 대해 동일 비율을 가진다[V-7]. 그래서 삼각형 BDE 대 [삼각형] ADE가 삼각형 CDE 대 삼각형 ADE이다. 한편 삼각형 BDE 대 [삼각형] ADE는 BD 대 DA이다. E로부터 AB로 그어진 수직선인 동일 높이로 있는 (도형)들은 서로에 대해 그 밑변들처럼 있으니까 말이다[VI-1]. 똑같은 이유로 삼각형 CDE 대 삼각형 ADE는 CE 대 EA이다. 그래서 BD 대 DA는 CE 대 EA이다[V-11].

한편, 이제 삼각형 ABC의 변들 AB, AC가 비례하여 잘렸다고 하자. (즉), BD 대 DA는 CE 대 EA(라고 하자). DE가 이어졌다고 하자. 나는 주장한다. DE가 BC와 평행하다.

동일한 작도에서, BD 대 DA는 CE 대 EA인데, 한편 BD 대 DA는 삼각형 BDE 대 삼각형 ADE요, CE 대 EA는 삼각형 CDE 대 삼각형 ADE이므로

[VI-1], 삼각형 BDE 대 삼각형 ADE는 삼각형 CDE 대 삼각형 ADE이다 [V-11]. 그래서 삼각형 BDE, CDE 각각은 (삼각형) ADE에 대하여 동일 비율을 갖는다. 그래서 삼각형 BDE는 삼각형 CDE와 같다[V-9]. 또한 동일한 밑변 DE 위에 있다. 그런데 동일한 밑변 위에 있는 같은 삼각형들은 동일한 평행선들 안에도 있다[I-39]. 그래서 DE가 BC와 평행하다.

그래서 삼각형의 변들 중 하나와 평행하게 어떤 직선이 그어지면, 그 삼각형의 변들을 비례하여 자를 것이다. 또 삼각형의 변들이 비례하여 잘리면, 자르는 지점들을 잇는 직선은 그 삼각형의 남은 변과 평행할 것이다. 밝혀야 했던 바로 그것이다.

명제 3

삼각형의 한 각이 이등분되는데 각을 자르는 직선이 밑변도 자르면, 그 밑변의 잘린 부분들은 그 삼각형의 남은 변들과 동일한 비율을 가질 것이다. 또 밑변의 잘린 부분들이 그 삼각형의 남은 변들과 동일한 비율을 가지면, 그 정상으로부터 자르는 지점으로 잇는 직선은 삼각형의 그 각을 이등분할 것이다.

삼각형 ABC가 있고 직선 AD가 각 BAC를 이등분했다고 하자. 나는 주장한다. BD 대 CD는 BA 대 AC이다.

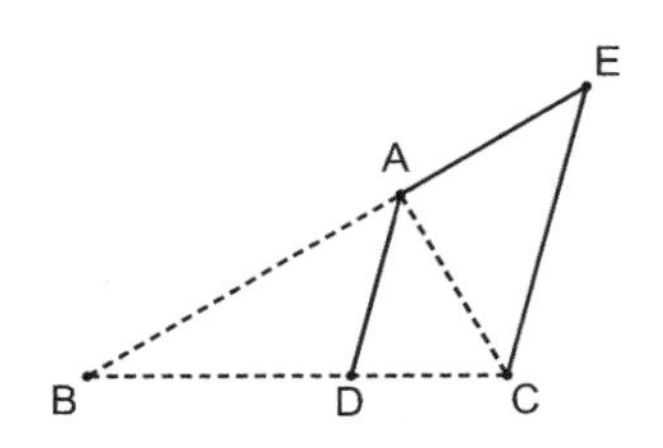

C를 통과하여 DA와 평행한 CE가 그어지고[I-31] BA가 더 그어지면서 점 E에서 그것과 한데 모인다고 하자[공준 5].

직선 AC가 평행선 AD, EC를 가로질러 떨어졌으므로 각 ACE는 CAD와 같다[I-29]. 한편 각 CAD는 BAD와 같다고 가정했다. 그래서 각 BAD는 ACE와 같다. 다시, 직선 BAE가 평행선 AD, EC를 가로질러 떨어졌으므로 외각 BAD는 내각 AEC와 같다[I-29]. 그런데 ACE가 BAD와 같다는 것은 밝혀졌다. 그래서 각 ACE가 AEC와 같다. 결국 변 AE는 변 AC와 같게 된다[I-6]. 또 삼각형 BCE의 변들 중 하나인 EC와 평행하게 AD가 그어졌으므로, 비례하여 BD 대 DC는 BA 대 AE이다[VI-2]. 그런데 AE는 AC와 같다. 그래서 BD 대 DC가 BA 대 AC이다[V-7].

한편, 이제 BD 대 DC가 BA 대 AC이고, AD가 이어졌다고 하자. 나는 주장한다. 직선 AD가 각 BAC를 이등분했다.

동일한 작도에서, BD 대 DC가 BA 대 AC인 한편, BD 대 DC는 BA 대 AE이다. 삼각형 BCE의 한 변 EC와 평행하게 AD가 그어졌으니까 말이다[VI-2]. 그래서 BA 대 AC가 BA 대 AE이다[V-11]. 그래서 AC가 AE와 같다[V-9]. 결국 각 AEC가 ACE와 같게 된다[I-5]. 한편 AEC가 외각 BAD와 (같은데), ACE는 엇각 CAD와도 같다[I-29]. 그래서 BAD가 CAD와 같다. 그래서 직선 AD는 각 BAC를 이등분했다.

그래서 삼각형의 한 각이 이등분되는데, 각을 자르는 직선이 밑변도 자르면 그 밑변의 잘린 부분들은 그 삼각형의 남은 변들과 동일한 비율을 가질 것이다. 또 밑변의 잘린 부분들이 그 삼각형의 남은 변들과 동일한 비율을 가지면, 그 정상으로부터 자르는 지점으로 잇는 직선은 삼각형의 그 각을 이등분한다. 밝혀야 했던 바로 그것이다.

명제 4

등각 삼각형들에 대하여, 같은 각들 부근의 변들은 비례하고 같은 각들을 마주하는 변들이 상응한다.

등각 삼각형 ABC, DCE가 있다고 하자. (즉), 각 ABC는 DCE와, 각 BAC는 CDE와, 게다가 각 ACB는 CED와 같은 각을 갖는다. 나는 주장한다. 삼각형 ABC, DCE에 대하여 같은 각들 부근의 변들은 비례하고 같은 각들을 마주하는 변들이 상응한다.

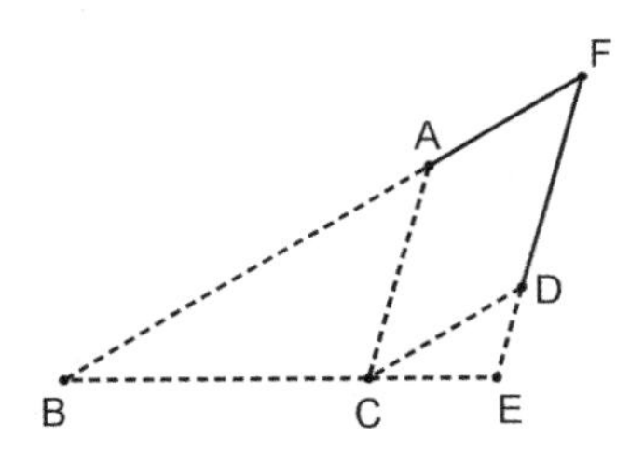

BC가 CE와 직선으로 놓인다고 하자. 각 ABC, ACB 들(의 합)은 두 직각(의 합)보다 작은데[I–17], 각 ACB가 DEC와 같으므로, 각 ABC, DEC 들(의 합)은 두 직각(의 합)보다 작다. 그래서 BA, ED는 연장되어 한데 모일 것이다[공준 5]. 연장되었고 F에서 한데 모였다고 하자.

각 DCE가 ABC와 같으므로 BF는 CD와 평행하다[I–28]. 다시 ACB가 DEC와 같으므로 AC는 FE와 평행하다[I–28]. 그래서 FACD는 평행사변형이다. 그래서 FA는 DC와, AC는 FD와 같다[I–34]. 또한 삼각형 FBE의 한 변 FE와 평행한 AC가 그어졌으므로 BA 대 AF는 BC 대 CE이다[VI–2]. 그런데 AF가 CD와 같다. 그래서 BA 대 CD는 BC 대 CE이고, 교대로, AB 대 BC는 DC 대 CE이다[V–16]. 다시, CD가 BF와 평행하므로 BC 대 CE는 FD

대 DE이다[VI-2]. 그런데 FD는 AC와 같다. 그래서 BC 대 CE는 AC 대 DE이고, 교대로, BC 대 CA는 CE 대 ED이다[VI-2]. AB 대 BC가 DC 대 CE요, BC 대 CA가 CE 대 ED라는 것은 밝혀졌으므로, 같음에서 비롯해서, BA 대 AC는 CD 대 DE이다[V-22].

그래서 등각 삼각형들에 대하여, 같은 각들 부근의 변들은 비례하고 같은 각들을 마주하는 변들이 상응한다. 밝혀야 했던 바로 그것이다.

명제 5

두 삼각형이 비례하는 변들을 가지면, 그 삼각형들은 등각일 것이고 또한 상응하는 변들이 마주하는 데에서 같은 각들을 가질 것이다.

비례하는 변들을 가진 두 삼각형 ABC, DEF가 있다고 하자. (즉), AB 대 BC는 DE 대 EF요, BC 대 CA는 EF 대 FD요, 게다가 BA 대 AC는 ED 대 DF(라고 하자). 나는 주장한다. 삼각형 ABC는 삼각형 DEF와 등각이고, 상응하는 변들이 마주하는 데에서 같은 각들을, (즉) 각 DEF와 (같은 각) ABC를, 각 EFD와 (같은 각) BCA를, 각 EDF와 (같은 각) BAC를 가질 것이다.

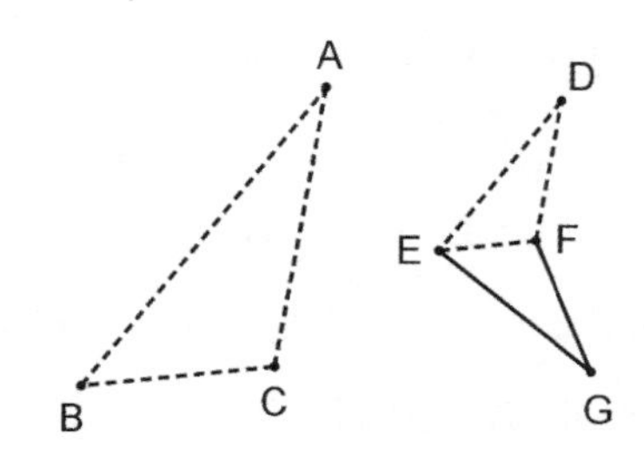

직선 EF에 대고 그 직선상의 점 E, F에서 각 ABC와 같게 FEG를, ACB와 같게 EFG를 구성했다고 하자[I-23]. 그래서 A에서의 남은 각은 G에서의 남은 각과 같다[I-32].

그래서 삼각형 ABC는 [삼각형] EGF와 등각이다. 그래서 삼각형 ABC, EGF에 대하여, 같은 각들 부근의 변들은 비례하고 같은 각들을 마주하는 변들이 상응한다[VI-4]. 그래서 AB 대 BC는 GE 대 EF이다. 한편 AB 대 BC는 DE 대 EF라고 가정했다. 그래서 DE 대 EF가 GE 대 EF이다[V-11]. 그래서 DE, GE 각각은 EF에 대해 동일한 비율을 가진다. 그래서 DE가 GE와 같다[V-9]. 똑같은 이유로 DF도 GF와 같다. DE가 EG와 같은데 EF는 공통이므로 두 (변) DE, EF는 두 (변) GE, EF와 같다. 밑변 DF도 밑변 FG와 같다. 그래서 각 DEF가 GEF와 같고[I-8], 삼각형 DEF는 삼각형 GEF와 같고, 같은 변들이 마주하는 남은 각들은 남은 각들과 같다[I-4]. 그래서 각 DFE는 GFE와, EDF는 EGF와 같다. 또 FED가 GEF와 같은데 한편 GEF는 ABC와 같으므로 각 ABC가 DEF와 같다. 똑같은 이유로 ACB는 DFE와 같고, 게다가 A에서의 각도 D에서의 각과 같다. 그래서 삼각형 ABC가 삼각형 DEF와 등각이다.

그래서 두 삼각형이 비례하는 변들을 가지면 그 삼각형들은 등각일 것이고 또한 상응하는 변들이 마주하는 데에서 같은 각들을 가질 것이다. 밝혀야 했던 바로 그것이다.

명제 6

두 삼각형이 한 각과 같은 한 각을 가지는데,[118] 같은 각 부근에서 비례하는 변들을 가지면, 그 삼각형들은 등각일 것이고 상응하는 변들이 마주하는 데에서 같은 각들을 가질 것이다.

한 각 BAC가 한 각 EDF와 같은 각을 가지는데, 같은 각들 부근에서 비례하는 변들을 가진 두 삼각형 ABC, DEF가 있다고 하자. (즉), BA 대 AC는 ED 대 DF(라고 하자.) 나는 주장한다. 삼각형 ABC는 삼각형 DEF와 등각이고, 각 DEF와 (같은 각) ABC를, DFE와 (같은 각) ACB를 가질 것이다.

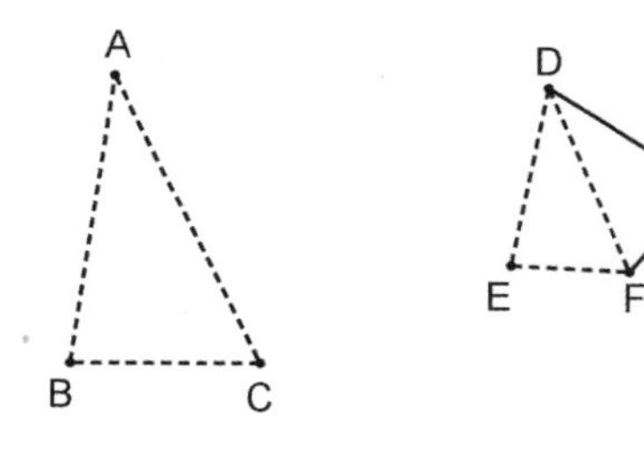

직선 DF에 대고 그 직선상의 점 D, F에서 각 BAC, EDF 중 아무 것과 같게 FDG를, ACB와 같게 DFG를 구성했다고 하자[I-23]. 그래서 B에서의 남은 각은 G에서의 남은 각과 같다[I-32].

그래서 삼각형 ABC가 삼각형 DGF와 등각이다. 그래서 비례로 BA 대 AC는 GD 대 DF이다[VI-4]. 그런데 BA 대 AC가 ED 대 DF라고 가정했다. 그래서 ED 대 DF는 GD 대 DF이다[V-11]. 그래서 ED가 DG와 같다[V-9].

118 유클리드는 주어에 따라 '각과 각이 같다'와 '각과 같은 각을 가진다'라는 표현을 구분해서 썼다. 물론 뜻의 차이는 없다.

또한 DF가 공통이다. 그래서 두 (변) ED, DF가 두 (변) GD, DF와 같다. 각 EDF도 각 GDF와 같다. 그래서 밑변 EF는 밑변 GF와 같고, 삼각형 DEF는 삼각형 GDF와 같고, 같은 변들이 마주하는 남은 각들은 남은 각들과 같다[I-4]. 그래서 각 DFG는 DFE와, DGF는 DEF와 같다. 한편 DFG가 ACB와 같다. 그래서 ACB가 DFE와 같다. 그런데 각 BAC가 EDF와 같다고 가정했다. 그래서 B에서의 남은 각은 E에서의 남은 각과 같다[I-32]. 그래서 삼각형 ABC가 삼각형 DEF와 등각이다.

그래서 두 삼각형이 한 각과 같은 한 각을 가지는데, 같은 각 부근에서 비례하는 변들을 가지면 그 삼각형들은 등각일 것이고 상응하는 변들이 마주하는 데에서 같은 각들을 가질 것이다. 밝혀야 했던 바로 그것이다.

명제 7

두 삼각형이 한 각과 같은 한 각을 가지는데, 다른 각들 부근에서 비례하는 변들을 갖고, 남은 각들 각각이 동시에 직각보다 작은 또는 (동시에) 작지 않은 각을 가지면, 그 삼각형들은 등각일 것이고 변들이 비례하는 부근에서 같은 각들을 가질 것이다.

한 각 BAC가 한 각 EDF와 같은 각을 가지는데, 다른 각 ABC, DEF 부근에서 비례하는 변들을 가지며, (즉) AB 대 BC는 DE 대 EF이며, 먼저, C, F에서의 남은 각들 각각이, 동시에 직각보다 작은 두 삼각형 ABC, DEF가 있다고 하자. 나는 주장한다. 삼각형 ABC가 삼각형 DEF와 등각이고, 각 ABC는 DEF와 같고, C에서의 남은 각도 명백히 F에서의 남은 각과 같을 것이다.

만약 각 ABC가 DEF와 같지 않다면 그 각들 중 하나가 크다. 각 ABC가 더 크다고 하자. 직선 AB에 대고 그 직선에서의 점 B에서 각 DEF와 같은 ABG를 구성했다고 하자[I-23].

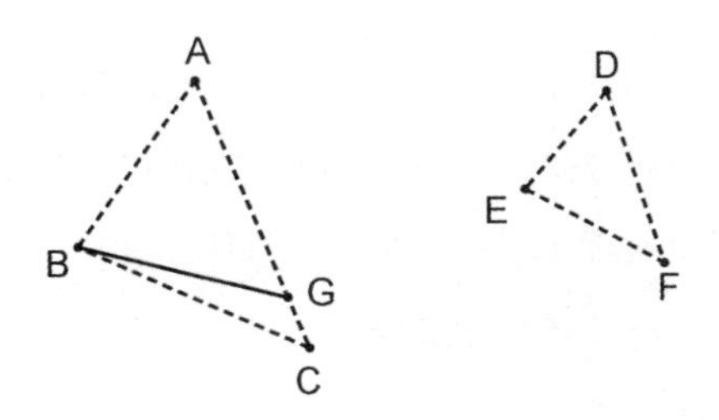

각 A가 D와 같은데 ABG가 DEF와 같으므로 남은 AGB는 남은 DFE와 같다[I-32]. 그래서 삼각형 ABG는 삼각형 DEF와 등각이다. 그래서 AB 대 BG는 DE 대 EF이다[VI-4]. 그런데 DE 대 EF는 AB 대 BC라고 가정했다. 그래서 AB는 BC, BG 각각에 대해 동일 비율을 갖는다[V-11]. 그래서 BC는 BG와 같다[V-9]. 결국 C에서의 각도 BGC와 같게 된다[I-5]. 그런데 C에서의 각은 직각보다 작다고 가정했다. 그래서 BGC도 직각보다 작다. 결국 그것과 이웃하는 각 AGB가 직각보다 크게 된다[I-13]. (각 AGB가) F에서의 각과 같다는 것도 밝혀졌다. 그래서 F에서의 각도 직각보다 크다. 그런데 직각보다 작다고 가정했다. 이것은 불가능하다. 그래서 각 ABC가 DEF와 같지 않을 수 없다. 그래서 같다. 그런데 A에서의 각이 D에서의 각과 같다. 그래서 C에서의 남은 각도 F에서의 남은 각과 같다[I-32]. 그래서 삼각형 ABC가 삼각형 DEF와 등각이다.

한편, C, F에서의 각들 각각이 직각보다 작지 않다고 가정하자. 다시 나는 주장한다. 마찬가지로 삼각형 ABC가 삼각형 DEF와 등각이다.

동일한 작도에서, BC가 BG와 같다는 것을 우리는 비슷하게 밝힐 수 있다. 결국 C에서의 각은 BGC와 같다. 그런데 C에서의 각은 직각보다 작지 않다. 그래서 BGC도 직각보다 작지 않다. 이제 삼각형 BGC의 두 각(의 합)이 두 직각(의 합)보다 작지 않다. 이것은 불가능하다[I-17]. 그래서 다시 각 ABC가 DEF와 같지 않을 수 없다. 그래서 같다. 그런데 A에서의 각도 D에서의 각과 같다. 그래서 C에서의 남은 각은 F에서의 남은 각과 같다[I-32]. 그래서 삼각형 ABC가 삼각형 DEF와 등각이다.

그래서 두 삼각형이 한 각과 같은 한 각을 가지는데, 다른 각 부근에서 비례하는 변들을 갖고, 남은 각들 각각이 동시에 직각보다 작은 또는 (동시에) 작지 않은 각을 가지면, 그 삼각형들은 등각일 것이고, 변들이 비례하는 부근에서 같은 각들을 가질 것이다. 밝혀야 했던 바로 그것이다.

명제 8

직각 삼각형 안에서 직각으로부터 밑변으로 수직선이 그어지면, 그 수직선에 댄 삼각형들은 전체와 닮고 서로도 닮는다.

각 BAC를 직각으로 가지는 직각 삼각형 ABC가 있고, A로부터 BC로 수직선 AD가 그어졌다고 하자[I-12]. 나는 주장한다. 삼각형 ABD, ADC 각각이 전체 ABC와 닮고 게다가 서로도 닮는다.

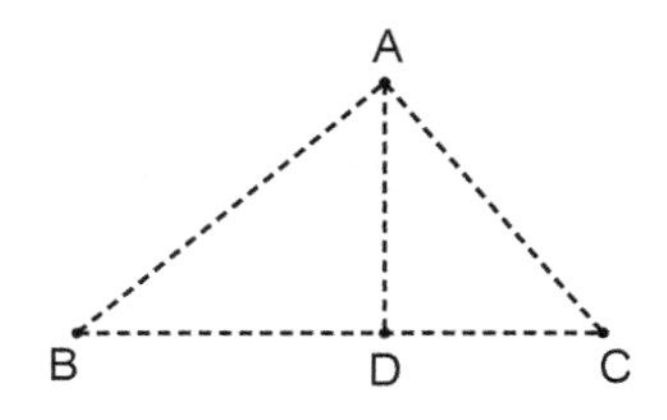

각 BAC는 ADB와 같다. 각각이 직각이니까 말이다. 또 두 삼각형 ABC와 ABD 둘 다에서 B에서의 각은 공통이다. 그래서 남은 각 ACB가 남은 BAD와 같다[I-32]. 그래서 삼각형 ABC는 ABD와 등각이다. 그래서 삼각형 ABC의 직각을 마주하는 BC 대 삼각형 ABD의 직각을 마주하는 BA는, 삼각형 ABC에서 C에서의 각을 마주하는 바로 그 AB 대 삼각형 ABD에서 같은 각 BAD를 마주하는 BD이고, 게다가 AC 대, 두 삼각형의 공통인 B에서의 각을 마주하는 AD이다[VI-4]. 그래서 삼각형 ABC가 삼각형 ABD와 등각이고 같은 각들 부근에서 비례하는 변들을 갖는다. 동시에 삼각형 ABC가 삼각형 ABD와 닮는다[VI-def-1]. 삼각형 ADC와 삼각형 ABC가 닮는다는 것도 이제 우리는 비슷하게 밝힐 수 있다. 그래서 [삼각형] ABD, ADC 각각은 전체 ABC와 닮는다.

이제 나는 주장한다. 삼각형 ABD, ADC는 서로도 닮는다.[119]

직각 BDA가 직각 ADC와 같은데, 더군다나 BAD는 C에서의 각(과) 같기도 하다는 것이 밝혀졌으므로 B에서의 남은 각은 남은 DAC와 같다[I-32]. 그래서 삼각형 ABD가 삼각형 ADC와 등각이다. 그래서 삼각형 ABD에서 각 BAD를 마주하는 BD 대 삼각형 ADC에서 각 BAD와 같은, C에서의 각을 마주하는 AD는, 삼각형 ABD에서 B에서의 각을 마주하는 바로 그 AD 대 삼각형 ADC에서 B에서의 각과 같은 DAC를 마주하는 DC이고, 게다가 BA 대 직각을 마주하는 AC이다[VI-4]. 그래서 삼각형 ABD가 삼각형 ADC와 닮는다.

그래서 직각 삼각형 안에서 직각으로부터 밑변으로 수직선이 그어지면, 그

119 도형의 닮음의 이행성(transitiveness)을 아직 밝히지 않았고 제6권 명제 21에서 보일 것이므로 여기서는 따로 증명한다.

수직선에 댄 삼각형들은 전체와 닮고 서로도 (닮는다). [밝혀야 했던 바로 그것이다.]

따름. 이제 이로부터 분명하다. 직각 삼각형 안에서 직각으로부터 밑변으로 수직선이 그어지면, 그어진 직선은 밑변의 잘린 부분들에 대하여 비례 중항이다. 밝혀야 했던 그것이다. [게다가 밑변과 잘린 부분들 중 어떤 하나에 대하여 그 부분 쪽 변은 비례 중항이다.][120]

명제 9

주어진 직선에 대하여 지정된 몫을 빼내기.

주어진 직선 AB가 있다고 하자. 이제 AB에 대하여 지정된 몫을 빼내야 한다.

(몫으로) 삼분의 일이 지정되었다고 해보자. 직선 AB와 더불어 임의의 각을 둘러싸는 직선 AC가 A로부터 지나갔다고 하자. AC 위에서 어떤 점 D를

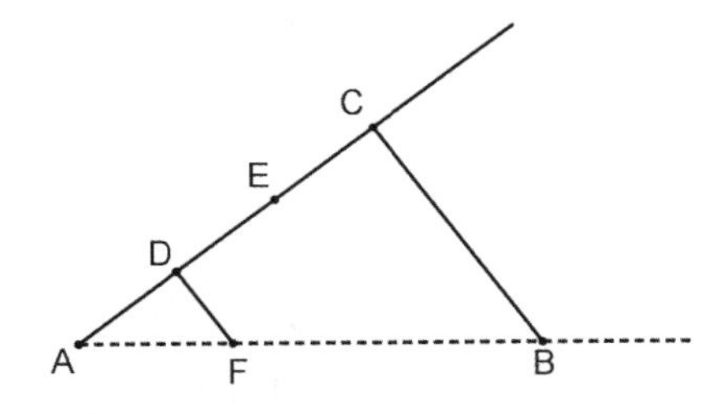

120 이 도형에서 예를 들면 BC와 BD에 대하여 AB가, BC와 CD에 대하여 AC가 비례중항이다.

잡고 AD와 같게 DE, EC가 놓인다고 하자. BC가 이어졌고 점 D를 통과하여 그것과 평행한 DF가 그어졌다고 하자[I-31].

삼각형 ABC의 변들 중 하나인 BC와 평행하게 FD가 그어졌으므로 비례로 CD 대 DA는 BF 대 FA이다[VI-2]. 그런데 CD가 DA의 두 배이다. 그래서 BF도 FA의 두 배이다. 그래서 BA는 AF의 세 배이다.

그래서 주어진 직선 AB에 대하여 지정된 삼분의 일인 몫 AF를 빼냈다. 해야 했던 바로 그것이다.

명제 10

주어진 안 잘린 직선을 주어진 잘린 직선과 닮게 자르기.

주어진 안 잘린 직선 AB, 점 D, E에서 잘린 직선 AC가 있고 (직선 AB와 더불어) 임의의 각을 둘러싸도록 놓인다고 하자. 또 BC가 이어졌고, D, E를 통과하여 BC와 평행한 DF, EG가 그어졌고, 점 D를 통과하여 AB와 평행한 직선 DHK가 그어졌다고 하자[I-31].

그래서 FH, HB 각각은 평행사변형이다. 그래서 DH는 FG와, HK는 GB와 같다[I-34]. 또 삼각형 DKC의 한 변 KC와 평행한 직선 HE가 그어졌으므

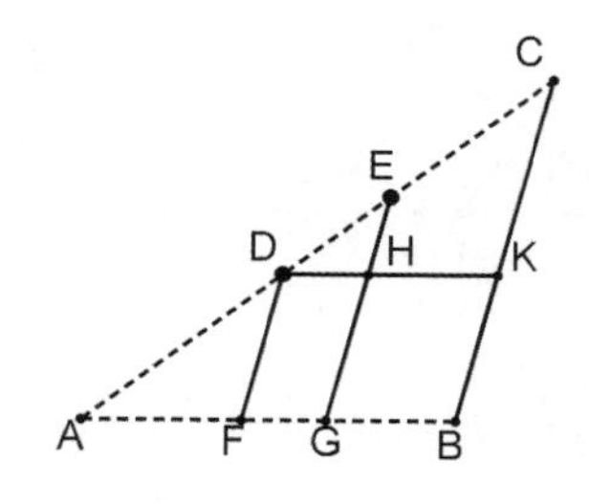

로, 비례로 CE 대 ED가 KH 대 HD이다[VI-2]. 그런데 KH는 BG와, HD는 GF와 같다. 그래서 CE 대 ED는 BG 대 GF이다. 다시, 삼각형 AGE의 한 변 GE와 평행한 직선 FD가 그어졌으므로, 비례로 ED 대 DA는 GF 대 FA이다[VI-2]. 그런데 CE 대 ED가 BG 대 GF라는 것은 밝혀졌다. 그래서 CE 대 ED는 BG 대 GF요, ED 대 DA는 GF 대 FA이다.
그래서 주어진 안 잘린 직선 AB가 주어진 잘린 직선 AC와 닮게 잘렸다. 해야 했던 바로 그것이다.

명제 11

주어진 두 직선에 대하여 비례하는 셋째 직선을 찾아내기.

주어진 [두 직선] BA, AC가 있고 임의의 각을 둘러싸게 놓인다고 하자. 이제 BA, AC에 대하여 비례하는 셋째 직선을 찾아내야 한다.

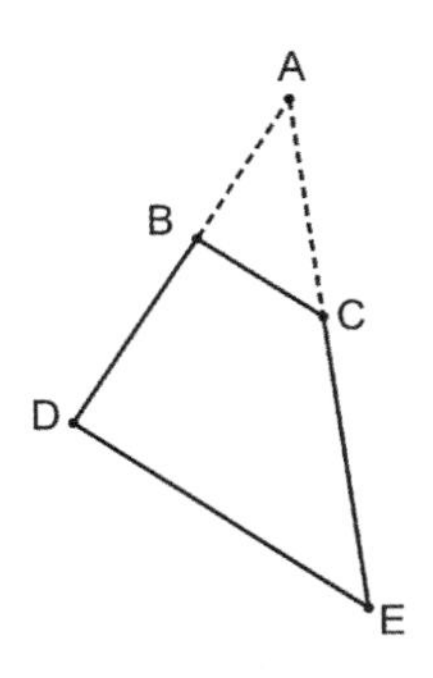

점 D, E로 (직선들이) 연장되었고, AC와 같게 BD가 놓이고[I-3], BC가 이어졌고, D를 통과하여 그 (BC)와 평행한 직선 DE가 그어졌다고 하자[I-31].

삼각형 ADE의 한 변 DE와 평행한 직선 BC가 그어졌으므로, 비례로 AB 대 BD는 AC 대 CE이다[VI-2]. 그런데 BD가 AC와 같다. 그래서 AB 대 AC가 AC 대 CE이다.

그래서 AB, AC에 대하여 그것들과 비례하는 셋째 직선 CE가 찾아졌다. 해야 했던 바로 그것이다.

명제 12

주어진 세 직선에 대하여 비례하는 넷째 직선을 찾아내기.

주어진 세 직선 A, B, C가 있다고 하자. 이제 직선 A, B, C에 대하여 비례하는 넷째 직선을 찾아내야 한다.

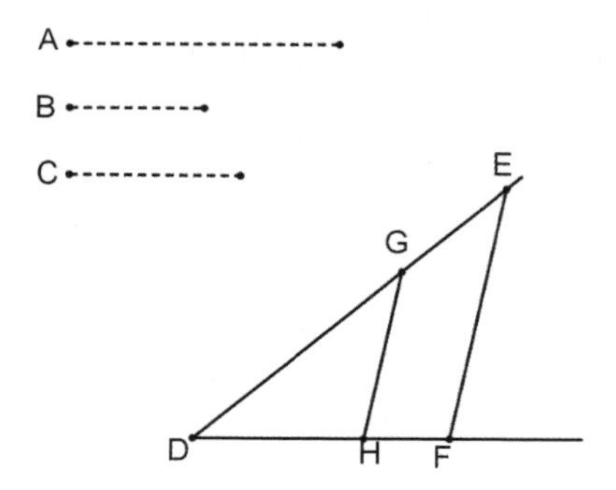

[임의의] 각 EDF를 둘러싸는 두 직선 DE, DF가 제시된다고 하자. A와 같게는 DG가, B와 같게는 GE가, 게다가 C와 같게는 DH가 놓인다고 하자[I-3]. GH가 이어진 후 E를 통과하여 그것과 평행하게 EF가 그어졌다고 하자[I-31].

삼각형 DEF의 한 변 EF와 평행한 직선 GH가 그어졌으므로 DG 대 GE는 DH 대 HF이다[VI-2]. 그런데 DG는 A와, GE는 B와, DH는 C와 같다. 그래서 A 대 B가 C 대 HF이다.

그래서 주어진 세 직선 A, B, C에 대하여 비례하는 넷째 직선 HF가 찾아졌다. 해야 했던 바로 그것이다.

명제 13

주어진 두 직선에 대하여 비례 중항을 찾아내기.

주어진 두 직선 AB, BC가 있다고 하자. 이제 AB, BC에 대하여 비례 중항을 찾아내야 한다.

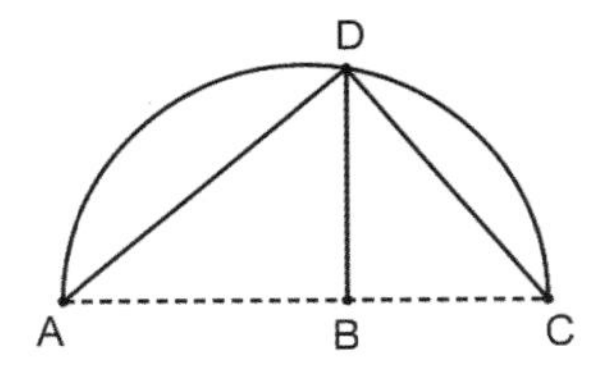

(두 직선 AB, BC가) 직선으로 놓인다고 하자. AC 위에 반원 ADC가 그려졌고[I-10, 공준 3], 점 B로부터 직선 AC와 직각으로 BD가 그어졌고[I-11] AD, DC가 이어졌다고 하자.

각 ADC는 반원 안에 있으므로 직각이다[III-31]. 또 직각 삼각형 ADC 안에서 직각으로부터 밑변으로 수직선 DB가 그어졌으므로, 밑변들의 잘린 부분 AB, BC에 대하여 DB가 비례 중항이다[VI-8 따름].

그래서 주어진 두 직선 AB, BC에 대하여 비례 중항 DB가 찾아졌다. 해야 했던 바로 그것이다.

명제 14

같고도 등각인 평행사변형들에 대하여 같은 각들 부근에서 변들은 역으로 비례한다. 또 등각 평행사변형들 중 같은 각들 부근에서 변들이 역으로 비례하는 평행사변형들은 같다.

B에서 같은 각들을 가지는, 같고도 등각인 평행사변형 AB, BC가 있고 DB, BE가 직선으로 놓인다고 하자. 그래서 FB, BG도 직선으로 있다[I-14]. 나는 주장한다. AB, BC에 대하여 같은 각들 부근에서 변들은 역으로 비례한다. 즉, DB 대 BE는 GB 대 BF이다.

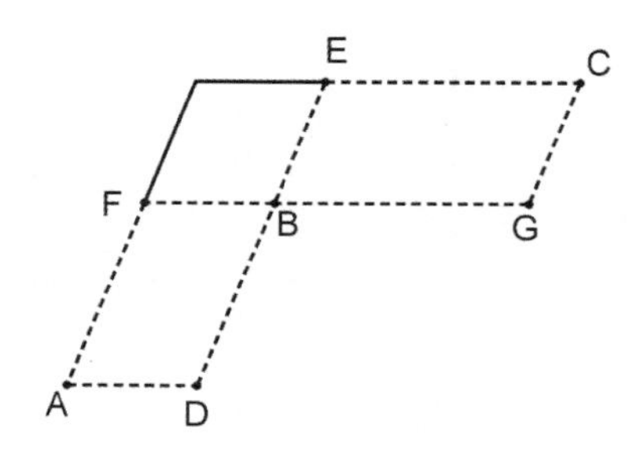

평행사변형 FE가 마저 채워졌다고 하자. 평행사변형 AB가 평행사변형 BC와 같은데 FE는 다른 어떤 (평행사변형)이므로, AB 대 FE는 BC 대 FE이다[V-7]. 한편 AB 대 FE는 DB 대 BE요, BC 대 FE는 GB 대 BF이다[VI-1]. 그래서 DB 대 BE는 GB 대 BF이다. 그래서 평행사변형 AB, BC에 대하여 같은 각들 부근에서 변들은 역으로 비례한다.

한편 이제는 DB 대 BE가 GB 대 BF라고 하자. 나는 주장한다. 평행사변형 AB가 평행사변형 BC와 같다.

DB 대 BE가 GB 대 BF이고, 한편 DB 대 BE는 평행사변형 AB 대 평행사변형 FE요, GB 대 BF는 평행사변형 BC 대 평행사변형 FE이므로[VI-1] AB 대 FE는 BC 대 FE이다[V-11]. 그래서 평행사변형 AB가 평행사변형 BC와 같다[V-9].

그래서 같고도 등각인 평행사변형들에 대하여 같은 각들 부근에서 변들은 역으로 비례한다. 또 등각 평행사변형들 중 같은 각들 부근에서 변들이 역으로 비례하는 평행사변형들은 같다. 밝혀야 했던 바로 그것이다.

명제 15

한 각과 같은 한 각을 갖고도 같은 삼각형들에 대하여, 같은 각들 부근에서 변들은 역으로 비례한다. 또 한 각과 같은 한 각을 갖는 삼각형들 중 같은 각들 부근에서 변들이 역으로 비례하는 삼각형들은 같다.

한 각 DAE와 같은 각 BAC를 가지는 같은 삼각형 ABC, ADE가 있다고 하자. 나는 주장한다. 삼각형 ABC, ADE에 대하여 같은 각들 부근에서 변들은 역으로 비례한다. 즉, CA 대 AD는 EA 대 AB이다.

AD와 직선으로 있도록 CA가 놓인다고 하자. 그래서 EA도 AB와 직선으로 있다[I-14]. BD가 이어졌다고 하자.

삼각형 ABC가 삼각형 ADE와 같은데, BAD는 다른 어떤 (삼각형)이므로 삼각형 CAB 대 삼각형 BAD는 삼각형 EAD 대 삼각형 BAD이다[V-7]. 한편 CAB 대 BAD는 CA 대 AD요, (삼각형) EAD 대 BAD는 EA 대 AB이다

[VI-1]. 그래서 CA 대 AD가 EA 대 AB이다. 그래서 삼각형 ABC, ADE에 대하여 같은 각들 부근에서 변들은 역으로 비례한다.

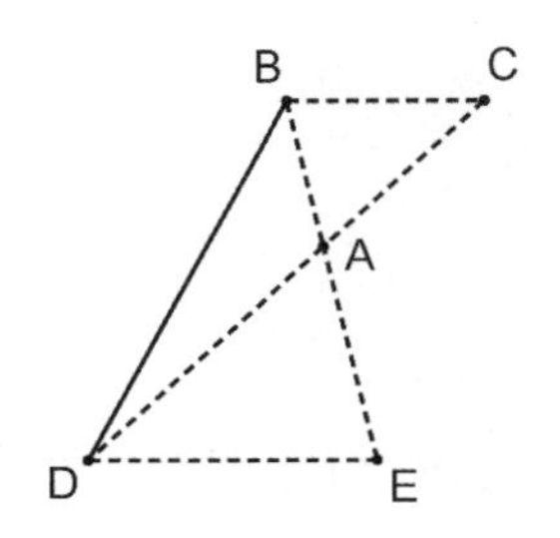

한편 이제 삼각형 ABC, ADE의 변들이 역으로 비례하고, CA 대 AD가 EA 대 AB라고 하자. 나는 주장한다. 삼각형 ABC는 삼각형 ADE와 같다.
다시, BD가 이어지면서, CA 대 AD는 EA 대 AB이고, 한편 CA 대 AD는 삼각형 ABC 대 삼각형 BAD요, EA 대 AB는 삼각형 EAD 대 삼각형 BAD 이므로[VI-1], 삼각형 ABC 대 삼각형 BAD는 삼각형 EAD 대 삼각형 BAD 이다. 그래서 삼각형 ABC, EAD 각각은 삼각형 BAD에 대해 동일 비율을 갖는다. 그래서 [삼각형] ABC가 삼각형 EAD와 같다[VI-9].
그래서 한 각과 같은 한 각을 갖고 같은 삼각형들에 대하여 같은 각들 부근에서 변들은 역으로 비례한다. 또 한 각과 같은 한 각을 갖는 삼각형들 중 같은 각들 부근에서 변들이 역으로 비례하는 삼각형들은 같다. 밝혀야 했던 바로 그것이다.

명제 16

네 직선이 비례하면, 양끝 직선들 사이에 둘러싸인 직각 (평행사변형)은 중간 직선들 사이에 둘러싸인 직각 (평행사변형)과 같다. 또 양끝 직선들 사이에 둘러싸인 직각 (평행사변형)이 중간 직선들 사이에 둘러싸인 직각 (평행사변형)과 같으면, 네 직선은 비례할 것이다.

비례하는 네 직선 AB, CD, E, F가 있다고 하자. (즉), AB 대 CD는 E 대 F(라고 하자). 나는 주장한다. AB, F 사이에 둘러싸인 직각 (평행사변형)은 CD, E 사이에 둘러싸인 직각 (평행사변형)과 같다.

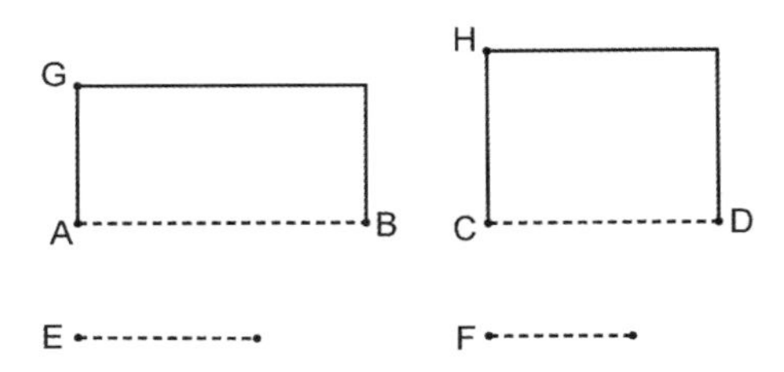

점 A, C로부터 직선 AB, CD와 직각으로 AG, CH가 그어졌고[I-11], F와 같게는 AG가, E와 같게는 CH가 놓인다고 하자[I-3]. 또 평행사변형 BG, DH가 마저 채워졌다고 하자.

AB 대 CD는 E 대 F인데, E는 CH와, F는 AG와 같으므로 AB 대 CD는 CH 대 AG이다. 그래서 평행사변형 BG, DH 중 같은 각들 부근에서 변들이 역으로 비례하는데 등각 평행사변형들 중 같은 각들 부근에서 변들이 역으로 비례하는 평행사변형들은 같다[VI-14]. 그래서 평행사변형 BG가 평행사변형 DH와 같다. 또 AG가 F와 같으니 BG는 AB, F 사이에 (둘러싸이고), E가 CH와 같으니 DH는 CD, E 사이에 (둘러싸여) 있다. 그래서 AB,

F 사이에 둘러싸인 직각 (평행사변형)이 CD, E 사이에 둘러싸인 직각 (평행사변형)과 같다.

한편, 이제 AB, F 사이에 둘러싸인 직각 (평행사변형)이 CD, E 사이에 둘러싸인 직각 (평행사변형)과 같다고 하자. 나는 주장한다. 네 직선은 비례로 AB 대 CD는 E 대 F일 것이다.

동일한 작도에서, AB, F로 (둘러싸인 직각 평행사변형)이 CD, E로 (둘러싸인 직각 평행사변형)과 같고, AG가 F와 같으니 AB, F로 (둘러싸인 직각 평행사변형)은 BG요, CH가 E와 같으니 CD, E로 (둘러싸인 직각 평행사변형)은 DH이므로 BG가 DH와 같다. 등각이기도 하다. 그런데 같고도 등각인 평행사변형들에 대하여 같은 각들 부근에서 변들은 역으로 비례한다[VI-14]. 그래서 AB 대 CD는 CH 대 AG이다. 그런데 CH는 E와, AG는 F와 같다. 그래서 AB 대 CD가 E 대 F이다.

그래서 네 직선이 비례하면, 양끝 직선들 사이에 둘러싸인 직각 (평행사변형)은 중간 직선들 사이에 둘러싸인 직각 (평행사변형)과 같다. 또 양끝 직선들 사이에 둘러싸인 직각 (평행사변형)이 중간 직선들 사이에 둘러싸인 직각 (평행사변형)과 같으면, 네 직선은 비례할 것이다. 밝혀야 했던 바로 그것이다.

명제 17

세 직선이 비례하면, 양끝 직선들 사이에 둘러싸인 직각 (평행사변형)은 중간 직선으로부터의 정사각형과 같다. 또 양끝 직선들 사이에 둘러싸인 직각 (평행사변형)이 중간 직선으로부터의 정사각형과 같으면, 세 직선은 비례할 것이다.

비례하는 세 직선 A, B, C가 있다고 하자. (즉), A 대 B는 B 대 C이다. 나는 주장한다. A, C 사이에 둘러싸인 직각 (평행사변형)은 B로부터의 정사각형과 같다.

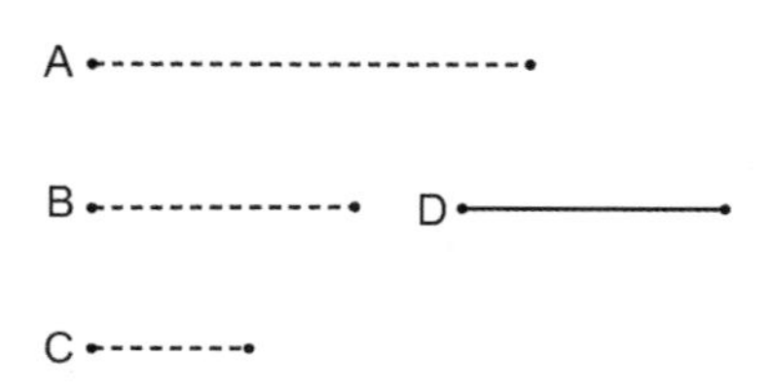

B와 같게 D가 놓인다고 하자[I-3].
A 대 B가 B 대 C인데, B가 D와 같으므로 A 대 B는 D 대 C이다. 그런데 네 직선이 비례하면 양끝 직선들 사이에 둘러싸인 [직각 (평행사변형)]은 중간 직선들 사이에 둘러싸인 직각 (평행사변형)과 같다[VI-16]. 그래서 A, C로 (둘러싸인 직각 평행사변형)은 B, D로 (둘러싸인 직각 평행사변형)과 같다. 한편 B, D로 (둘러싸인 직각 평행사변형)은 B로부터의 정사각형이다. B와 D가 같으니까 말이다. 그래서 A, C 사이에 둘러싸인 직각 (평행사변형)은 B로부터의 정사각형과 같다.
한편 이제 A, C로 (둘러싸인 직각 평행사변형)이 B로부터의 (정사각형)과 같다고 하자. 나는 주장한다. A 대 B는 B 대 C이다.
동일한 작도에서, A, C로 (둘러싸인 직각 평행사변형)이 B로부터의 (정사각형)과 같은데, 한편 B로부터의 (정사각형)은 B, D로 (둘러싸인 직각 평행사변형)이다. B가 D와 같으니까 말이다. 그래서 A, C로 (둘러싸인 직각 평행사변형)은 B, D로 (둘러싸인 직각 평행사변형)과 같다. 그런데 양끝 직선들 사이에 둘러싸인 직각 (평행사변형)이 중간 직선들 사이에 둘러싸인 직각 (평행사변형)과 같으면, 네 직선은 비례한다[VI-16]. 그래서 A 대 B는 D 대 C이다. 그런데 B가 D와 같다. 그래서 A 대 B는 B 대 C이다.

그래서 세 직선이 비례하면, 양끝 직선들 사이에 둘러싸인 직각 (평행사변형)은 중간 직선으로부터의 정사각형과 같다. 또 양끝 직선들 사이에 둘러싸인 직각 (평행사변형)이 중간 직선으로부터의 정사각형과 같으면, 세 직선은 비례할 것이다. 밝혀야 했던 바로 그것이다.

명제 18

주어진 직선으로부터 주어진 직선 (도형)과 닮고도 닮게 놓인 직선 (도형)을 그려 넣기.[121]

주어진 직선은 AB, 주어진 직선 도형은 CE가 있다고 하자. 이제 직선 AB로부터 CE와 닮고도 닮게 놓인 직선 (도형)을 그려 넣어야 한다.

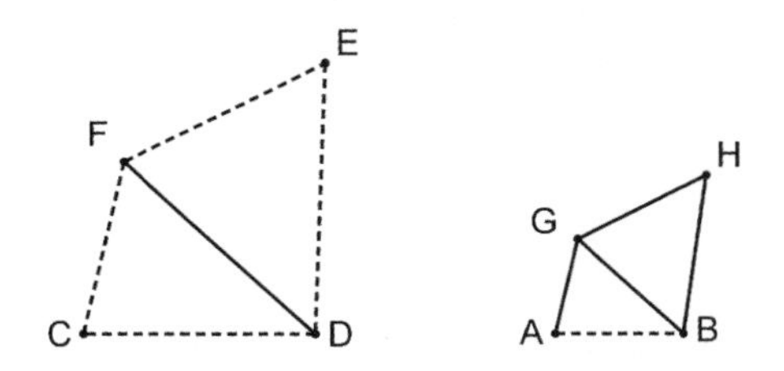

121 (1) 작도를 뜻하는 동사로 여기서는 그리다 또는 구성하다를 쓰지 않고 정사각형의 작도를 뜻하는 동사 ἀναγράφω가 쓰인다. 전치사도 ~로부터 ἀπὸ를 쓴다. 증명의 틀이나 언어가 정사각형 작도할 때와 비슷하다. 제1권 명제 46 참조. 제11권 명제 27은 이 명제를 입체로 확장한 것인데 거기서도 마찬가지다. (2) 정의 없이 '닮게 놓인'이라는 용어를 쓴다. 제1권 명제 7에서처럼 유클리드는 주어진 직선에서 도형이 세워질 때 방향을 염두에 둔다. 따라서 덜 엄격하지만 '닮게 놓인'이라는 용어도 방향을 염두에 둔 것으로 보인다.

DF가 이어졌고, AB에 대고 그 직선상의 점 A, B에서, C에서의 각과 같은 GAB를, CDF와 같은 ABG를 구성했다고 하자[I−23].

그래서 남은 각 CFD는 AGB와 같다[I−32]. 그래서 삼각형 FDC는 삼각형 GAB와 등각이다. 그래서 비례로 FD 대 GB는 FC 대 GA이고 CD 대 AB이다[VI−4]. 다시, BG에 대고 그 직선상의 점 B, G에서, 각 DFE와 같은 BGH를, FDE와 같은 GBH를 구성했다고 하자[I−23]. 그래서 E에서의 남은 각은 H에서의 남은 각과 같다[I−32]. 그래서 삼각형 FDE가 삼각형 GHB와 등각이다. 그래서 비례로 FD 대 GB는 FE 대 GH이고 ED 대 HB이다[VI−4]. 그런데 FD 대 GB가 FC 대 GA이고 CD 대 AB인 것도 밝혀졌다. 그래서 FC 대 AG는 CD 대 AB이고, 또 FE 대 GH이고 게다가 ED 대 HB이다. 또 각 CFD는 AGB와, DFE는 BGH와 같으므로 전체 CFE가 전체 AGH와 같다. 똑같은 이유로 각 CDE는 ABH와 같다. 그런데 C에서의 각은 A에서의 각과, E에서의 각은 H에서의 각과 같다. 그래서 (직선 도형) AH와 CE는 등각이다. 또 그것들의 같은 각들 부근에서 비례하는 변들을 갖는다. 그래서 직선 (도형) AH가 직선 (도형) CE와 닮는다[VI−def−1].

그래서 주어진 직선 AB로부터, 주어진 직선 (도형) CE와 닮고도 닮게 놓인 직선 (도형) AH를 그려 넣었다. 해야 했던 바로 그것이다.

명제 19

닮은 삼각형들은 서로에 대해, 상응하는 변들의 이중 비율로 있다.

닮은 삼각형 ABC, DEF가 있다고 하자. (즉), E에서의 각과 B에서의 각을 같게 가지며, AB 대 BC는 DE 대 EF이므로 결국 BC가 EF와 상응하는 (삼각형들이다). 나는 주장한다. 삼각형 ABC 대 삼각형 DEF는 BC 대 EF에 비하여 이중 비율이다.

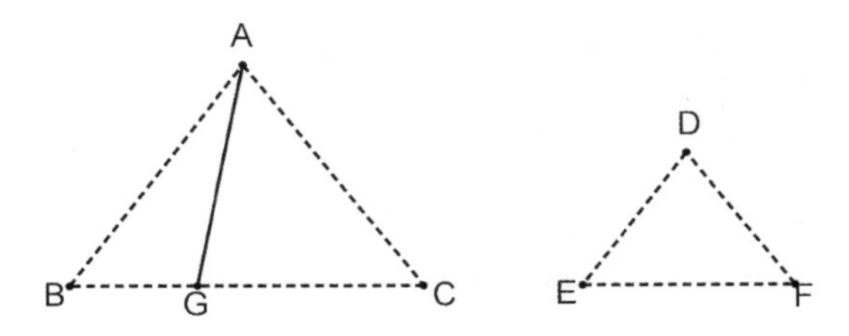

BC, EF에 대하여 비례하게, (즉) BC 대 EF가 EF 대 BG이도록 셋째 직선 BG가 잡혔고[VI-11] AG가 이어졌다고 하자.

AB 대 BC는 DE 대 EF이므로, 교대로, AB 대 DE는 BC 대 EF이다[V-16]. 한편 BC 대 EF는 EF 대 BG이다. 그래서 AB 대 DE가 EF 대 BG이다. 그래서 삼각형 ABG, DEF 중 같은 각들 부근에서 변들이 역으로 비례한다. 그런데 한 각과 같은 한 각을 갖는 삼각형들 중 같은 각들 부근에서 변들이 역으로 비례하는 삼각형들은 같다[VI-15]. 그래서 삼각형 ABG가 삼각형 DEF와 같다. 또 BC 대 EF는 EF 대 BG인데, 세 직선이 비례한다면 첫째 대 셋째는 (첫째) 대 둘째에 비하여 이중 비율이다[V-def-9]. 그래서 BC대 BG는 CB 대 EF에 비하여 이중 비율이다. 그런데 CB 대 BG가 삼각형 ABC 대 삼각형 ABG이다[VI-1]. 그래서 삼각형 ABC 대 삼각형 ABG는 BC 대 EF에 비하여 이중 비율이다. 그런데 삼각형 ABG는 삼각형 DEF와 같다. 그래서 삼각형 ABC 대 삼각형 DEF는 BC 대 EF에 비하여 이중 비율이다.

그래서 닮은 삼각형들은 서로에 대해, 상응하는 변들의 이중 비율로 있다.

[밝혀야 했던 그것이다.]

따름. 이제 이로부터 분명하다. 세 직선이 비례하면, 첫째 대 셋째는 첫째로부터 (그려 넣어진) 형태 대[122] 둘째로부터, (그것과) 닮고도 닮게 그려 넣어진 (형태)이다. [CB 대 BG가 삼각형 ABC 대 삼각형 ABG, 즉 (삼각형) DEF임을 이미 밝혔으니 말이다.] 밝혀야 했던 그것이다.

명제 20

닮은 다각형들은 닮은 삼각형들로 분리되고 그것도 같은 개수(의 삼각형들)로 (분리되고) 또한 전체 (다각형)들과 상응하는 (삼각형들로 분리된다). 또 (전체) 다각형 대 (전체) 다각형은 상응하는 변 대 상응하는 변에 비하여 이중 비율이다.

닮은 다각형 ABCDE, FGHKL이 있는데, AB가 FG와 상응한다고 하자. 나는 주장한다. 닮은 다각형 ABCDE, FGHKL은 닮은 삼각형들로 분리되고 그것도 같은 개수(의 삼각형들)로 (분리되고), 또 전체 (다각형)들과 상응하는 (삼각형들로 분리된다). 또한 ABCDE 대 FGHK는 AB 대 FG에 비하여 이중 비율이다.

BE, EC, GL, LH가 이어졌다고 하자.

다각형 ABCDE와 다각형 FGHKL이 닮았으므로 각 BAE는 GFL과 같다. 또 BA 대 AE가 GF 대 FL이다[VI-def-1]. 두 삼각형 ABE, FGL은 한 각과 같은 한 각을 가지는데 같은 각들 부근에서 비례하는 변들을 (가지는 삼각

122 원문은 εἶδος. 플라톤의 텍스트에서 주로 '형상'으로 번역된다. 앞의 명제에서는 도형(σχῆμα)이라는 낱말을 썼는데 이 따름 명제에서는 이 낱말을 썼다. 여기서 '형태'는 임의의 형태라기보다 명제 19에서 나온 삼각형 꼴이라고 봐야 한다. 다음 명제 20이 닮음 다각형 전반에 대해서 말한다.

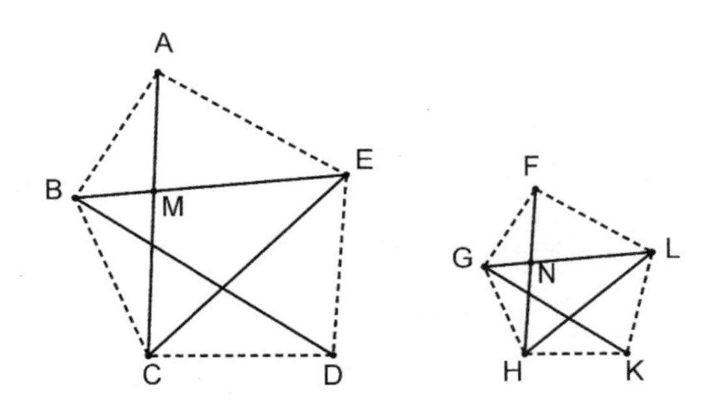

형들)이므로 삼각형 ABE가 삼각형 FGL과 등각이다[VI-6]. 결국 닮게도 된다[VI-4, VI-def-1]. 그래서 각 ABE는 FGL과 같다. 그런데 다각형들의 닮음 때문에 전체 각 ABC도 전체 FGH와 같다. 그래서 남은 각 EBC가 LGH와 같다. 또 삼각형 ABE, FGL의 닮음 때문에 EB 대 BA가 LG 대 GF이고 더군다나 다각형들의 닮음 때문에 AB 대 BC가 FG 대 GH이기도 하므로, 같음에서 비롯해서, EB 대 BC는 LG 대 GH이고[V-22], 같은 각 EBC, LGH 부근에서 변들이 비례한다. 그래서 삼각형 EBC가 삼각형 LGH와 등각이다[VI-6]. 결국 삼각형 EBC는 삼각형 LGH와 닮게도 된다[VI-4, VI-def-1]. 똑같은 이유로 삼각형 ECD도 삼각형 LHK와 닮는다. 그래서 다각형 ABCDE, FGHKL이 닮은 삼각형들로 분리되었고 그것도 같은 개수(의 삼각형들)로 (분리되었다).

나는 주장한다. (그 삼각형들은) 전체 (다각형들)과 상응한다. 즉, 삼각형들이 (그 다각형들처럼) 비례하게 되고 그것도 ABE, EBC, ECD가 앞 (삼각형)들이요, FGL, LGH, LHK가 그것들의 뒤 (삼각형)들이다. 또 다각형 ABCDE 대 다각형 FGHKL은 상응하는 변 대 상응하는 변에 비하여, 즉 AB 대 FG에 비하여 이중 비율이다.

AC, FH가 이어졌다고 하자. 다각형들의 닮음 때문에 각 ABC가 FGH와 같고, AB 대 BC는 FG 대 GH이므로, 삼각형 ABC는 삼각형 FGH와 등각이다[VI-6]. 그래서 각 BAC는 GFH와, BCA는 GHF와 같다. 또 각 BAM은 GFN과 같은데 ABM도 FGN과 같으므로 남은 AMB도 남은 FNG와 같다[I-32]. 그래서 삼각형 ABM은 삼각형 FGN과 등각이다. 삼각형 BMC가 삼각형 GNH와 등각이라는 것도 이제 우리는 비슷하게 밝힐 수 있다. 그래서 비례로 AM 대 MB는 FN 대 NG요, BM 대 MC는 GN 대 NH이다[VI-4]. 결국, 같음에서 비롯해서, AM 대 MC가 FN 대 NH이다[V-22]. 한편 AM 대 MC는 [삼각형] ABM 대 (삼각형) MBC이고 (삼각형) AME 대 (삼각형) EMC이기도 하다. (도형들은) 서로에 대해, 그 밑변들처럼 있으니까 말이다[VI-1]. 그래서 앞 크기들 중 하나 대 뒤 크기들 중 하나는 앞 크기들 전체 대 뒤 크기들 전체이다[V-12]. 그래서 삼각형 AMB 대 (삼각형) BMC는 (삼각형) ABE 대 (삼각형) CBE이다. 한편 (삼각형) AMB 대 (삼각형) BMC는 AM 대 MC이다. 그래서 AM 대 MC가 삼각형 ABE 대 삼각형 EBC이다. 똑같은 이유로 FN 대 NH가 삼각형 FGL 대 삼각형 GLH이다. AM 대 MC도 FN 대 NH이다. 그래서 삼각형 ABE 대 삼각형 BEC는 삼각형 FGL 대 삼각형 GLH이고, 교대로, 삼각형 ABE 대 삼각형 FGL은 삼각형 BEC 대 삼각형 GLH이다[V-16]. BD, GK를 이으면서 삼각형 BEC 대 삼각형 LGH가 삼각형 ECD 대 삼각형 LHK라는 것도 이제 우리는 비슷하게 밝힐 수 있다. 또 삼각형 ABE 대 삼각형 FGL은 삼각형 EBC 대 삼각형 LGH이고 게다가 (삼각형) ECD 대 (삼각형) LHK이고, 앞 크기들 중 하나 대 뒤 크기들 중 하나는 앞 크기들 전체 대 뒤 크기들 전체이므로[V-12] 삼각형 ABE 대 삼각형 FGL은 다각형 ABCDE 대 다각형 FGHKL이다. 한편, 삼각형 ABE 대 삼각형 FGL은 상응하는 변 AB 대 상응하는 변 FG에 비하여 이중 비율이다. 닮은 삼각형들은 닮은 변들의 이중 비율로 있으니까 말이다[VI-19]. 그래서 다각형 ABCDE 대 다각형 FGHKL은 상응하는 변 AB 대 상응하는 변 FG에 비하여 이중 비율이다.

그래서 닮은 다각형들은 닮은 삼각형들로 분리되고 그것도 같은 개수(의 삼각형들)로 (분리되고) 또한 전체 (다각형)들과 상응하는 (삼각형들로 분리된다). 또 (전체) 다각형 대 (전체) 다각형은 상응하는 변 대 상응하는 변에 비하여 이중 비율이다.

따름. 마찬가지로 [닮은] 사변형들에서도 (그것들은) 상응하는 변들의 이중 비율로 있다고 증명될 것이다. 삼각형들에 대해서는 증명되었다. 결국 일반적으로 닮은 직선 도형들도 서로에 대해, 상응하는 변들의 이중 비율로 있다. 밝혀야 했던 그것이다.

[**따름.** 또 내가 AB, FG에 대하여 셋째 비례인 O를 잡으면 BA 대 O는 AB 대 FG에 비하여 이중 비율이다. 또한 다각형 대 다각형, 또는 사변형 대 사변형도 상응하는 변들에 비하여, 즉 AB 대 FG에 비하여 이중 비율이다. 삼각형에서도 그렇다는 것은 이미 밝혀졌다. 결국 일반적으로 자명하다. 세 직선이 비례하면, 첫째 직선 대 셋째 직선은 첫째 직선으로부터 (그려 넣어진) 형태 대 둘째 직선으로부터 닮고도 닮게 그려 넣어진 (형태)일 것이다.]

명제 21

동일한 직선 (도형)과 닮은 (도형)들은 서로도 닮는다.

직선 (도형) A, B 각각이 (직선 도형) C와 닮았다고 하자. 나는 주장한다. A도 B와 닮는다.

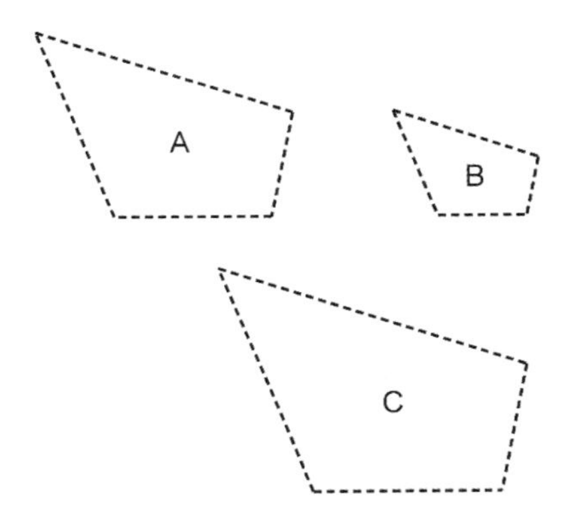

A가 C와 닮았으므로 A는 그 C와 등각이고 같은 각들 부근에서 비례하는 변들을 가진다[VI-def-1]. 다시, B가 C와 닮았으므로 B는 그 C와 등각이고 같은 각들 부근에서 비례하는 변들을 가진다. 그래서 A, B 각각이 C와 등각이고 같은 각들 부근에서 비례하는 변들을 가진다. [결국 A가 B와 등각이고 같은 각들 부근에서 비례하는 변들을 가진다.] 그래서 A와 B는 닮았다. 밝혀야 했던 바로 그것이다.

명제 22

네 직선이 비례하면, 동일 직선으로부터 닮고도 닮게 그려 넣어진 직선 (도형)들도 비례할 것이다. 동일 직선으로부터 닮고도 닮게 그려 넣어진 직선 (도형)들이 비례하면, 그 직선들도 비례할 것이다.

비례하는 네 직선 AB, CD, EF, GH가 있다고 하자. (즉), AB 대 CD는 EF 대 GH(라고 하자). 또 AB, CD로부터는 닮고도 닮게 놓인 직선 (도형) KAB, LCD가, EF, GH로부터는 닮고도 닮게 놓인 직선 (도형) MF, NH가 그려 넣어졌다고 하자. 나는 주장한다. KAB 대 LCD는 MF 대 NH이다.

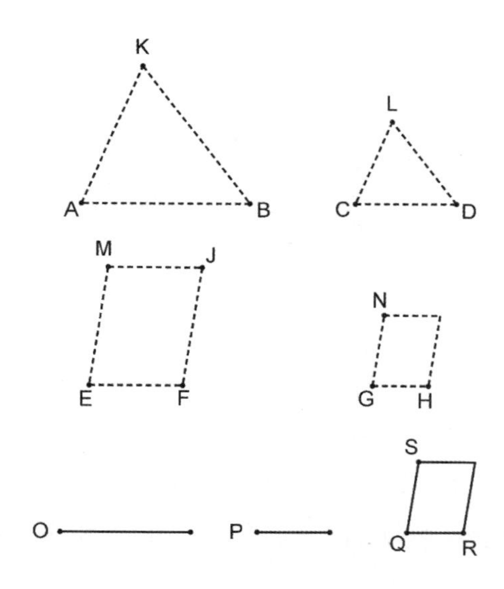

AB, CD에 대하여는 비례하게 셋째 직선 O가, EF, GH에 대하여는 비례하게 셋째 P가 잡혔다고 하자[VI-11]. AB 대 CD는 EF 대 GH요, CD 대 O는 GH 대 P이므로,[123] 같음에서 비롯해서, AB 대 O는 EF 대 P이다[V-22].

한편, AB 대 O는 KAB 대 LCD요, EF 대 P는 MF 대 NH이다[VI-19 따름].
그래서 KAB 대 LCD는 MF 대 NH이다[V-11].
한편, 이제 KAB 대 LCD가 MF 대 NH라고 하자. 나는 주장한다. AB 대 CD는 EF 대 GH이다.
만약 AB 대 CD가 EF 대 GH가 아니라면, AB 대 CD는 EF 대 QR이라고 하고[VI-12], QR로부터 MF, NH 중 아무것과 닮고도 닮게 놓인 직선 (도형) SR이 그려 넣어졌다고 하자[VI-18, VI-21].
AB 대 CD는 EF 대 QR인데 AB, CD로부터는 닮고도 닮게 그려 놓인 직선 (도형) KAB, LCD가, EF, QR로부터는 닮고도 닮게 놓인 직선 (도형) MF, SR이 그려 넣어졌으므로 KAB 대 LCD는 MF 대 SR이다. 그런데 KAB 대 LCD는 MF 대 NH라고 가정했다. 그래서 MF 대 SR이 MF 대 NH이다. 그래서 MF가 NH, SR 각각에 대해 동일한 비율을 갖는다. 그래서 NH가 SR과 같다[V-9]. 그런데 그것과 닮고도 닮게 놓이기도 한다. 그래서 GH가 QR과 같다. 또한 AB 대 CD가 EF 대 QR인데 QR이 GH와 같으므로 AB 대 CD는 EF 대 GH이다.
그래서 네 직선이 비례하면, 동일 직선으로부터 닮고도 닮게 그려 넣어진 직선 (도형)들도 비례할 것이다. 동일 직선으로부터 닮고도 닮게 그려 넣어진 직선 (도형)들이 비례하면, 그 직선들도 비례할 것이다. 밝혀야 했던 바로 그것이다.

[**보조 정리**. 직선 (도형)들이 같고도 닮았다면 그것들의 닮은 변들도 같다는

123 간단하지만 증명이 생략되었다. 이 증명의 끝부분에 나오는 'GH가 QR과 같다.'도 마찬가지다. 제6권에서 그런 경우가 여러 번 나온다.

것 또한 이제 우리는 비슷하게 밝힐 수 있다.

같고도 닮은 직선 (도형) NH, SR이 있고, HG 대 GN이 RQ 대 QS라고 하자. 나는 주장한다. RQ는 HG와 같다.

만약 같지 않다면, 그것들 중 하나가 크다. RQ가 HG보다 크다고 하자. RQ 대 QS는 HG 대 GN이고, 교대로, RQ 대 HG는 QS 대 GN인데 RQ가 HG보다 크므로 QS가 GN보다 크다. 결국 RS도 HN보다 크게 된다. 한편 같기도 하다. 이것은 불가능하다. 그래서 RQ는 HG와 같지 않을 수 없다. 그래서 같다. 밝혀야 했던 바로 그것이다.]

명제 23

등각 평행사변형들은 서로에 대해, 그 변들(의 비율들)에서 (비롯한) 합성 비율을 가진다.[124]

각 ECG와 같은 BCD를 갖는 등각 평행사변형 AC, CF가 있다고 하자. 나는 주장한다. 평행사변형 AC는 평행사변형 CF에 대해 그 변들(의 비율들)에서 (비롯한) 합성 비율을 갖는다.

CG와 직선으로 있도록 BC가 놓인다고 하자. 그래서 DC도 CE와 직선으로 있다[I-14]. 평행사변형 DG가 마저 채워졌고, 직선 K가 제시되고, BC 대 CG는 K 대 L이요, DC 대 CE는 L 대 M이 되게 했다고 하자[VI-12].

124 정의 없이 '합성 비율'이라는 낱말이 나왔다. 제8권 명제 5도 마찬가지다. 뜻은 아래 증명에서 밝혀진다. 예를 들어 $a:b = e:f$가 있고 $c:d = f:g$가 있을 때, $a:b$와 $c:d$의 합성 비율은 $e:g$이다.

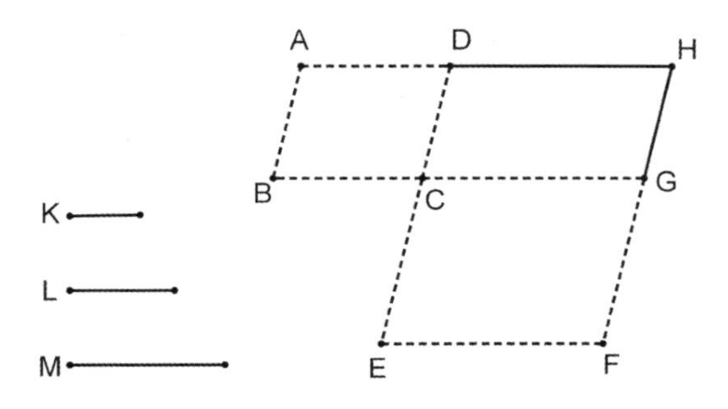

그래서 K 대 L과 L 대 M의 비율은 그 변들의 비율과 동일하다. (즉), BC 대 CG와 DC 대 CE(의 비율과 동일하다). 한편 K는 M에 대해 K 대 L의 (비율)과 L 대 M의 (비율)에서 (비롯하여) 합성되었다. 결국 K 대 M은 변들(의 비율들)에서 (비롯한) 합성 비율을 갖게 된다. 또한 BC 대 CG가 평행사변형 AC 대 CH인 한편[VI-1], BC 대 CG는 K 대 L이므로 K 대 L은 (평행사변형) AC 대 CH이다. 다시, DC 대 CE는 평행사변형 CH 대 CF인[VI-1] 한편, DC 대 CE는 L 대 M이므로 L 대 M은 평행사변형 CH 대 평행사변형 CF이다. K 대 L이 평행사변형 AC 대 평행사변형 CH인데 L 대 M이 평행사변형 CH 대 평행사변형 CF인 것은 이미 밝혔으므로, 같음에서 비롯해서, K 대 M은 (평행사변형) AC 대 평행사변형 CF이다[V-22]. 그런데 K는 M에 대해 변들(의 비율들)에서 (비롯한) 합성 비율을 가진다. 그래서 AC도 CF에 대해 변들(의 비율들)에서 (비롯한) 합성 비율을 가진다.

그래서 등각 평행사변형들은 서로에 대해, 그 변들(의 비율들)에서 (비롯한) 합성 비율을 갖는다. 밝혀야 했던 바로 그것이다.

명제 24

모든 평행사변형에 대하여, 지름 부근의 평행사변형들은 전체 (평행사변형)과 닮고 서로도 닮는다.

평행사변형 ABCD가 있다고 하자. 그것의 지름은 AC인데 그 AC 부근에 평행사변형 EG, HK가 있다고 하자. 나는 주장한다. 평행사변형 EG, HK 각각은 전체 평행사변형 ABCD와 닮고 서로도 닮는다.

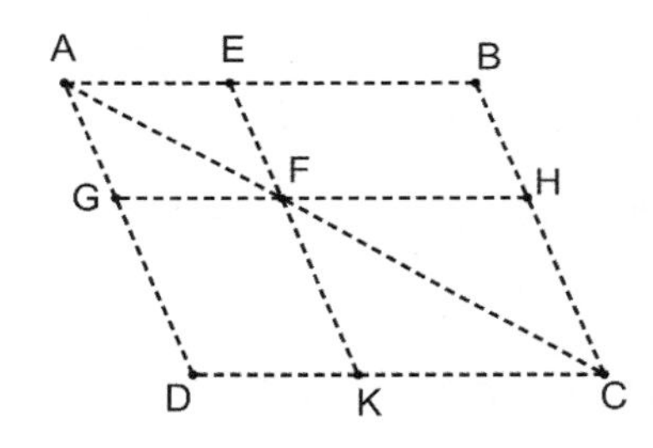

삼각형 ABC의 한 변 BC와 평행하게 직선 EF가 그어졌으므로, 비례로 BE 대 EA는 CF 대 FA이다[VI-2]. 다시, 삼각형 ACD의 한 변 CD와 평행하게 직선 FG가 그어졌으므로 비례로 CF 대 FA는 DG 대 GA이다[VI-2]. 한편 CF 대 FA는 BE 대 EA인 것은 밝혀졌다. 그래서 BE 대 EA가 DG 대 GA이고, 그래서 결합되어 BA 대 AE가 DA 대 AG이고[V-18], 또 교대로, BA 대 AD는 EA 대 AG이다[V-16]. 그래서 평행사변형 ABCD, EG에 대하여 공통 각 BAD 부근의 변들은 비례한다. 또 GF가 DC와 평행하므로, 각 AFG가 DCA와 같다[I-29]. 각 DAC는 두 삼각형 ADC, AGF의 공통 각이다. 그래서 삼각형 ADC는 삼각형 AGF와 등각이다[I-32]. 똑같은 이유로 삼각형 ACB도 삼각형 AFE와 등각이고, 전체 평행사변형 ABCD도 평행사변형 EG와 등각이다. 그래서 비례로 AD 대 DC는 AG 대 GF요, DC 대 CA는 GF 대 FA요, AC 대 CB는 AF 대 FE요, 게다가 CB 대 BA는 FE 대 EA이다[VI-4]. 또 DC 대 CA는 GF 대 FA요, AC 대 CB는 AF 대 FE인 것을 이미 밝혔으므로, 같음에서 비롯해서, DC 대 CB는 GF 대 FE이다[V-22]. 그래서 평행사변형 ABCD, EG에 대하여 같은 각들 부근의 변들은 비례한다. 그래서 평행사변형 ABCD가 평행사변형 EG와 닮는다[VI-def-1]. 똑같은 이유로, 평행사변형 ABCD는 평행사변형 KH와도 닮는다. 그래서 평행사변형 EG, HK 각각은 [평행사변형] ABCD와 닮는다. 그런데 동일한 직선 (도형)과 닮은 (직선 도형들은) 서로도 닮는다[VI-21]. 그래서 평행사변형 EG가 평행사변형 HK와 닮는다.

그래서 모든 평행사변형에 대하여, 지름 부근의 평행사변형들은 전체 (평행사변형)과 닮고 서로도 닮는다. 밝혀야 했던 바로 그것이다.

명제 25

주어진 직선 (도형)과 닮고, 다른 주어진 (직선 도형)과는 같은 (직선 도형)을 구성하기.

그것과 닮게 구성해야 하는 주어진 직선 (도형) ABC와, 그것과 같게 구성해야 하는 그 (직선 도형) D가 있다고 하자. 이제 ABC와는 닮은, D와는 같은 (직선 도형)을 구성해야 한다.

BC에 나란히, 삼각형 ABC와 같은 평행사변형 BE가 대어졌고[I-44], CE에 나란히, 각 CBL과 같은 각 FCE 안으로 D와 같은 평행사변형 CM이 대어졌다고 하자[I-45]. 그래서 BC는 CF와, LE는 EM과 직선으로 있다[I-14]. 또 BC, CF에 대하여 비례 중항 GH가 잡혔고 그 GH로부터 ABC와 닮고도 닮게 놓인 KGH도 그려 넣어졌다고 하자[VI-18].

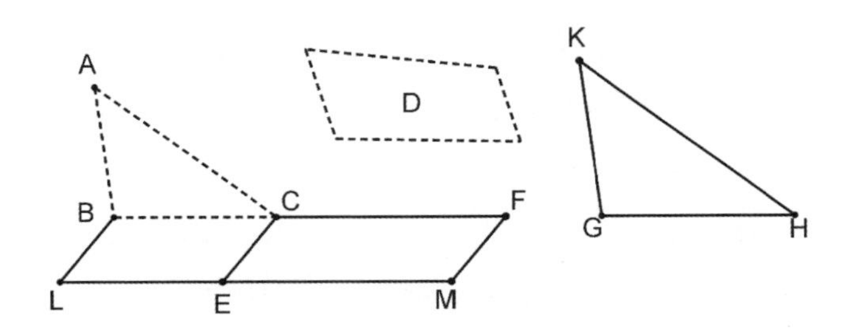

BC 대 GH가 GH 대 CF인데, 세 직선이 비례하면, 첫째 대 셋째는 첫째로부터 (그려 넣어진) 형태 대 둘째로부터 닮고도 닮게 그려 넣어진 (형태)이므로[VI-19 따름] BC 대 CF는 삼각형 ABC 대 삼각형 KGH이다. 한편 BC 대 CF는 평행사변형 BE 대 평행사변형 EF이기도 하다. 그래서 삼각형 ABC 대 삼각형 KGH는 평행사변형 BE 대 평행사변형 EF이다[VI-1]. 그래서 교대로, 삼각형 ABC 대 평행사변형 BE는 삼각형 KGH 대 평행사변형 EF이다[V-16]. 그런데 삼각형 ABC가 평행사변형 BE와 같다. 그래서 삼각형 KGH도 평행사변형 EF와 같다. 한편 평행사변형 EF는 D와 같다. 그래서 삼각형 KGH도 D와 같다. 그런데 KGH는 ABC와 닮기도 한다.

그래서 주어진 직선 (도형)과 닮고, 다른 주어진 (직선 도형)과는 같은 (직선 도형)을 구성했다. 해야 했던 바로 그것이다.

명제 26

평행사변형으로부터, 그 전체와 닮고도 닮게 놓이고 그 (전체)와 공통 각을 갖는 평행사

변형이 빠지면, (빠진 평행사변형은) 전체와 동일한 지름 부근에 있다.

평행사변형 ABCD로부터, ABCD와 닮고도 닮게 놓이고 그 (전체)와 공통 각 DAB를 갖는 (평행사변형) AF가 빠졌다고 하자. 나는 주장한다. ABCD는 AF와 동일한 지름 부근에 있다.

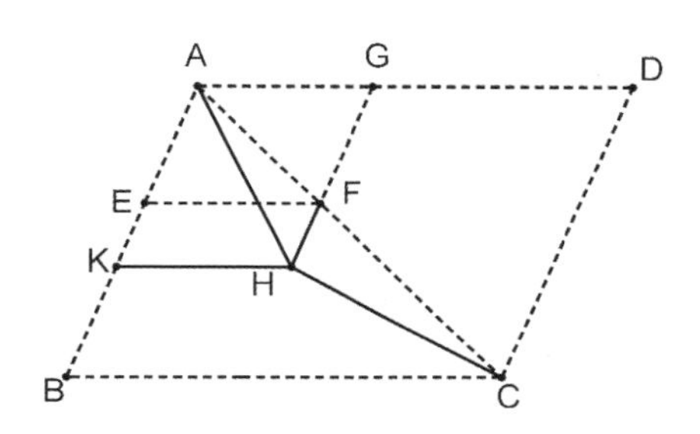

그렇지 않아서, 혹시 그럴 수 있다면, (평행사변형 ABCD의) 지름 AHC가 있다고 하자. GF가 연장되어 H까지 더 그어졌고, H를 통과하여 AD, BC 중 아무것과 평행한 HK가 그어졌다고 하자[I-31].

ABCD가 KG와 동일한 지름 부근에 있으므로 DA 대 AB는 GA 대 AK이다[VI-24]. 그런데 ABCD, EG의 닮음 때문에 DA 대 AB는 GA 대 AE이다. 그래서 GA 대 AK는 GA 대 AE이다. 그래서 GA는 AK, AE 각각에 대해 동일 비율을 갖는다. 그래서 AE가 AK와 같아서[V-9] 더 작은 것이 더 큰 것과 같다. 이것은 불가능하다. 그래서 ABCD가 AF와 동일한 지름 부근에 있지 않을 수 없다. 그래서 평행사변형 ABCD는 평행사변형 AF와 동일한 지름 부근에 있다.

그래서 평행사변형으로부터, 그 전체와 닮고도 닮게 놓이고 그 (전체)와 공통 각을 갖는 평행사변형이 빠지면 (빠진 평행사변형은) 전체와 동일한 지름 부근에 있다. 밝혀야 했던 바로 그것이다.

명제 27

동일 직선의 절반으로부터 그려 넣어진 것과 닮고도 닮게 놓인 평행사변형 형태만큼 부족하면서 그 (동일) 직선에 나란히 댄 모든 평행사변형들 중 가장 큰 것은, 부족분인 것과 닮게, 그 절반으로부터 나란히 댄 평행사변형이다.[125]

직선 AB가 있고, (그 직선이) C에서 이등분되었고[I-10], AB의 절반에서 그려 넣어진 평행사변형 형태인 DB만큼 부족한 평행사변형 AD가 직선 AB에 나란히 대어졌다고 하자. 나는 주장한다. DB와 닮고도 닮게 놓인 평행사변형 형태만큼 부족하고 AB에 나란히 댄 모든 평행사변형들 중 AD가 가장 크다. DB와 닮고도 닮게 놓인 평행사변형 형태만큼 부족한 평행사변

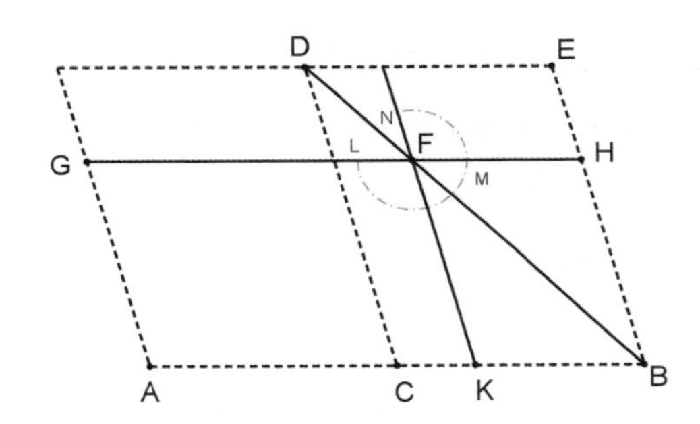

125 명제 27, 28, 29는 복잡하지만 여러모로 중요한 명제들이다. 명제 28은 제10권의 명제 33과 34에 쓰이고 그 정리들은 유클리드가 무리 직선들을 생성할 때 지렛대의 역할을 한다. 명제 29는 '극단과 중도인 비율'로 자르는 작도인 제6권 명제 30에 쓰이고 그 비율은 정다면체론에서 중요하다. 영어 번역 및 주석을 한 토머스 히스는 이 명제 27을 이차방정식의 판별식 문제로, 명제 28과 29를 이차방정식의 근의 공식으로 보고 더 나아가 원뿔 곡선문제로 확장해서 해석했다. 이 명제들을 대수학으로 해석한 관점이다. 실제로 1000년경 오마르 하이얌도 기술적으로 더 고급이지만 이 명제들의 정신을 계승하여 3차 방정식의 근 찾기 문제를 해결하고 그것이 데카르트까지 이어지면서 대수학의 발전에 기여하는 측면이 있다. 그러나 이런 관점은 지나치게 현대의 시각으로 과거를 해석하는 것이 아니냐는 비판도 있다.

형 AF가 직선 AB에 나란히 대어졌다고 하자. 나는 주장한다. AD가 AF보다 크다.

평행사변형 DB가 평행사변형 FB와 닮았으므로 동일한 지름 부근에 있다[VI-26]. 그 (평행사변형)들의 지름 DB가 그어졌고 그 도형이 마저 그려졌다고 하자.

CF가 FE와 같은데[I-43] FB는 공통이므로 전체 CH는 전체 KE와 같다. 한편 CH는 CG와 같다. AC가 CB와 같으니까 말이다[VI-1]. 그래서 GC가 EK와 같다. CF를 공히 보태자. 그래서 전체 AF가 그노몬 LMN과 같다. 결국 평행사변형 DB, 즉 AD가 평행사변형 AF보다 크다.

그래서 동일 직선의 절반으로부터 그려 넣어진 것과 닮고도 닮게 놓인 평행사변형 형태만큼 부족하면서 그 (동일) 직선에 나란히 댄 모든 평행사변형들 중 가장 큰 것은, 부족분인 것과 닮게 그 절반으로부터 나란히 댄 평행사변형이다. 밝혀야 했던 바로 그것이다.

명제 28

주어진 평행사변형과 닮은 (평행사변형) 형태만큼 부족하면서, 주어진 직선 (도형)과 같은 평행사변형을, 주어진 직선에 나란히 대기. [같게 대도록] 내놓은 그 직선 (도형)은 [(주어진 평행사변형과) 닮게 부족해야 하는] 그 부족분과 (주어진 직선의) 절반으로부터 닮게 그려 넣어진 (평행사변형)보다는 크지 않아야 한다.

주어진 직선 AB가 있고, AB에 나란히 댄 것과 같게 해야 하는 직선 (도형) C가 주어졌고, (그 C가) 그 부족분과 닮게 직선 AB의 절반으로부터 그려 넣어진 평행사변형보다 작다고 하고, 닮게 부족해야 하는 (평행사변형) D가 있다고 하자. 이제 D와 닮은 평행사변형 형태만큼 부족하면서, 주어진 직선 (도형) C와 같은 평행사변형을 주어진 직선 AB에 나란히 대야 한다.

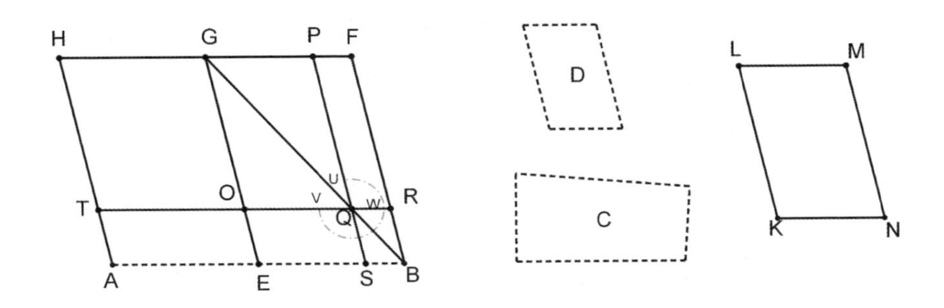

AB가 점 E에서 이등분되었고[I-10], EB로부터 D와 닮고도 닮게 놓인 EBFG가 그려 넣어졌고[VI-18], 평행사변형 AG가 마저 채워졌다고 하자.
만약 AG와 C가 같다면 해야 했던 것이 이미 된 것이다. D와 닮은 평행사변형 GB 형태만큼 부족하면서 주어진 직선 (도형) C와 같은 평행사변형 AG가 주어진 직선 AB에 나란히 대어졌으니까 말이다.
만약 그렇지 않다면 HE가 C보다 크다고 하자. 그런데 HE는 GB와 같다[VI-1]. 그래서 GB가 C보다 크다. 이제 GB가 C보다 큰, 그 초과분만큼과 같으면서 D와 닮고도 닮게 놓인 그런 (직선 도형) KLMN을 구성했다고 하자[VI-25]. 한편 D는 GB와 닮았다. 그래서 KM이 GB와 닮았다[VI-21]. KL은 GE와, LM은 GF와 상응한다고 하자. GB가 C, KM 들(의 합)과 같으므로 GB가 KM보다 크다. 그래서 GE는 KL보다, GF는 LM보다 크다. KL과 같게는 GO가, LM과 같게는 GP가 놓이고[I-3] 평행사변형 OGPQ가 마저 채워졌다고 하자. 그래서 [GQ는] KM과 같고도 닮는다. [한편 KM은 GB와 닮았다]. 그래서 GQ가 GB와 닮았다[VI-21]. 그래서 GQ와 GB는 동일한 지름 부근에 있다[VI-26]. 그 (평행사변형)들의 지름이 GQB라고 하고 그 도형을 마저 그렸다고 하자.

BG가 C, KM들(의 합)과 같은데 그들 중 GQ가 KM과 같으므로 남은 그노몬 UWV는 남은 C와 같다. 또한 PR이 OS와 같으니[I-43] QB를 공히 보태자. 그래서 전체 PB는 전체 OB와 같다. 한편 OB는 TE와 같다. 변 AE도 변 EB와 같으니까 말이다[VI-1]. 그래서 TE도 PB와 같다. OS를 공히 보태자. 그래서 전체 TS가 그노몬 VWU와 같다. 한편 그노몬 VWU가 C와 같다는 것은 밝혀졌다. 그래서 TS도 C와 같다.

그래서 [QB가 GQ와 닮았으니까[VI-24]] (주어진 평행사변형) D와 닮은 평행사변형 형태 QB만큼 부족하면서, 주어진 직선 (도형) C와 같은 평행사변형 ST를, 주어진 직선 AB에 나란히 댔다. 해야 했던 바로 그것이다.

명제 29

주어진 평행사변형과 닮은 (평행사변형) 형태만큼 초과하면서, 주어진 직선 (도형)과 같은 평행사변형을, 주어진 직선에 나란히 대기.

주어진 직선 AB가 있고, AB에 나란히 댄 것과 같게 해야 하는 직선 (도형) C가 주어졌고, 닮게 초과해야 하는 (평행사변형) D가 있다고 하자. D와 닮은 평행사변형 형태만큼 초과하면서, 주어진 직선 (도형) C와 같은 평행사변형을 주어진 직선 AB에 나란히 대야 한다.

AB가 점 E에서 이등분되었고[I-10] EB로부터 D와 닮고도 닮게 놓인 BF가 그려 넣어졌다고 하자[VI-18]. BF, C 들이 합쳐진 것과는 같고, D와는 닮고도 닮게 놓인 그런 (직선 도형) GH를 구성했다고 하자[VI-25]. KH는

FL과, KG는 FE와 상응한다고 하자. GH가 FB보다 크므로 KH는 FL보다, KG는 FE보다 크다. FL, FE가 연장되었고 KH와는 FLM이, KG와는 FEN이 같다고 하고[I-3] MN이 마저 채워졌다고 하자. 그래서 MN이 GH와 같고도 닮았다. 한편 GH는 EL과 닮았다. 그래서 MN은 EL과 닮았다[VI-21]. 그래서 EL은 MN과 동일한 지름 부근에 있다[VI-26]. 그것들의 지름 FO가 그어졌고 그 도형이 마저 그려졌다고 하자.

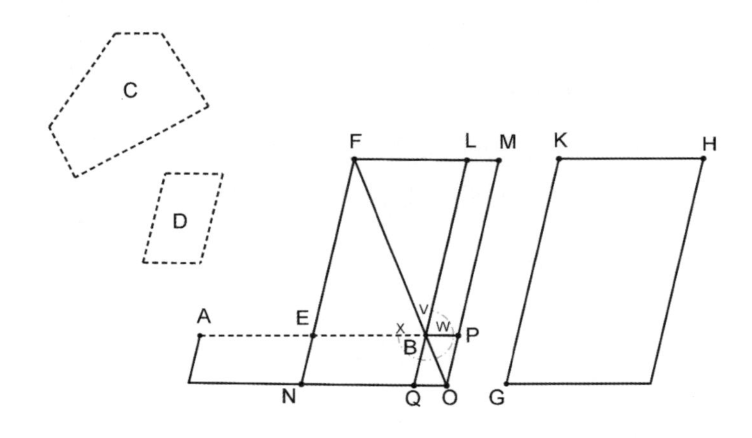

GH가 EL, C(의 합)과 같고, 한편 GH가 MN과 같으므로 MN도 EL, C(의 합)과 같다. EL을 공히 빼내자. 그래서 남은 그노몬 XWV가 C와 같다. 또 AE가 EB와 같으므로 AN도 NB와, 즉 LP와 같다[VI-1, I-43]. EO를 공히 보태자. 그래서 전체 AO는 그노몬 VWX와 같다. 한편 그노몬 VWX는 C와 같다. 그래서 AO도 C와 같다.

그래서 EL이 PQ와 닮았으므로, (주어진 평행사변형) D와 닮은 평행사변형 형태 QP만큼 초과하면서, 주어진 직선 (도형) C와 같은 평행사변형 AO를, 주어진 직선 AB에 나란히 댔다. 해야 했던 바로 그것이다.

명제 30

주어진 종료된 직선을 극단과 중항인 비율로 자르기.

주어진 종료된 AB가 있다고 하자. 이제 AB를 극단과 중항인 비율로 잘라야 한다.

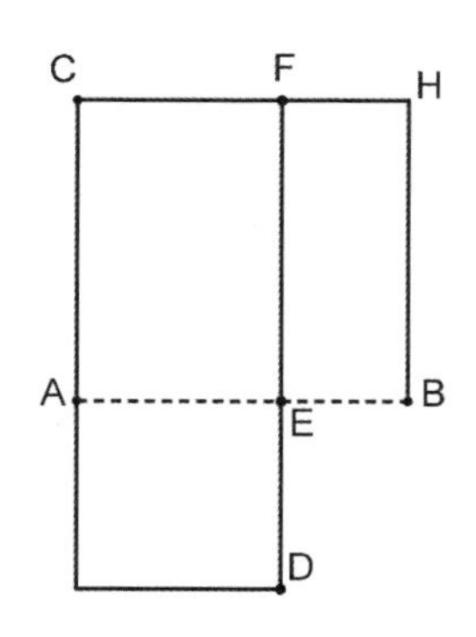

AB로부터 정사각형 BC가 그려 넣어졌고, BC와 닮은 AD만큼 초과하면서 BC와 같은 평행사변형 CD가 AC에 나란히 대어졌다고 하자[VI-29].

그런데 BC는 정사각형이다. 그래서 AD도 정사각형이다. BC가 CD와 같으므로 CE를 공히 빼내자. 그래서 남은 BF가 남은 AD와 같다. 그런데 그것과 등각이기도 하다. 그래서 BF, AD에 대하여 같은 각들 부근에서 변들은 역으로 비례한다[VI-14]. 그래서 FE 대 ED는 AE 대 EB이다. 그런데 FE는 AB와, ED는 AE와 같다. 그래서 BA 대 AE는 AE 대 EB이다. 그런데 AB는 AE보다 크다. 그래서 AE도 EB보다 크다[V-14].

그래서 직선 AB가 E에서 극단과 중항인 비율로 잘렸고, 그것의 더 큰 선분은 AE다. 해야 했던 바로 그것이다.

명제 31

직각 삼각형들에서는 직각을 마주 보는 변으로부터 (그려 넣어진) 형태는[126] 직각을 둘러싸는 변들로부터 닮고도 닮게 그려 넣어진 형태들(의 합)과 같다.

직각 BAC를 갖는 직각 삼각형 ABC가 있다고 하자. 나는 주장한다. BC로부터 (그려 넣어진) 형태는 BA, AC로부터 닮고도 닮게 그려 넣어진 형태들(의 합)과 같다.

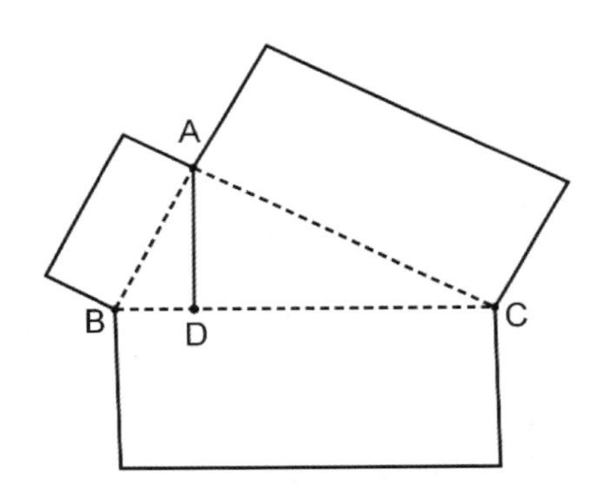

126 제1권 명제 47과 48의 피타고라스 정리는『원론』에서 두 가지 방식으로 일반화된다. 하나는 제2권 명제 12, 13에서 직각 삼각형이 아닌 둔각과 예각 삼각형일 때 그 변들에 올린 정사각형들을 비교하고 여기서는 직각 삼각형의 변들에 올리되 정사각형이 아니라 닮은 형태들이다. 이때 닮은 형태를 언급하면서 직선 도형이라고 하지 않았다(증명에서는 직선 도형을 전제하지만 말이다). 암묵적으로 원 같은 곡선 도형에 대해서도 성립할 것 같은 예감을 준다. 히포크라테스는 직각 이등변 삼각형 변들 위에 반원들을 올리면서 초승달 형태를 생성하고 초승달의 넓이가 다각형의 넓이와 같다는 것을 보였다고 전한다. 약 1,400년 후 이슬람 학자 알 하이담은 이등변이 아닌 직각 삼각형으로 히포크라테스의 결과를 일반화한다. 히포크라테스의 초승달에 대한 상세한 논의는 Knorr, W. 1986. *The Ancient Tradition of Geometric Problems*. pp. 30~40 참조.

수직선 AD가 그어졌다고 하자[I−12].

직각 삼각형 ABC 안에서 A에서의 직각으로부터 밑변 BC로 수직선 AD가 그어졌으므로 그 수직선에 댄 삼각형 ABD, ADC는 전체 ABC와도 닮고 서로도 닮는다[VI−8]. 또한 ABC는 ABD와 닮았으므로 CB 대 BA는 AB 대 BD이다[VI−def−1]. 또 세 직선이 비례하면, 첫째 대 셋째는 첫째로부터 (그려 넣어진) 형태 대 둘째로부터 닮고도 닮게 그려 넣어진 (형태)이다[VI−19 따름]. 그래서 CB 대 BD는 CB로부터 (그려 넣어진) 형태 대 BA로부터 닮고도 닮게 그려 넣어진 (형태)이다. 똑같은 이유로 BC 대 CD는 BC로부터 (그려 넣어진) 형태 대 CA로부터 (그려 넣어진 형태)이다.[127] 결국 BC 대 BD, CD 들(의 합)은 BC로부터 (그려 넣어진) 형태 대 BA, AC로부터 닮고도 닮게 그려 넣어진 (형태)들(의 합)이다. 그런데 BC는 BD, DC 들(의 합)과 같다. 그래서 BC로부터 (그려 넣어진) 형태는 BA, AC로부터 닮고도 닮게 그려 넣어진 (형태)들(의 합)과 같다.

그래서 직각 삼각형들에서는 직각을 마주 보는 변으로부터 (그려 넣어진) 형태는 직각을 둘러싸는 변들로부터 닮고도 닮게 그려 넣어진 형태들(의 합)과 같다.

명제 32

두 변과 비례하는 두 변을 갖는 두 삼각형이, 그 (삼각형)들의 상응하는 변들이 평행하도

127 이 문장부터 이 증명의 끝 부분은 문장마다 증명이 생략되며 성급하게 마무리된다. 제5권의 명제 24, 명제 9 등을 참조하여 증명을 완료할 수 있다.

록 각 하나에 (붙여) 함께 놓이면, 그 삼각형들의 남은 변들은 직선으로 있을 것이다.

두 변 DC, DE와 비례하는 두 변 BA, AC를 갖는, (즉) AB 대 AC가 DC 대 DE인 두 삼각형 ABC, DCE가 AB는 DC와, AC는 DE와 평행하다고 하자. 나는 주장한다. BC는 CE와 직선으로 있다.

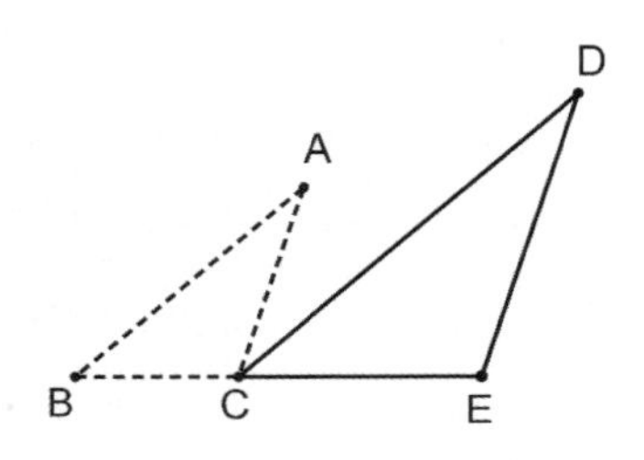

AB가 DC와 평행하고, 그것들을 가로질러 직선 AC가 떨어지므로 엇각 BAC, ACD는 서로 같다[I-29]. 똑같은 이유로 CDE는 ACD와 같다. 결국 BAC는 CDE와 같게 된다. 또 두 삼각형 ABC, DCE가 D에서의 한 각과 같은, A에서의 한 각을 가지는데 같은 각 부근에서 비례하는 변들을 가지므로, (즉) BA 대 AC는 CD 대 DE이므로 삼각형 ABC는 삼각형 DCE와 등각이다[VI-6]. 그래서 각 ABC는 DCE와 같다. 그런데 각 ACD가 BAC와 같다는 것도 밝혀졌다. 그래서 전체 ACE는 두 ABC, BAC(의 합)과 같다. ACB를 공히 보태자. 그래서 ACE, ACB 들(의 합)은 BAC, ACB, CBA 들(의 합)과 같다. 한편 BAC, ABC, ACB 들(의 합)은 두 직각(의 합)과 같다[I-32]. 그래서 ACE, ACB 들(의 합)도 두 직각(의 합)과 같다. 이제 어떤 직선 AC에 대고 그 직선에서의 점 C에 대고서, 동일한 쪽에 놓이지 않은 두 직선 BC, CE가 이웃 각 ACE, ACB 들(의 합)을 두 직각(의 합)과 같게 만든다. 그래서 BC가 CE와 직선으로 있다[I-43].

그래서 두 변과 비례하는 두 변을 갖는 두 삼각형이, 그 (삼각형)들의 상응하는 변들이 평행하도록, 각 하나에 붙여 함께 놓이면 그 삼각형들의 남은 변들은 직선으로 있을 것이다. 밝혀야 했던 바로 그것이다.

명제 33

같은 원들 안에서, 각들은 (그 각들이) 서 있는 둘레들과 동일 비율을 가진다. 중심에 섰든 둘레에 섰든 (말이다).

같은 원 ABC, DEF가 있고 그 중심 G, H에는 각 BGC, EHF가, 둘레에는 BAC, EDF가 있다고 하자. 나는 주장한다. 둘레 BC 대 둘레 EF는 각 BGC 대 EHF일 뿐만 아니라 각 BAC 대 EDF이다.

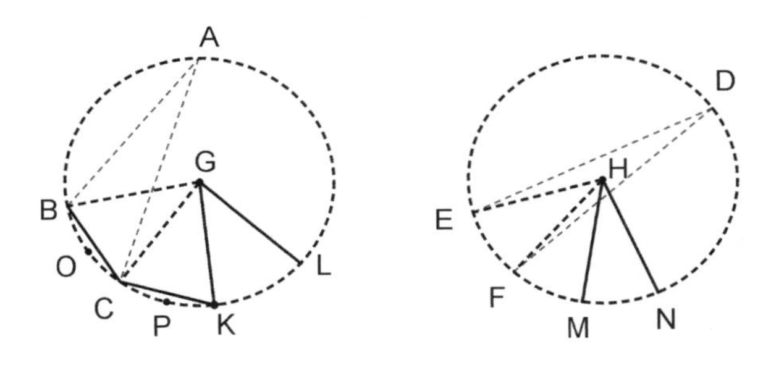

둘레 BC와 같게는 CK, KL이 몇 개이든 이웃해 놓이고, 둘레 EF와 같게는 FM, KN이 몇 개이든 놓인다고 하자. GK, GL, HM, HN이 이어졌다고 하자. 둘레 BC, CK, KL이 서로 같으므로 BGC, CGK, KGL도 서로 같다[III-27]. 그래서 둘레 BL이 둘레 BC의 몇 곱절이든 각 BGL도 BGC에 대하여 그만

큼의 곱절이다. 똑같은 이유로 둘레 NE가 둘레 EF의 몇 곱절이든 각 NHE 도 EHF에 대하여 그만큼의 곱절이다. 그래서 만약 둘레 BL이 둘레 EN과 같다면 각 BGL도 EHN과 같고, 둘레 BL이 둘레 EN보다 크면 각 BGL도 EHN보다 크고, 작으면 작다. 존재하는 네 크기, (즉) 두 둘레 BC, EF와 두 각 BGC, EHF에 대하여 둘레 BC와 각 BGC에 대해서는 같은 곱절인 둘레 BL과 각 BGL이, 둘레 EF와 각 EHF에 대해서는 (임의로 다르게 같은 곱절인) 둘레 EN과 각 EHN이 잡혔다. 또 둘레 BL이 둘레 EN을 초과한다면 각 BGL도 각 EHN을 초과하고, 같으면 같고, 작으면 작다는 것은 밝혀졌다. 그래서 둘레 BC 대 EF는 각 BGC 대 EHF이다[V-def-5]. 한편 각 BGC 대 EHF는 BAC 대 EDF이다[V-15]. 각각이 각각의 두 배이니까 말이다[III-20]. 그래서 둘레 BC 대 둘레 EF는 각 BGC 대 EHF일 뿐만 아니라 BAC 대 EDF이다.

그래서 같은 원들 안에서, 각들은 (그 각들이) 서 있는 둘레들과 동일 비율을 가진다. 중심에 섰든 둘레에 섰든 (말이다). 밝혀야 했던 바로 그것이다.

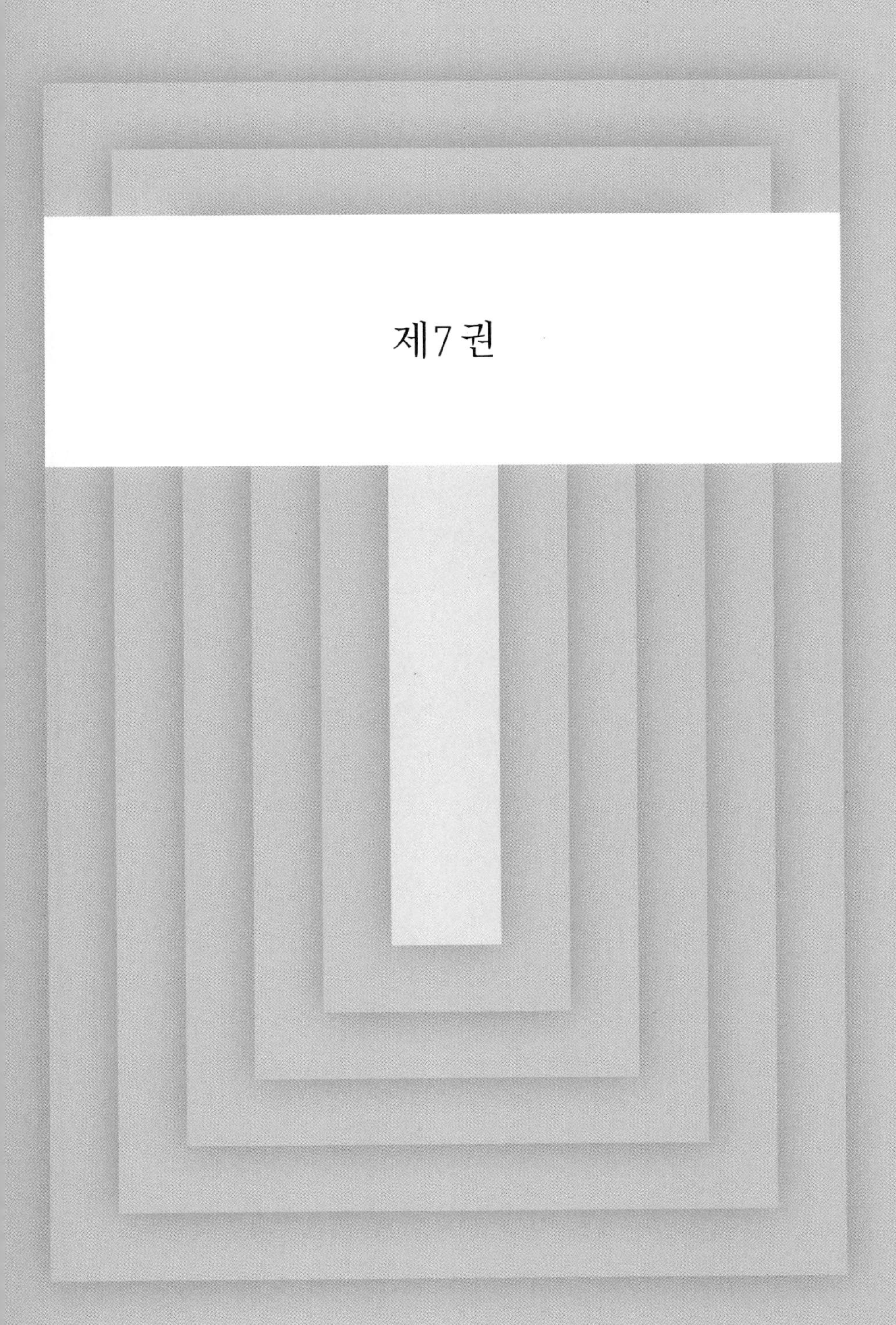

제7권

정의

1. **단위**란 존재하는 것들 각각이 그것에 따라 하나라고 말해지는 그런 것이다.

2. **수**는 단위들이 결합된 여럿이다.

3. (작은 수가) 큰 수를 잴 때,[128] 작은 수는 큰 수의 **몫**이다.

4. 못 잴 때는, (작은 수는 큰 수의) **'몫들'**[129]이다.

5. (큰 수가) 작은 수로 재어질 때는, 큰 수는 작은 수의 **곱절**이다.

6. **짝수**란 이등분이 되는 수이다.

∴

128 제5권의 정의 1에 나온 καταμετρέω이다. 유클리드는 '재다'라는 행위가 무엇인지 언급하지 않았다. 유클리드는 자연수의 모델로 선분을 제시한다. 그래서 나누다 대신 재다라는 동사를 쓴 것으로 보인다. 예를 들어 2라는 자연수 선분은 세 번 반복해서 6을 완전히 잰다.

129 (1) 정의 2에 있고 정의 13에서 유추할 수 있듯, 『원론』에서 말하는 '수'란 현대 언어로 표현할 때 '2 이상인 자연수'이다. 그러나 그 구분이 항상 명확하지는 않다. (2) 수와 수는 몫과 곱절의 관계이거나 아니다. 그중 몫과 곱절의 관계가 아닌 것이 '몫들'이다. 이 정의는 제7권 명제 4에서 뜻이 분명해진다. 미리 요약하면 다음과 같다. 수 A가 수 B의 몫은 아니어서 수 A 자체가 B를 재지는 못하지만, A의 몫인 a가 B를 잰다고 하자. 그렇다면 A는 B를 재는 여러 몫 a들로 구성된다. 예를 들어 6과 9를 보면 6 자체는 9를 못 재지만 6의 몫인 3이 세 번 모여 9를 잰다. 현대의 수식으로 쓰면 다음과 같다. $A<B$인 A, B에 대하여 $mB=nA$인 1 아닌 자연수 m, n이 있으면 A는 B의 몫들이다. 이 낱말 '몫들'을 직역하되, 고유명사에 가까운 특수 용어라고 보고 따옴표를 쳐서 '몫들'로 표기한다. 따옴표가 없이 몫들로 썼을 때는 가능한 여러 몫을 뜻한다. 예를 들어 2, 3은 6의 몫들이고 6은 9의 '몫들'이다.

7. **홀수**는 반으로 나눠지 않는 수, 또는 짝수와 단위만큼 달리하는 수이다.

8. **짝짝수**란 짝수 번 짝수로 재어지는 수이다.

9. **짝홀수**는 홀수 번 짝수로 재어지는 수이다.[130]

10. **홀홀수**는 홀수 번 홀수로 재어지는 수이다.

11. **소수**란 단위로만 재어지는 수이다.[131]

12. **서로 소인 수들**이란 공통 척도로써 단위로만 재어지는 수들이다.

13. **합성수**란 어떤 수로 재어지는 수이다.

14. **서로 합성인 수들**은 공통 척도로써 어떤 수로 재어지는 수들이다.

15. 단위들이 (곱하는 수) 안에 있는 그만큼 곱해지는 수가 함께 놓일 때 그

130 정의 9와 정의 10 사이에 홀짝수의 정의가 있는 판본도 있지만 헤이베르는 원본이 아니고 훗날 추가된 것으로 보았다.

131 유클리드의 자연수 세계에서는 어떤 수의 몫에 그 자신은 포함하지 않는다. 제7권 정의 3에서 '작은 수가 큰 수를 잴 때' 작은 수를 몫이라고 했으니까 말이다. 예를 들어 6의 몫은 1, 2, 3이지 6 자체는 6의 몫이 아니다. 그래서 소수를 정의할 때도 1로만 재어지는 수라고 정의했다. 그러나 제7권 명제 2에서 '수 CD가 그 자신을 잰다'라고 하고 제9권 명제 12의 증명 마지막 부분과 그 이후 몇몇 명제에서 '소수는 그 자신으로 재어진다'라는 말도 나온다.

리고 (그렇게 해서) 무엇이 생성될 때, **수가 수를 곱한다**고 말한다.[132]

16. 서로를 곱하는 두 수가 무엇을 만들 때 (곱해서) 생성된 그 수는 **평면수**라고 불리고 서로를 곱하는 수들은 그 (평면수)의 **변들**이(라고 불린)다.

17. 서로를 곱하는 세 수가 무엇을 만들 때 (곱해서) 생성된 그 수는 **입체수**이고, 서로를 곱하는 수들은 그 (입체수)의 **변들**이다.

18. **정사각수**란 같은 것을 같은 만큼 (곱한 수)이다. 또는 같은 두 수로 둘러싸인[133] (평면수)이다.

19. **정육면수**는 같은 것을 같은 만큼의 같은 만큼으로 (곱한 수)이다. 또 같은 세 수로 둘러싸인 (입체수)이다.

20. 첫째 수가 둘째 수에 대해 그리고 셋째 수가 넷째 수에 대해 같은 만

132 (1) 유클리드는 수를 직선으로 보는 직선 모델을 채택했다. 따라서 '더한다'라고 하지 않고 '함께 놓는다'라는 용어를 쓴다. (2) 본 번역에서는 '3이 2를 곱하여 무엇을 생성한다'는 사실을 2+2+2로 해석한다. 다만 3+3으로 해석할 수도 있다. 무엇을 곱하는 수, 무엇을 곱해지는 수로 볼 것인가에 따라 다르다. 따라서 이 두 해석의 결과가 차이가 있느냐 없느냐는 유클리드 자연수론의 근본적인 문제이다. (3) 유클리드는 자연수를 선분으로 본다. 즉, 2 곱하기 3은 2를 세 번 반복한 선분이지 2열 3행으로 조약돌을 놓는 모델이 아니다. 이 '조약돌 모델'에서는 교환 법칙이 거의 자명하지만 유클리드의 '선분 모델'에서는 3 곱하기 2와 2 곱하기 3이 같은지 다른지, 따져봐야 할 문제이다. 이 문제는 명제 16에서 밝혀진다.

133 제1권 정의 22에서 정사각형은 직각이고 등변이라고 정의했고 제2권 정의 1에서는 직각인 두 직선으로 둘러싸이는 도형을 직각 평행사변형이라고 했다. 정사각수의 정의의 두 번째 부분은 제2권의 정의를 따르되 두 직선 대신 '같은 두 직선'으로 바뀌었다.

큼의 곱절이거나 동일한 몫이거나 동일한 '몫들'일 때, **수들은 비례**한다.[134]

21. **닮은 평면수들**과 **닮은 입체수들**이란 비례하는 변들을 갖는 수이다.

22. **완전수**란 그 자신의 몫들(의 합)과 같은 수이다.

명제 1

제시된 같지 않은 두 수에 대하여 큰 수에서 작은 수를 매번 '연속 빼내기'하여,[135] 단위가 남을 때까지 나머지가 그 자신의 앞 수를 결코 재지 못하면 원래의 두 수는 서로 소일 것이다.

134 연속인 크기의 비례를 정의하는 제5권의 정의 5와 비교하라. 명제 4의 증명이 완료된 후에 비로소 이 정의도 분명해진다. 현대의 기호를 써서 요약하면 다음과 같다. A, B, C, D는 수이고 m, n은 횟수일 때 (1) A $=n$B이고 C $=n$D일 때 (2) mA $=$ B이고 mC $=$ D일 때 (3) mA $=n$B이고 mC $=n$D일 때 A:B $=$ C:D이다.

135 (1) 원문은 ἀνθυφαιρέω에서 왔다. 특수 용어이다. 원문의 음을 빌려 흔히 anthypharesis라고 부른다. 본 번역은 음역하지 않고 뜻에 기반에서 번역하는 대신 따옴표를 쳐서 특수 용어임을 강조했다. 더 상세하게 번역하자면 '연속 상호 빼내기'라고 할 수 있고 그래서 유클리드 '호제법(*互除法*)'이라고 불린다. (2) 명제 1은 수가 서로 소 관계인지 아닌지를 판단하고 결국 최대공약수를 찾게 하는 방법인데 알고리듬을 제시했다는 점을 주목해야 한다. 컴퓨터 과학자 도널드 크누스(Donald Knuth)는 이 방법을 알고리듬의 조상이라고 불렀다. 현대에는 소인수 분해 후 최대공약수를 찾지만 사실 소인수 분해 방법은 알고리듬의 관점에서 '연속 빼내기' 알고리듬에 비해 열등하다. (3) '연속 빼내기'는 제10권 명제 2에서도 나오는데 거기서는 연속인 두 크기를 비교하며 공약 관계인지 비공약 관계인지를 판단하는 데에 쓰인다.

[같지 않은] 두 수 AB, CD 중 큰 수에서 작은 수를 매번 '연속 빼내기'하여, 단위가 남을 때까지 나머지가 그 자신의 앞 수를 결코 재지 못하였다고 하자. 나는 주장한다. AB, CD는 서로 소이다. 즉, 단위만이 AB, CD를 잰다.

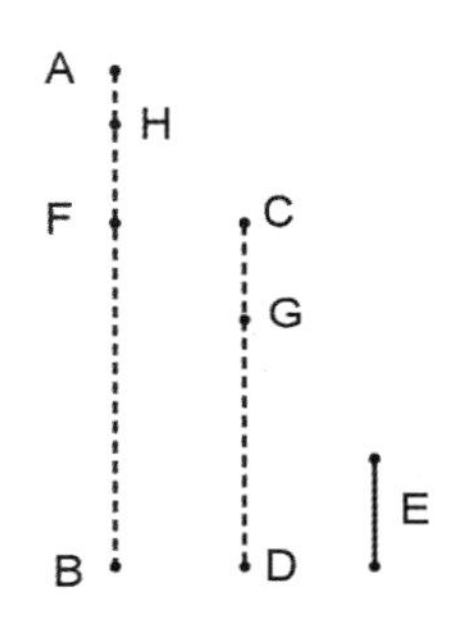

만약 AB, CD가 서로 소가 아니라면 어떤 수가 그것들을 잴 것이다. 잰다고 하고 그것이 E라고 하자. CD는 BF를 재고서 그 자신보다 작은 FA를 남기고, AF는 DG를 재고서 그 자신보다 작은 GC를 남기는데, GC는 FH를 재면서 단위 HA를 남긴다고 하자.

E가 CD를 재는데 CD는 BF를 재므로 E는 BF도 잰다. 그런데 전체 BA를 재기도 한다. 그래서 남은 AF도 잴 것이다. 그런데 AF는 DG를 잰다. 그래서 E는 DG를 잰다. 그런데 전체 DC도 잰다. 그래서 남은 CG도 잰다. 그런데 CG는 FH를 잰다. 그래서 E가 FH를 재기도 한다. 그런데 전체 FA도 잰다. 그래서 남은 단위 AH도 잴 것이다. (E가) 수이면서 말이다. 이것은 불가능하다. 그래서 어떤 수가 AB, CD를 재지 못한다. 그래서 서로 소이다. 밝혀야 했던 바로 그것이다.

명제 2

서로 소가 아닌 주어진 두 수에 대하여 그 수들의 최대 공통 척도를 찾아내기.

서로 소가 아닌 주어진 두 수 AB, CD가 있다고 하자. 이제 AB, CD의 최대 공통 척도를 찾아내야 한다.

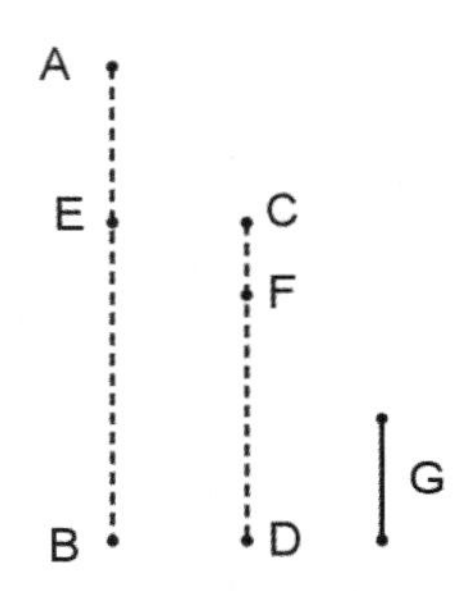

만약 CD가 AB를 잰다고 하면 그 자신도 재니까 CD는 CD, AB의 공통 척도이다. 최대라는 것도 분명하다. CD보다 큰 수가 CD를 재지는 않을 테니까 말이다.

그런데 CD가 AB를 못 잰다면 AB, CD에 대하여 큰 수에서 작은 수를 매번 '연속빼내기' 하다가, 그 자신의 앞 수를 잴 어떤 수가 남을 것이다. 단위가 남을 수는 없다. 단위가 남는다면 AB, CD가 서로 소일 텐데[VII-1] 그렇지 않다고 가정했으니 말이다. 그래서 그 자신의 앞 수를 재는 어떤 수가 남을 것이다. CD는 BE를 재면서 그 자신보다 작은 EA를 남기고, EA는 DF를 재면서 그 자신보다 작은 FC를 남기는데, CF가 AE를 잰다고 하자. (그래서) CF가 AE를 재는데 AE는 DF를 재므로 CF가 DF를 잴 것이다. 그런데 그 자신도 잰다. 그래서 전체 CD를 잴 것이다. 그런데 CD는 BE를 잰다. 그래서 CF는 BE를 잰다. 그런데 EA도 잰다. 그래서 전체 BA도 잴 것이다. 그런데 CD도 잰다. 그래서 CF는 AB, CD를 잰다. 그래서 CF는 AB, CD의 공통 척도이다.

이제 나는 주장한다. 최대 (공통 척도)이기도 하다. CF가 AB, CD의 최대 공통 척도가 아니라면 CF보다 큰 어떤 수가 AB, CD를 잴 것이다. (그 어떤 수가 AB, CD를) 잰다고 하고 (그 수를) G라 하자. G가 CD를 재는데 CD는 BE를 재므로 G는 BE를 잰다. 그런데 전체 BA를 재기도 한다. 그래서 남은 AE를 잴 것이다. 그런데 AE는 DF를 잰다. 그래서 G가 DF도 잴 것이다. 그런데 (G는) 전체 DC도 잰다. 그래서 남은 CF를 잴 것이다. (즉), 큰 수가 작은 수를 잰다. 이것은 불가능하다. 그래서 CF보다 큰 어떤 수가 AB, CD를 잴 수는 없을 것이다. 그래서 CF가 AB, CD의 최대 공통 척도이다. [밝혀야 했던 바로 그것이다.]

따름. 이로부터 이제 명확하다. (어떤) 수가 두 수를 잰다면, (그 어떤 수는) 그 두 수의 최대 공통 척도도 잴 것이다. 밝혀야 했던 그것이다.

명제 3

서로 소가 아닌 주어진 세 수에 대하여 그것들의 최대 공통 척도를 찾아내기.

서로 소가 아닌 주어진 세 수 A, B, C가 있다고 하자. 이제 A, B, C의 최대 공통 척도를 찾아내야 한다.

두 수 A, B의 최대 공통 척도 D가 잡혔다고 하자[VII-2]. 이제 D가 C를 재거나 못 잴 것이다. 먼저 잰다고 하자. 그런데 (D는) A, B도 잰다. 그래서 D가 A, B, C를 잰다. 그래서 D는 A, B, C의 공통 척도이다. 이제 나는 주

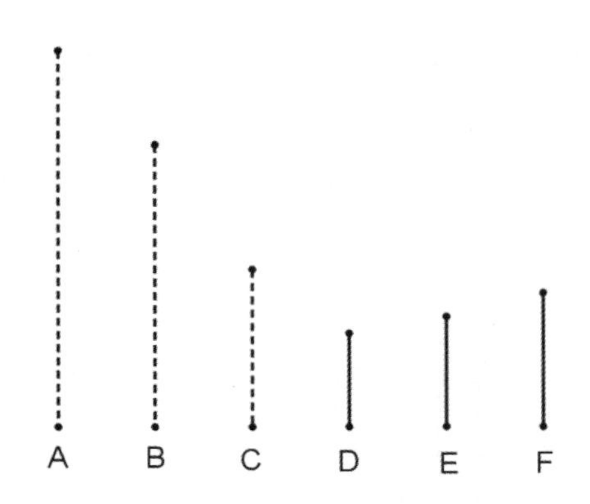

장한다. 최대 (공통 척도)이기도 하다.

D가 A, B, C의 최대 공통 척도가 아니라면 D보다 큰 어떤 수가 A, B, C를 잴 것이다. 잰다고 하고 E라 하자. E가 A, B, C를 재므로 A, B도 잴 것이다. 그래서 A, B의 최대 공통 척도를 잴 것이다[VII−2 따름]. 그런데 A, B의 최대 공통 척도는 D이다. 그래서 E가 D를 잴 것이다. (즉), 큰 수가 작은 수를 잰다. 이것은 불가능하다. 그래서 D보다 큰 어떤 수가 A, B, C를 잴 수는 없을 것이다. 그래서 D가 A, B, C의 최대 공통 척도이다.

이제 D가 C를 못 잰다고 하자. 먼저 나는 주장한다. C, D는 서로 소가 아니다.

A, B, C가 서로 소가 아니므로 어떤 수가 그것들을 잴 것이다. 이제 A, B, C를 재는 수는 A, B도 잴 것이고, (그 수는) A, B의 최대 공통 척도인 D도 잴 것이다[VII−2 따름]. 그런데 C를 재기도 한다. 그래서 D, C를 어떤 수가 잴 것이다. 그래서 D, C는 서로 소가 아니다. 그것들의 최대 공통 척도 E가 잡혔다고 하자[VII−2]. E는 D를 재는데 D는 A, B를 재므로 E도 A, B를 잴 것이다. 그런데 C도 잰다. 그래서 E는 A, B, C를 잰다. 그래서 E는 A, B,

C의 공통 척도이다.

이제 나는 주장한다. 최대 (공통 척도)이기도 하다.

E가 A, B, C의 최대 공통 척도가 아니라면, E보다 큰 어떤 수가 A, B, C를 잴 것이다. 잰다고 하고 F라 하자. F가 A, B, C를 재므로 A, B도 잴 것이다. 그래서 A, B의 최대 공통 척도를 잴 것이다[VII-2 따름]. 그런데 A, B의 최대 공통 척도는 D이다. 그래서 F가 D를 잰다. 그런데 (F는) C도 잰다. 그래서 F가 D, C를 잰다. 그래서 D, C의 최대 공통 척도를 잴 것이다[VII-2 따름]. 그런데 D, C의 최대 공통 척도는 E이다. 그래서 F가 E를 잰다. (즉), 큰 수가 작은 수를 잰다. 이것은 불가능하다. 그래서 E보다 큰 어떤 수가 A, B, C를 잴 수는 없을 것이다. 그래서 E가 A, B, C의 최대 공통 척도이다. 밝혀야 했던 바로 그것이다.

명제 4

어느 작은 수는 어느 큰 수의 몫이거나 '몫들'이다.

두 수 A, BC가 있고 BC가 작다고 하자. 나는 주장한다. BC는 A의 몫이거나 '몫들'이다.

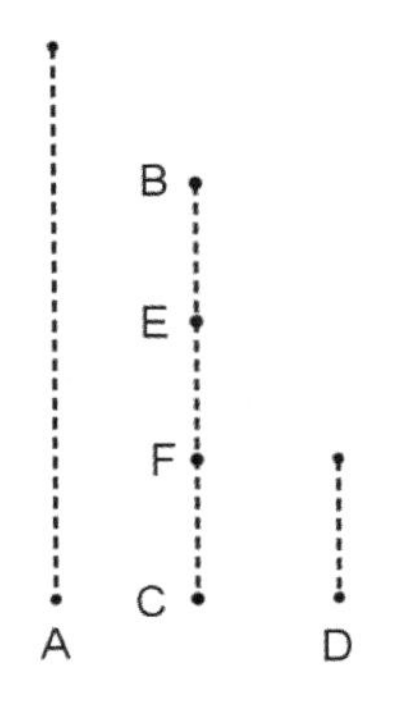

A, BC는 서로 소이거나 아닐 것이다. 먼저 서로 소라고 하자. 이제 BC가 그 안에 있는 단위들로 분리되면서 BC 안에 있는 단위 각각이 A의 어떤 몫이다. 결국 BC는 A의 '몫들'이게 된다.

이제 A, BC가 서로 소가 아니라고 하자. BC는 A를 재거나 못 잰다. BC가 A를 잰다면 BC는 A의 몫이다. 재지 못한다면 A, BC의 최대 공통 척도 D가 잡혔고[VII−2], BC가 D와 같은 BE, EF, FC로 분리되었다고 하자. D가 A를 재므로 D는 A의 몫이다. 그런데 D는 BE, EF, FC 각각과 같다. 그래서 BE, EF, FC 각각은 A의 몫이다. 결국 BC는 A의 '몫들'이게 된다.

그래서 어느 작은 수는 어느 큰 수의 몫이거나 '몫들'이다. 밝혀야 했던 바로 그것이다.

명제 5

수가 수의 몫이면, 또 다른 수가 다른 수의 동일한 몫이면, 수 하나가 (다른 수) 하나의 (몫인) 바로 그만큼, (앞의 두 수)가 함께 합쳐진[136] 것도 (뒤의 두 수)가 함께 합쳐진 것의 동일한 몫이다.

수 A가 수 BC의 몫이라고 하고, A가 BC의 (몫인) 바로 그만큼, 다른 수 D가 다른 수 EF의 동일한 몫이라고 하자. 나는 주장한다. A가 BC의 (몫인)

136 이 낱말의 원문 συναμφότεροι는 '떨어져 있는 것들을 함께 붙여 놓은'이라는 뜻이 있다. 유클리드에게 자연수는 단위 직선으로 분할되는 직선이기 때문에 현대에 2+3은 단위 길이 두 개로 분할되는 직선과 단위 길이 세 개로 분할되는 직선을 한 직선으로 함께 붙여 놓다가 된다. 명제 5에서는 이 낱말을 명제에만 쓰고 증명에 안 썼는데 명제 6에서는 명제와 증명 모두에서 이 낱말을 반복한다.

바로 그만큼 A, D가 함께 합쳐진 것은 BC, EF가 함께 합쳐진 것의 동일한 몫이다.

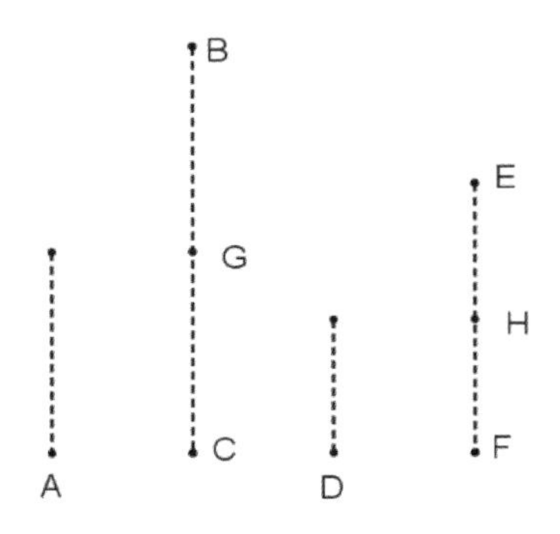

A가 BC의 몫이고 D도 EF의 동일한 몫이므로, BC 안에 A와 같은 수들이 있는 만큼, EF 안에도 D와 같은 수들이 있다. BC는 A와 같은 BG, GC로, EF는 D와 같은 EH, HF로 분리되었다고 하자. 이제 BG, GC의 개수가 EH, HF의 개수와 같을 것이다. 또 BG는 A와, EH는 D와 같으므로 BG, EH 들(의 합)은 A, D 들(의 합)과 같다. 똑같은 이유로 GC, HF 들(의 합)도 A, D 들(의 합)과 같다. 그래서 BC 안에 A와 같은 수들이 있는 만큼 BC, EF 들(의 합) 안에 A, D 들(의 합)과 같은 수들이 있다. 그래서 BC가 A의 몇 곱절이든 BC, EF가 함께 합쳐진 것도 A, D가 함께 합쳐진 것의 그만큼의 곱절이다. 그래서 A가 BC의 어떤 몫이든 A, D가 함께 합쳐진 것도 BC, EF가 함께 합쳐진 것의 동일한 몫이다. 밝혀야 했던 바로 그것이다.

명제 6

수가 수의 '몫들'이면, 그리고 다른 수가 또 다른 수의 동일한 '몫들'이면, 수 하나가 (다른 수) 하나의 ('몫들'인) 바로 그만큼, (앞의 두 수)가 함께 합쳐진 것도 (뒤의 두 수)가 함께 합쳐진 것의 동일한 '몫들'일 것이다.

수 AB가 수 C의 '몫들'이라고 하고, AB가 C의 ('몫들'인) 바로 그만큼, 다른 수 DE가 다른 수 F의 동일한 '몫들'이라고 하자. 나는 주장한다. AB가 C의 ('몫들'인) 바로 그만큼, AB, DE가 함께 합쳐진 것은 C, F가 함께 합쳐진 것의 동일한 '몫들'이다.

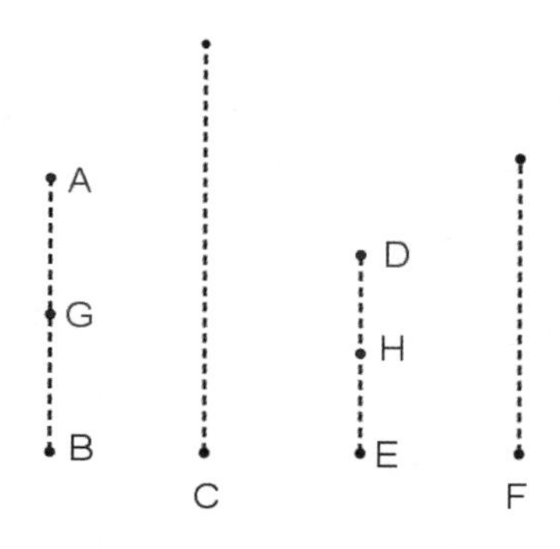

AB가 C의 '몫들'이고 DE도 F의 동일한 '몫들'이므로, AB 안에 C의 몫들이 있는 만큼, DE 안에 F의 몫들이 있다. AB는 C의 몫들로 (즉) AG, GB로, DE는 F의 몫들로, (즉) DH, HE로 분리되었다고 하자. AG, GB의 개수는 DH, HE의 개수와 같을 것이다. 또한 AG가 C의 어떤 몫이든 DH도 F의 동일한 몫이므로 AG가 C의 어떤 몫이든 AG, DH가 함께 합쳐진 것도 C, F가 함께 합쳐진 것의 동일한 몫이다[VII-5]. 똑같은 이유로 GB가 C의 어떤 몫이든 GB, HE가 함께 합쳐진 것도 C, F가 함께 합쳐진 것의 동일한 몫이다. 그래서 AB가 C의 어떤 '몫들'이든 AB, DE가 함께 합쳐진 것도 C, F가 함께 합쳐진 것의 동일한 '몫들'이다. 밝혀야 했던 바로 그것이다.

명제 7

뺌수가 뺌수의 (몫인) 바로 그만큼 (전체) 수가 (전체) 수의 몫이면, 전체 수가 전체 수의 (몫인) 바로 그만큼, 남은 수도 남은 수의 동일한 몫일 것이다.

뺌수 AE가 뺌수 CF의 (몫인) 바로 그만큼, 수 AB가 수 CD의 몫이라고 하자. 나는 주장한다. 전체 수 AB가 전체 수 CD의 (몫인) 바로 그만큼, 남은 수 EB도 남은 수 FD의 동일한 몫일 것이다.

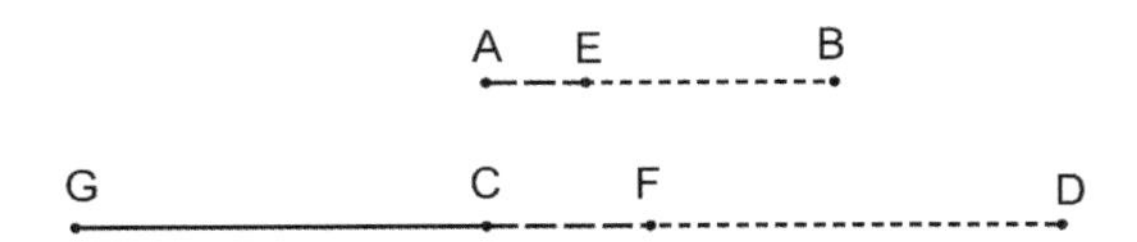

AE가 CF의 어떤 몫이든 EB도 CG의 동일한 몫이라고 하자. AE가 CF의 어떤 몫이든 EB도 CG의 동일한 몫이므로 AE가 CF의 어떤 몫이든 AB도 GF의 동일한 몫이다[VII-5]. 그런데 AE가 CF의 어떤 몫이든 AB도 CD의 동일한 몫이라고 가정했다. 그래서 AB가 GF의 어떤 몫이든 (AB는) CD의 동일한 몫이기도 하다. 그래서 GF가 CD와 같다. CF를 공히 빼내자. 그래서 남은 GC가 남은 FD와 같다. 또 AE가 CF의 어떤 몫이든 EB도 GC의 동일한 몫인데 GC가 FD와 같으므로 AE가 CF의 어떤 몫이든 EB도 FD의 동일한 몫이다. 한편 AE가 CF의 어떤 몫이든 AB도 CD의 동일한 몫이다. 그래서 전체 수 AB가 전체 수 CD의 (몫인) 바로 그만큼, 남은 수 EB도 남은 수 FD의 동일한 몫이다. 밝혀야 했던 바로 그것이다.

명제 8

뺌수가 뺌수의 ('몫들'인) 바로 그만큼 (전체) 수가 (전체) 수의 '몫들'이면, 전체 수가 전체 수의 ('몫들'인) 바로 그만큼 남은 수도 남은 수의 동일한 '몫들'일 것이다.

뺌수 AE가 뺌수 CF의 ('몫들'인) 바로 그만큼 수 AB가 수 CD의 '몫들'이라고 하자. 나는 주장한다. 전체 수 AB가 전체 수 CD의 ('몫들'인) 바로 그만큼 남은 수 EB도 남은 수 FD의 동일한 '몫들'일 것이다.

C F D

G M K N H

A L E B

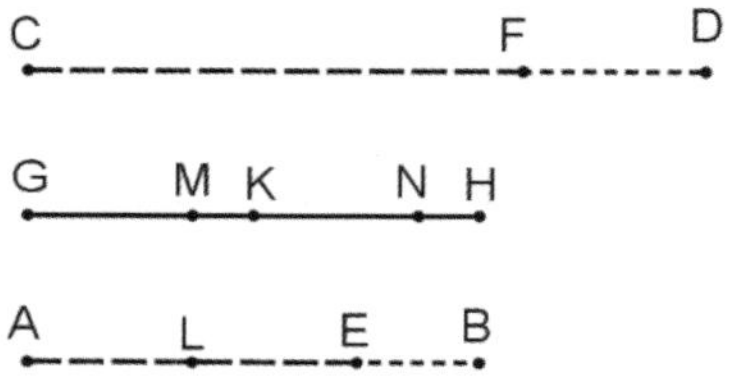

AB와 같은 GH가 놓인다고 하자.

그래서 GH가 CD의 어떤 '몫들'이든 AE도 CF의 동일한 '몫들'이다. GH가 CD의 몫들로, (즉) GK, KH로 분리되었고, AE는 CF의 몫들로, (즉) AL, LE로 분리되었다고 하자. 이제 GK, KH의 개수가 AL, LE의 개수와 같을 것이다. 또 GK가 CD의 어떤 몫이든 AL도 CF의 동일한 몫인데 CD가 CF보다 크므로 GK도 AL보다 크다. AL과 같은 GM이 놓인다고 하자. 그래서 GK

가 CD의 어떤 몫이든 GM도 CF의 동일한 몫이다. 그래서 전체 GK가 전체 CD의 (몫인) 바로 그만큼, 남은 MK는 남은 FD의 동일한 몫이다[VII-7]. 다시, KH가 CD의 어떤 몫이든 EL도 CF의 동일한 몫인데 CD가 CF보다 크므로 HK도 EL보다 크다. EL과 같은 KN이 놓인다고 하자. 그래서 KH가 CD의 어떤 몫이든 KN도 CF의 동일한 몫이다. 그래서 전체 KH가 전체 CD의 (몫인) 바로 그만큼, 남은 NH는 남은 FD의 동일한 몫이다. 그런데 전체 GK가 전체 CD의 (몫인) 바로 그만큼, 남은 MK가 남은 FD의 동일한 몫이라는 것은 밝혀졌다. 그래서 전체 HG가 전체 CD의 ('몫들'인) 바로 그만큼, MK, NH 모두가 DF의 동일한 몫들이다. 그런데 MK, NH가 함께 합쳐진 것은 EB와, HG는 BA와 같다. 그래서 전체 수 AB가 전체 수 CD의 ('몫들'인) 바로 그만큼, 남은 수 EB는 남은 수 FD의 동일한 '몫들'이다. 밝혀야 했던 바로 그것이다.

명제 9

수가 수의 몫이면, 또한 다른 수가 다른 수의 동일한 몫이면, 교대로도, (즉) 첫째 수가 셋째 수의 어떤 몫 또는 '몫들'이든 둘째 수도 넷째 수의 동일한 몫 또는 동일한 '몫들'일 것이다.

수 A가 수 BC의 몫이고 A가 BC의 (몫인) 바로 그만큼 다른 수 D가 다른 수 EF의 동일한 몫이라고 하자. 나는 주장한다. 교대로도, (즉) A가 D의 어떤 몫 또는 '몫들'이든 BC도 EF의 동일한 몫 또는 '몫들'일 것이다.

A가 BC의 어떤 몫이든 D가 EF의 동일한 몫이므로 BC 안에 A와 같은 수들이 있는 만큼 EF 안에 D와 같은 수들이 있다. BC는 A와 같은 BG, GC

로, EF는 D와 같은 EH, HF로 분리되었다고 하자. 이제 BG, GC의 개수가 EH, HF의 개수와 같을 것이다.

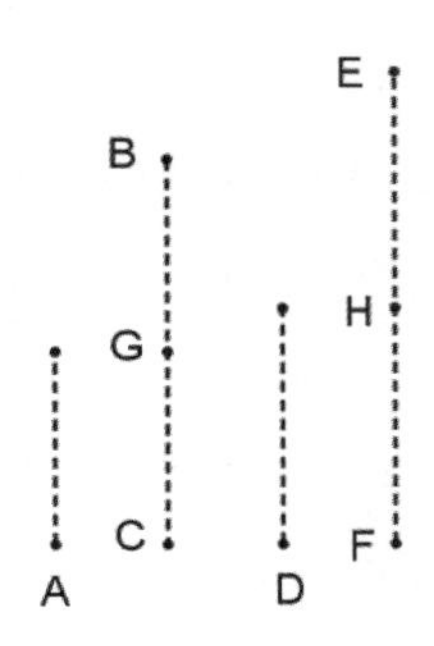

또 수 BG, GC가 서로 같은데 EH, HF도 서로 같고 BG, GC의 개수가 EH, HF의 개수와 같으므로 BG가 EH의 어떤 몫 또는 '몫들'이든 GC도 HF의 동일한 몫 또는 동일한 '몫들'이다. 결국 BG가 EH의 어떤 몫 또는 '몫들'이든 함께 합쳐진 것인 BC도 함께 합쳐진 것인 EF의 동일한 몫 또는 동일한 '몫들'이게 된다[VII-5, VII-6]. 그런데 BG는 A와, EH는 D와 같다. 그래서 A가 D의 어떤 몫 또는 '몫들'이든, BC도 EF의 동일한 몫 또는 동일한 '몫들'이다. 밝혀야 했던 바로 그것이다.

명제 10

수가 수의 '몫들'이면, 그리고 다른 수가 다른 수의 동일한 '몫들'이면, 교대로도, (즉) 첫째 수가 셋째 수의 어떤 '몫들' 또는 몫이든 둘째 수도 넷째 수의 동일한 '몫들' 또는 동일한 몫일 것이다.

수 AB가 수 C의 '몫들'이라 하고 다른 수 DE가 다른 수 F의 동일한 '몫들'이라고 하자. 나는 주장한다. 교대로도, (즉) AB가 DE의 어떤 '몫들' 또는 몫이든 C도 F의 동일한 '몫들' 또는 동일한 몫이다.

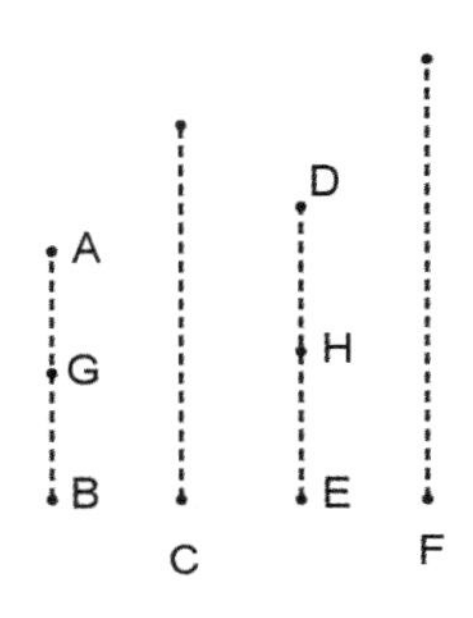

AB가 C의 어떤 '몫들'이든 DE도 F의 동일한 '몫들'이므로 AB 안에 C의 몫들이 있는 만큼 DE 안에 F의 몫들이 있다. AB는 C의 몫들로, (즉) AG, GB로 분리되고, DE는 D의 몫들로, (즉) DH, HE로 분리되었다고 하자. 이제 AG, GB의 개수는 DH, HE의 개수와 같을 것이다. 또 AG가 C의 어떤 몫이든 DH도 F의 동일한 몫이므로 교대로도, (즉) AG가 DH의 어떤 몫 또는 '몫들'이든 C도 F의 동일한 몫 또는 동일한 '몫들'이다[VII-9]. 똑같은 이유로 GB가 HE의 어떤 몫 또는 '몫들'이든 C도 F의 동일한 몫 또는 동일한 '몫들'이다. 결국 [AG가 DH의 어떤 몫 또는 '몫들'이든 GB도 HE의 동일한 몫 또는 동일한 '몫들'이다. 그래서 AG가 DH의 어떤 몫 또는 '몫들'이든 AB도 DE의 동일한 몫 또는 동일한 '몫들'이게 된다[VII-5, VII-6]. 한편 AG가 DH의 어떤 몫 또는 '몫들'이든 C도 F의 동일한 몫 또는 동일한 '몫들'이라는 것은 밝혀졌다. 그래서] AB가 DE의 어떤 몫 또는 '몫들'이든 C도 F의 동일한 몫 또는 동일한 '몫들'이다. 밝혀야 했던 바로 그것이다.

명제 11

전체 수 대 전체 수가 뺌수 대 뺌수이면, 남은 수 대 남은 수도 전체 수 대 전체 수일 것이다.

전체 수 AB 대 전체 수 CD가 뺌수 AE 대 뺌수 CF라고 하자. 나는 주장한다. 남은 수 EB 대 남은 수 FD도 전체 수 AB 대 전체 수 CD이다.

AB 대 CD가 AE 대 CF이므로 AB가 CD의 어떤 몫 또는 '몫들'이든 AE도 CF의 동일한 몫 또는 동일한 '몫들'이다[VII-def-20]. 그래서 남은 EB가 남은 FD의 어떤 몫 또는 '몫들'이든, AB도 CD의 동일한 몫 또는 동일한 '몫들'이다[VII-7. VII-8]. 그래서 EB 대 FD가 AB 대 CD이다. 밝혀야 했던 바로 그것이다.

명제 12

몇몇 수들이 비례하면, 앞 수들 중 하나 대 뒤 수들 중 하나는 앞 수들 전부 대 뒤 수들 전부일 것이다.

몇몇 수들 A, B, C, D가 비례하여 A 대 B는 C 대 D라고 하자. 나는 주장한다. A 대 B는 A, C 들(의 합) 대 B, D 들(의 합)이다.

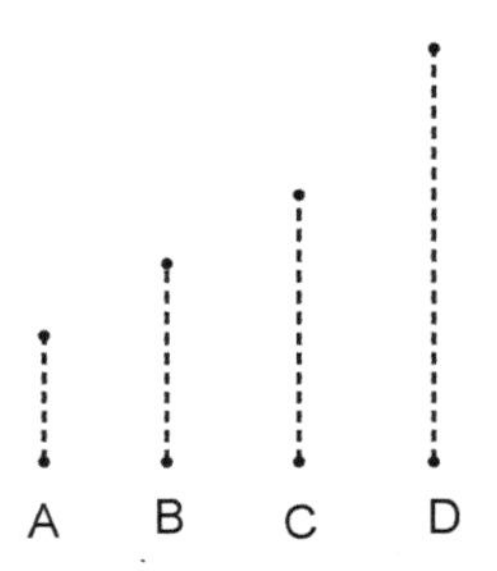

A 대 B는 C 대 D이므로 A가 B의 어떤 몫 또는 '몫들'이든 C도 D의 동일한 몫 또는 동일한 '몫들'이다[VII-def-20]. 그래서 A가 B의 (몫 또는 '몫들'인) 바로 그만큼 A, C가 함께 합쳐진 것도 B, D가 함께 합쳐진 것의 동일한 몫 또는 동일한 '몫들'이다[VII-5. VII-6]. 그래서 A 대 B는 A, C 들(의 합) 대 B, D 들(의 합)이다. 밝혀야 했던 바로 그것이다.

명제 13

네 수가 비례하면 교대로도 비례할 것이다.

네 수 A, B, C, D가 비례하여 A 대 B는 C 대 D라고 하자. 나는 주장한다. 교대로도 비례하여 A 대 C는 B 대 D일 것이다.

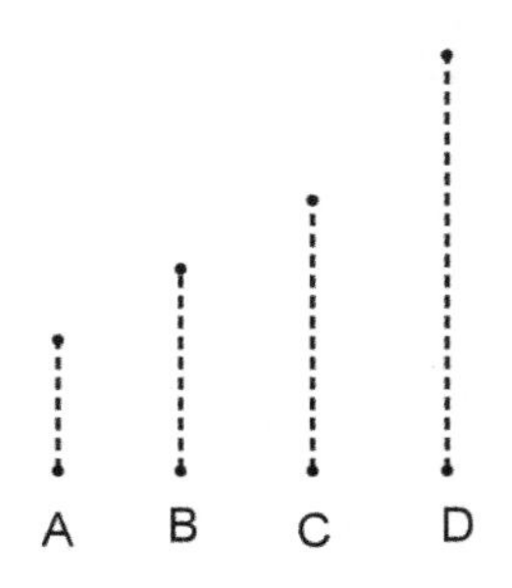

A 대 B가 C 대 D이므로 A가 B의 어떤 몫 또는 '몫들'이든 C도 D의 동일한 몫 또는 동일한 '몫들'이다[VII-def-20]. 그래서 교대로도, (즉) A가 C의 (몫 또는 '몫들'인) 바로 그만큼 B가 D의 동일한 몫 또는 동일한 '몫들'이다 [VII-9. VII-10]. 그래서 A 대 C는 B 대 D이다. 밝혀야 했던 바로 그것이다.

명제 14

몇몇 수들이 있고 다른 수들이 그것들과 같은 개수로 있고, 두 개씩 짝지어 잡아서 동일 비율로도 있으면, 같음에서 비롯한[137] 수들도 동일 비율로 있을 것이다.

몇몇 수들 A, B, C가 있고 그것들과 같은 만큼의 다른 수들 D, E, F가 두 개씩 짝지어 잡아서 동일 비율이라고, (즉) A 대 B는 D 대 E요, B 대 C는 E

137 제5권 정의 17에서 나왔던 그 비율이다. 즉, A:B=D:E이고 B:C=E:F일 때 처음과 끝만 잡아서 '같음에서 비롯된 비율' A:C, D:F가 발생한다. 크기들에 대한 비례 이론인 제5권에서는 명제 22에서 그 비율의 동일성이 증명되었다. 이 명제의 문장과 제5권 명제 22와 문장이 판박이다. 제5권의 '크기'라는 낱말이 '수'로 바뀔 뿐이다. 마찬가지로 제5권의 명제 12와 제7권의 명제 12의 문장도, 제5권의 명제 16과 제7권의 명제 13의 문장도, 그리고 제5권의 명제 19와 제7권의 명제 11의 문장도 그렇다.

대 F라고 하자. 나는 주장한다. 같음에서 비롯해서 A 대 C는 D 대 F이다.

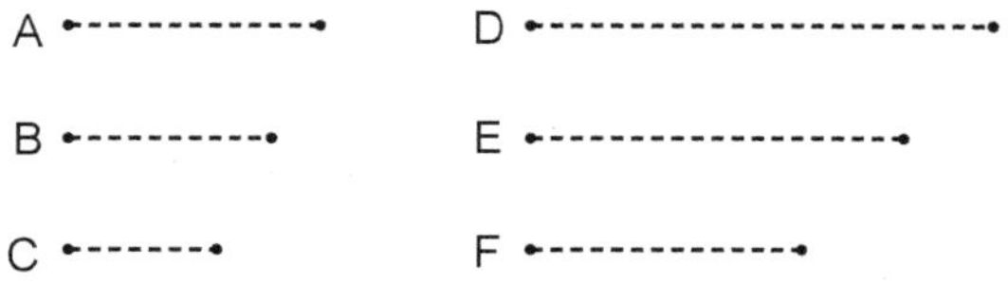

A 대 B는 D 대 E이므로, 교대로 A 대 D는 B 대 E이다[VII-13]. 다시, B 대 C는 E 대 F이므로, 교대로 B 대 E는 C 대 F이다. 그런데 B 대 E는 A 대 D이다. 그래서 A 대 D가 C 대 F이다. 그래서 교대로 A 대 C는 D 대 F이다. 밝혀야 했던 바로 그것이다.

명제 15

단위가 어떤 수를 재는데 다른 수가 어떤 다른 수를 같은 만큼으로 잰다면, 교대로도, (즉) 단위가 셋째 수를 재는 것과 같은 만큼으로 둘째 수도 넷째 수를 잴 것이다.

단위 A가 어떤 수 BC를 재는데 다른 수 D가 어떤 다른 수 EF를 같은 만큼으로 잰다고 하자. 나는 주장한다. 교대로 단위 A가 수 D를 재는 것과 같은 만큼으로 BC도 EF를 잴 것이다.

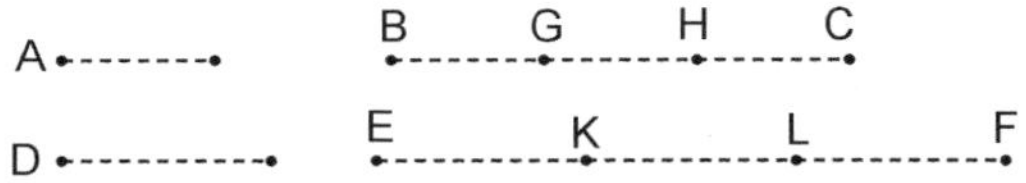

같은 만큼으로 단위 A가 수 BC를 재고 D가 EF를 재므로, BC 안에 있는 단위만큼 EF 안에도 수들이 그만큼 있다. BC는 그 자신 안에 있는 단위들로, (즉) BG, GH, HC로 분리되고, EF는 D와 같은 수들로, (즉) EK, KL, LF로 분리되었다고 하자. 이제 BG, GH, HC의 개수는 EK, KL, LF의 개수와 같을 것이다. 또 단위 BG, GH, HC는 서로 같고 수 EK, KL, LF도 서로 같은데 BG, GH, HC 단위들의 개수가 EK, KL, LF 수들의 개수와 같으므로 단위 BG 대 수 EK는 단위 GH 대 수 KL이요, 또 단위 HC 대 수 LF일 것이다. 그래서 앞 (단위)들 중 하나 대 뒤 수들 중 하나는 앞 (단위들) 전부 대 뒤 (수들) 전부일 것이다[VII-12]. 그래서 단위 BG 대 수 EK가 BC 대 EF이다. 그런데 단위 BG는 단위 A와, 수 EK는 수 D와 같다. 그래서 단위 A 대 수 D는 BC 대 EF이다. 그래서 단위 A가 수 D를 재는 것과 같은 만큼으로 BC도 EF를 잴 것이다[VII-def-20]. 밝혀야 했던 바로 그것이다.

명제 16

두 수가 서로를 곱하여 어떤 수들을 만든다면 그 수들에서 (곱하여) 생성된 수들은 서로 같을 것이다.

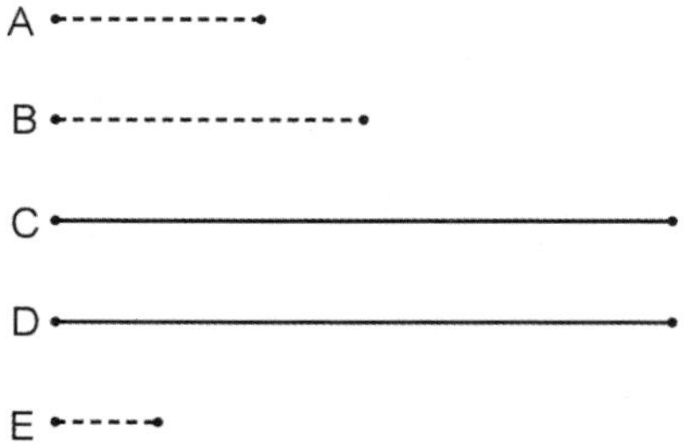

A
B
C
D
E

두 수 A, B가 있다고 하자. A는 B를 곱해서 C를, B는 A를 곱해서 D를 만든다고 하자. 나는 주장한다. C는 D와 같다.
A가 B를 곱하여 C를 만들었기 때문에 B는 A 안에 있는 단위들만큼으로 C를 잰다[VII-def-15]. 그런데 단위 E도 수 A를 그 (수 A) 안에 있는 단위들만큼으로 잰다. 그래서 단위 E가 수 A를 재는 것과 같은 만큼으로 B도 D를 잰다. 그래서 교대로도, (즉) 단위 E가 수 B를 재는 것과 같은 만큼으로 A도 C를 잰다[VII-15]. 다시, B가 A를 곱하여 D를 만들었기 때문에 A는 B 안에 있는 단위들만큼으로 D를 잰다. 그런데 단위 E도 B를 그 (수 B) 안에 있는 단위들만큼으로 잰다. 그래서 단위 E가 수 B를 재는 것과 같은 만큼으로 A도 D를 잰다. 그런데 단위 E가 수 B를 재는 것과 같은 만큼으로 A가 C를 쟀다. 그래서 A가 C, D 각각을 같은 만큼으로 잰다. 그래서 C는 D와 같다. 밝혀야 했던 바로 그것이다.

명제 17

수가 두 수를 곱하여 어떤 수들을 만든다면, 그 수들에서 (곱하여) 생성된 수들은 곱해진 수들과 동일 비율을 가질 것이다.

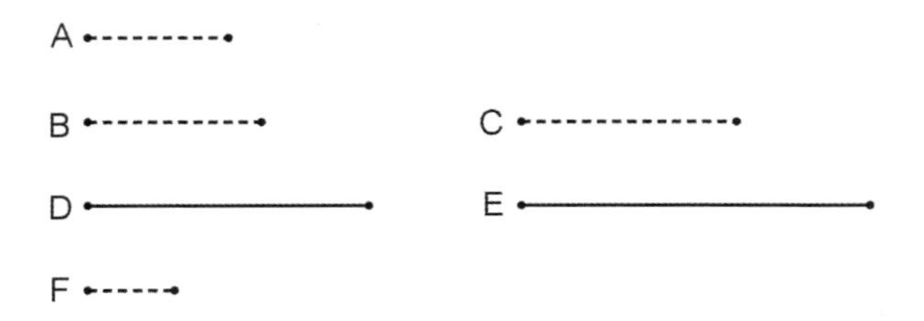

수 A가 두 수 B, C를 곱하여 D, E를 만든다고 하자. 나는 주장한다. B 대 C는 D 대 E이다.

A가 B를 곱하여 D를 만들었기 때문에 B는 A 안에 있는 단위들만큼으로 D를 잰다[VII-def-15]. 그런데 단위 F도 수 A를 그 (수 A) 안에 있는 단위들만큼으로 잰다. 그래서 단위 F가 수 A를 재는 것과 같은 만큼으로 B도 D를 잰다. 그래서 단위 F 대 수 A는 B 대 D이다[VII-def-20]. 똑같은 이유로 단위 F 대 수 A는 C 대 E이다. 그래서 B 대 D는 C 대 E이다. 그래서 교대로 B 대 C는 D 대 E이다[VII-13]. 밝혀야 했던 바로 그것이다.

명제 18

두 수가 어떤 수를 곱하여 어떤 수들을 만든다면, 그 수들에서 (곱하여) 생성된 수들은 곱하는 수들과 동일 비율을 가질 것이다.

두 수 A, B가 어떤 수 C를 곱하여 D, E를 만든다고 하자. 나는 주장한다. A 대 B는 D 대 E이다.

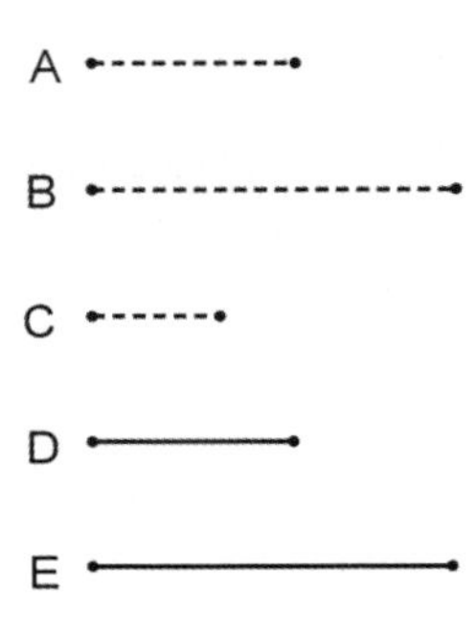

A가 C를 곱하여 D를 만들었기 때문에 C는 A를 곱하여 D를 만들었다[VII-16]. 똑같은 이유로 C는 B를 곱하여 E를 만들었다. C가 두 수 A, B를 곱하여 D, E를 만든 것이다. 그래서 A 대 B는 D 대 E이다[VII-17]. 밝혀야 했던 바로 그것이다.

명제 19

네 수가 비례한다면, 첫째 수와 넷째 수에서 (곱하여) 생성된 수는 둘째 수와 셋째 수에서 (곱하여) 생성된 수와 같을 것이다. 또한 첫째 수와 넷째 수에서 (곱하여) 생성된 수가 둘째 수와 셋째 수에서 (곱하여) 생성된 수와 같다면, 네 수는 비례할 것이다.

네 수 A, B, C, D가 비례하여 A 대 B는 C 대 D라고 하자. A는 D를 곱해서 E를, B는 C를 곱해서 F를 만든다고 하자. 나는 주장한다. E는 F와 같다.

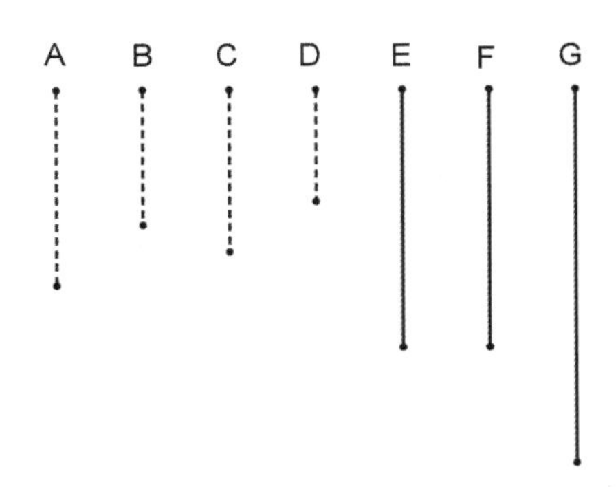

A가 C를 곱하여 G를 만든다고 하자.

A가 C를 곱해서 G를 만들었는데 D를 곱해서는 E를 만들었으므로 이제

수 A는 두 수 C, D를 곱하여 G, E를 만든 것이다. 그래서 C 대 D는 G 대 E이다[VII-17]. 한편, C 대 D는 A 대 B이다. 그래서 A 대 B는 G 대 E이다. 다시, A가 C를 곱해서 G를 만들었는데 한편, B는 C를 곱하여 F를 만들었으므로 두 수 A, B가 어떤 수 C를 곱하여 G, F를 만든 것이다. 그래서 A 대 B는 G 대 F이다[VII-18]. 더군다나 A 대 B는 G 대 E이기도 하다. 그래서 G 대 E는 G 대 F이다. 그래서 G가 E, F 각각에 대해 동일 비율을 가진다. 그래서 E는 F와 같다[V-9].

이제 다시 E가 F와 같다고 하자. 나는 주장한다. A 대 B는 C 대 D이다.

동일한 작도에서[138] E가 F와 같으므로 G 대 E는 G 대 F이다[V-7]. 한편, G 대 E는 C 대 D요, G 대 F는 A 대 B이다[VII-18]. 그래서 A 대 B는 C 대 D이다. 밝혀야 했던 바로 그것이다.

명제 20

동일 비율을 갖는 수들 중 최소 수들은 동일 비율을 갖는 수들을 같은 만큼으로 잰다. (즉), 큰 수는 큰 수를, 작은 수는 작은 수를 같은 만큼으로 잰다.

A, B와 동일 비율을 갖는 수들 중 최소 수들이 CD, EF라고 하자. 나는 주장한다. 같은 만큼으로 CD는 A를 재고 EF는 B를 잰다.

138 이 증명에서 '동일한 작도에서'라는 말은 불필요하다. 그 말은 그노몬이 쓰이는 경우에 등장하던 말이다. 자연수 이론의 명제인 제7권 명제 19는 기하 닮음 이론인 제6권 명제 16과 상응하는데 그 증명에서 '동일한 작도에서'라는 표현이 나온다. 유클리드가 비록 자연수에 대해 선분 모델을 제시하지만 피타고라스 학파처럼 조약돌을 직사각형 모양으로 놓는 자연수 (곱셈) 모델도 염두에 두었을 것이라고 짐작할 수 있는 부분이다.

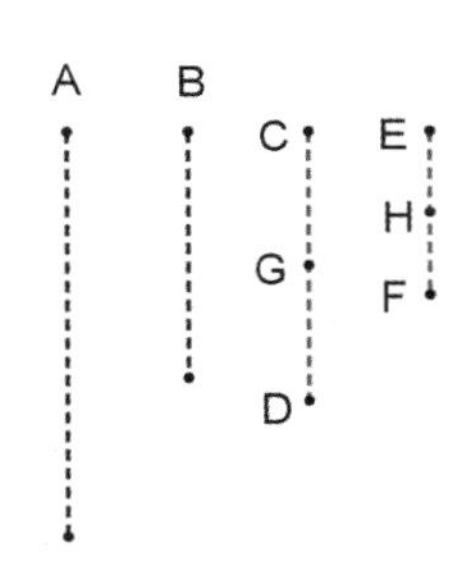

CD는 A의 '몫들'이 아니다.

만약 가능하다면 ('몫들'이라고) 해보자. 그래서 CD가 A의 ('몫들'인) 바로 그만큼, EF는 B의 동일한 '몫들'이다[VII-def-20, VII-13]. 그래서 CD 안에 A의 몫들이 있는 만큼 EF 안에 B의 몫들이 있다. CD는 A의 몫들로, (즉) CG, GD로 분리되고, EF는 B의 몫들로, (즉) EH, HF로 분리되었다고 하자. 이제 CG, GD의 개수는 EH, HF의 개수와 같을 것이다. 또 수 CG, GD가 서로 같은데 EH, HF도 서로 같고 CG, GD의 개수는 EH, HF의 개수와 같으므로 CG 대 EH는 GD 대 HF이다. 그래서 앞 수들 중 하나 대 뒤 수들 중 하나는 앞 (수들) 전부 대 뒤 (수들) 전부일 것이다[VII-12]. 그래서 CG 대 EH는 CD 대 EF이다. 그래서 CG, EH가 CD, EF와, 그것들보다 더 작으면서도, 동일 비율로 있다. 이것은 불가능하다. CD, EF가 (그것들과) 동일 비율을 갖는 최소 (수들)이라고 가정했으니까 말이다. 그래서 CD는 A의 '몫들'일 수 없다. 그래서 몫이다[VII-4]. 또 CD가 A의 (몫인) 바로 그만큼 EF도 B의 동일한 몫이다[VII-def-20, VII-13]. 그래서 CD는 A를 재고 같은 만큼으로 EF는 B를 잰다. 밝혀야 했던 바로 그것이다.

명제 21

서로 소인 수들은 그 수들과 동일 비율을 갖는 수들 중 최소 수들이다.

서로 소인 수 A, B가 있다고 하자. 나는 주장한다. A, B가 그것들과 동일 비율을 갖는 수들 중 최소 수들이다.

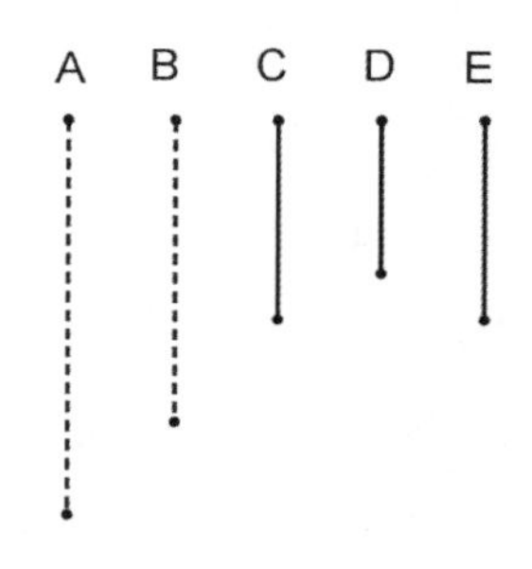

만약 그렇지 않다면, 그 A, B와 동일 비율로 있으면서 A, B보다 작은 어떤 수가 있을 것이다. (그 수들을) C, D라고 하자.

동일 비율을 갖는 수들 중 최소 수들은 동일 비율을 갖는 수들을 같은 만큼으로 재므로, (즉) 큰 수는 큰 수를 작은 수는 작은 수를, 다시 말해 앞 수가 앞 수를, 뒤 수가 뒤 수를 (같은 만큼으로 재므로), C가 A를 재고 같은 만큼으로 D가 B를 잰다[VII-20]. 이제 C가 A를 재는 그 개수만큼 단위들이 E 안에 있다고 하자. 그래서 D는 E 안에 있는 단위들만큼으로 B를 잰다. C도 E 안에 있는 단위들만큼으로 A를 재므로 E도 C 안에 있는 단위들만큼으로 A를 잰다[VII-15]. 똑같은 이유로 E는 D 안에 있는 단위들만큼으로 B도 잰다. 그래서 E는 서로 소인 A, B를 잰다. 이것은 불가능하다[VII-def-12]. 그래서 A, B와 동일 비율로 있으면서 A, B보다 작은 수는 있을 수 없다. 그래서 A, B가 그 수들과 동일 비율을 갖는 수들 중 최소 수들이다. 밝혀야 했던 바로 그것이다.

명제 22

동일 비율을 갖는 수들 중 최소 수들은 서로 소이다.

동일 비율을 갖는 수들 중 최소 수들 A, B가 있다고 하자. 나는 주장한다. A, B는 서로 소이다.

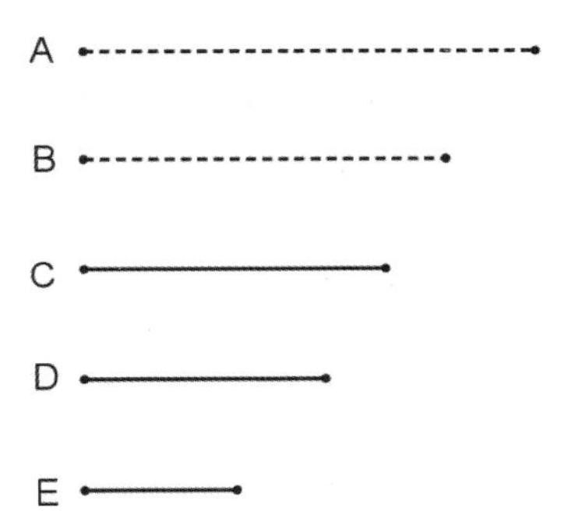

서로 소가 아니라면, 어떤 수가 그것들을 잴 것이다. 잰다고 하고 (잰 수가) C라고 하자. C가 A를 재는 그 개수만큼 단위들이 D 안에 있는데, C가 B를 재는 그 개수만큼 단위들이 E 안에 있다고 하자.

C가 D 안에 있는 단위들만큼으로 A를 재므로 C는 D를 곱하여 A를 만들었다[VII-def-15]. 똑같은 이유로 C는 E를 곱하여 B를 만들었다. 이제 수 C가 두 수 D, E를 곱하여 A, B를 만든 것이다. 그래서 D 대 E는 A 대 B이

다[VII-17]. 그래서 D, E가 A, B와, 그것들보다 더 작으면서도, 동일 비율로 있다. 이것은 불가능하다. 그래서 수 A, B는 어떤 수가 잴 수 없다. 그래서 A, B는 서로 소이다. 밝혀야 했던 바로 그것이다.

명제 23

두 수가 서로 소이면, 그 수들 중 하나를 재는 수는 남은 수에 대해 소수일 것이다.

서로 소인 두 수 A, B가 있는데 A를 어떤 수 C가 잰다고 하자. 나는 주장한다. C, B도 서로 소이다.

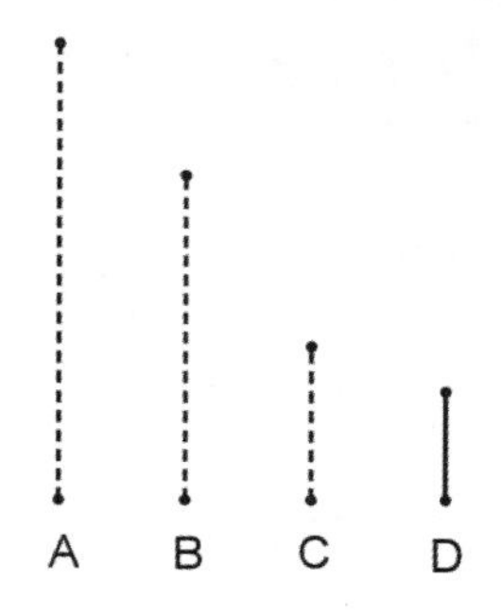

C, B가 서로 소가 아니라면 어떤 수가 C, B를 잴 것이다. 잰다고 하고 (잰 수를) D라 하자. D가 C를 재는데, C가 A를 재므로 D는 A도 잰다. 그런데 (D는) B도 잰다. 그래서 D는 서로 소인 A, B를 잰다. 이것은 불가능하다. 그래서 수 C, B를 어떤 수가 잴 수 없다. 그래서 C, B는 서로 소이다. 밝혀야 했던 바로 그것이다.

명제 24

두 수가 어떤 수와 서로 소라면 그 수(들)에서 (곱하여) 생성된 수도 그 수에 대해 소수일 것이다.

두 수 A, B가 어떤 수 C에 대하여 소수이고 A가 B를 곱하여 D를 만든다고 하자. 나는 주장한다. C, D는 서로 소이다.

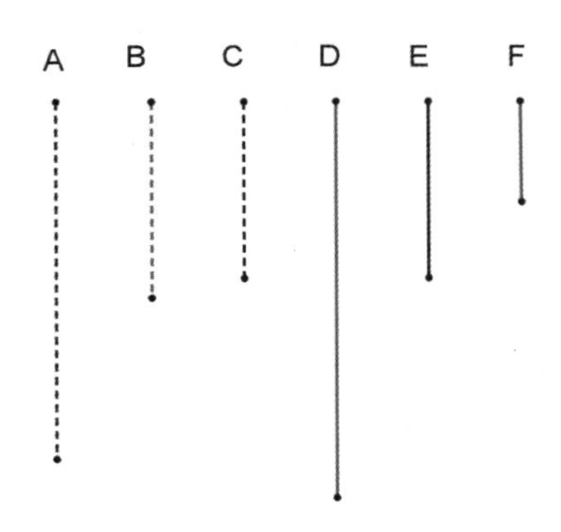

C, D가 서로 소가 아니라면 어떤 수가 C, D를 잴 것이다. 잰다고 하고 (잰 수를) E라 하자.

C, A는 서로 소인데 어떤 수 E가 C를 재므로 A, E는 서로 소이다[VII−23]. 이제 E가 D를 재는 그 개수만큼 단위들이 F 안에 있다고 하자. 그래서 F는 E 안에 있는 단위들만큼으로 D를 잰다[VII−15]. 그래서 E는 F를 곱하여 D를 만들었다[VII−def−15]. 더군다나 A도 B를 곱하여서 D를 만들었다. 그래서 E, F에서 (곱하여 생성된 수)와 A, B에서 (곱하여 생성된 수)는 같다. 그런데 양끝(의 두 수)로 (둘러싸인 수)가 중간(의 두 수)로 (둘러싸인 수)와 같으면, 네 수는 비례한다[VII−19]. 그래서 E 대 A는 B 대 F이다. A, E는 서로

소인데, 서로 소(인 수들)은 최소(인 수들)이기도 한데다[VII−21], 동일 비율을 갖는 수들 중 최소 수들은 동일 비율을 갖는 수들을, (즉) 큰 수는 큰 수를 작은 수는 작은 수를, 다시 말해 앞 수가 앞 수를 뒤 수가 뒤 수를 같은 만큼으로 잰다[VII−20]. 그래서 E가 B를 잰다. 그런데 (E는) C도 잰다. 그래서 E는 서로 소인 B, C를 잰다. 이것은 불가능하다[VII−def−12]. 그래서 수 C, D는 어떤 수가 잴 수 없다. 그래서 C, D는 서로 소이다. 밝혀야 했던 바로 그것이다.

명제 25

두 수가 서로 소이면, 그 수들 중 하나에서 (거듭제곱해서) 생성된 수도 남은 수에 대해 소수일 것이다.

서로 소인 두 수 A, B가 있고 A가 그 자신을 곱하여 C를 만들었다고 하자.
나는 주장한다. B, C는 서로 소이다.
A와 같은 D가 놓인다고 하자. A, B가 서로 소인데, A가 D와 같으므로 D, B도 서로 소이다. 그래서 D, A 각각은 B에 대해 소수이다. 또 D, A에서

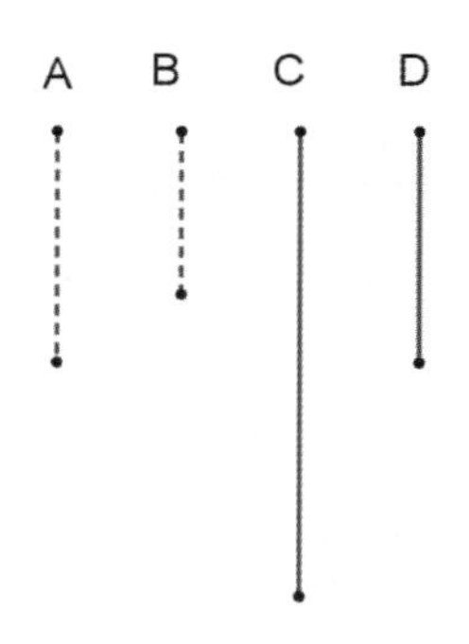

(곱하여) 생성된 수도 B에 대해 소수일 것이다[VII-24]. 그런데 D, A에서 (곱하여) 생성된 수는 C이다. 그래서 C, B는 서로 소이다. 밝혀야 했던 그것이다.

명제 26

두 수가 두 수에 대해 소수이면, (즉) 둘 다가 (두 수) 각각에 대해 (소수이면), 그 수들에서 (곱하여) 생성된 수들은 서로 소일 것이다.

두 수 A, B가 두 수 C, D에 대해 소수이고, (즉) 둘 다가 (두 수) 각각에 대해 (소수이고), A는 B를 곱하여 E를 만드는데, C는 D를 곱하여 F를 만든다고 하자. 나는 주장한다. E, F는 서로 소이다.

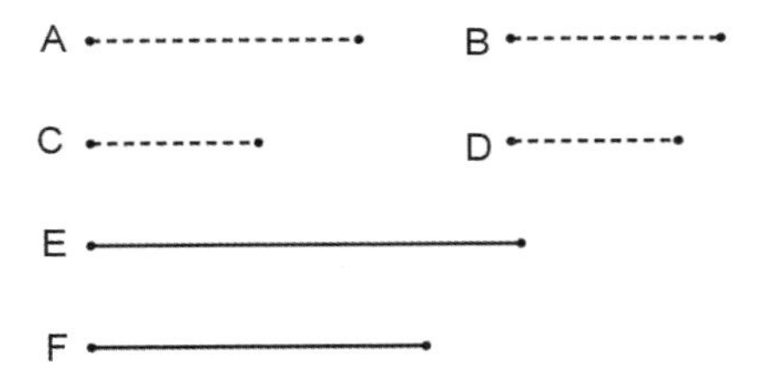

A, B 각각이 C에 대해 소수이므로 A, B에서 (곱하여) 생성된 수도 C에 대하여 소수일 것이다[VII-24]. 그런데 A, B에서 (곱하여) 생성된 수가 E이다. 그래서 E, C는 서로 소이다. 똑같은 이유로 D, E도 서로 소이다. 그래서 C, D 각각은 E에 대해 소수이다. 그래서 C, D에서 (곱하여) 생성된 수도 E에 대해 소수이다. 그런데 C, D에서 (곱하여) 생성된 수는 F이다. 그래서 E, F는 서로 소이다. 밝혀야 했던 바로 그것이다.

명제 27

두 수가 서로 소이면, 그리고 (두 수 중) 각각이 그 자신을 곱하여 어떤 수를 만든다면, 그 수들에서 (곱하여) 생성된 수들은 서로 소일 것이다. 그리고 원래 수들이 (그렇게 해서) 생성된 수들을 곱해서 어떤 수들을 (또) 만든다면, 그런 수들도 서로 소일 것이다. [그리고 끝까지 매번 그렇게 된다.]

서로 소인 두 수 A, B가 있고, A가 그 자신을 곱하여 C를 만들고 (다시, 그렇게 생성된) C를 곱하여 D를 만들고, B는 그 자신을 곱하여 E를 만들고 (다시, 그렇게 생성된) E를 곱하여 F를 만든다고 하자. 나는 주장한다. C, E는, 그리고 D, F는 서로 소이다.

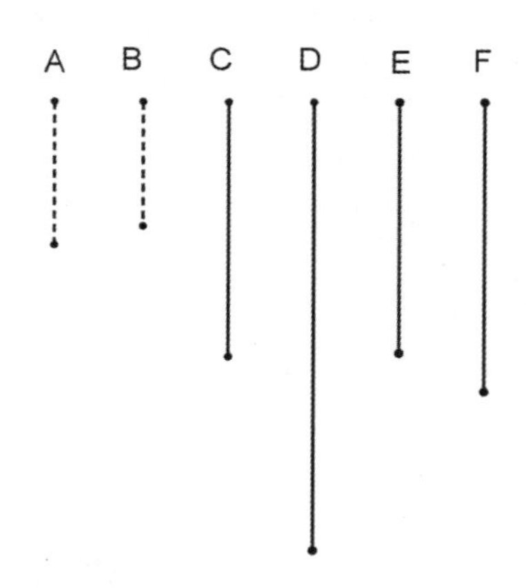

A, B가 서로 소이고 A가 그 자신을 곱하여 C를 만들었으므로 C, B는 서로 소이다[VII-25]. C, B가 서로 소이고 B가 그 자신을 곱하여 E를 만들었으므로 C, E는 서로 소이다. 다시, A, B가 서로 소이고, B가 그 자신을 곱해 E를 만들었으므로 A, E는 서로 소이다. 두 수 A, C가 두 수 B, E에 대해, (즉) 둘 다가 각각에 대해 소수이므로 A, C에서 (곱하여) 생성된 수는 B,

E에서 (곱하여 생성된 수)에 대해 소수이다. 또 A, C에서 (곱하여 생성된 수)는 D인데 B, E에서 (곱하여 생성된 수)는 F이다. 그래서 D, F는 서로 소이다. 밝혀야 했던 바로 그것이다.

명제 28

두 수가 서로 소이면, (그 두 수가) 함께 합쳐진 수도 그 수들 각각에 대해 소수일 것이다. 또 함께 합쳐진 (두) 수가 그 수들 중 어떤 한 수에 대해 소수이면, 원래의 수들도 서로 소인 수일 것이다.

서로 소인 두 수 AB, BC가 결합되었다고 하자. 나는 주장한다. 함께 합쳐진 수 AC는 AB, BC 각각에 대해 소수이다.

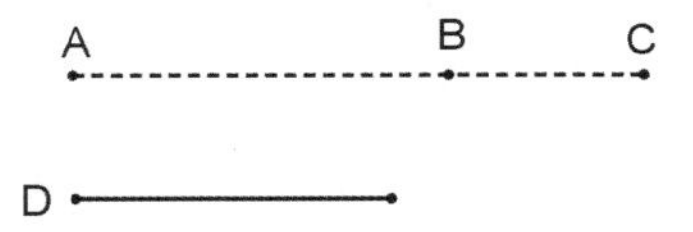

만약 CA, AB가 서로 소가 아니라면 어떤 수가 CA, AB를 잴 것이다.[139] 잰다고 하고 (잰 수를) D라 하자. D가 CA, AB를 재므로 (D는) 남은 BC도 잴 것이다. 그런데 BA를 재기도 한다. 그래서 D가 서로 소인 AB, BC를 잰다. 이것은 불가능하다[VII-def-12]. 그래서 수 CA, AB를 어떤 수가 잴 수 없

139 수 A와 B가 이어져 함께 놓인 것을 C가 재는데 C가 A를 재면 C는 B도 재고 역으로 C가 A를 재고 B도 재면 A와 B가 함께 놓인 것도 잰다는 사실이다. 유클리드는 제7권 명제 1과 2에서처럼 여기서도 이 사실을 당연하게 받아들인다.

다. 그래서 CA, AB는 서로 소이다. 똑같은 이유로 CA, CB도 서로 소이다. 그래서 CA는 AB, BC 각각에 대해 소수이다.

다시 이제 CA, AB가 서로 소라고 하자. 나는 주장한다. AB, BC도 서로 소이다.

만약 AB, BC가 서로 소가 아니라면 어떤 수가 AB, BC를 잴 것이다. 잰다고 하고 (잰 수를) D라 하자. D가 AB, BC 각각을 재므로 (D는) 전체 CA도 잴 것이다. 그런데 AB를 재기도 한다. 그래서 D는 서로 소인 CA, AB를 잰다. 이것은 불가능하다. 그래서 어떤 수가 수 AB, BC를 잴 수 없다. 그래서 AB, BC는 서로 소이다. 밝혀야 했던 바로 그것이다.

명제 29

모든 소수는 (그것이) 재지 못하는 어떤 수에 대해서도 소수이다.

소수 A가 있고 B를 재지 못한다고 하자. 나는 주장한다. B, A는 서로 소이다.

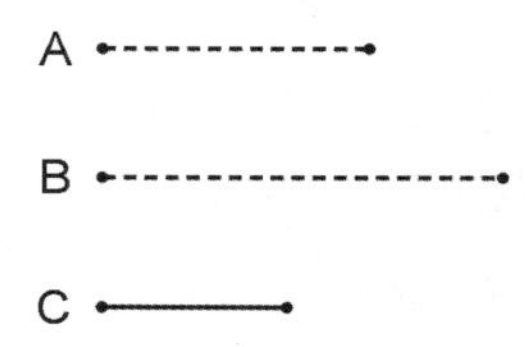

만약 B, A가 서로 소가 아니라면 어떤 수가 그 수들을 잴 것이다. C가 잰다고 하자. C가 B를 재는데 A가 B를 재지 못하므로 C가 A와 동일하지 않다. 또 C는 B, A를 재므로 A를 잰다. (A는) C와 동일하지 않은 소수인데도 말이다. 이것은 불가능하다. 그래서 B, A를 어떤 수가 잴 수 없다. 그래서 A, B는 서로 소이다. 밝혀야 했던 바로 그것이다.

명제 30

두 수가 서로를 곱하여 어떤 수를 만드는데, 그 수들에서 (곱하여) 생성된 수를 어떤 소수가 잰다면, 원래 수들 중 하나를 잰다.[140]

두 수 A, B가 서로를 곱하여 C를 만들었는데, C를 어떤 소수 D가 쟀다고 하자. 나는 주장한다. D는 A, B 중 하나를 잰다.

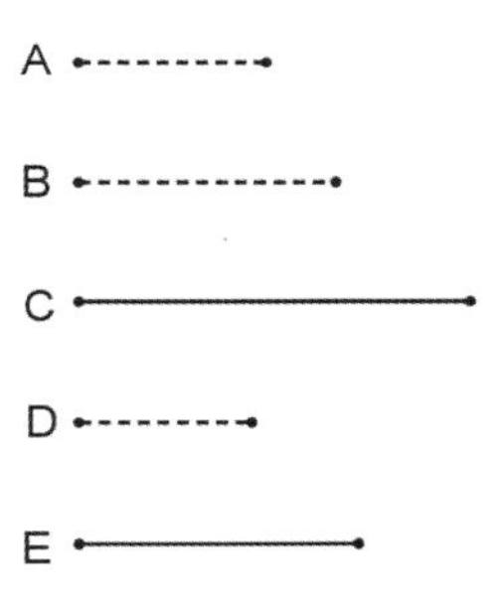

140 (1) 이른바 '유클리드 보조 정리'라고 하는 유명한 명제이다. 유클리드 이후 약 2,000년 만에 가우스는 그의 명저 『산술 연구』의 도입부에서 이 명제의 가치를 재조명했다(제2장 명제 14~16). 어떤 자연수든 소인수분해 방법이 한 가지밖에 없다는 '산술의 기초 정리(Fundamental Theorem of Arithmetic)'를 증명할 때 핵심 역할을 한다. (2) 소인수분해를 자연수론의 기초로 삼는 현대 자연수론과 달리 유클리드 자연수론에서는 서로 소의 개념을 자연수론의 기초로 삼기 때문에 현대의 '산술의 기초 정리'는 주요 관심사가 아니었을 것으로 보인다. 반면 이 명제와 제9권 명제 14가 합쳐지면 산술의 기초 정리와 유사한 결론에 도달하게 된다. (3) 소수가 아니라면 일반적으로 이 명제는 성립하지 않는다. 예를 들어 6은 4 곱하기 9를 재지만 6은 4를 재지 못하고 9를 재지도 못한다. 즉, 이 명제 30은 자연수의 세계에서 '소수다움'을 결정하는 성질이다.

A를 재지 못한다고 하자. D는 소수다. 그래서 A, D는 서로 소이다[VII-29]. 그래서 D가 C를 재는 그 개수만큼 E 안에 단위들이 있다고 하자. D가 E 안에 있는 단위들만큼으로 C를 재므로 D는 E를 곱하여 C를 만들었다[VII-def-15]. 더군다나 A도 B를 곱하여 C를 만들었다. 그래서 D, E에서 (곱하여) 생성된 수는 A, B에서 (곱하여) 생성된 수와 같다. 그래서 D 대 A는 B 대 E이다[VII-19]. 그런데 D, A는 (서로) 소인 수인데, (서로) 소인 수들은 최소 수들이기도 하고[VII-21], 최소 수들은 동일 비율을 갖는 수들을, (즉) 큰 수는 큰 수를 작은 수는 작은 수를, 다시 말해 앞 수가 앞 수를 뒤 수가 뒤 수를 같은 만큼으로 잰다[VII-20]. 그래서 D가 B를 잰다. (D가) B를 못 잰다면 A를 잴 것이라는 것도 이제 우리는 비슷하게 밝힐 수 있다. 밝혀야 했던 바로 그것이다.

명제 31

모든 합성수는 어떤 소수로 재어진다.

합성수 A가 있다고 하자. 나는 주장한다. A는 어떤 소수로 재어진다.

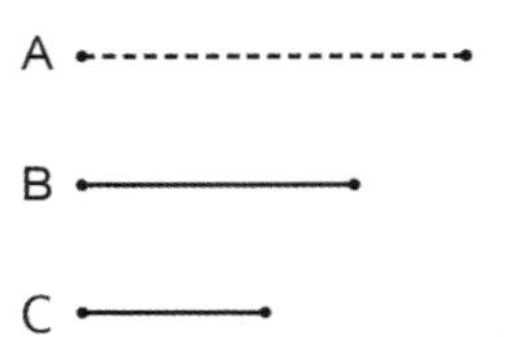

A가 합성수이므로 어떤 수가 그것을 잰다. 잰다고 하고 (잰 수를) B라 하자. B가 만약 소수라면 해야 했던 것이 이미 된 것이다. 그런데 만약 합성수라

면 그것을 어떤 수가 잴 것이다. 잰다고 하고 (잰 수를) C라 하자. C가 B를 재는데 B가 A를 재므로 C도 A를 잰다. 만약 C가 소수라면 해야 했던 것이 이미 된 것이다. 그런데 합성수라면 그것을 어떤 수가 잴 것이다. 동일한 방식으로 검토해 가면 (그 앞 수를) 재는 어떤 소수가 발견될 것이다. (영영) 발견되지 않는다면 무한히 (많은) 수들이 A를 잴 것이다. 그 수들 중 다른 수가 다른 수보다 더 작아지면서 말이다. 이것은 수들 안에서는 불가능하다.[141] 그래서 그 자신의 앞 수를 재고 A도 재는 소수가 발견될 것이다. 그래서 모든 합성수는 어떤 소수로 재어진다. 밝혀야 했던 바로 그것이다.

명제 32

모든 수는 소수이거나 어떤 소수로 재어진다.

A가 수라고 하자. 나는 주장한다. A는 소수이거나 소수로 재어진다.

A

A가 소수라면 해야 했던 것이 이미 된 것이다. 합성수라면 어떤 소수가 그것을 잴 것이다[VII-31]. 그래서 모든 수는 소수이거나 어떤 소수로 재어진다. 밝혀야 했던 바로 그것이다.

141 이른바 '무한 강하법'이라고 불리는 증명법이다. 자연수 또는 그 부분집합에는 최소 원소가 존재한다는 성질에 기반하여 가정을 기각하는 방법이다. 제7권의 명제 1, 2에서도 이 성질에 기대고 있지만 이 명제에서 증명의 한 방식으로 드러났다. 페르마가 즐겨 쓴 이래 자연수론 분야만 아니라 수론 분야 전반에서 쓰이는 증명법이다.

명제 33

주어진 몇몇 수들에 대하여, 그 수들과 동일 비율을 갖는 수들 중 최소 수들을 찾아내기.

주어진 몇몇 수들 A, B, C가 있다고 하자. 이제 A, B, C와 동일 비율을 갖는 수들 중 최소 수들을 찾아내야 한다.

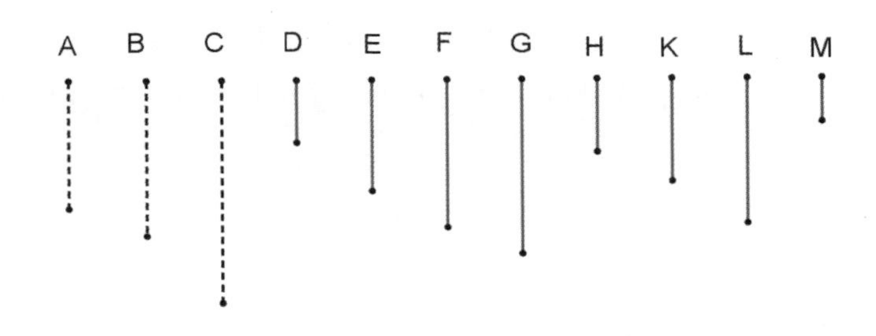

A, B, C는 서로 소이거나 아니다. 만약 A, B, C가 서로 소라면 그 수들과 동일 비율을 갖는 최소 수들이다[VII-22]. 그런데 만약 그렇지 않다면 A, B, C의 최대 공통 척도 D가 잡혔고[VII-3], D가 A, B, C 각각을 재는 그 개수만큼, 단위들이 E, F, G 각각 안에 있다고 하자.

그래서 E, F, G 각각은 A, B, C 각각을 D 안에 있는 단위들만큼으로 잰다[VII-15]. 그래서 E, F, G는 A, B, C를 같은 만큼으로 잰다. 그래서 E, F, G는 A, B, C와 동일 비율로 있다[VII-def-20]. 이제 나는 주장한다. (그 수들은) 최소 수들이기도 하다.

만약 E, F, G가 A, B, C와 동일 비율을 갖는 수들 중 최소 수들이 아니라면 A, B, C와 동일 비율을 갖는 수들 중 E, F, G보다 작은 [어떤] 수들이 있을 것이다. (그 수들이) H, K, L이라고 하자. 그래서 같은 만큼으로 H가 A를 재고 K, L 각각도 B, C 각각을 잰다. 그런데 H가 A를 재는 그 개수만큼 단위들이 M 안에 있다고 하자. 그래서 K, L 각각은 B, C 각각을 M 안에 있는 단위들만큼으로 잰다. 또 H가 A를 M 안에 있는 단위들만큼으로 재므로 M은 A를 H 안에 있는 단위들만큼으로 잰다[VII-15]. 똑같은 이유로 M은 B, C 각각을 K, L 각각 안에 있는 단위들만큼으로 잰다. 그래서 M은 A, B, C를 잰다. 또 H가 M 안에 있는 단위들만큼으로 A를 재므로 H는 M을 곱하여 A를 만들었다. 똑같은 이유로 E는 D를 곱하여 A를 만들었다. 그래서 E, D에서 (곱하여 생성된 수)는 H, M에서 (곱하여 생성된 수)와 같다. 그래서 E 대 H는 M 대 D이다[VII-19]. 그런데 E가 H보다 크다. 그래서 M도 D보다 크다[V-13]. 또한 (M은) A, B, C를 재기도 한다. 이것은 불가능하다. A, B, C에 대해 D가 최대 공통 척도라고 가정했으니까 말이다. 그래서 A, B, C와 동일 비율을 갖는 수들 중 E, F, G보다 작은 어떤 수들은 있을 수 없다. 그래서 E, F, G가 A, B, C와 동일 비율을 갖는 수들 중 최소 수들이다. 밝혀야 했던 바로 그것이다.

명제 34

주어진 두 수에 대하여, (두 수 모두가) 재는 최소 수를 찾아내기.

주어진 두 수 A, B가 있다고 하자. 이제 (A, B 모두가) 재는 최소 수를 찾아내야 한다.

A, B는 서로 소이거나 아니다. 먼저 A, B가 서로 소라 하고 A가 B를 곱하여 C를 만든다고 하자. 그래서 B는 A를 곱하여 C를 만들었다[VII-16]. 그래서 A, B는 C를 (공히) 잰다.

이제 나는 주장한다. (C는) 최소이기도 하다.

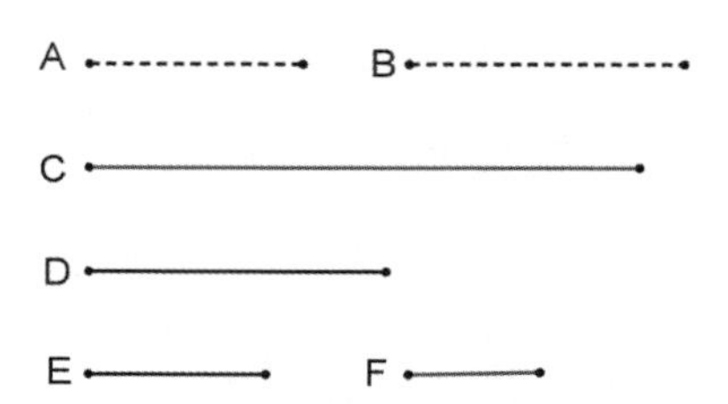

만약 아니라면 A, B가 C보다 작은 어떤 수를 잴 것이다. D를 잰다고 하자. A가 D를 재는 그 개수만큼 단위들이 E 안에 있는데, B가 D를 재는 그 개수만큼 단위들이 F 안에 있다고 하자. 그래서 A는 E를 곱하여 D를 만들었고, B는 F를 곱하여 D를 만들었다. 그래서 A, E에서 (곱하여 생성된 수)는 B, F에서 (곱하여 생성된 수)와 같다. 그래서 A 대 B는 F 대 E이다[VII-19]. 그런데 A, B는 서로 소인데, 서로 소(인 수들)은 최소(인 수들)이기도 한데다[VII-21], 최소 수들은 동일 비율을 갖는 수들을, (즉) 큰 수는 큰 수를 작은 수는 작은 수를 같은 만큼으로 잰다[VII-20]. 그래서 뒤의 수가 뒤 수를 (재는) 것으로서 B가 E를 잰다. 또 A가 B, E를 곱하여 C, D를 만들었으므로 B 대 E는 C 대 D이다[VII-17]. 그런데 B는 E를 잰다. 그래서 C가 D를, (즉) 큰 것이 작은 것을 잰다. 이것은 불가능하다. 그래서 A, B가 C보다 작은 어떤 수를 잴 수는 없다. 그래서 C가 A, B (모두)로 재어지는 최소 수이다.

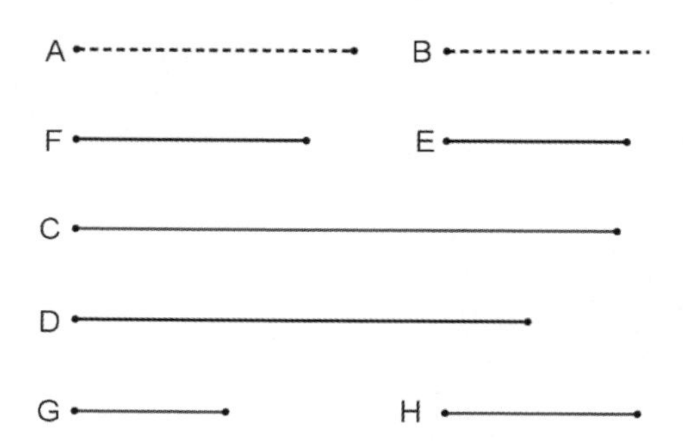

이제 A, B가 서로 소가 아니라고 하고 A, B와 동일 비율을 갖는 최소 수들 F, E가 잡혔다고 하자[VII-33]. 그래서 A, E에서 (곱하여 생성된 수)가 B, F에서 (곱하여 생성된 수)와 같다[VII-19]. A가 E를 곱하여 C를 만든다고 하자. 그래서 B는 F를 곱하여 C를 만들었다. 그래서 A, B는 C를 (공히) 잰다. 이제 나는 주장한다. (C는) 최소 수이기도 하다.
만약 아니라면, C보다 작은 어떤 수를 A, B가 잴 것이다. D를 잰다고 하자. A가 D를 재는 그 개수만큼 단위들이 G 안에 있는데, B가 D를 재는 그 개수만큼 단위들이 H 안에 있다고 하자. 그래서 A는 G를 곱하여 D를 만들었는데, B는 H를 곱하여 D를 만들었다. 그래서 A, G에서 (곱하여 생성된 수)는 B, H에서 (곱하여 생성된 수)와 같다. 그래서 A 대 B는 H 대 G이다[VII-19]. 그런데 A 대 B는 F 대 E이다. 그래서 F 대 E는 H 대 G이다[V-11]. F, E는 최소 수들인데, 최소 수들은 동일 비율을 갖는 수들을, (즉) 큰 수는 큰 수를 작은 수는 작은 수를 같은 만큼으로 잰다[VII-20]. 그래서 E가 G를 잰다. 또 A가 E, G를 곱하여 C, D를 만들었으므로 E 대 G는 C 대 D이다[VII-17]. 그런데 E가 G를 잰다. 그래서 C도 D를, (즉) 큰 것이 작은 것을 잰다. 이것은 불가능하다. 그래서 A, B가 C보다 작은 어떤 수를 잴 수는 없다. 그래서 C가 A, B (모두)로 재어지는 최소 수이다. 밝혀야 했던 바로 그것이다.

명제 35

두 수가 어떤 수를 재면, 그 수들로 재어지는 최소 수도 그 수를 잴 것이다.

두 수 A, B가 어떤 수 CD를 재는데 (그 두 수로 재어지는) 최소 수가 E라고 하자. 나는 주장한다. E도 CD를 잰다.

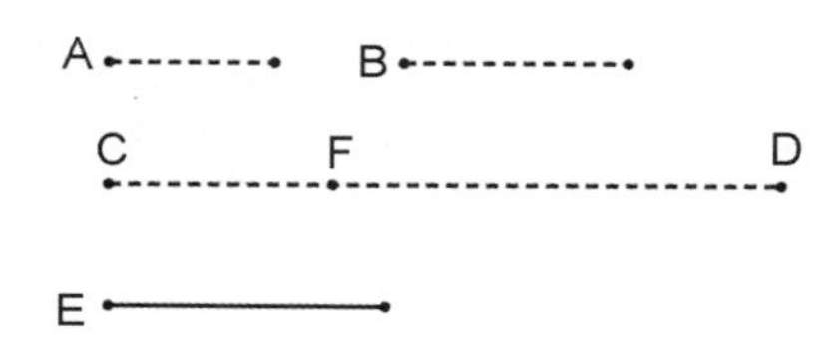

만약 E가 CD를 못 잰다면, E가 DF를 재면서 그 자신보다 작은 CF를 남긴다고 해보자. A, B가 E를 재는데 E가 DF를 재므로 A, B는 DF를 잰다. 그런데 (A, B는) 전체 CD도 잰다. 그래서 E보다 작은 나머지 CF를 잰다. 이것은 불가능하다. 그래서 E는 CD를 잴 수 없다. 그래서 잰다. 밝혀야 했던 바로 그것이다.

명제 36

주어진 세 수에 대하여 (세 수 모두가) 재는 최소 수를 찾아내기.

주어진 세 수 A, B C가 있다고 하자. 이제 (A, B, C 모두가) 재는 최소 수를 찾아내야 한다.

두 수 A, B로 재어지는 최소 수 D가 잡혔다고 하자[VII-34]. 이제 C가 D를 재거나 못 잰다. 먼저 잰다고 해보자. 그런데 A, B는 (공히) D를 잰다. 그래서 A, B, C (모두)가 D를 잰다.

이제 나는 주장한다. (D가) 최소 수이기도 하다.

만약 아니라면 A, B, C가 D보다 작은 어떤 수를 잴 것이다. 잰다고 하고 E라 하자. A, B, C가 E를 재므로 A, B도 E를 잰다. 그래서 A, B로 재어지는 최소 수는 [E]를 잴 것이다[VII-35]. 그런데 A, B로 재어지는 최소 수는 D이다. 그래서 D가 E를, (즉) 큰 수가 작은 수를 잰다. 이것은 불가능하다. 그래서 A, B, C가 D보다 작은 어떤 수를 잴 수는 없다. 그래서 A, B, C는 최소 수 D를 잰다.

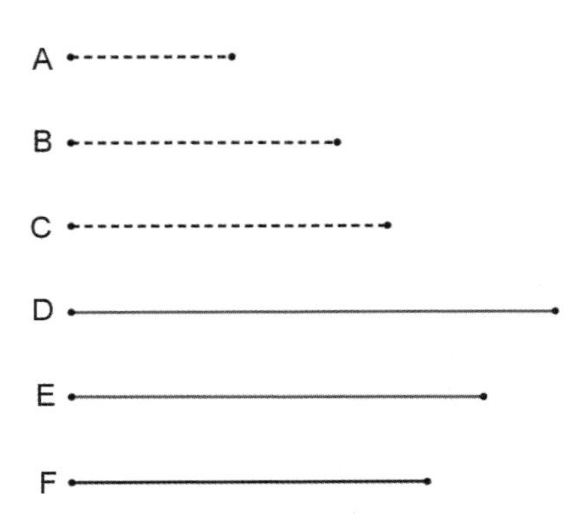

이제 다시 C가 D를 재지 못한다고 하고 C, D로 재어지는 최소 수 E가 잡혔다고 하자[VII-34]. A, B가 D를 재는데 D는 E를 재므로 A, B는 E를 (공히) 잰다. 그런데 C는 [E를 잰다. 그래서] A, B, C는 E를 잰다.
이제 나는 주장한다. (C는) 최소 수이기도 하다.
만약 아니라면 A, B, C가 E보다 작은 어떤 수를 잴 것이다. F를 잰다고 하자. A, B, C가 F를 재므로 A, B는 F를 잰다. 그래서 A, B로 재어지는 최소 수는 F를 잴 것이다[VII-35]. 그런데 A, B로 재어지는 최소 수는 D이다. 그래서 D는 F를 잰다. 그런데 C도 F를 잰다. 그래서 D, C는 F를 잰다. 결국 D, C로 재어지는 최소 수는 F를 잴 것이다. 그런데 C, D로 재어지는 최소 수는 E이다. 그래서 E가 F를, (즉) 큰 수가 작은 수를 잰다. 이것은 불가능하다. 그래서 A, B, C가 E보다 작은 어떤 수를 잴 수는 없다. 그래서 E

가 A, B, C로 재어지는 수들 중 최소 수이다. 밝혀야 했던 바로 그것이다.

명제 37

수가 어떤 수로 재어지면, 재어지는 수는 '몫 같은 이름의 몫'을 가질 것이다.[142]

수 A가 어떤 수 B로 재어진다고 하자. 나는 주장한다. A는 'B 같은 이름의 몫'을 가진다.

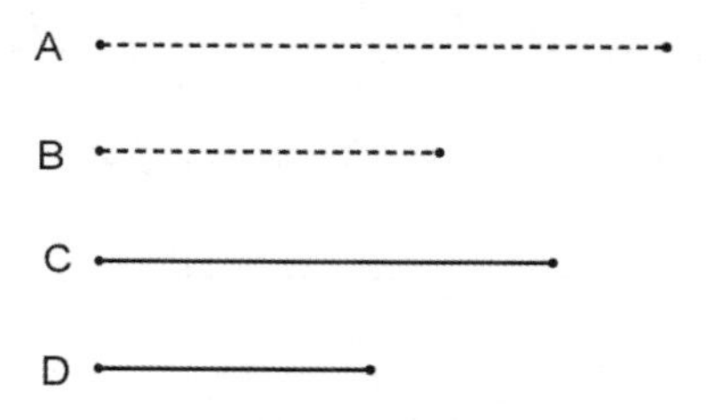

B가 A를 재는 그 개수만큼, 단위들이 C 안에 있을 것이다. B가 A를 C 안에 있는 단위들만큼으로 재는데 단위 D가 수 C를 그 (C) 안에 있는 단위들

142 (1) 원문은 ὁμώνυμον. 문자 그대로는 '닮은 이름' 또는 '같은 이름'이다. 그래서 '재는 (수)와 비슷한 이름인 몫, 더 나아가 '재는 수처럼 발음되는 이름을 가진 몫'이다. 영역 중 토머스 히스(Thomas Heath) 등은 a part called by the same name as ~로 번역했고 헨리 멘델(Henry Mendell)은 a part homonymous to ~로 번역했다. 노어 번역은 멘델의 번역과 유사하되 주석에 히스의 번역처럼 설명했다. (2) 예를 들면 12는 4를 세 번 반복해서 잰다. 이때 몫인 4는 수라는 실체이다. 반면 세 번은 수가 아니라 횟수나 개수이다. 그런데 이 명제는 12를 4로 재면 4와 같은 이름의 몫, 즉 1/4인 몫, 즉 3이라는 '수'를 몫으로 가진다고 말한다. 즉, 분수 개념에 필요한 용어이다. 유클리드 시대에 수를 '단위들의 모음'이라는 좁은 의미로만 보았기 때문에 이런 복잡한 용어가 필요했던 것으로 보인다. 디오판토스는 1세기 중반의 수학 고전 『산술』에서 분수의 개념을 도입할 때 이 용어를 썼다.

만큼으로 재므로, 같은 만큼으로 단위 D는 수 C를 재고 B는 A를 잰다. 그래서 교대로도, 같은 만큼으로 단위 D가 수 B를 재고 C도 A를 잰다[VII-15]. 그래서 단위 D가 수 B의 어떤 몫이든 C도 A의 동일한 몫이다. 그런데 단위 D는 수 B에 대해 그 'B 같은 이름의 몫'이다. 그래서 C도 A에 대해 'B 같은 이름의 몫'이다. 결국 A는 'B 같은 이름의 몫'인 C를 가진다. 밝혀야 했던 바로 그것이다.

명제 38

수가 아무것이나 몫을 가진다면, 그 '몫 같은 이름의 수'로 재어질 것이다.

수 A가 아무것이나 몫 B를 갖고, 몫 'B 같은 이름의 수'가 C라고 하자. 나는 주장한다. C는 A를 잰다.

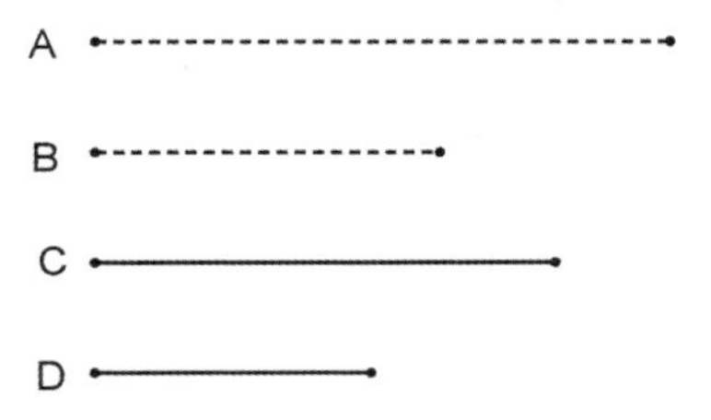

B가 A에 대해 'C 같은 이름의 몫'인데 단위 D도 C에 대해 그 '(C) 같은 이름의 몫'이므로, 단위 D가 수 C의 어떤 몫이든 B도 A의 동일한 몫이다. 그래서 단위 D는 수 C를 재고 같은 만큼으로 B는 A를 잰다. 그래서 교대로도, 같은 만큼으로 단위 D는 수 B를 재고 C는 A를 잰다[VII-15]. 그래서 C는 A를 잰다. 밝혀야 했던 바로 그것이다.

명제 39

주어진 몫들을 가질 (수들 중) 최소인 수를 찾아내기.

주어진 몫 A, B, C가 있다고 하자. 이제 몫 A, B, C를 갖는 (수들 중) 최소인 수를 찾아내야 한다.

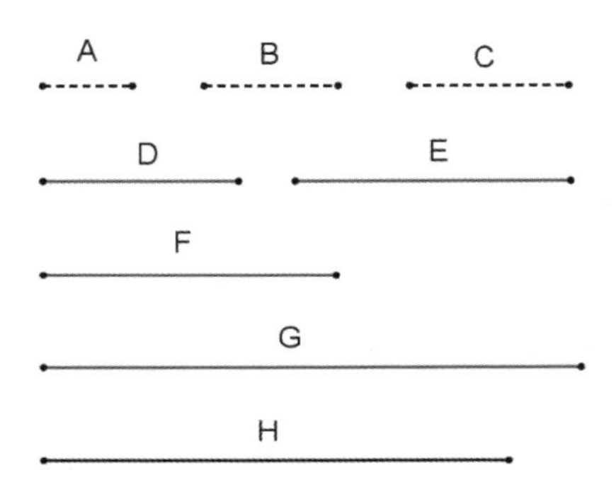

'몫 A, B, C 같은 이름의 수들' D, E, F가 있고, D, E, F로 재어지는 최소수 G가 잡혔다고 하자[VII−36]. 그래서 G는 'D, E, F 같은 이름의 몫들'을 가진다[VII−37]. 그런데 'D, E, F 같은 이름의 몫들'은 A, B, C이다. 그래서 G가 몫 A, B, C를 가진다.

이제 나는 주장한다. (G는 그런 수)들 중 최소이기도 하다.

만약 아니라면, 몫 A, B, C를 갖는 G보다 작은 어떤 수가 있을 것이다. (그것이) H라고 하자. H가 몫 A, B, C를 가지므로 H는 '몫 A, B, C 같은 이름의 수들'로 재어질 것이다[VII−38]. 그런데 D, E, F가 '몫 A, B, C 같은 이름의 수들'이다. 그래서 H가 D, E, F로 재어진다. (H는) G보다 작기도 하다. 이것은 불가능하다. 그래서 몫 A, B, C를 가질, G보다 작은 어떤 수는 있을 수 없다. 밝혀야 했던 바로 그것이다.

제8권

명제 1

몇 개이든 연속 비례[143]인 수들이 있는데 그 수들 중 끝 (두 수)가 서로 소이면 (그 수들은) 그 수들과 동일 비율을 갖는 수들 중 최소 수들이다.

몇 개이든 연속 비례인 수 A, B, C, D가 있는데 끝 수 A, D가 서로 소라고 하자. 나는 주장한다. A, B, C, D는 그 수들과 동일 비율을 갖는 수들 중 최소 수들이다.

만약 아니라면, 그것들과 동일 비율로 있는 A, B, C, D보다 더 작은 E, F, G, H가 있다고 하자. A, B, C, D가 E, F, G, H와 동일 비율로 있고 [A, B, C, D의] 개수와 [E, F, G, H의] 개수가 같으므로, 같음에서 비롯해서, A 대 D는 E 대 H이다[VII-14]. A, D는 서로 소(인 수들)인데, 서로 소(인 수들)은 최소(인 수들)이기도 한데다[VII-21], 최소 수들은 동일 비율을 갖는 수들을, (즉) 큰 수는 큰 수를 작은 수는 작은 수를, 다시 말해 앞 수가 앞 수를

143 정의 없이 나온 용어이다. 예를 들어 네 수 A, B, C, D가 8, 12, 18, 27처럼 A∶B≅B∶C≅C∶D인 관계를 이루면 이 네 수는 '연속 비례'이다. 현대의 개념으로 보면 등비수열과 비슷하지만 유클리드는 자연수만 수로 받아들이고 비율과 분수는 수로 여기지 않는다. 따라서 현대의 등비수열의 경우 8, 12, 18, 27 말고도 등비를 곱하면서 수열이 계속될 수 있는 반면 유클리드의 연속 비례 수열의 경우에는 8, 12, 18, 27에서 8 앞에도 27 다음에도 연속 비례가 되는 '수'는 없다.

뒤 수가 뒤 수를 같은 만큼으로 잰다[VII-20]. 그래서 A가 E를 잰다. (즉), 큰 수가 작은 수를 잰 것이다. 이것은 불가능하다. 그래서 A, B, C, D와 동일 비율을 가지면서 그것들보다 더 작은 수 E, F, G, H는 있을 수 없다. 그래서 A, B, C, D가 그 수들과 동일 비율을 갖는 수들 중 최소 수들이다. 밝혀야 했던 바로 그것이다.

명제 2

몇 개가 지정되든 주어진 비율로 있는 연속 비례인 최소 수들을 찾아내기.

최소 수들로 있는 주어진 비율, (즉) A 대 B의 (비율)이 있다고 하자. 이제, 몇 개가 지정되든 A 대 B의 비율로 있는 연속 비례인 최소 수들을 찾아내야 한다.

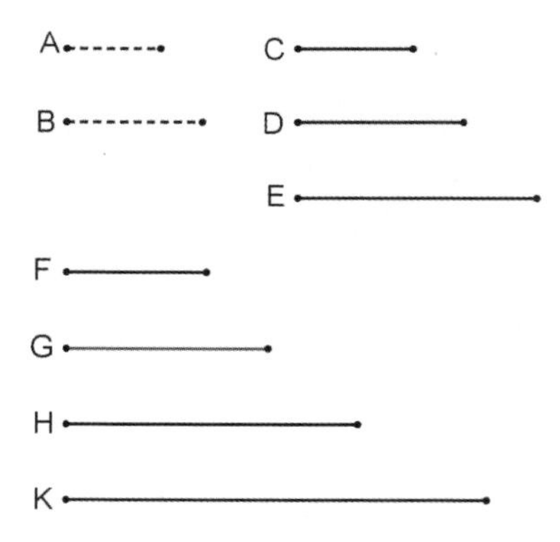

네 개가 지정되었다고 하자. A가 그 자신을 곱해서는 C를 만들고 B를 곱해서는 D를 만들고 게다가 B는 그 자신을 곱해서 E를 만들고 뿐만 아니라 A는 C, D, E를 곱하여 F, G, H를 만드는데 B는 E를 곱해서 K를 만든다고 하자.

A가 그 자신을 곱해서는 C를 만들었는데 B를 곱해서는 D를 만들었으므로 A 대 B는 C 대 D이다[VII-17]. 다시, A는 B를 곱하여 D를 만들었는데 B는 그 자신을 곱하여 E를 만들었으므로 A, B 각각이 B를 곱하여 D, E 각각을 만들었다. 그래서 A 대 B는 D 대 E이다[VII-18]. 한편 A 대 B는 C 대 D이다. 그래서 C 대 D는 D 대 E이다. 또 A가 C, D를 곱하여 F, G를 만들었으므로 C 대 D는 F 대 G이다. 그런데 C 대 D는 A 대 B이다. 그래서 A 대 B는 F 대 G이다. 다시, A가 D, E를 곱하여 G, H를 만들었으므로 D 대 E는 G 대 H이다. 한편, D 대 E는 A 대 B이다. 그래서 A 대 B는 G 대 H이다. 또 A, B가 E를 곱하여 H, K를 만들었으므로 A 대 B는 H 대 K이다. 한편, A 대 B는 F 대 G이고 G 대 H이다. 그래서 F 대 G는 G 대 H이고 H 대 K이다. 그래서 C, D, E와 F, G, H, K는 A 대 B의 비율로 (연속) 비례한다.
이제 나는 주장한다. 최소이기도 하다.
A, B가 그 수들과 동일 비율을 갖는 최소 수들인데, 동일 비율을 갖는 수들 중 최소 수들은 서로 소(인 수)들이므로 A, B는 서로 소이다[VII-22]. A, B 각각은 그 자신을 곱하여 C, E 각각을 만들었는데 C, E 각각은 그 자신을 곱하여 F, K 각각을 만들었다. 그래서 C, E와 F, K는 서로 소이다[VII-27]. 몇 개이든 연속 비례인 수들이 있는데 그 수들 중 끝 (두 수)가 서로 소이면 (그 수들은) 그 수들과 동일 비율을 갖는 수들 중 최소 수들이다[VIII-1]. 그래서 C, D, E와 F, G, H, K는 A 대 B의 비율을 갖는 최소 수들이다. 밝혀야 했던 바로 그것이다.

따름. 이제 이로부터 분명하다. 연속 비례인 세 수가, 그 수들과 동일 비율을 갖는 수들 중 최소 수들이라면, 그 수들 중 끝 (두 수)는 정사각수이다. 네 수라면, 정육면수이다.

명제 3

연속 비례인 몇몇 수들이 그 수들과 동일 비율을 갖는 수들 중 최소라면, 그 수들 중 끝 (두 수)는 서로 소이다.

연속 비례인 몇몇 수들 A, B, C, D가 그 수들과 동일 비율을 갖는 수들 중 최소 수들이라 하자. 나는 주장한다. 그 수들 중 끝 A, D는 서로 소이다.

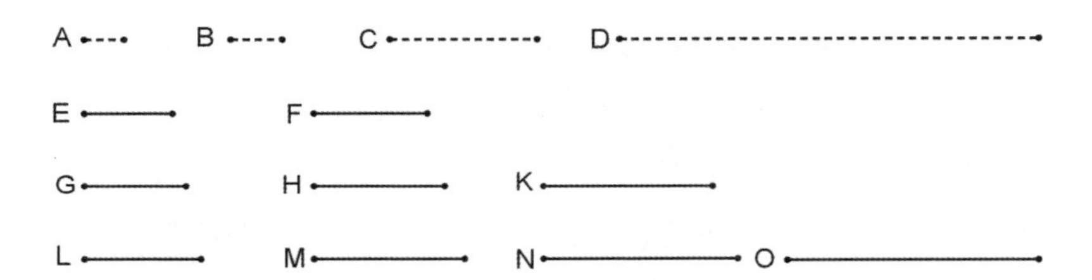

A, B, C, D의 비율로 있는 최소인 두 수는 E, F가, 세 수는 G, H, K가 (기타 등등), 잡은 (수들의) 개수가 A, B, C, D의 개수와 같게 나올 때까지 잇따라 하나씩 더 잡았다고 하자[VII−33, VIII−2]. 잡았고 L, M, N, O라고 하자. E, F가 그 수들과 동일 비율을 갖는 최소 수들이므로 서로 소이다[VII−22]. 또 E, F 각각은 그 자신을 곱하여 G, K 각각을 만들었고[VIII−2 따름] G, K 각각은 그 자신을 곱하여 L, O 각각을 만들었으므로 G, K와 L, O는 서로 소이다[VII−27]. 또 A, B, C, D가 그 수들과 동일 비율을 갖는 최소 수들인데 L, M, N, O도 A, B, C, D와 동일 비율을 갖는 최소 수들이기도 한데다 A, B, C, D의 개수와 L, M, N, O의 개수가 같으므로 A, B, C, D 각각은 L, M, N, O 각각과 같다. 그래서 A는 L과, D는 O와 같다. 또 L, O는 서로 소이다. 그래서 A, D도 서로 소이다. 밝혀야 했던 바로 그것이다.

명제 4

최소 수들로 있는 주어진 몇몇 비율들에 대하여 그 주어진 비율들로 있는 연속 비례인 최소 수들을 찾아내기.

최소 수들로 있는 주어진 비율들, (즉) A 대 B, C 대 D, 그리고 E 대 F가 있다고 하자. 이제 A 대 B의 비율로도, C 대 D의 비율로도, 그리고 E 대 F로도 있는 연속 비례인 최소 수들을 찾아내야 한다.[144]

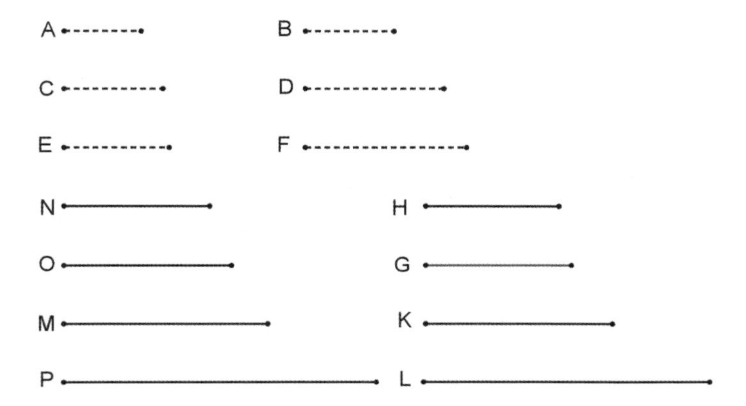

B, C로 재어지는 최소 수 G가 잡혔다고 하자[VII-34]. 또한 B가 G를 재는 바로 그만큼으로 A가 H를 잰다고 하고, C가 G를 재는 그만큼으로 D가 K를 잰다고 하자.

144 연속 비례라는 용어를 쓸 때, 지금까지 그리고 앞으로도 유클리드는 주로 '등비'인 경우를 말한다. 예를 들어 4:6:9=2:3이거나 8:12:18:28=4:6:9=2:3인 경우다. 그런데 이 명제와 이어지는 제8권의 명제 5에서는 일반적인 경우까지 허용한다. 예를 들어 2:3:5도 연속 비례다.

그런데 E는 K를 재거나 못 잰다. 먼저 잰다고 하자. 그리고 E가 K를 재는 그 개수만큼, F가 L을 잰다고 하자. 같은 만큼으로 A도 H를 재고 B도 G를 재므로 A 대 B는 H 대 G이다[VII-def-20, VII-13]. 똑같은 이유로 C 대 D는 G 대 K이고, 게다가 E 대 F는 K 대 L이다. 그래서 연속 비례 수 H, G, K, L은 A 대 B의 비율로도, C 대 D의 비율로도, 게다가 E 대 F의 비율로도 있다.

이제 나는 주장한다. 최소 수들이기도 하다.

만약 H, G, K, L이 A 대 B의 비율로도, C 대 D의 비율로도, 게다가 E 대 F의 비율로도 있는 연속 비례인 최소 수들이 아니라면, (그렇게 되는) 더 작은 수들 N, O, M, P가 있다고 하자. A 대 B는 N 대 O인데 A, B가 최소 수들이기도 한데다 동일 비율을 갖는 수들 중 최소 수들은 동일 비율을 갖는 수들을, (즉) 큰 수는 큰 수를 작은 수는 작은 수를, 다시 말해 앞 수가 앞 수를 뒤 수가 뒤 수를 같은 만큼으로 잰다. 그래서 B가 O를 잰다[VII-20]. 똑같은 이유로 C도 O를 잰다. 그래서 B, C가 O를 잰다. 그래서 B, C로 재어지는 최소 수가 O를 잴 것이다[VII-35]. 그런데 B, C로는 최소 수 G가 재어진다. 그래서 G가 O를 잰다. (즉), 큰 수가 작은 수를 잰다. 이것은 불가능하다. 그래서 A 대 B의 비율로도, C 대 D의 비율로도, 게다가 E 대 F의 비율로도 있는 연속 (비례)인, H, G, K, L보다 작은 어떤 수들은 있을 수 없다.

이제 E가 K를 재지 못한다고 하자. E, K로 재어지는 최소 수 M이 잡혔다고 하자[VII-34]. K가 M을 재는 그만큼으로 H, G 각각이 N, O 각각을 잰다고 하고, E가 M을 재는 그만큼으로 F가 P를 잰다고 하자.

같은 만큼으로 H가 N를 재고 G가 O를 (재므로) H 대 G는 N 대 O이다 [VII-def-20, VII-13]. 그런데 H 대 G는 A 대 B이다. 그래서 A 대 B는 N

대 O이다. 똑같은 이유로 C 대 D는 O 대 M이다. 다시, E가 M를 재고 같은 만큼으로 F가 P를 재므로 E 대 F는 M 대 P이다. 그래서 연속 비례인 수 N, O, M, P는 A 대 B의 비율로도, C 대 D의 비율로도, 게다가 E 대 F의 비율로도 있다.

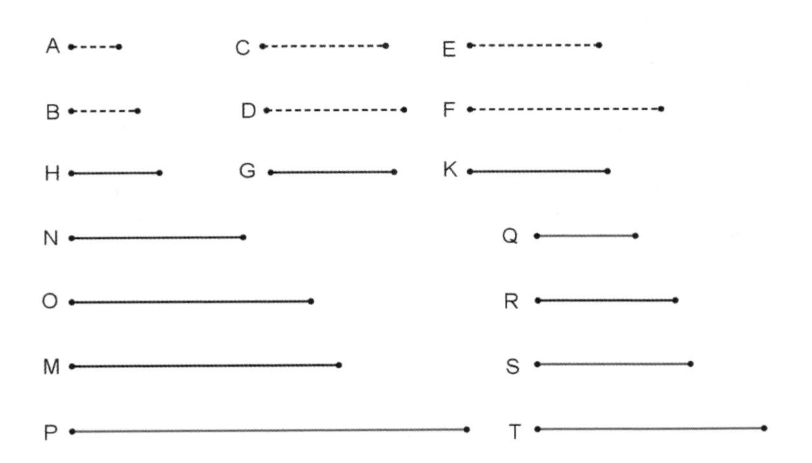

이제 나는 주장한다. (연속 비례 수 N, O, M, P는) A B, C D, E F[145] 비율들로 된 최소 수들이기도 하다.
혹시 아니라면, A B, C D, E F 비율로도 있는 연속 비례인 N, O, M, P보다 더 작은 어떤 수들이 있을 것이다. Q, R, S, T라고 하자. Q 대 R은 A 대 B인데 A, B가 최소 수들이기도 한데다 동일 비율을 갖는 수들 중 최소 수들은 동일 비율을 갖는 수들을, (즉) 큰 수는 큰 수를 작은 수는 작은 수를,

145 처음 나오는 기호다. 현대의 기호인 A:B, C:D, E:F가 연상된다. 이 기호가 유클리드의 원래 표기라면 이 기호 또한, 『원론』에서 종종 엿보이는, 기호화의 씨앗의 한 사례다.

다시 말해 앞 수가 앞 수를 뒤 수가 뒤 수를 같은 만큼으로 잰다[VII−20]. 그래서 B가 R을 잰다. 똑같은 이유로 C도 R을 잰다. 그래서 B, C가 R을 잰다. 그래서 B, C로 재는 최소 수가 R을 잴 것이다[VII−35]. 그런데 B, C로 재는 최소 수는 G이다. 그래서 G가 R을 잰다. 또 G 대 R은 K 대 S이다. 그래서 K도 S를 잰다[VII−def−20]. 그런데 E도 S를 잰다[VII−20]. 그래서 E, K가 S를 잰다. 그래서 E, K로 재는 최소 수는 S를 잴 것이다[VII−35]. 그런데 E, K로 재는 최소 수는 M이다. 그래서 M이 S를 잰다. (즉), 큰 수가 작은 수를 잰다. 이것은 불가능하다. 그래서 A 대 B의 비율로도, C 대 D의 비율로도, 게다가 E 대 F의 비율로도 있는, N, O, M, P보다 더 작은 어떤 수들은 있을 수 없다. 그래서 N, O, M, P가 A B, C D, E F 비율로 있는 최소 수들이다. 밝혀야 했던 바로 그것이다.

명제 5

평면수들은 서로에 대해 그 변들(의 비율들)에서 (비롯한) 합성[146] 비율을 가진다.

평면수 A, B가 있고 A의 변들은 수 C, D요, B의 변들은 E, F라 하자. 나는 주장한다. A 대 B는 그 변들(의 비율들)에서 합성된 비율을 가진다.

C 대 E이며 D 대 F의 (비율)을 가지는 주어진 비율들에 대하여, C 대 E는 G 대 H요, D 대 F는 H 대 K이도록, C E, D F 비율들로 있는 최소인 연속

146 기하학의 닮음 이론인 제6권 명제 23과 유사하다. '합성'이라는 용어를 명확히 정의하지 않은 채 쓴다는 점에서, 그리고 명제와 증명에 쓰인 문장이 거의 비슷하다는 점에서, 그리고 『원론』의 어디에도 쓰이지 않는다는 점도 비슷하다.

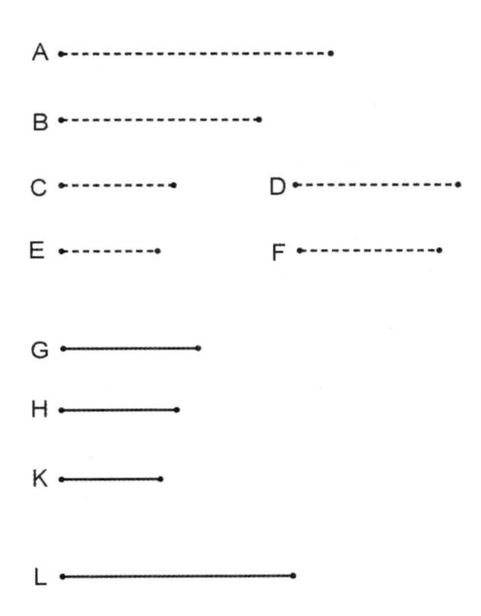

(비례) 수들 G, H, K를 잡았다고 하자[VIII-4]. 또 D가 E를 곱하여 L을 만든다고 하자.

D가 C를 곱해서는 A를 만들었는데 E를 곱해서는 L을 만들었으므로 C 대 E는 A 대 L이다[VII-17]. 그런데 C 대 E는 G 대 H이다. 그래서 G 대 H는 A 대 L이다. 다시, E가 D를 곱해서는 L을 만들었는데[VII-16], 더군다나 F를 곱해서는 B를 만들었으므로 D 대 F는 L 대 B이다[VII-17]. 한편, D 대 F는 H 대 K이다. H 대 K는 L 대 B이기도 하다. 그런데 G 대 H가 A 대 L이라는 것은 밝혀졌다. 그래서 같음에서 비롯해서, G 대 K가 A 대 B인데[VII-14] G 대 K는 그 변들(A, B의 비율들)에서 합성된 비율을 가진다. 밝혀야 했던 바로 그것이다.

명제 6

연속 비례인 몇몇 수들이 있는데, 첫째 수가 둘째 수를 못 잰다면 다른 어떤 수도 어떤 (다른 수)를 못 잴 것이다.

연속 비례인 몇몇 수들 A, B, C, D, E가 있는데 A가 B를 못 잰다고 하자.
나는 주장한다. 다른 어떤 수도 어떤 (다른 수)를 못 잴 것이다.
이때 A, B, C, D, E가 잇달아서 서로를 못 잰다는 것은 분명하다. A가 B를 재지 못하니까 말이다.

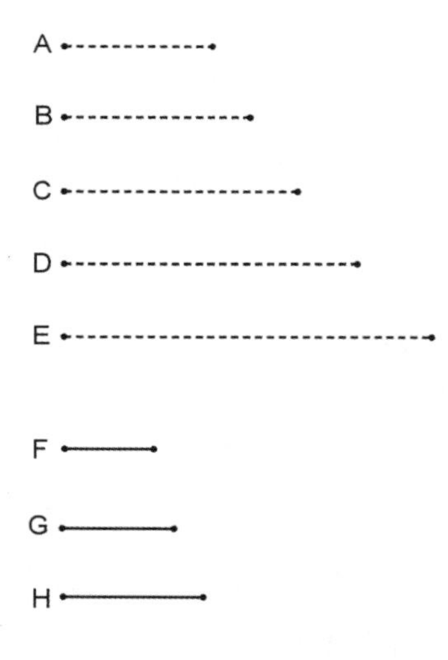

이제 나는 주장한다. 다른 어떤 수도 어떤 (다른 수)를 못 잴 것이다.
혹시 가능하다면 A가 C를 잰다고 하자. A, B, C와 동일 비율을 갖는 수들 중 최소 수들 F, G, H가 A, B, C 개수만큼 잡혔다고 하자[VII-33]. F, G, H가 A, B, C와 동일 비율로 있고 A, B, C의 개수와 F, G, H의 개수가 같으므로, 같음에서 비롯해서, A 대 C는 F 대 H이다[VII-14]. 또 A 대 B는 F

대 G인데 A가 B를 못 재므로 F도 G를 못 잰다[VII-def-20]. 그래서 F는 단위가 아니다. 모든 단위는 수를 재니까 말이다. 또 F, H는 서로 소이다 [VIII-3]. [그래서 F는 H를 못 잰다.] 또 F 대 H는 A 대 C이다. 그래서 A는 C를 못 잰다. 다른 어떤 수도 어떤 (다른 수)를 못 잴 것이라는 것도 이제 우리는 비슷하게 밝힐 수 있다. 밝혀야 했던 바로 그것이다.

명제 7

[연속] 비례인 몇몇 수들이 있는데, 첫째 수가 마지막 수를 잰다면 (첫째 수는) 둘째 수도 잴 것이다.

연속 비례인 몇몇 수들 A, B, C, D가 있는데 A가 D를 잰다고 하자. 나는 주장한다. A는 B도 잰다.

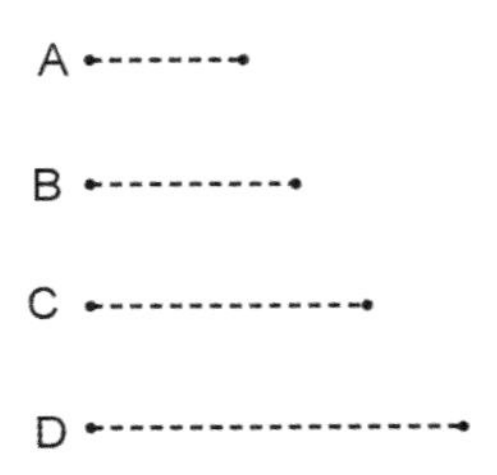

만약 A가 B를 재지 못한다면 다른 어떤 수도 어떤 (다른 수)를 못 잴 것이다. 그런데 A가 D를 잰다. 그래서 A는 B를 잰다. 밝혀야 했던 바로 그것이다.

명제 8

두 수 사이에 계속해서 비례로 수들이 떨어진다면, 그 (두 수) 안으로 그 사이에 계속해서 비례로 수들이 떨어지는 그 개수만큼, 그 수들과 동일 비율을 갖는 (다른 두 수) 안으로도 그 사이에 계속해서 비례로 수들이 떨어질 것이다.

두 수 A, B 사이에 계속해서 비례로 수 C, D가 떨어진다고 하고 A 대 B는 E 대 F를 만들었다고 하자. 나는 주장한다. A, B 안으로 그 사이에 계속해서 비례로 수들이 떨어지는 그 개수만큼, E, F 안으로도 그 사이에 계속해서 비례로 수들이 떨어질 것이다.

A ------------- E --------------------
C ----------------- M ————————
D -------------------- N —————————
B ----------------------- F --

G ——
H ———
K ————
L —————

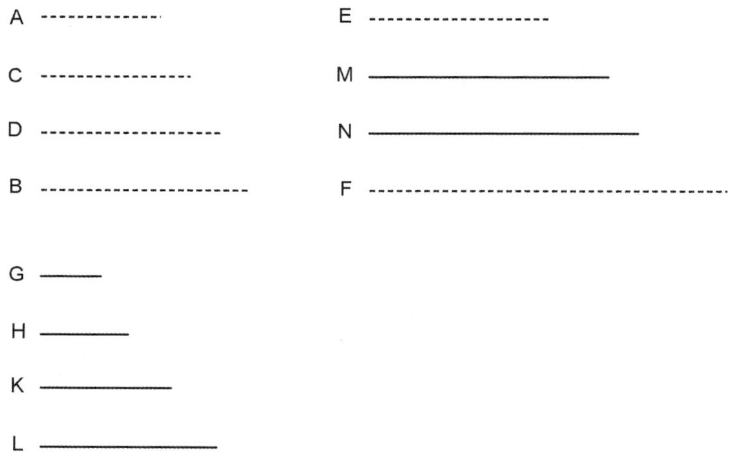

A, B, C, D 개수만큼 A, C, D, B와 동일 비율을 갖는 수들 중 최소 수들인 G, H, K, L이 잡혔다고 하자[VII-33].

그래서 그 수들의 끝 G, L은 서로 소이다[VIII-3]. 또 A, C, D, B는 G, H, K, L과 동일 비율로 있고 A, C, D, B의 개수가 G, H, K, L의 개수와 같으

므로, 같음에서 비롯해서, A 대 B는 G 대 L이다[VII-14]. 그런데 A 대 B는 E 대 F이다. 그래서 G 대 L은 E 대 F이다. 그런데 G, L은 서로 소이고, 서로 소(인 수들)은 최소인 수들이기도 한데다[VII-21] 동일 비율을 갖는 수들 중 최소 수들은 동일 비율을 갖는 수들을, (즉) 큰 수는 큰 수를 작은 수는 작은 수를, 다시 말해 앞 수가 앞 수를 뒤 수가 뒤 수를 같은 만큼으로 잰다[VII-20]. 그래서 G가 E를 재고 같은 만큼으로 L이 F를 잰다. 이제 G가 E를 재는 그만큼으로 H, K 각각이 M, N 각각을 잰다고 하자. 그래서 G, H, K, L은 E, M, N, F를 같은 만큼으로 잰다. 그래서 G, H, K, L은 E, M, N, F와 동일 비율로 있다[VII-def-20]. 한편 G, H, K, L은 A, C, D, B와 동일 비율로 있다. 그래서 A, C, D, B는 E, M, N, F와도 동일 비율로 있다. 그런데 A, C, D, B가 연속 비례이다. 그래서 E, M, N, F도 연속 비례이다. 그래서 A, B 안으로 그 사이에 계속해서 비례로 수들이 떨어진 그 개수만큼 E, F 안으로 그 사이에 계속해서 비례로 수들이 떨어졌다. 밝혀야 했던 바로 그것이다.

명제 9

두 수가 서로 소이면, 또 그 (두 수) 안으로 그 사이에 계속해서 비례로 수들이 떨어진다면, 그 (두 수) 안으로 그 사이에 계속해서 비례로 수들이 떨어지는 개수만큼 그 수들 각각과 단위 사이에도 계속해서 비례로 수들이 떨어질 것이다.

서로 소인 두 수 A, B가 있고 그 (두 수) 사이에 계속해서 비례로 수 C, D가 떨어진다고 하고 단위 E가 제시된다고 하자. 나는 주장한다. A, B 안으로 그 사이에 계속해서 비례로 수들이 떨어진 개수만큼 A, B 각각과 단위

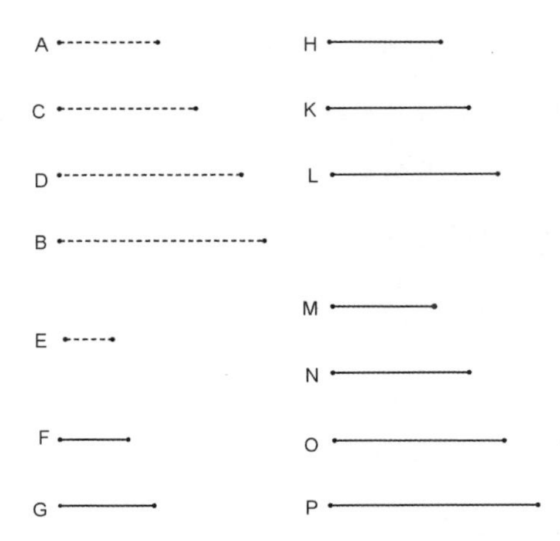

사이에도 계속해서 비례로 수들이 떨어질 것이다.

A, C, D, B의 비율로 있는 최소인 두 수는 F, G를, 세 수는 H, K, L을, (기타 등등) 잡은 (수들의) 개수가 A, C, D, B의 개수와 같게 나올 때까지 잇따라 하나씩 더 잡았다고 하자[VII−33, VIII−2]. 잡았고 M, N, O, P라고 하자. F가 그 자신을 곱해서는 H를 만들었고 H를 곱해서는 M을 만들었는데, G가 그 자신을 곱해서는 L을 만들었고 L을 곱해서는 P를 만들었다는 것은 분명하다[VIII−2 따름]. 또한 M, N, O, P가 F, G와 동일 비율을 갖는 수들 중 최소 수들인데 A, C, D, B도 F, G와 동일 비율을 갖는 수들 중 최소 수들이고[VIII−2], M, N, O, P 들의 개수는 A, C, D, B 들의 개수와 같으므로 M, N, O, P 각각이 A, C, D, B와 같다. 그래서 M은 A와, P는 B와 같다. 또한 F가 그 자신을 곱하여 H를 만들었으므로 F는 H를 F 안에 있는 단위들만큼으로 잰다[VII−def−15]. 그런데 단위 E도 F를 그 (F) 안에 있는 단위들만큼으로 잰다. 그래서 같은 만큼으로 단위 E는 수 F를 재고 F는 H를 잰다. 그래서 단위 E 대 수 F는 F 대 H이다[VII−def−20]. 다시, F가 H를 곱

하여 M을 만들었으므로 H는 M을 F 안에 있는 단위들만큼으로 잰다. 그런데 단위 E도 수 F를 그 (F) 안에 있는 단위들만큼으로 잰다. 그래서 단위 E가 수 F를 재고 같은 만큼으로 H는 M을 잰다. 그래서 단위 E 대 수 F는 H 대 M이다. 그런데 단위 E 대 수 F가 F 대 H라는 것은 밝혀졌다. 그래서 단위 E 대 수 F는 F 대 H이고 H 대 M이다. 그런데 M이 A와 같다. 그래서 단위 E 대 수 F는 F 대 H이고 H 대 A이다. 똑같은 이유로 단위 E 대 수 G는 G 대 L이고 L 대 B이다. 그래서 A, B 안으로 그 사이에 계속해서 비례로 수들이 떨어진 개수만큼 A, B 각각과 단위 사이에 계속해서 비례로 수들이 떨어졌다. 밝혀야 했던 바로 그것이다.

명제 10

두 수 각각과 단위 사이에 계속해서 비례로 수들이 떨어진다면, 그 수들 각각과 단위 사이에 계속해서 비례로 떨어지는 수들 개수만큼, 그 수들 안으로 그 사이에 계속해서 비례로 수들이 떨어질 것이다.

두 수 A, B와 단위 C 사이에 계속해서 비례로 수 D, E와 F, G가 떨어진다

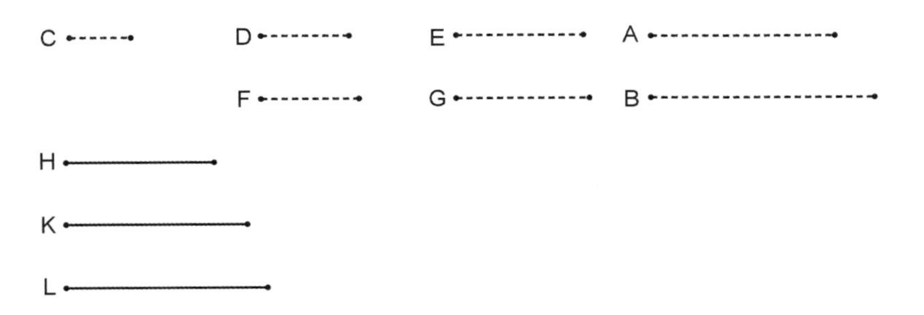

고 하자. 나는 주장한다. A, B 각각과 단위 C 사이에 계속해서 비례로 떨어지는 수들 개수만큼 A, B 안으로 그 사이에 계속해서 비례로 수들이 떨어질 것이다.

D가 F를 곱하여 H를 만드는데 D, F 각각은 H를 곱하여 K, L을 만든다고 하자.

단위 C 대 수 D는 D 대 E이므로, 같은 만큼으로 단위 C가 수 D를 재고 D는 E를 잰다[VII-def-20]. 그런데 단위 C는 수 D를 D 안에 있는 단위들만큼으로 잰다. 그래서 수 D는 E를 D 안에 있는 단위들만큼으로 잰다. 그래서 D는 그 자신을 곱하여 E를 만들었다. 다시 [단위] C 대 수 D는 E 대 A이므로, 같은 만큼으로 단위 C가 수 D를 재고 E는 A를 잰다. 그런데 단위 C는 수 D를 D 안에 있는 단위들만큼으로 잰다. 그래서 E는 A를 D 안에 있는 단위들만큼으로 잰다. 그래서 D는 E를 곱하여 A를 만들었다. 똑같은 이유로 F가 그 자신을 곱해서는 G를 만들었고 G를 곱해서는 B를 만들었다. 또 D가 그 자신을 곱해서는 E를 만들었고 F를 곱해서는 H를 만들었으므로 D 대 F는 E 대 H이다[VII-17]. 똑같은 이유로 D 대 F는 H 대 G이다[VII-18]. 그래서 E 대 H는 H 대 G이다. 다시, D가 E, H 각각을 곱하여 A, K 각각을 만들었으므로 E 대 H는 A 대 K이다[VII-17]. 한편, E 대 H는 D 대 F이다. 그래서 D 대 F는 A 대 K이다. 다시, D, F 각각이 H를 곱하여 K, L 각각을 만들었으므로 D 대 F는 K 대 L이다[VII-18]. 한편, D 대 F는 A 대 K이다. 그래서 A 대 K는 K 대 L이다. 게다가 F가 H, G 각각을 곱하여 L, B 각각을 만들었으므로 H 대 G는 L 대 B이다[VII-17]. 그런데 H 대 G는 D 대 F이다. 그래서 D 대 F는 L 대 B이다. 그런데 D 대 F가 A 대 K이고도 K 대 L이라는 것은 밝혀졌다. 그래서 A 대 K는 K 대 L이고 L 대 B이다. 그래서 A, K, L, B는 계속해서 연속 비례이다. A, B 각각과 단위 C 사이에 계속해서 비례로 떨어지는 수들 개수만큼 A, B 안으로 그 사이에 계속해서 비례로 수들이 떨어질 것이다. 밝혀야 했던 바로 그것이다.

명제 11

두 정사각수에 대하여 비례 중항으로 수가 하나 있고, 정사각수 대 정사각수는 그 변 대 변에 비하여 이중 비율이다.[147]

정사각수 A, B가 있고 A의 변은 C요, B의 변은 D라고 하자. 나는 주장한다. A, B에 대하여 비례 중항으로 수가 하나 있고, A 대 B는 C 대 D에 비하여 이중 비율이다.

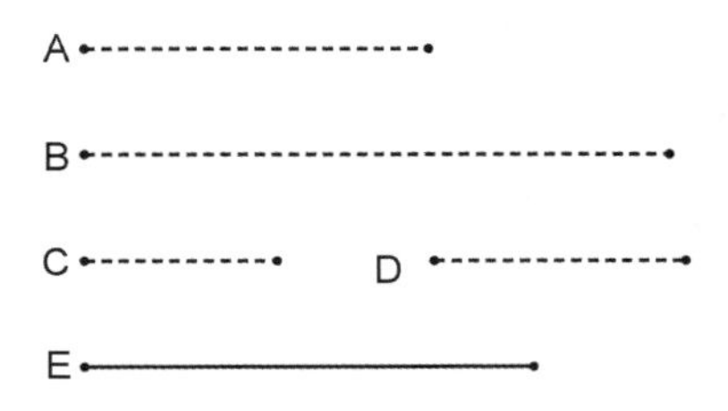

C가 D를 곱하여 E를 만든다고 하자.

A가 정사각수인데 C는 그 수의 변이므로 C가 그 자신을 곱하여 A를 만들

147 크기에 대해서 정의한 것을 그대로 수에 적용했다. 제6권 명제 19, 20 참조. 이 명제도 기하학의 닮음 이론에서 나온 명제와 나란히 놓고 볼 수 있는 수론 형태의 명제다. 다만 이 명제와 이어지는 명제들에서 수에 대한 이중, 삼중 비율에 대해 언급한 부분의 경우 훗날 첨가된 것으로 보는 의견도 있다.

었다. 똑같은 이유로 D는 그 자신을 곱하여 B를 만들었다. C가 C, D 각각을 곱하여 A, E 각각을 만들었으므로 C 대 D는 A 대 E이다[VII-17]. 똑같은 이유로 C 대 D는 E 대 B이다[VII-18]. 그래서 A 대 E는 E 대 B이다. 그래서 A, B에 대하여 비례 중항으로 수가 하나 있다.

이제 나는 주장한다. A 대 B는 C 대 D에 비하여 이중 비율이다.

세 수 A, E, B가 비례하므로 A 대 B는 A 대 E에 비하여 이중 비율이다. 그런데 A 대 E는 C 대 D이다. 그래서 A 대 B가 C 대 D에 비하여 이중 비율이다. 밝혀야 했던 바로 그것이다.

명제 12

두 정육면수에 대하여 비례 중항으로 수들이 둘 있고, 정육면수 대 정육면수는 그 변 대 변에 비하여 삼중 비율이다.

정육면수 A, B가 있고 A의 변은 C요, B의 변은 D라고 하자. 나는 주장한다. A, B에 대하여 비례 중항으로 수들이 둘 있고 A 대 B는 C 대 D에 비하여 삼중 비율이다.

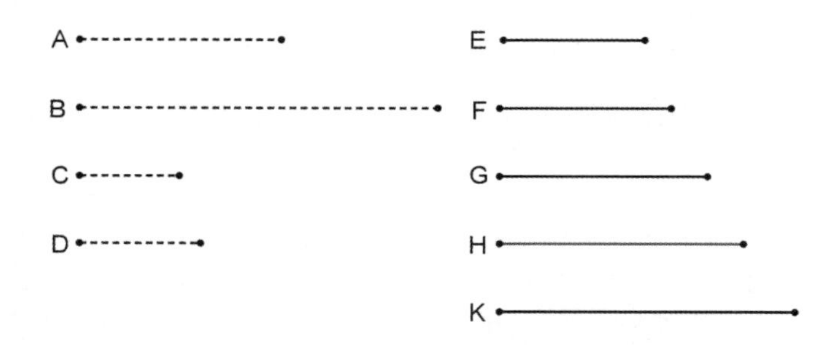

C가 그 자신을 곱해서는 E를 만들고 D를 곱해서는 F를 만드는데, D는 그 자신을 곱하여 G를 만들고, C, D 각각은 F를 곱하여 H, K 각각을 만든다고 하자.

A가 정육면수인데 C는 그것의 변이고 C가 그 자신을 곱하여 E를 만들었으므로 C는 그 자신을 곱해서는 E를 만들었고 E를 곱해서는 A를 만들었다. 똑같은 이유로 D는 그 자신을 곱해서는 G를 만들었고 G를 곱해서는 B를 만들었다. 또 C가 C, D 각각을 곱하여 E, F 각각을 만들었으므로 C 대 D는 E 대 F이다[VII-17]. 똑같은 이유로 C 대 D는 F 대 G다. 다시, C가 E, F 각각을 곱하여 A, H 각각을 만들었으므로 E 대 F는 A 대 H이다[VII-17]. 그런데 E 대 F는 C 대 D이다. 그래서 C 대 D가 A 대 H이다. 다시 C, D 각각이 F를 곱하여 H, K 각각을 만들었으므로 C 대 D는 H 대 K이다[VII-18]. 다시, D가 F, G 각각을 곱하여 K, B 각각을 만들었으므로 F 대 G는 K 대 B이다[VII-17]. 그런데 F 대 G는 C 대 D이다. 그래서 C 대 D는 A 대 H이고 H 대 K이고 K 대 B이다. 그래서 A, B에 대하여 비례 중항으로 H, K가 있다.

이제 나는 주장한다. A 대 B는 C 대 D에 비하여 삼중 비율이다.

네 수 A, H, K, B가 비례하므로 A 대 B는 A 대 H에 비하여 삼중 비율이다. 그런데 A 대 H는 C 대 D이다. [그래서] A 대 B가 C 대 D에 비하여 이중 비율이다. 밝혀야 했던 바로 그것이다.

명제 13

몇 개이든 연속 비례인 수들이 있다면, 또 수들 각각이 그 자신을 곱하여 어떤 수를 만

든다면, 그 수들에서 (곱하여) 생성된 수들은 (연속) 비례할 것이다. 또 원래 수들에서 생성된 (수들)을 곱하여 어떤 수들을 만든다면, 그 수들도 (연속) 비례할 것이다. [그리고 끝까지 매번 그렇게 된다.]

몇 개이든 연속 비례인 수 A, B, C가 있다면, (즉) A 대 B는 B 대 C이면, 그리고 A, B, C가 그 자신들을 곱해서는 D, E, F를 만드는데 D, E, F를 곱해서는 G, H, K를 만든다고 하자. 나는 주장한다. D, E, F도, G, H, K도 연속 비례한다.

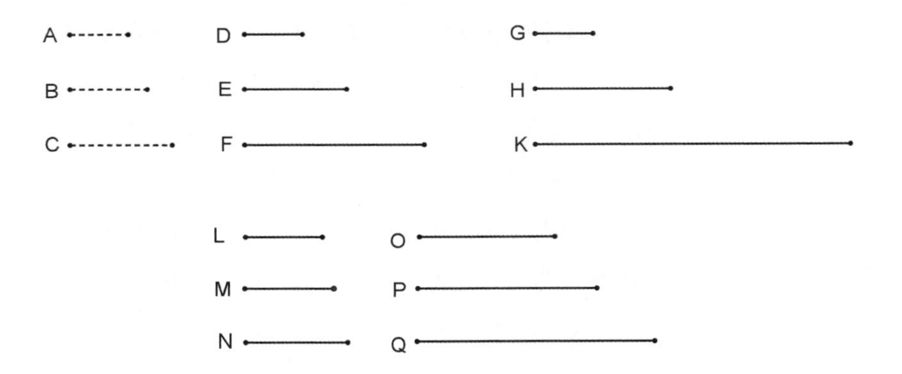

A는 B를 곱하여 L을 만드는데 A, B 각각은 L을 곱하여 M, N 각각을 만든다고 하자. 다시 B는 C를 곱하여 O를 만드는데 B, C 각각은 O를 곱하여 P, Q 각각을 만든다고 하자.

D, L, E와 G, M, N, H가 A 대 B의 비율로 있는 연속 비례이고 게다가 E, O, F와 H, P, Q, K가 B 대 C의 비율로 있는 연속 비례임을 위에서 했던 것과 비슷하게 이제 우리는 밝힐 수 있다. 또 A 대 B는 B 대 C이다. 그래서 D, L, E는 E, O, F와 동일 비율로 있고 게다가 G, M, N, H도 H, P, Q, K와 동일 비율로 있다. 또한 D, L, E의 개수는 E, O, F의 개수와, G, M, N,

H의 개수는 H, P, Q, K의 개수와 같다. 그래서 같음에서 비롯해서, D 대 E는 E 대 F요, G 대 H는 H 대 K이다[VII-14]. 밝혀야 했던 바로 그것이다.

명제 14

정사각수가 정사각수를 잰다면 변도 변을 잴 것이다. 또 변이 변을 잰다면 정사각수도 정사각수를 잴 것이다.

정사각수 A, B가 있고 그 수들의 변 C, D가 있는데 A가 B를 잰다고 하자. 나는 주장한다. C도 D를 잰다.

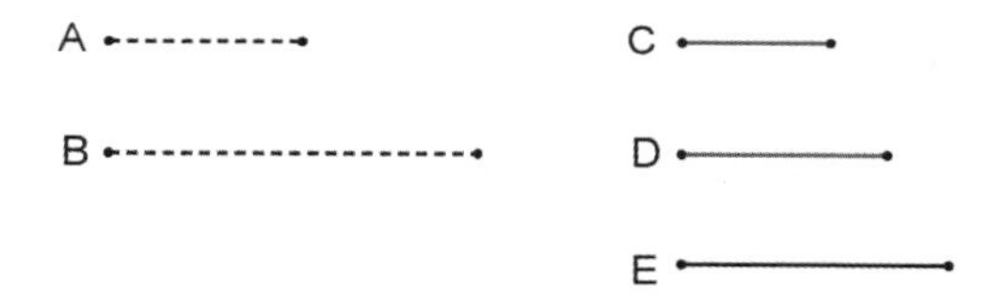

C가 D를 곱하여 E를 만든다고 하자.

그래서 A, E, B는 C 대 D의 비율로 있는 연속 비례이다[VIII-11]. A, E, B가 연속 비례이고 A가 B를 재므로 A는 E도 잰다[VIII-7]. 그리고 A 대 E는 C 대 D이다. 그래서 C도 D를 잰다[VII-def-20].

다시 이제 C가 D를 잰다고 하자. 나는 주장한다. A도 B를 잰다.

동일한 작도에서, A, E, B가 C 대 D의 비율로 있는 연속 비례라는 것도 이제 우리는 비슷하게 밝힐 수 있다. C 대 D는 A 대 E인데 C가 D를 재므로 A도 E를 잰다[VII-def-20]. 또 A, E, B는 연속 비례이다. 그래서 A가 B도 잰다.

그래서 정사각수가 정사각수를 잰다면 변도 변을 잴 것이다. 또 변이 변을 잰다면 정사각수도 정사각수를 잴 것이다. 밝혀야 했던 바로 그것이다.

명제 15

정육면수가 정육면수를 잰다면 변도 변을 잴 것이다. 또 변이 변을 잰다면 정육면수도 정육면수를 잴 것이다.

정육면수 A가 정육면수 B를 재는데 A의 변은 C요, B의 변은 D라고 하자. 나는 주장한다. C는 D를 잰다.

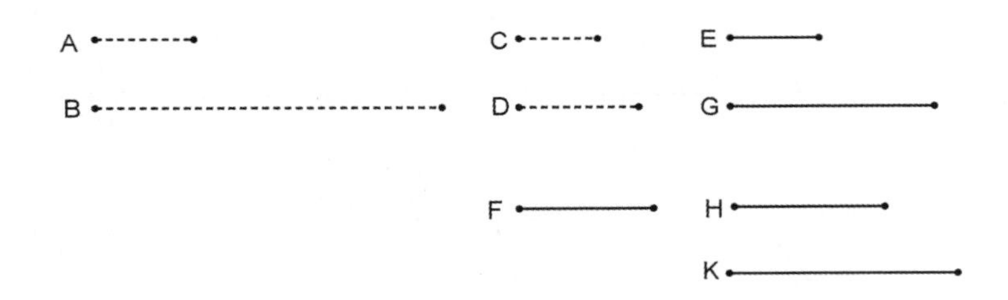

C는 그 자신을 곱하여 E를 만들고 D는 그 자신을 곱하여 G를 만든다고 하고, 게다가 C는 D를 곱하여 F를 [만드는데] C, D 각각은 F를 곱하여 H, K 각각을 만든다고 하자.

이제 E, F, G와 A, H, K, B가 C 대 D의 비율로 있는 연속 비례라는 것은 분명하다[VIII-11, 12]. A, H, K, B가 연속 비례이고 A가 B를 재므로 (A는) H도 잰다[VIII-7]. 또 A 대 H는 C 대 D이다. 그래서 C도 D를 잰다[VII-def-20].

한편, 이제 C가 D를 잰다고 하자. 나는 주장한다. A도 B를 잰다.
동일한 작도에서 A, H, K, B가 C 대 D의 비율로 있는 연속 비례임을 이제 우리는 비슷하게 밝힐 수 있다. 또 C가 D를 재고 C 대 D는 A 대 H이므로 A도 H를 잰다. 결국 A가 B도 재게 된다. 밝혀야 했던 바로 그것이다.

명제 16

정사각수가 정사각수를 못 재면 변도 변을 재지 못할 것이다. 또 변이 변을 못 재면 정사각수도 정사각수를 재지 못할 것이다.
정사각수 A, B가 있고 그것들의 변 C, D가 있는데 A가 B를 못 잰다고 하자. 나는 주장한다. C는 D를 못 잰다.

만약 C가 D를 잰다면 A도 B를 잴 것이다[VIII-14]. 그런데 A는 B를 못 잰다. 그래서 C도 D를 잴 수 없다.
[이제] 다시, C가 D를 못 잰다고 하자. 나는 주장한다. A도 B를 잴 수 없다. 만약 A가 B를 잰다면 C도 D를 잴 것이다[VIII-14]. 그런데 C는 D를 재지 못한다. 그래서 A는 B를 잴 수 없다. 밝혀야 했던 바로 그것이다.

명제 17

정육면수가 정육면수를 재지 못한다면 변도 변을 재지 못할 것이다. 또 변이 변을 못 잰다면 정육면수도 정육면수를 못 잴 것이다.

정육면수 A가 정육면수 B를 재지 못한다고 하고 A의 변은 C요, B의 (변은) D라고 하자. 나는 주장한다. C는 D를 재지 못한다.

만약 C가 D를 잰다면 A도 B를 잴 것이다[VIII-15]. 그런데 A는 B를 못 잰다. 그래서 C도 D를 재지 못한다.

한편, 이제 C가 D를 못 잰다고 하자. 나는 주장한다. A도 B를 잴 수 없다. 만약 A가 B를 잰다면 C도 D를 잴 것이다[VIII-15]. 그런데 C는 D를 재지 못한다. 그래서 A는 B를 잴 수 없다. 밝혀야 했던 바로 그것이다.

명제 18

닮은 두 평면수에 대하여 비례 중항으로 하나의 수가 있다. 또 평면수 대 평면수는 상응하는 변 대 상응하는 변에 비하여 이중 비율이다.

닮은 두 평면수 A, B가 있고 A의 변은 C, D요, B의 변은 E, F라고 하자. 닮은 평면수들은 비례하는 변들을 가지므로 C 대 D는 E 대 F이다[VII-def-21]. 따라서 나는 주장한다. A, B에 대하여 비례 중항으로 하나의 수가 있고 A 대 B는 C 대 E 또는 D 대 F에 비하여, 다시 말해 상응하는 변 대 상응하는 [변]에 비하여 이중 비율이다.

C 대 D가 E 대 F이므로, 교대로, C 대 E는 D 대 F이다[VII-13]. 또 A가 평면수인데 그것의 변이 C, D이므로 D가 C를 곱하여 A를 만들었다. 똑같은 이유로 E가 F를 곱하여 B를 만들었다. 이제 D가 E를 곱하여 G를 만든다고 하자. D가 C를 곱해서는 A를 만들었는데 E를 곱해서는 G를 만들었으므로 C 대 E는 A 대 G이다[VII-17]. 한편, C 대 E는 D 대 F이다. 그래서 D 대 F가 A 대 G이다. 다시, E가 D를 곱해서는 G를 만들었는데 F를 곱해서는 B를 만들었으므로 D 대 F는 G 대 B이다[VII-17]. 그런데 D 대 F가 A 대 G라는 것은 밝혀졌다. 그래서 A 대 G는 G 대 B이다. 그래서 A, G, B는 연속 비례이다. 그래서 A, B에 대하여 비례 중항으로 하나의 수가 있다.

이제 나는 주장한다. A 대 B는 상응하는 변 대 상응하는 변에 비하여, 다시 말해 C 대 E 또는 D 대 F에 (비하여) 이중 비율이다.

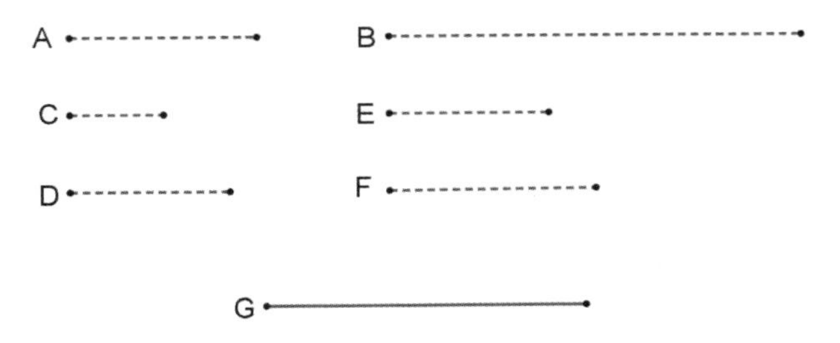

A, G, B가 연속 비례하므로 A 대 B는 (A 대) G에 비하여 이중 비율이다. 또한 A 대 G는 C 대 E이고도 D 대 F이다. 그래서 A 대 B는 C 대 E 또는 D 대 F에 비하여 이중 비율이다. 밝혀야 했던 바로 그것이다.

명제 19

닮은 두 입체수에 대하여 비례 중항으로 두 개의 수가 있다. 또한 입체수 대 입체수는 상응하는 변 대 상응하는 변에 비하여 삼중 비율이다.

닮은 두 입체수 A, B가 있고 A의 변은 C, D, E요, B의 변은 F, G, H라고 하자. 닮은 입체수들은 비례하는 변들을 가지므로 C 대 D는 F 대 G요, D 대 E는 G 대 H이다[VII-def-21]. 나는 주장한다. A, B에 대하여 비례 중항으로 두 개의 수가 있고 A 대 B는, C 대 F에, D 대 G에, 게다가 E 대 H에 비하여 삼중 비율이다.

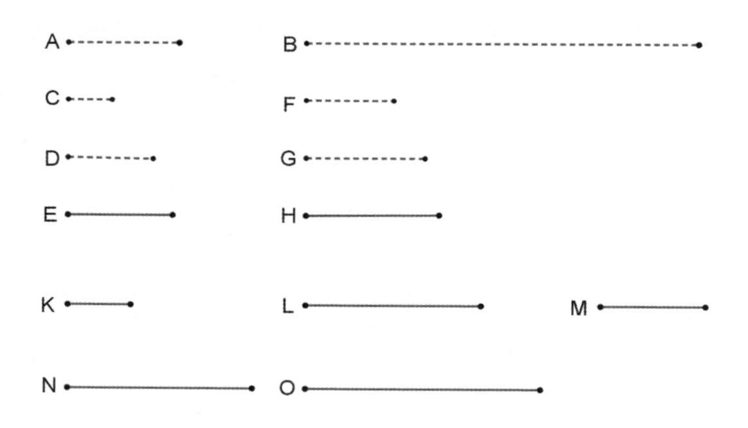

C가 D를 곱하여 K를 만드는데, F는 G를 곱하여 L을 만든다고 하자.

C, D는 F, G와 동일 비율로 있고, C, D에서 (곱하여 생성된) 수는 K요, G, F에서 (곱하여 생성된) 수는 L이므로 K, L은 닮은 평면수이다[VII-def-21]. 그래서 K, L에 대하여 비례 중항으로 하나의 수가 있다[VIII-18]. (그것이) M이라고 하자. 그래서 M은 D, F에서 (곱하여 생성된) 수이다. 이미 앞 정리

에서 밝혔듯이 말이다. 또 D가 C를 곱해서는 K를 만드는데, F를 곱해서는 M을 만들었으므로 C 대 F는 K 대 M이다[VII-17]. 한편, K 대 M은 M 대 L이다. 그래서 K, M, L은 C 대 F의 비율로 있는 연속 비례이다. 또 C 대 D는 F 대 G이므로, 교대로, C 대 F는 D 대 G이다[VII-13]. 똑같은 이유로 D 대 G는 E 대 H이다. 그래서 K, M, L은 C 대 F의, D 대 G의, 게다가 E 대 H의 비율로 있는 연속 비례이다. 이제 E, H 각각이 M을 곱하여 N, O 각각을 만든다고 하자. 또 A는 입체수인데 그 수의 변이 C, D, E이므로 E는 C, D에서 (곱하여 생성된) 수를 곱하여 A를 만들었다. 그런데 C, D에서 (곱하여 생성된) 수는 K이다. 그래서 E는 K를 곱하여 A를 만들었다. 똑같은 이유로 H는 L을 곱하여 B를 만들었다. 또 E는 K를 곱하여 A를 만들었는데 더군다나 M을 곱해서는 N을 만들기도 했으므로 K 대 M은 A 대 N이다[VII-17]. 그런데 K 대 M은 C 대 F이고, D 대 G이고, 게다가 E 대 H이다. 그래서 C 대 F와, D 대 G와, E 대 H는 A 대 N이다. 다시, E, H 각각은 M을 곱하여 N, O 각각을 만들었으므로 E 대 H는 N 대 O이다[VII-18]. 한편, E 대 H는 C 대 F이고도 D 대 G이다. 그래서 C 대 F와, D 대 G와, E 대 H는 A 대 N이고도 N 대 O이다. 다시, H가 M을 곱하여 O를 만들었는데 더군다나 L을 곱해서는 B를 만들기도 했으므로 M 대 L은 O 대 B이다[VII-17]. 한편, M 대 L은 C 대 F이고도, D 대 G이고도, E 대 H이다. 그래서 C 대 F와, D 대 G와, E 대 H는 O 대 B일 뿐만 아니라 A 대 N과 N 대 O이기도 하다. 그래서 A, N, O, B는 언급된 변들의 비율들로 있는 연속 비례이다.

나는 주장한다. A 대 B는 상응하는 변 대 상응하는 변에 비해서, 다시 말해 수 C 대 F에 또는 D 대 G에, 게다가 E 대 H에 비하여 삼중 비율이다.

네 수 A, N, O B가 비례하므로 A 대 B는 A 대 N에 비하여 삼중 비율이다. 한편 A 대 N은, 이미 밝힌 대로, C 대 F이고도, D 대 G이고, 게다가 E 대

H이다. 그래서 A 대 B는 상응하는 변 대 상응하는 변에 비해서, 다시 말해, 수 C 대 F에 또는 D 대 G에, 게다가 E 대 H에 비하여 삼중 비율이다. 밝혀야 했던 바로 그것이다.

명제 20

두 수에 대하여 비례 중항으로 하나의 수가 떨어진다면, 이 두 수는 닮은 평면수일 것이다.

두 수 A, B에 대하여 비례 중항으로 수 C 하나가 떨어진다고 하자. 나는 주장한다. A, B는 닮은 평면수이다.

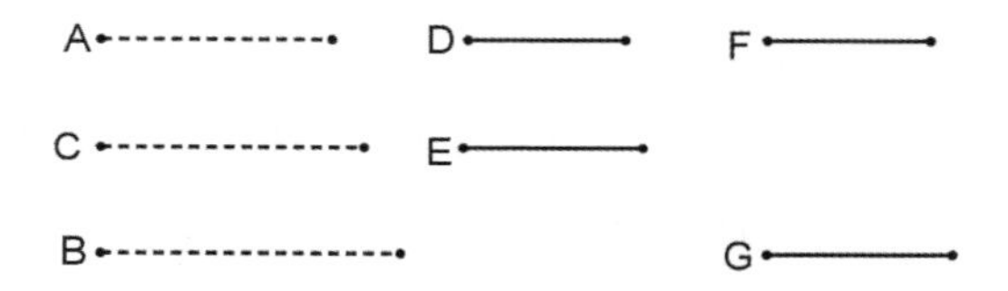

A, C와 동일 비율을 갖는 수들 중 최소 수 D, E가 잡혔다고 하자[VII–33]. 그래서 D가 A를 재고 같은 만큼으로 E가 C를 잰다[VII–20]. 이제 D가 A를 재는 개수만큼 단위들이 F 안에 있다고 하자. 그래서 F는 D를 곱하여 A를 만들었다[VII–def–15]. 결국 A는 평면수인데 그 수의 변은 D, F이게 된다. 다시, D, E가 C, B와 동일 비율을 갖는 수들 중 최소 수들이므로, 같은 만큼으로 D가 C를 재고 E가 B를 잰다[VII–20]. 이제 E가 B를 재는 개수만큼 단위들이 G 안에 있다고 하자. 그래서 E는 B를 G 안에 있는 단위들만큼으로 잰다. 그래서 G는 E를 곱하여 B를 만들었다[VII–def–15]. 그래서 B는

평면수인데 그 수의 변은 E, G이다. 그래서 A, B는 평면수이다.

이제 나는 주장한다. 닮은 수들이기도 하다.

F가 D를 곱해서는 A를 만들었는데 E를 곱해서는 C를 만들었으므로 D 대 E는 A 대 C,[148] 다시 말해 C 대 B이다[VII-17]. 다시, E가 F, G 각각을 곱하여 C, B를 만들었으므로 F 대 G는 C 대 B이다[VII-17]. 그런데 C 대 B는 D 대 E이다. 그래서 D 대 E는 F 대 G이다. 교대로, D 대 F는 E 대 G이기도 하다[VII-13]. 그래서 A, B는 닮은 평면수이다. 그것들의 변들이 비례하니까 말이다. 밝혀야 했던 바로 그것이다.

명제 21

두 수에 대하여 비례 중항으로 두 개의 수가 떨어진다면, 이 두 수는 닮은 입체수들이다.

두 수 A, B에 대하여 비례 중항으로 두 개의 수 C, D가 떨어진다고 하자.

나는 주장한다. A, B는 닮은 입체수이다.

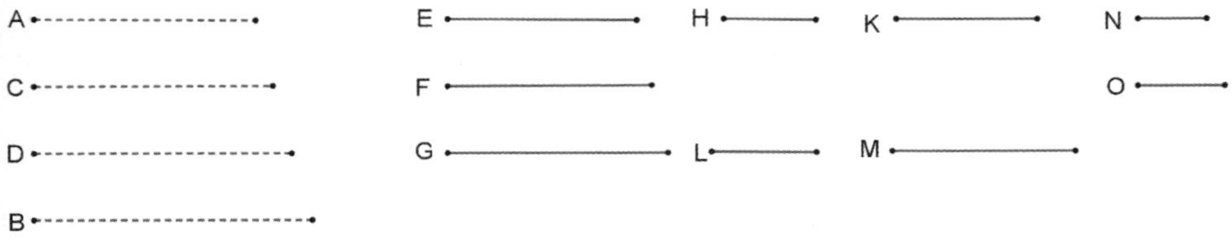

A, C, D, B, E, F, G, H, K, L, M, N, O

148 사실 F가 E를 곱해서 C를 만들었다는 사실은 아직 밝히지 않았다. 반면 D 대 E가 A 대 C라는 것은 밝힐 필요가 없다. 증명을 시작할 때 A, C와 동일 비율을 갖는 (수)들 중 최소 수들 D, E를 잡았기 때문이다.

세 수 A, C, D와 동일 비율을 갖는 수들 중 최소 수들 E, F, G가 잡혔다고 하자[VIII-2].

그래서 그 수들의 끝 E, G는 서로 소이다[VIII-3]. 또 E, G에 대하여 비례 중항으로 수 F 하나가 떨어졌으므로 E, G는 닮은 평면수이다[VIII-20]. E의 변은 H, K요, G의 (변)은 L, M이라고 하자. 그래서 E, F, G가 H 대 L의 비율로도, K 대 M의 비율로도 있는 연속 비례라는 것은 앞 (명제)에서 분명하다. 또 E, F, G는 A, C, D와 동일 비율을 갖는 수들 중 최소 수들이고 E, F, G의 개수는 A, C, D의 개수와 같으므로, 같음에서 비롯해서, E 대 G는 A 대 D이다[VII-14]. E, G는 서로 소인데, 서로 소(인 수들)은 최소인 수들이기도 한데다[VII-21], 동일 비율을 갖는 수들 중 최소 수들은 동일 비율을 갖는 수들을, (즉) 큰 수는 큰 수를 작은 수는 작은 수를, 다시 말해 앞 수가 앞 수를 뒤 수가 뒤 수를 같은 만큼으로 잰다[VII-20]. 그래서 같은 만큼으로 E가 A를 재고 G가 D를 잰다. 이제 E가 A를 재는 개수만큼 단위들이 N 안에 있다고 하자. 그래서 N은 E를 곱하여 A를 만들었다[VII-def-15]. 그런데 E는 H, K에서 (곱하여 생성된) 수이다. 그래서 N은 H, K에서 (곱하여 생성된) 수를 곱하여 A를 만들었다. 그래서 A는 입체수인데 그 수의 변은 H, K, N이다. 다시, E, F, G가 C, D, B와 동일 비율을 갖는 수들 중 최소 수들이므로 같은 만큼으로 E가 C를 재고 G가 B를 잰다[VII-20]. 이제 E가 C를 재는 개수만큼 단위들이 O 안에 있다고 하자. 그래서 G가 O 안에 있는 단위들만큼으로 B를 잰다. 그래서 O는 G를 곱하여 B를 만들었다[VII-def-15]. 그런데 G는 L, M에서 (곱하여 생성된) 수이다. 그래서 O는 L, M에서 (곱하여 생성된) 수를 곱하여 B를 만들었다. 그래서 B는 입체수인데, 그 수의 변은 L, M, O이다. 그래서 A, B는 입체수이다.

[이제] 나는 주장한다. 닮은 수들이기도 한다.

N, O가 E를 곱하여 A, C를 만들었으므로 N 대 O는 A 대 C, 다시 말해 E 대 F이다[VII-18]. 한편, E 대 F는 H 대 L이고, K 대 M이다. 그래서 H 대 L은 K 대 M이고, N 대 O이다. 또 H, K, N은 A의 변들이요, O, L, M은 B의 (변들)이다. 그래서 A, B는 닮은 입체수이다. 밝혀야 했던 바로 그것이다.

명제 22

세 수가 연속 비례인데, 첫째 수가 정사각수이면 셋째 수도 정사각수일 것이다.

세 수 A, B, C가 연속 비례인데 첫째 A가 정사각수라고 하자. 나는 주장한다. 셋째 C도 정사각수이다.

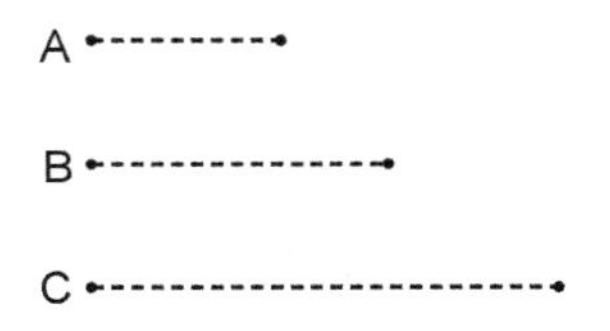

A, C에 대하여 비례 중항으로 수 B 하나이므로 A, C는 닮은 평면수이다 [VIII-20]. 그런데 A가 정사각수이다. 그래서 C도 정사각수이다. 밝혀야 했던 바로 그것이다.

명제 23

네 수가 연속 비례인데, 첫째 수가 정육면수이면 넷째 수도 정육면수일 것이다.

네 수 A, B, C, D가 연속 비례인데 A가 정육면수라고 하자. 나는 주장한다. D도 정육면수이다.

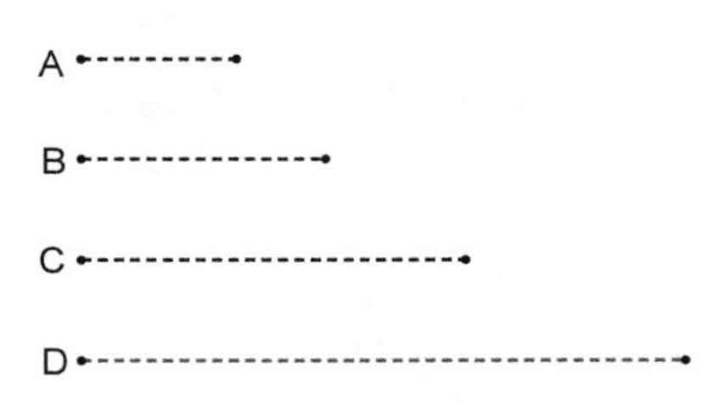

A, D에 대하여 비례 중항으로 수 B, C 두 개이므로 A, D는 닮은 입체수이다[VIII-21]. 그런데 A가 정육면수이다. 그래서 D도 정육면수이다. 밝혀야 했던 바로 그것이다.

명제 24

두 수가 서로에 대해 정사각수 대 정사각수인 비율을 갖는데, 첫째 수가 정사각수이면 둘째 수도 정사각수일 것이다.

두 수 A, B가 서로에 대해 정사각수 C 대 정사각수 D인 비율을 가지는데, A가 정사각수라고 하자. 나는 주장한다. B도 정사각수이다.

C, D가 정사각수이므로 C, D는 닮은 평면수이다. 그래서 C, D에 대하여

비례 중항으로 수가 하나 떨어진다[VIII-18]. 또 C 대 D는 A 대 B이다. 그래서 A, B에 대하여도 비례 중항으로 수가 하나 떨어진다[VIII-8]. A는 정사각수이기도 하다. 그래서 B도 정사각수이다[VIII-22]. 밝혀야 했던 바로 그것이다.

명제 25

두 수가 서로에 대해 정육면수 대 정육면수인 비율을 갖는데, 첫째 수가 정육면수라면 둘째 수도 정육면수일 것이다.

두 수 A, B가 서로에 대해 정육면수 C 대 정육면수 D인 비율을 가지는데, A가 정육면수라고 하자. [이제] 나는 주장한다. B도 정육면수이다.

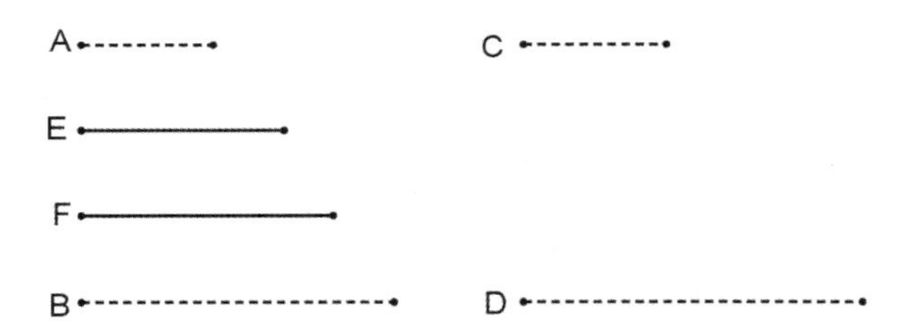

C, D가 정육면수이므로 C, D는 닮은 입체수이다. 그래서 C, D에 대하여 비례 중항으로 두 개의 수가 떨어진다[VIII-19]. 그런데 C, D 안으로 그 사이에 계속해서 비례로 떨어지는 개수만큼, 그 수들과 동일 비율을 갖는 수들 안으로도 수들이 떨어진다[VIII-8]. 결국 A, B에 대하여도 비례 중항으로 두 개의 수가 떨어지게 된다. E, F가 떨어진다고 하자. 네 수 A, E, F, B는 연속 비례이고 A가 정육면수이다. 그래서 B도 정육면수이다[VIII-23].

밝혀야 했던 바로 그것이다.

명제 26

닮은 두 평면수는 서로에 대해 정사각수 대 정사각수인 비율을 가진다.

닮은 평면수 A, B가 있다고 하자. 나는 주장한다. A는 B에 대해 정사각수 대 정사각수인 비율을 가진다.

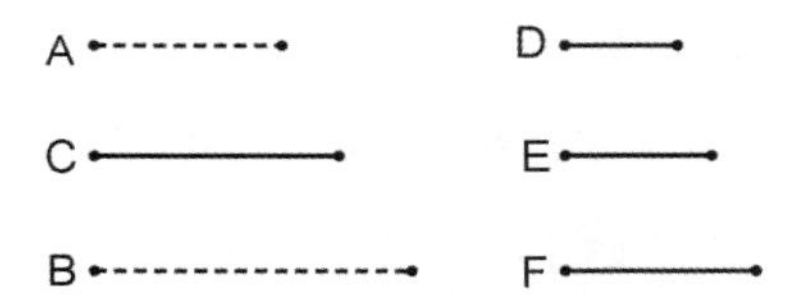

A, B가 닮은 평면수이므로 A, B에 대하여 비례 중항으로 수가 하나 떨어진다[VIII-18]. 떨어진다 하고 C라 하자. 또한 A, C, B와 동일 비율을 가지는 최소 수들 D, E, F가 잡혔다고 하자[VIII-2]. 그래서 끝 D, F는 정사각수이다[VIII-2 따름]. 또 D 대 F는 A 대 B이고 D, F가 정사각수이므로, A가 B에 대해 정사각수 대 정사각수인 비율을 가진다. 밝혀야 했던 바로 그것이다.

명제 27

닮은 두 입체수는 서로에 대해 정육면수 대 정육면수인 비율을 가진다.

닮은 입체수 A, B가 있다고 하자. 나는 주장한다. A는 B에 대해, 정육면수 대 정육면수인 비율을 가진다.

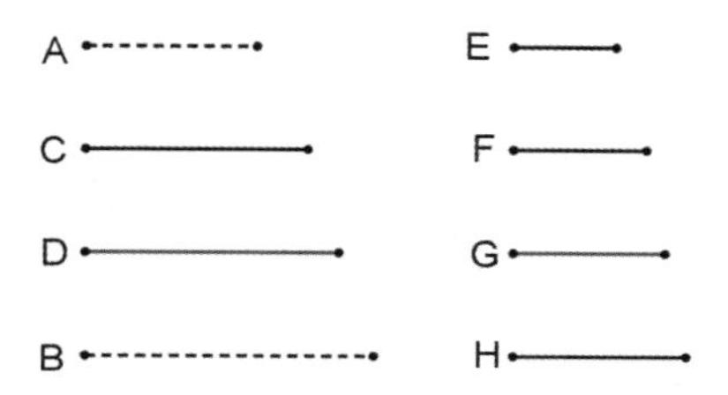

A, B가 닮은 입체수이므로 A, B에 대하여 비례 중항으로 두 개의 수가 떨어진다[VIII−19]. C, D가 떨어진다 하고 A, C, D, B와 동일 비율을 가지는 최소 수들 E, F, G, H가 잡혔다고 하자[VIII−2]. 그래서 끝 E, H가 정육면수이다[VIII−2 따름]. 또 E 대 H는 A 대 B이다. 그래서 A는 B에 대해 정육면수 대 정육면수인 비율을 가진다. 밝혀야 했던 바로 그것이다.

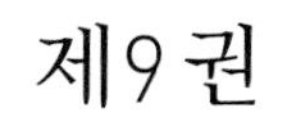
제9권

명제 1

닮은 두 평면수가 서로를 곱하여 어떤 수를 만든다면 생성된 수는 정사각수일 것이다.

닮은 두 평면수 A, B가 있고 A가 B를 곱하여 C를 만든다고 하자. 나는 주장한다. C는 정사각수이다.

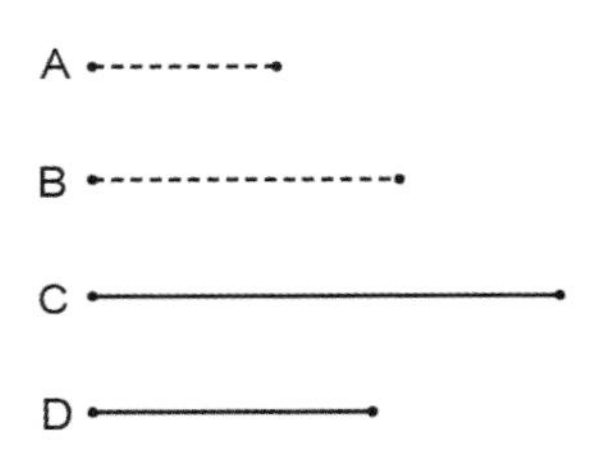

A가 그 자신을 곱해서 D를 만든다고 하자.

그래서 D는 정사각수이다. A가 그 자신을 곱해서는 D를 만들었는데 B를 곱해서는 C를 만들었으므로 A 대 B는 D 대 C이다[VII-17]. 또 A, B는 닮은 평면수이므로 A, B에 대하여 비례 중항으로 하나의 수가 떨어진다[VIII-18]. 그런데 두 수 사이에 계속해서 비례로 수들이 떨어진다면, 그 수들 안으로 떨어지는 개수만큼 그것과 동일 비율을 갖는 수들 안으로도 수들이 떨어진다[VIII-8]. 결국 D, C에 대하여 비례 중항으로 하나의 수가 떨어진다. D는 정사각수이기도 하다. 그래서 C도 정사각수이다[VIII-22]. 밝혀야 했던 바로 그것이다.

명제 2

두 수가 서로를 곱하여 정사각수를 만든다면 닮은 평면수들이다.

두 수 A, B가 있고 A가 B를 곱하여 정사각수 C를 만든다고 하자. 나는 주장한다. A, B는 닮은 평면수들이다.

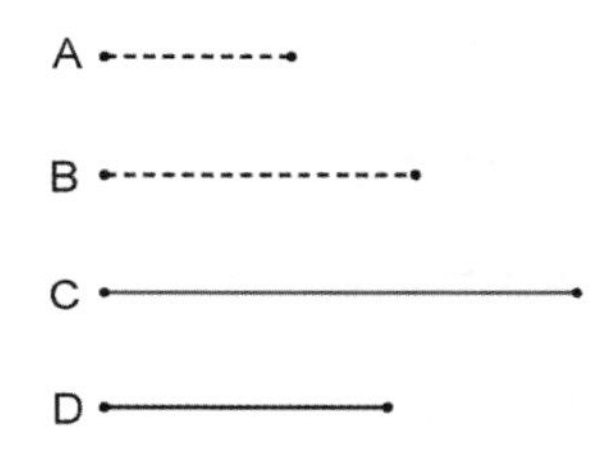

A가 그 자신을 곱해서 D를 만든다고 하자.

그래서 D는 정사각수이다. 또 A가 그 자신을 곱해서는 D를 만들었는데 B를 곱해서는 C를 만들었으므로 A 대 B는 D 대 C이다[VII-17]. 또 D가 정사각수이고 한편, C도 (정사각수)이므로 D, C는 닮은 평면수들이다. 그래서 D, C에 대하여 비례 중항으로 (수가) 하나 떨어진다[VIII-18]. 또 D 대 C는 A 대 B이다. 그래서 A, B에 대하여도 비례 중항으로 (수가) 하나 떨어진다. 그런데 두 수에 대하여 비례 중항으로 (수가) 하나 떨어진다면 닮은 평면수들이다[VIII-20]. 그래서 A, B는 평면수들이다. 밝혀야 했던 바로 그것이다.

명제 3

정육면수가 그 자신을 곱하여 어떤 수를 만든다면 생성된 수는 정육면수일 것이다.

정육면수 A가 그 자신을 곱하여 B를 만든다고 하자. 나는 주장한다. B는 정육면수이다.

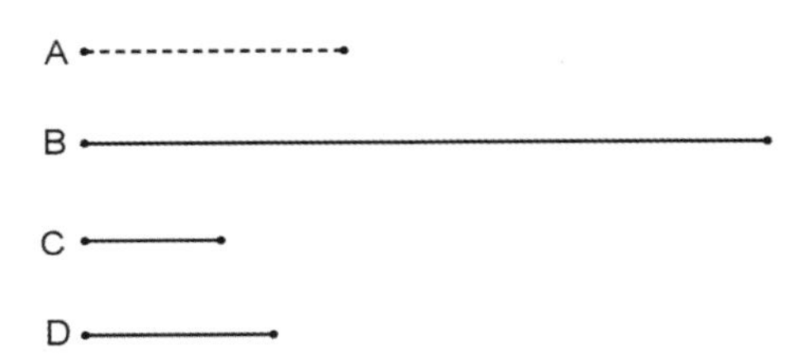

A의 변 C가 잡혔고 C가 그 자신을 곱하여 D를 만든다고 하자.

이제 C가 D를 곱하여 A를 만들었다는 것은 분명하다. 또 C가 그 자신을 곱하여 D를 만들었으므로 C는 그 안에 있는 단위들만큼으로 D를 잰다[VII-def-15]. 더군다나 단위도 C를 그 안에 있는 단위들만큼으로 잰다[VII-def-20]. 그래서 단위 대 C는 C 대 D이다. 다시, C가 D를 곱하여 A를 만들었으므로 D는 C 안에 있는 단위들만큼으로 A를 잰다. 그런데 단위는 C를 그 안에 있는 단위들만큼으로 잰다. 그래서 단위 대 C는 D 대 A이다. 한편, 단위 대 C는 C 대 D이다. 그래서 단위 대 C는 C 대 D이고, D 대 A이다. 그래서 단위와 수 A에 대하여 계속해서 비례 중항으로 두 개의 수 C, D가 떨어진다. 다시, A가 그 자신을 곱해서 B를 만들었으므로 A는 그 안에 있는 단위들만큼으로 B를 잰다. 그런데 단위는 A를 그 안에 있는 단위들만큼으로 잰다. 그래서 단위 대 A는 A 대 B이다. 그런데 단위와 A에 대하여 비례 중항으로 두 개의 수가 떨어진다. 그래서 A, B에 대하여도 비례 중항으로 두 개의 수가 떨어진다[VIII-8]. 그런데 두 수에 대하여 비례 중항으로 두 개의 (수가) 떨어지는데 첫째 수가 정육면수이면 둘째 수도 정육면수일 것이다[VIII-23]. 그리고 A는 정육면수이다. 그래서 B도 정육면수이다. 밝혀야 했던 바로 그것이다.

명제 4

정육면수가 정육면수를 곱하여 어떤 수를 만든다면 생성된 수는 정육면수일 것이다.

정육면수 A가 정육면수 B를 곱하여 C를 만든다고 하자. 나는 주장한다. C는 정육면수이다.

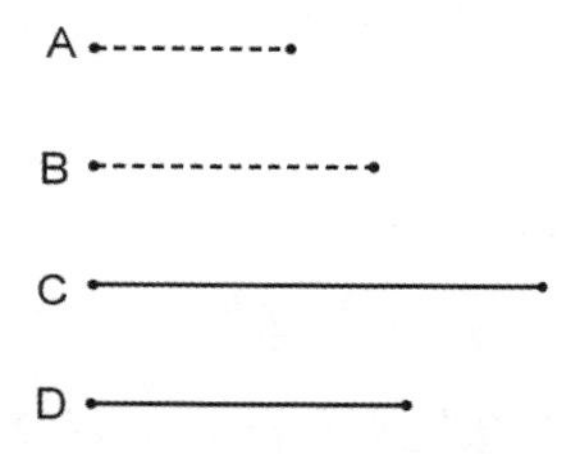

A가 그 자신을 곱해서 D를 만든다고 하자.

그래서 D는 정육면수이다[IX-3]. A가 그 자신을 곱해서는 D를 만들었는데 B를 곱해서는 C를 만들었으므로 A 대 B는 D 대 C이다[VII-17]. 또 A, B는 정육면수이므로 A, B는 닮은 입체수이다. 그래서 A, B에 대하여 비례 중항으로 두 개의 수가 떨어진다 [VIII-19]. 결국 D, C에 대하여도 비례 중항으로 두 개의 수가 떨어지게 된다[VIII-8]. 그리고 D는 정육면수이다. 그래서 C도 정육면수이다[VIII-23]. 밝혀야 했던 바로 그것이다.

명제 5

정육면수가 어떤 수를 곱하여 정육면수를 만든다면 곱해진 수는 정육면수일 것이다.

정육면수 A가 어떤 수 B를 곱하여 정육면수 C를 만든다고 하자. 나는 주장한다. B는 정육면수이다.

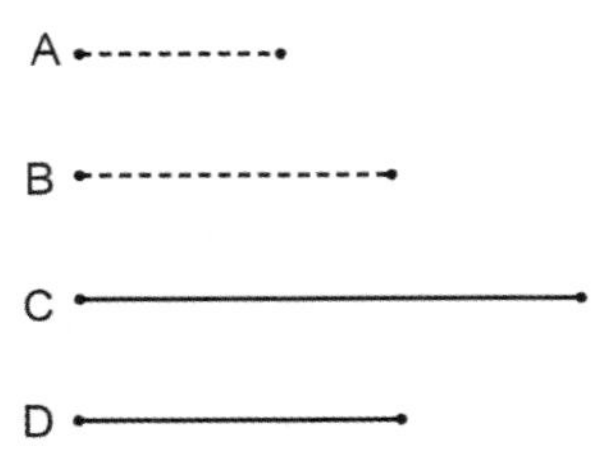

A 가 그 자신을 곱해서 D를 만든다고 하자.

그래서 D는 정육면수이다[IX-3]. 또 A가 그 자신을 곱해서는 D를 만들었는데 B를 곱해서는 C를 만들었으므로 A 대 B는 D 대 C이다[VII-17]. 또 D, C는 정육면수이므로 닮은 입체수이다. 그래서 D, C에 대하여 비례 중항으로 두 개의 수가 떨어진다[VIII-19]. 또 D 대 C는 A 대 B이다. 그래서 A, B에 대하여 비례 중항으로 두 개의 수가 떨어진다[VIII-8]. 그리고 A는 정육면수이다. 그래서 B도 정육면수이다[VIII-23]. 밝혀야 했던 바로 그것이다.

명제 6

수가 그 자신을 곱하여 정육면수를 만든다면 그 수는 정육면수일 것이다.

수 A가 그 자신을 곱해서 정육면수 B를 만든다고 하자. 나는 주장한다. A도 정육면수이다.

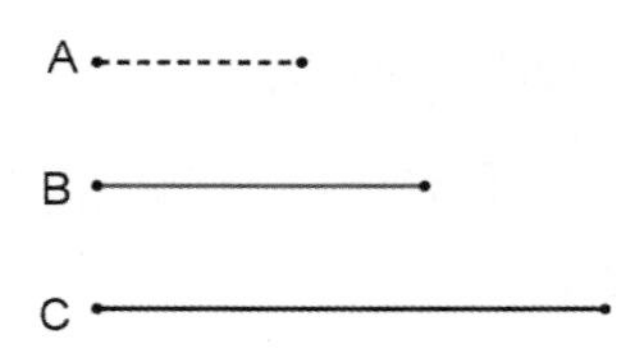

A가 B를 곱해서 C를 만든다고 하자. A가 그 자신을 곱해서는 B를 만들었는데 B를 곱해서는 C를 만들었으므로 C는 정육면수이다. 또 A가 그 자신을 곱해서는 B를 만들었으므로 A는 그 안에 있는 단위들만큼으로 B를 잰다. 그런데 단위는 A를 그 안에 있는 단위들만큼으로 잰다. 그래서 단위 대 A는 A 대 B이다. 또 A가 B를 곱하여 C를 만들었으므로 B는 A 안에 있는 단위들만큼으로 C를 잰다. 그런데 단위는 A를 그 안에 있는 단위들만큼으로 잰다. 그래서 단위 대 A는 B 대 C이다. 한편, 단위 대 A는 A 대 B이고, A 대 B는 B 대 C이다. 또 B, C는 정육면수이므로 닮은 입체수이다. 그래서 B, C에 대하여 비례 중항으로 두 개의 수가 떨어진다[VIII−19]. 또한 B 대 C가 A 대 B이다. 그래서 A, B에 대하여 비례 중항으로 두 개의 수가 떨어진다[VIII−8]. 그리고 B는 정육면수이다. 그래서 A도 정육면수이다[VIII−23]. 밝혀야 했던 바로 그것이다.

명제 7

합성수가 수를 곱하여 어떤 수를 만든다면 생성된 수는 입체수일 것이다.

합성수 A가 어떤 수 B를 곱하여 C를 만든다고 하자. 나는 주장한다. C는 입체수이다.

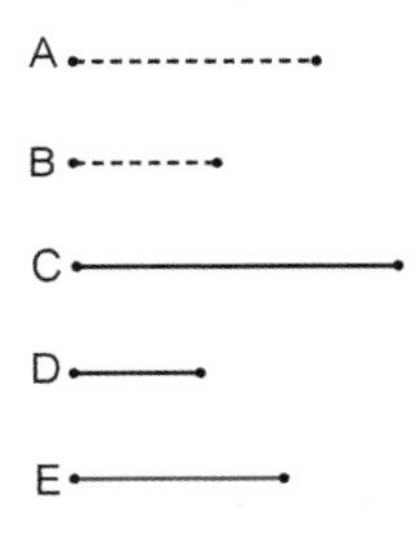

A는 합성수이므로 어떤 수로 재어질 것이다[VII-def-13]. D로 재어진다고 하고 D가 A를 재는 개수만큼 단위들이 E 안에 있다고 하자. D가 E 안에 있는 단위들만큼으로 A를 재므로 E는 D를 곱하여 A를 만들었다[VII-def-15]. 또 A가 B를 곱하여 C를 만들었는데 A는 D, E에서 (곱하여 생성된) 수이므로 D, E에서 (곱하여 생성된) 수는 B를 곱하여 C를 만들었다. 그래서 C는 입체수이고 그 수의 변들은 D, E, B이다. 밝혀야 했던 바로 그것이다.

명제 8

단위로부터 (시작해서) 몇 개이든 연속 비례인 수들이 있다면, 단위로부터 셋째 수[149]는 정사각수일 것이고 하나 건너 모든 수도 그럴 것이고, 넷째 수는 정육면수일 것이고, 둘 건너 모든 수도 그럴 것이고, 일곱째 수는 정육면수이면서 동시에 정사각수일 것이고, 다섯 건너 모든 수도 그럴 것이다.

단위로부터 (시작해서) 몇 개이든 연속 비례인 수 A, B, C, D, E, F가 있다고 하자. 나는 주장한다. 단위로부터 셋째 B는 정사각수요, 하나 건너 모든 수도 그렇고, 넷째 C는 정육면수요, 둘 건너 모든 수도 그렇고, 일곱째 F는 정육면수이면서 동시에 정사각수요, 다섯 건너 모든 수도 그렇다.

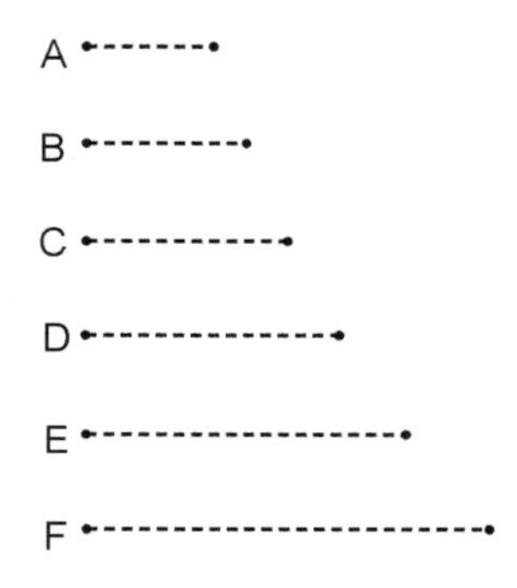

단위 대 A는 A 대 B이므로 같은 만큼으로 단위가 수 A를 재고 A는 B를 잰다. 그런데 단위는 A를 그 안에 있는 단위들만큼으로 잰다. 그래서 A는 A 안에 있는 단위들만큼으로 B를 잰다. 그래서 A는 그 자신을 곱하여 B를

149 여기서 '단위에서 셋째'란 단위부터 포함해서 셋째를 말한다. 1, A, B, C에서 B는 셋째, C는 넷째다.

만들었다. 그래서 B는 정사각수이다. 또 B, C, D는 연속 비례이다. 그런데 B가 정사각수이므로 D도 정사각수이다[VIII-22]. 똑같은 이유로 F도 정사각수이다. 하나 건너 모든 수가 정사각수라는 것도 이제 우리는 비슷하게 밝힐 수 있다.

이제 나는 주장한다. 단위로부터 (시작해서) 넷째 수 C는 정육면수이고 둘 건너 모든 수도 그럴 것이다. 단위 대 A는 B 대 C이므로 같은 만큼으로 단위가 수 A를 재고 B는 C를 잰다. 그런데 단위는 A를 그 안에 있는 단위들만큼으로 잰다. 그래서 B는 A 안에 있는 단위들만큼으로 C를 잰다. 그래서 A는 B를 곱하여 C를 만들었다. A가 그 자신을 곱해서는 B를 만들었는데 B를 곱해서는 C를 만들었으므로 C는 정육면수이다. 또 C, D, E, F는 연속 비례이다. 그런데 C가 정육면수이므로 F도 정육면수이다[VIII-23]. (F가) 정사각수라는 것은 밝혀졌다. 그래서 단위로부터 일곱째 F는 정육면수이고 정사각수이다. 다섯 건너 모든 수도 정육면수이고 정사각수라는 것도 이제 우리는 비슷하게 밝힐 수 있다. 밝혀야 했던 바로 그것이다.

명제 9

단위로부터 (시작해서) 몇 개이든 계속해서 연속 비례인 수들이 있는데, 단위 (바로) 다음 수가 정사각수이면 남은 모든 수는 정사각수일 것이다. 또 단위 다음 수가 정육면수라면 남은 모든 수는 정육면수일 것이다.

단위로부터 (시작해서) 몇 개이든 연속 비례인 수 A, B, C, D, E, F가 있는데, 단위 (바로) 다음 수 A가 정사각수라고 하자. 나는 주장한다. 남은 모든 수도 정사각수일 것이다.

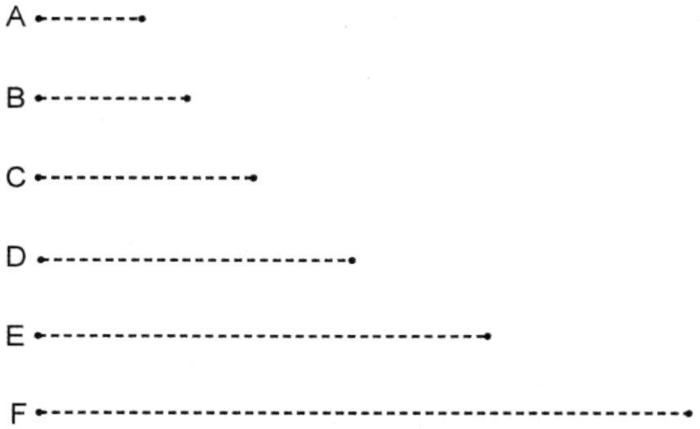

A

B

C

D

E

F

단위로부터 셋째 B가 정사각수이고 하나 건너 모든 수도 그렇다는 것은 이미 증명되었다[IX-8]. 이제 나는 주장한다. 남은 모든 수도 정사각수이다. A, B, C가 연속 비례이고 A가 정사각수이므로 C도 정사각수이다[VIII-22]. 다시 B, C, D도 연속 비례이고 B가 정사각수이므로 D도 정사각수이다. 남은 모든 수가 정사각수라는 것도 이제 우리는 비슷하게 밝힐 수 있다.

한편, 이제 A가 정육면수라고 하자. 나는 주장한다. 남은 모든 수도 정육면수이다.

단위로부터 넷째 C가 정육면수이고 두 개 건너 모든 수도 (그렇다)는 것은 이미 증명되었다[IX-8]. 이제 나는 주장한다. 남은 모든 수도 정육면수이다. 단위 대 A가 A 대 B이므로 같은 만큼으로 단위는 A를 재고 A는 B를 잰다. 그런데 단위는 A를 그 안에 있는 단위들만큼으로 잰다. 그래서 A는 B를 그 안에 있는 단위들만큼으로 잰다. 그래서 A는 그 자신을 곱하여 B를 만들었다. A는 정육면수이기도 하다. 그런데 정육면수가 그 자신을 곱하여 어떤 수를 만들면 (곱해서) 생성된 수는 정육면수이다[IX-3]. 그래서 B도 정육면수이다. 또 네 수 A, B, C, D가 연속 비례이고 A도 정육면수이므로 D도 정육면수이다[VIII-23]. 똑같은 이유로 E도 정육면수이고 비슷하게 남은 모든 수도 정육면수이다. 밝혀야 했던 바로 그것이다.

명제 10

단위로부터 (시작해서) 몇 개이든 [연속] 비례인 수들이 있는데, 단위 다음 수가 정사각수가 아니면, 단위로부터 셋째 수와 하나 건너 모든 수를 제외하고 어떤 다른 수도 정사각수가 아닐 것이다. 또 단위 다음 수가 정육면수가 아니면, 단위로부터 넷째 수와 둘 건너 모든 수를 제외하고 어떤 다른 수도 정육면수가 아닐 것이다.

단위로부터 (시작해서) 몇 개이든 연속 비례인 수 A, B, C, D, E, F가 있는데 단위 (바로) 다음 수 A가 정사각수가 아니라고 하자. 나는 주장한다. 단위로부터 셋째 [수와 하나 건너 모든 수]를 제외하고 어떤 다른 수도 정사각수가 아닐 것이다.

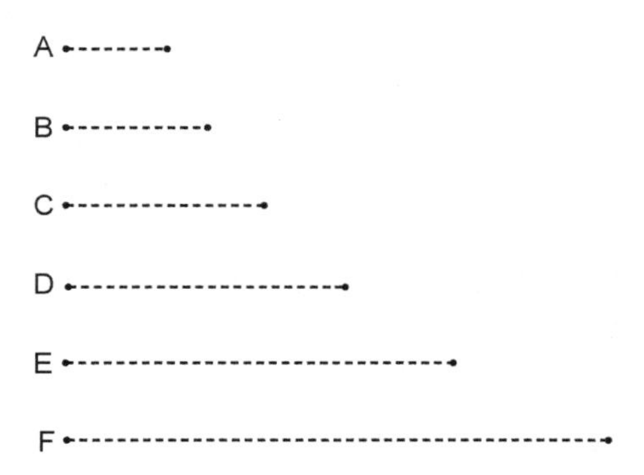

만약 가능하다면 C가 정사각수라고 하자. 그런데 B도 정사각수이다[IX-8]. 그래서 B, C는 서로에 대해 정사각수 대 정사각수인 비율을 갖는다. 또한 B 대 C는 A 대 B이다. 그래서 A, B는 서로에 대해, 정사각수 대 정사각수인 비율을 갖는다. 결국 A, B는 닮은 평면수들이다[VIII-26]. B는 정사각수이기도 하다. 그래서 A도 정사각수이다. 아니라고 가정했는데도 말이다. 그래서 C는 정사각수가 아니다. 단위로부터 셋째 수와 하나 건너 모든 수를 제외하고 어떤 다른 수도 정사각수가 아니라는 것도 이제 우리는 비슷하게 밝힐 수 있다.

한편, 이제 A가 정육면수가 아니라고 하자. 나는 주장한다. 단위로부터 넷째 수와 둘 건너 모든 수를 제외하고 어떤 다른 수도 정육면수가 아닐 것이다. 만약 가능하다면, D가 정육면수라고 하자. 그런데 C도 정육면수이다. 단위로부터 넷째 수이니까 말이다[IX-8]. 또 C 대 D는 B 대 C이다. 그래서 B 대 C는 정육면수 대 정육면수인 비율을 갖는다. C는 정육면수이기도 하다. 그래서 B도 정육면수이다[VIII-25]. 또 단위 대 A가 A 대 B인데 단위는 A를 그 안에 있는 단위들만큼으로 재므로 A는 그 안에 있는 단위들만큼으로 B를 잰다. 그래서 A는 그 자신을 곱하여 정육면수 B를 만들었다. 그런데 수가 그 자신을 곱하여 정육면수를 만들면 그 수는 정육면수일 것이다[IX-6]. 그래서 A도 정육면수이다. 그렇지 않다고 가정했는데도 말이다. 그래서 D는 정육면수가 아니다. 단위로부터 넷째 수와 둘 건너 모든 수를 제외하고 어떤 다른 수도 정육면수가 아니라는 것도 이제 우리는 비슷하게 밝힐 수 있다. 밝혀야 했던 바로 그것이다.

명제 11

단위로부터 (시작해서) 몇 개이든 연속 비례인 수들이 있다면, 더 작은 수는 큰 수를, 비례인 수들 안에 속해 있는 수들 중 어떤 수만큼으로 잰다.

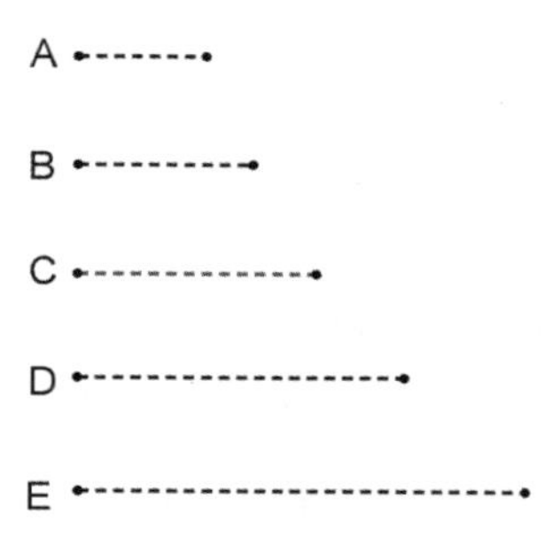

단위 A로부터 (시작해서) 몇 개이든 연속 비례하는 수 B, C, D, E가 있다고 하자. 나는 주장한다. B, C, D, E 중 작은 B는 큰 E를 C, D 중 어떤 수만큼으로 잰다.

단위 A 대 B는 D 대 E이므로 같은 만큼으로 단위 A는 수 B를 재고 D는 E를 잰다. 그래서 교대로, 단위 A는 D를 재고 같은 만큼으로 B는 E를 재기도 한다[VII-15]. 그런데 단위 A는 D를 그 안에 있는 단위들만큼으로 잰다. 그래서 B도 D 안에 있는 단위들만큼으로 E를 잰다. 결국 작은 B가 큰 E를, 비례인 수들 안에 속해 있는 수들 중 어떤 수만큼으로 잰다.

따름. 또한 (이로부터) 자명하다. 재는 수가 단위로부터 (시작해서) 어떤 순위를 갖든, (그 수가) 재는 만큼인 수도 재어지는 수로부터 (시작해서) 그 앞쪽으로 동일한 (순위)를 갖는다. 밝혀야 했던 바로 그것이다.[150]

150 명제 11을 현대어로 예시하면 연속 비례인 수열 1, 3, 9, 27, 81, … 이 있을 때 3이 81의 몫이라면 3을 곱해서 81을 만드는 수는 그 수열 안에 있다는 것이다. 명제 11의 따름은 그 사실을 더 정확하게 표현해서 그 수가 어디에 있는지 정확히 지정한다. 즉, 3이 단위에서 두 번째이니 27은 81에서 거꾸로 두 번째이다. 지수를 써서 표현하면 $3^4=3^1\times3^{4-1}$ 또는 $3^4\div3^{4-1}=3^1$을 말한다.

명제 12

단위로부터 (시작해서) 몇 개이든 연속 비례인 수들이 있다면, 마지막 수가 어떤 소수들로 재어지든, 단위의 옆 수도 그 (소수)들로 재어질 것이다.

단위로부터 (시작해서) 몇 개이든 연속 비례인 수 A, B, C, D가 있다고 하자. 나는 주장한다. D가 어떤 소수들로 재어지든, A도 그 (소수)들로 재어질 것이다.

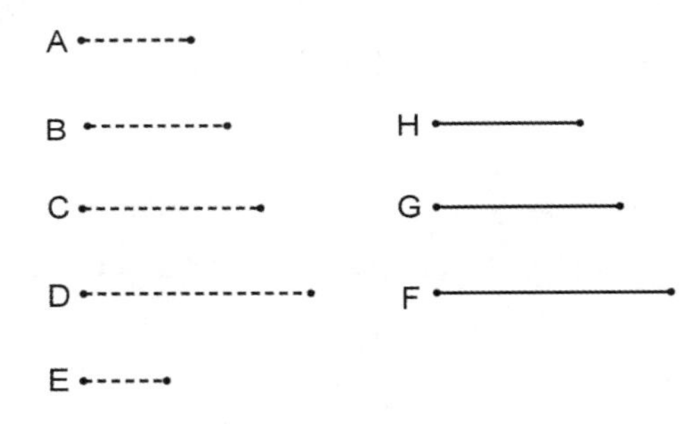

D가 어떤 소수 E로 재어진다고 하자. 나는 주장한다. E는 A를 잰다.

(재지) 않는다고 (해보자). E가 소수인데, 모든 소수는 (그것이) 재지 못하는 어떤 수에 대해서도 (서로) 소이다[VII-29]. 그래서 E, A는 서로 소이다. 또 E가 D를 재므로 F만큼으로 그 수를 잰다고 하자. 그래서 E는 F를 곱하여 D를 만들었다. 다시, A가 C 안에 있는 단위들만큼으로 D를 재므로[IX-11 따름] A는 C를 곱하여 D를 만들었다. 더군다나 E도 F를 곱하여 D를 만들었다. 그래서 A, C에서 (곱하여 생성된) 수는 E, F에서 (곱하여 생성된) 수와 같다. 그래서 A 대 E는 F 대 C이다[VII-19]. A, E가 서로 소인데, 서로 소(인 수들)은 최소인 수들이기도 한데다[VII-21] 동일 비율을 갖는 수들 중 최소 수들은 동일 비율을 갖는 수들을, (즉) 앞 수가 앞 수를 뒤 수가 뒤 수를 같

은 만큼으로 잰다[VII−20]. 그래서 E가 C를 잰다. 그 (수 C)를 G만큼으로 잰다고 하자. 그래서 E는 G를 곱하여 C를 만들었다. 더군다나 앞의 (논증)대로 해서 A는 B를 곱하여 C를 만들기도 한다[IX−11 따름]. 그래서 A, B에서 (곱하여 생성된) 수는 E, G에서 (곱하여 생성된) 수와 같다. 그래서 A 대 E는 G 대 B이다[VII−19]. A, E가 서로 소인데, 서로 소(인 수들)은 최소인 수들이기도 한데다[VII−21] 동일 비율을 갖는 수들 중 최소 수들은 동일 비율을 갖는 수들을, (즉) 앞 수가 앞 수를 뒤 수가 뒤 수를 같은 만큼으로 잰다[VII−20]. 그래서 E가 B를 잰다. 그 수를 H만큼으로 잰다고 하자. 그래서 E는 H를 곱하여 B를 만들었다. 더군다나 A도 그 자신을 곱하여 B를 만들었다[IX−8]. 그래서 E, H에서 (곱하여 생성된) 수는 A로부터의 (정사각수)와 같다. 그래서 E 대 A는 A 대 H이다[VII−19]. A, E가 서로 소인데 서로 소(인 수들)은 최소인 수들이기도 한데다[VII−21] 동일 비율을 갖는 수들 중 최소 수들은 동일 비율을 갖는 수들을, (즉) 앞 수가 앞 수를 뒤 수가 뒤 수를 같은 만큼으로 잰다[VII−20]. 그래서 앞 수가 앞 수를 (재는 것)으로서 E가 A를 잰다. 한편으로는 못 재기도 한다. 이것은 불가능하다. 그래서 E, A는 서로 소가 아니다. 그래서 (서로) 합성인 수들이다. 그런데 (서로) 합성인 수들은 어떤 수로 재어진다[VII−def−14]. 또 E는 소수라고 가정했는데, 소수란 그 자신이 아닌 다른 어떤 수로도 재어지지 않으므로 E가 A, E를 잰다. 결국 E가 A를 재게 된다. 그런데 (소수 E가) D도 잰다. D가 어떤 소수들로 재어지든, A가 그 (소수)들로 재어질 것이라는 것도 이제 우리는 비슷하게 밝힐 수 있다. 밝혀야 했던 바로 그것이다.

명제 13

단위로부터 (시작해서) 몇 개이든 연속 비례인 수들이 있는데, 단위 (바로) 다음 수가 소수라면, 최대 수는 연속 비례인 수들 안에 속한 수들 말고 (다른) 어떤 수로도 재어지지 않을 것이다.

단위로부터 (시작해서) 몇 개이든 연속 비례인 수 A, B, C, D가 있는데, 단위 (바로) 다음 수 A가 소수라고 하자. 나는 주장한다. 그 수들 중 최대 수 D는 A, B, C 말고 (다른) 어떤 수로도 재어지지 않을 것이다.

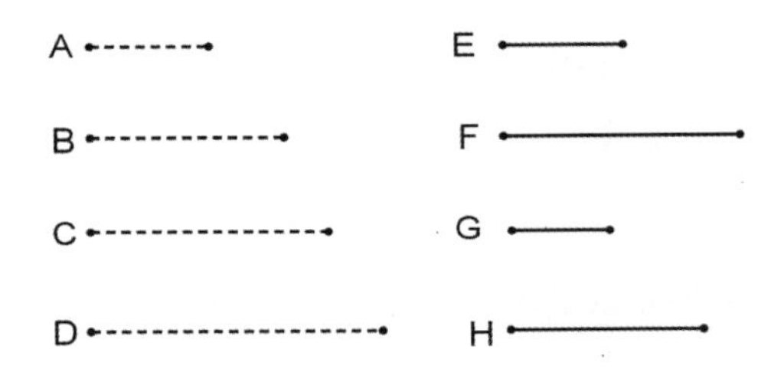

혹시 가능하다면, (최대 수 D가) E로 재어지고 E는 A, B, C 중 어떤 수와 동일하지 않은 수라고 하자. 이제 E가 소수가 아니라는 것은 분명하다. E가 소수이고 D를 잰다면, A도 잴 것이다. (A는) 소수이면서 그 (E)와 동일하지 않은데도 말이다[IX−12]. 이것은 불가능하다. 그래서 E는 소수가 아니다. 그래서 합성수이다. 그런데 모든 합성수는 어떤 소수로 재어진다[VII−31]. 그래서 E는 어떤 소수로 재어진다.

이제 나는 주장한다. (E는) A 말고 다른 어떤 소수로 재어지지 않는다. 만약 다른 수로 E가 재어지는데 E가 D를 잰다면, 바로 그 수는 D를 잴 것이다. 결국 (그 수는) A도 재게 된다. (A는) 소수이면서 그 (E)와 동일하지 않은데도 말이다[IX−12]. 이것은 불가능하다. 그래서 A가 E를 잰다. 또 E는

D를 재므로 그 (수 D)를 F만큼으로 잰다고 하자.
나는 주장한다. F는 A, B, C 중 어떤 것과도 동일한 수가 아니다. 만약 F가 A, B, C 중 하나와 동일한 수이고 E만큼으로 D를 잰다면 A, B, C 중 하나가 D를 E만큼으로 잰다. 한편, A, B, C 중 하나는 A, B, C 중 어떤 수만큼으로 D를 잰다[IX-11]. 그래서 E가 A, B, C 중 하나와 동일한 수이다. 그렇지 않다고 가정했는데도 말이다. 그래서 F는 A, B, C 중 하나와 동일한 수인 것이 아니다.
F가 소수가 아니라는 것을 다시 보이면서, F가 A로 재어진다는 것도 이제 우리는 비슷하게 밝힐 수 있다. 만약 (F가 소수)인데 (F가) D를 잰다면 A도 잴 것이다. (A는) 소수이면서 그 (F)와 동일하지 않은데도 말이다[IX-12]. 이것은 불가능하다. 그래서 F는 소수가 아니다. 그래서 합성수다. 그런데 모든 합성수는 어떤 소수로 재어진다[VII-31]. 그래서 F는 어떤 소수로 재어진다.
이제 나는 주장한다. (F는) A 말고 다른 어떤 소수로 재어지지 않을 것이다. 만약 다른 어떤 소수가 F를 재는데 F가 D를 잰다면, 바로 그 수가 D를 잴 것이다. 결국 A도 잴 것이다. (A는) 소수이면서 그 (F)와 동일하지 않은데도 말이다[IX-12]. 이것은 불가능하다. 그래서 A가 F를 잰다. 또 E가 F만큼으로 D를 재므로 E는 F를 곱하여 D를 만들었다. 더군다나 A도 C를 곱하여 D를 만들었다[IX-11 따름]. 그래서 A, C에서 (곱하여 생성된) 수는 E, F에서 (곱하여 생성된) 수와 같다. 그래서 비례로 A 대 E는 F 대 C이다[VII-19]. 그런데 A가 E를 잰다. 그래서 F도 C를 잰다. 그 (수 C)를 G만큼으로 잰다고 하자.
G가 A, B 중 어떤 수와도 동일한 수가 아니라는 것도, A로 재어진다는 것도 이제 우리는 비슷하게 밝힐 수 있다. 또 F가 G만큼으로 C를 재므로 F는 G를 곱하여 C를 만들었다. 더군다나 A도 B를 곱하여 C를 만들었다. 그래서 A, B에서 (곱하여 생성된) 수는 F, G에서 (곱하여 생성된) 수와 같다. 그

래서 비례로 A 대 F는 G 대 B이다. 그런데 A가 F를 잰다. 그래서 G도 B를 잰다. 그 (수 B)를 H만큼으로 잰다고 하자.

H가 A와 동일한 수가 아니라는 것도 이제 우리는 비슷하게 밝힐 수 있다. 또 G가 H만큼으로 B를 재므로 G는 H를 곱하여 B를 만들었다. 더군다나 A도 그 자신을 곱하여 B를 만들었다[IX-8]. 그래서 H, G에서 (곱하여 생성된) 수는 A로부터 (제곱해서 생성된) 정사각수와 같다. 그래서 H 대 A는 A 대 G이다. 그런데 A가 G를 잰다[VII-19]. 그래서 H도 A를 잰다. (A는) 소수이면서 그 (H)와 동일하지 않은데도 말이다. 이것은 있을 수 없다. 그래서 최대 수 D는 A, B, C 말고 (다른) 어떤 수로 재어지지 않을 것이다. 밝혀야 했던 바로 그것이다.

명제 14

(주어진) 소수들로 최소 수가 재어진다면, (그 최소 수는) 원래 쟀던 그 (소수)들 말고 다른 어떤 소수로도 재어지지 않을 것이다.

최소 수 A가 소수 B, C, D로 재어진다고 하자. 나는 주장한다. A는 B, C, D 말고 다른 어떤 소수로도 재어지지 않을 것이다.

만약 가능하다면, 소수 E로 재어지고 E가 B, C, D 중 어떤 것과도 동일한

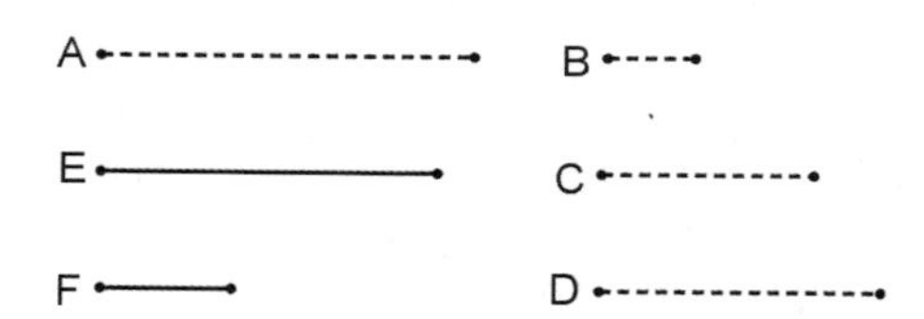

수가 아니라고 하자.

E가 A를 재므로 그 (수 A)를 F만큼으로 잰다고 하자. 그래서 E는 F를 곱하여 A를 만들었다. 또 A는 소수 B, C, D로 재어진다. 그런데 두 수가 서로를 곱하여 어떤 수를 만드는데, 그 수들에서 (곱하여) 생성된 수를 어떤 소수가 잰다면, 원래 수들 중 하나를 잰다[VII-30]. 그래서 B, C, D는 E, F 중 하나를 잴 것이다. E를 재지는 않을 것이다. E는 소수이면서 B, C, D 중 하나와 동일하지 않은 수이니까 말이다. 그래서 A보다 작은 F를 잴 것이다. 이것은 불가능하다. A는 B, C, D로 재어지는 최소 수라고 가정했으니까 말이다. 그래서 B, C, D 말고 다른 어떤 소수도 A를 재지 않을 것이다. 밝혀야 했던 바로 그것이다.

명제 15

연속 비례인 세 수가 그 수들과 동일 비율을 갖는 수들 중 최소 수들이라면, (그 셋 중) 두 수가 어떻게 함께 놓이든 남은 수에 대해 소수이다.

연속 비례인 세 수 A, B, C가 그 수들과 동일 비율을 갖는 수들 중 최소 수들이라 하자. 나는 주장한다. A, B, C 중 두 수가 어떻게 함께 놓이든 남

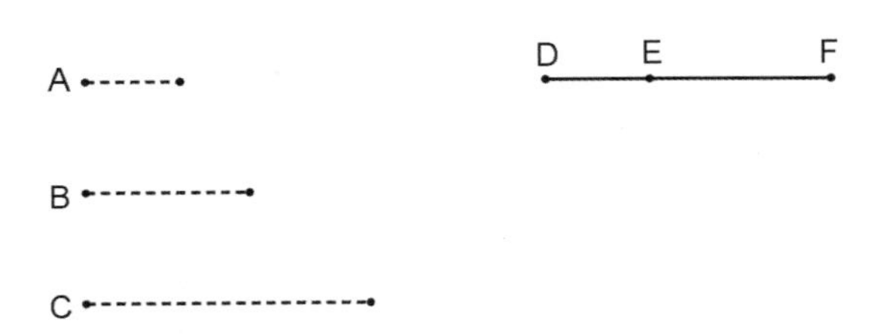

은 수에 대해 서로 소이다. (즉), A, B 들(의 합)은 C에 대해, B, C 들(의 합)은 A에 대해, A, C 들(의 합)은 B에 대해 소수이다.

A, B, C와 동일 비율을 갖는 수들 중 최소 수들인 두 수 DE, EF가 잡혔다고 하자 [VIII-2].

이제 DE가 그 자신을 곱해서는 A를 만들었고 EF를 곱해서는 B를 만들었는데, 게다가 EF가 그 자신을 곱해서 C를 만들었다는 것은 분명하다[VIII-2 따름]. DE, EF는 최소 수들이므로 서로 소인 수들이기도 하다[VII-22]. 그런데 두 수가 서로 소이면 함께 합쳐진 수도 (그 수들) 각각에 대하여 소수이다[VII-28]. 그래서 DF는 DE, EF 각각에 대하여 소수이다. 더군다나 DE도 EF에 대하여 소수이다. 그래서 DF, DE는 EF에 대하여 소수이다. 그런데 두 수가 어떤 수에 대하여 소수이면 그것들에서 (곱하여) 생성된 수도 남은 수에 대하여 소수이다[VII-24]. 결국 FD, DE는 EF에 대하여 소수이고 FD, DE에서 (곱하여 생성된) 수도 EF로부터의 (정사각수)에 대하여도 소수이다[VII-25]. [두 수가 서로 소이면 그 수들 중 하나에서 (제곱해서) 생성된 수는 남은 수와 서로 소이니까 말이다.] 한편, DE, EF에서 (곱하여 생성된) 수와 함께 DE로부터의 (정사각수)는, FD, DE에서 (곱하여 생성된) 수이다[II-3]. 그래서 DE, EF에서 (곱하여 생성된) 수와 함께 DE로부터의 (정사각수)는, EF로부터의 (정사각수)에 대해 소수이다. 또한 DE로부터의 (정사각수)는 A요, DE, EF에서 (곱하여 생성된) 수는 B요, EF로부터의 (정사각수)는 C이다. 그래서 A, B는 함께 놓여 C에 대해 소수이다. B, C가 함께 놓여 A에 대해 소수라는 것도 이제 우리는 비슷하게 밝힐 수 있다.

이제 나는 주장한다. A, C도 결합되어 B에 대해 소수이다.

DF가 DE, EF 각각에 대해 소수이므로 DE로부터의 (정사각수)는 DE, EF에서 (곱하여 생성된) 수에 대해 소수이다[VII-25]. 한편, DE, EF에서 (곱하여 생성된) 수의 두 배와 함께 DE, EF로부터의 (정사각수)들(의 합)은 DF로부터의 (정사각수)와 같다[II-4]. 그래서 DE, EF로 (둘러싸인 평면수)의 두 배와 함께 DE, EF로부터의 (정사각수)들(의 합)은 DE, EF로 (둘러싸인 평면수)에 대하여 소수이다. 분리해내서, DE, EF로 (둘러싸인 평면수) 한 번과 함께 DE, EF로부터의 (정사각수)들(의 합)이, DE, EF로 (둘러싸인 평면수)에 대하여 소수이다. 게다가 분리해내서, DE, EF로부터의 (정사각수)들(의 합)은 DE, EF로 (둘러싸인 평면수)에 대하여 소수이다. 또 DE로부터의 (정사각수)는 A요, DE, EF로 (둘러싸인 평면수)는 B요, EF로부터의 (정사각수)는 C이다. 그래서 A, C는 결합되어 B에 대해 소수이다. 밝혀야 했던 바로 그것이다.

명제 16

두 수가 서로 소라면, 첫째 수 대 둘째 수는 둘째 수 대 다른 어떤 수일 수는 없을 것이다.

두 수 A, B가 서로 소라 하자. 나는 주장한다. A 대 B는 B 대 다른 어떤 수일 수 없다.

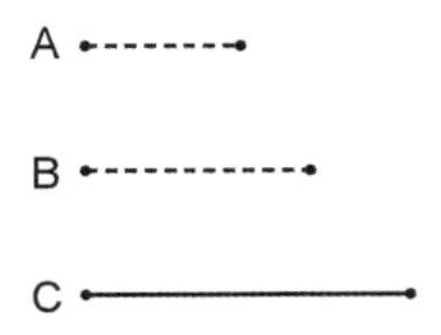

혹시 가능하다면, A 대 B는 B 대 C라고 하자.

A, B가 서로 소인데, 서로 소(인 수들)은 최소인 수들이기도 한데다[VII-21], 동일 비율을 갖는 수들 중 최소 수들은 동일 비율을 갖는 수들을, (즉) 앞

수가 앞 수를 뒤 수가 뒤 수를 같은 만큼으로 잰다[VII−20]. 그래서 앞 수가 앞 수를 (재는 것)으로서 A가 B를 잰다. 그런데 그 자신도 잰다. 그래서 A가 서로 소인 A, B를 잰다. 이것은 있을 수 없다. 그래서 A 대 B는 B 대 C일 수 없다. 밝혀야 했던 바로 그것이다.

명제 17

몇 개이든 연속 비례인 수들이 있는데, 그 수들 중 끝 수들이 서로 소라면, 첫째 수 대 둘째 수는 마지막 수 대 다른 어떤 수일 수는 없을 것이다.

몇 개이든 연속 비례인 수 A, B, C, D가 있는데, 그 수들 중 끝 수들 A, D가 서로 소라 하자. 나는 주장한다. A 대 B는 D 대 다른 어떤 수일 수 없다.

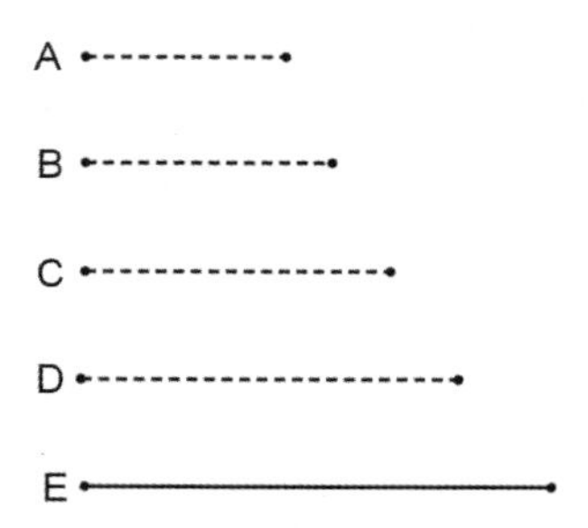

혹시 가능하다면, A 대 B는 D 대 E라고 하자.

그래서 교대로, A 대 D는 B 대 E이다[VII−13]. A, D가 서로 소인데, 서로 소(인 수들)은 최소인 수들이기도 한데다[VII−21], 동일 비율을 갖는 수들 중 최소 수들은 동일 비율을 갖는 수들을, (즉) 앞 수가 앞 수를, 뒤 수가 뒤 수를 같은 만큼으로 잰다[VII−20]. 그래서 A가 B를 잰다. 또 A 대 B는

B 대 C이다. 그래서 B가 C를 잰다[VII-def-20]. 결국 A가 C를 재게 된다. 또 B 대 C는 C 대 D인데 B가 D를 재므로 C도 D를 잰다. 한편, A는 C를 잰다고 했다. 결국 A는 D도 잰다. 그런데 그 자신도 잰다. 그래서 A는 서로 소인 A, D를 잰다. 이것은 불가능하다. 그래서 A 대 B는 D 대 다른 어떤 수일 수 없다. 밝혀야 했던 바로 그것이다.

명제 18

주어진 두 수에 대하여, 그 수들과 비례하는 셋째 수를 찾아낼 수 있는지 검토하기.

주어진 두 수 A, B가 있고, 그 수들과 비례하는 셋째 수를 찾아낼 수 있는지 검토해야 한다.

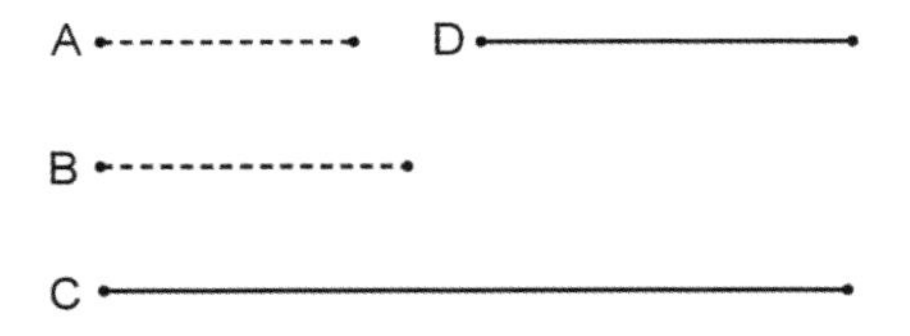

이제 A, B가 서로 소이거나 아니다. 만약 서로 소라면 그 수들과 비례하는 셋째 수를 찾아낼 수 없다는 것은 이미 증명되었다[IX-16]. 한편, 이제 A, B가 서로 소가 아니라 하고, B가 그 자신을 곱하여 C를 만든다고 하자.

이제 A는 C를 재거나 재지 않는다. 먼저, D만큼으로 잰다고 하자. 그래서 A는 D를 곱하여 C를 만들었다. 더군다나 B도 그 자신을 곱하여 C를 만들었다. 그래서 A, D에서 (곱하여 생성된) 수는 B로부터의 (정사각수)와 같다. 그래서 A 대 B는 B 대 D이다[VII-19]. 그래서 A, B와 비례하는 셋째 수 D

를 찾아냈다.

한편, 이제 A가 C를 재지 않는다고 하자. 나는 주장한다. A, B와 비례하는 셋째 수 D를 찾아낼 수 없다.

혹시 가능하다면, D를 찾아냈다고 하자. 그래서 A, D에서 (곱하여 생성된) 수는 B로부터의 (정사각수)와 같다[VII-19]. 그런데 B로부터의 (정사각수)는 C이다. 그래서 A, D에서 (곱하여 생성된) 수는 C와 같다. 결국 A가 D를 곱하여 C를 만들게 된 것이다. 그래서 A는 D만큼으로 C를 잰다. 한편으로는 재지 않는다고 가정했다. 이것은 있을 수 없다. 그래서 A가 C를 재지 않을 때 A, B와 비례하는 셋째 수 D를 찾아내는 것은 가능하지 않다. 밝혀야 했던 바로 그것이다.

명제 19

주어진 세 수에 대하여 언제 그 수들과 비례하는 넷째 수를 찾아낼 수 있는지 검토하기.

주어진 세 수 A, B, C가 있고, 언제 그 수들과 비례하는 넷째 수를 찾아낼 수 있는지 검토해야 한다.

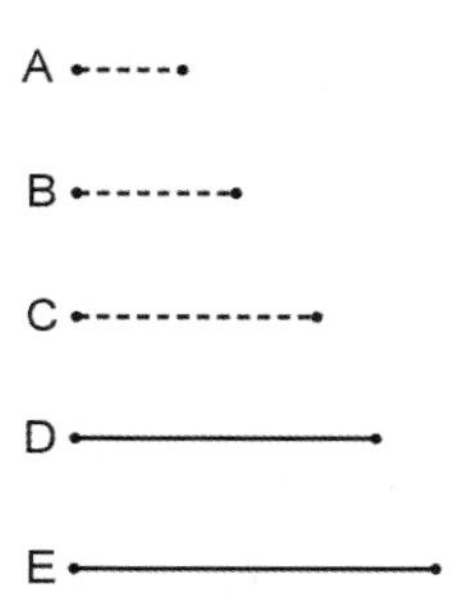

(그 수들은) 연속 비례이고 그 수들의 끝 수들이 서로 소이거나, 연속 비례가 아니고 그 수들의 끝 수들이 서로 소이거나, 연속 비례이고 그 수들의 끝 수들이 서로 소가 아니거나, 연속 비례도 아니고 그 수들의 끝 수들이 서로 소도 아니다.[151]

만약 A, B, C가 연속 비례이고 그 수들의 끝 수들이 서로 소라면, 그 수들과 비례하는 넷째 수를 찾아낼 수 없다는 것은 이미 증명되었다[IX-17].

서로 소로 있는 끝 수들에 대하여 이제는 A, B, C가 연속 비례가 아니라고 해보자. 나는 주장한다. 마찬가지로 그 수들과 비례하는 넷째 수를 찾아낼 수 없다.

만약 가능하다면, A 대 B는 C 대 D이도록 하는 D를 찾아냈고, B 대 C는 D 대 E이게 해냈다고 하자.[152] 또 A 대 B는 C 대 D인데 B 대 C는 D 대 E이므로, 같음에서 비롯해서, A 대 C는 C 대 E이다[VII-14]. A, C가 서로 소인데, 서로 소(인 수들)은 최소인 수들이기도 한데다[VII-21], 동일 비율을 갖는 수들 중 최소 수들은 동일 비율을 갖는 수들을, (즉) 앞 수가 앞 수를 뒤 수가 뒤 수를 같은 만큼으로 잰다[VII-20]. 그래서 앞 수가 앞 수를 (재는 것)으로서 A가 C를 잰다. 그런데 그 자신도 잰다. 그래서 A는 서로 소인 A, C를 잰다. 이것은 불가능하다. 그래서 A, B, C와 비례인 넷째 수를 찾아내는 것은 가능하지 않다.

151 원문은 순서가 달랐지만 아래 증명 순서와 맞게 바꿔서 번역했다. 원문을 그대로 옮기면 다음과 같다. "연속 아니고 끝 수들이 서로 소이거나 연속이고 끝 수들이 서로 소 아니거나 연속 아니고 끝 수들이 서로 소 아니거나 연속이고 끝 수들이 서로 소 아니다."

152 사실 이런 E는 있을 수 없다. 그런 E가 있다면 A:C=C:E이게 된다. 즉, A와 C가 서로 소인데 A:C에서 A:C:E로 연장할 수 있게 된다. 제9권 명제 16에서 그런 E가 없다고 이미 밝혔는데 여기서 명제 16의 증명을 다시 반복한다.

한편 A, B, C가 다시 연속 비례인데 이제는 A, C가 서로 소가 아니라고 하자. 나는 주장한다. 그 수들과 비례하는 넷째 수를 찾아낼 수 있다.

B가 C를 곱하여 D를 만든다고 하자. 그래서 A는 D를 재거나 재지 않는다. 먼저 E만큼으로 그 (수 D)를 잰다고 하자. 그래서 A는 E를 곱하여 D를 만들었다. 더군다나 B도 C를 곱하여 D를 만들었다. 그래서 A, E에서 (곱하여 생성된) 수는 B, C에서 (곱하여 생성된) 수와 같다. 그래서 비례로 A 대 B는 C 대 E이다[VII-19]. 그래서 A, B, C와 비례하는 넷째 수 E를 찾아냈다.

한편, 이제는 A가 D를 재지 않는다고 하자. 나는 주장한다. A, B, C와 비례인 넷째 수를 찾아낼 수 없다.

혹시 가능하다면, E를 찾아냈다고 하자. 그래서 A, E에서 (곱하여 생성된) 수는 B, C에서 (곱하여 생성된) 수와 같다. 한편, B, C에서 (곱하여 생성된) 수는 D이다. 그래서 A, E에서 (곱하여 생성된) 수도 D와 같다. 그래서 A는 E를 곱하여 D를 만들었다. 그래서 A는 E만큼으로 D를 잰다. 결국 A가 D를 재게 된다. 한편 (A는 D를) 재지 않기도 한다. 이것은 있을 수 없다. 그래서 A가 D를 재지 않을 때 A, B, C와 비례인 넷째 수를 찾아내는 것은 가능하지 않다.

한편, 이제는 A, B, C가 연속 비례도 아니고 끝 수들이 서로 소도 아니라고 하자. B가 C를 곱하여 D를 만든다고 하자. 만약 A가 D를 잰다면 그 수들과 비례하는 수를 찾아낼 수 있고, 재지 않는다면 찾아낼 수 없다는 것도 이제 비슷하게 밝혀질 것이다. 밝혀야 했던 바로 그것이다.

명제 20

소수들이 몇 개 내보이든[153] 소수들은 그것보다 더 많이 있다.

소수 A, B, C가 내보여 있다고 하자. 나는 주장한다. A, B, C보다 소수는 더 있다.

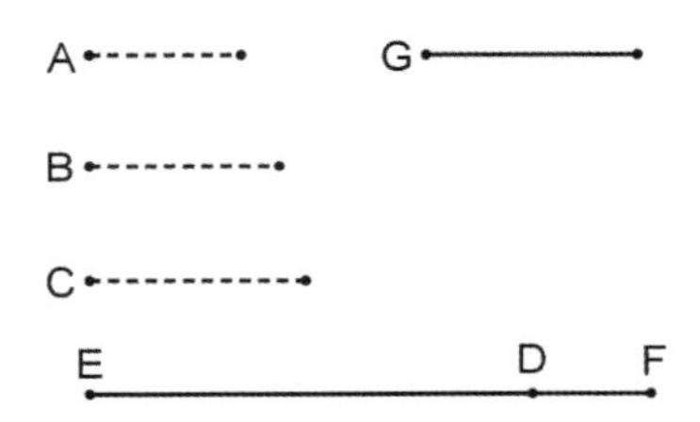

A, B, C로 재어지는 최소 수가 잡혔고 DE라고 하자[VII-36]. DE에 단위 DF가 보태어진다고 하자. 이제 EF는 소수이거나 아니다. 먼저 소수라고 하자. 그래서 A, B, C보다 많은 소수 A, B, C, EF가 드러나 있다.

한편, 이제 EF가 소수가 아니라고 하자. 그래서 어떤 소수로 재어진다

153 (1) 원문은 동사 προτίθημι에서 왔고 이것의 명사형은 '명제'라고 번역한 그 낱말이다. 『원론』 전체에서 비슷한 뜻인 몇 개의 동사가 있다. 빈번하게 나오는 ἔκκειμαι는 제시하다로 번역했고 제8권 명제 2에서만 나오는 ἐπιτάσσω는 지정하다로 번역했고, 제13권 명제 18에서만 나오는 ἐκτίθημι는 내놓다로 번역했다. 여기서 나온 προτίθημι는 이 명제와 제10권 정의 3, 4 및 명제 10에서 나오는데 내보이다로 번역한다. 『원론』의 원문을 읽는 동안 고대 그리스인들이 수학을 할 때 학습자가 홀로 방 안에 앉아 머리로만 한 게 아니라 여러 사람이 모여 도구를 써서 시연하며 토론하는 과정을 동반한 것 같다는 인상을 받았기 때문에 때때로 번역어를 선정할 때 직관적이고 행위를 나타내는 낱말을 선택했다. 이 명제의 번역도 그 사례 중 하나다. (2) 현대의 용어로 흔히 '소수의 개수는 무한'이라고 하지만 유클리드는 무한이라는 용어를 피해서 명제를 구성했다. (3) 이 명제의 무게와 그 증명의 단순함 때문에 '수학다운 아름다움'의 예시가 되는 유명한 정리이다.

[VII-31]. 소수 G로 재어진다고 하자. 나는 주장한다. G는 A, B, C와 동일하지 않은 수이다.

혹시 가능하다면, (동일하다고) 하자. 그런데 A, B, C가 DE를 잰다. 그래서 G도 DE를 잴 것이다. 그런데 (G는) EF도 잰다. 남은 단위 DF도 잴 것이다. G가 수이면서 말이다. 이것은 있을 수 없다. 그래서 G는 A, B, C와 동일한 수가 아니다. 또 소수라고 가정했다. 그래서 내보인 A, B, C의 개수보다 많은 소수 A, B, C, G가 드러나 있다. 밝혀야 했던 바로 그것이다.

명제 21

몇 개이든 짝수들이 결합한다면 전체는 짝수이다.[154]

몇 개이든 짝수들 AB, BC, CD, DE가 결합한다고 하자. 나는 주장한다. 전체 AE는 짝수이다.

A B C D E

154 (1) 유클리드 『원론』의 자연수론 부분인 제7권부터 제9권까지는 고대 그리스의 자연수론에 대한 다양한 입장들이 모여 있다. 수학자 집단인 부르바키는 다음과 같이 말한다. "유클리드의 저술에는 이어지는 층들이 여럿 있어서 그 층 각각은 자연수론의 역사에서 일정한 단계와 상응한다고 볼 수 있다." 부르바키의 저술 시리즈 『수학의 원론(*Éléments de mathématique*)』 중 1960년에 발간된 『수학사 원론』의 노어 번역본에서 번역하여 인용함. 1994년에 출간된 영역판 *Elements of the History of Mathematics*의 p. 86(옮긴이 해제 p.800 참조). (2) 이 명제부터 시작하는 짝수와 홀수 문제는 자연수론 연구의 초기 성과로 보인다. 플라톤의 『고르기아스』에서 소크라테스는 "자연수론은 짝수와 홀수, 그리고 그 수들의 비율을 다루는 기예"라고 말한다. 451a, b.

AB, BC, CD, DE 각각이 짝수이므로 절반의 몫을 가진다[VII-def-6]. 결국 전체 AE도 절반의 몫을 가지게 된다. 그런데 짝수는 이등분이 되는 수이다[VII-def-6]. 그래서 AE는 짝수다. 밝혀야 했던 바로 그것이다.

명제 22

몇 개이든 홀수들이 결합한다면, 그런데 그 수들의 개수가 짝수이면 전체는 짝수일 것이다.

몇 개이든 짝수 개의 홀수들 AB, BC, CD, DE가 결합한다고 하자. 나는 주장한다. 전체는 짝수이다.

A B C D E

AB, BC, CD, DE 각각이 홀수이므로 각각에서 단위를 빼내서 남은 것들 각각은 짝수일 것이다[VII-def-7]. 결국 그 수들에서 결합한 수는 짝수일 것이다[IX-21]. 게다가 단위들의 개수도 짝수이다. 그래서 전체 AE는 짝수이다[IX-21]. 밝혀야 했던 바로 그것이다.

명제 23

몇 개이든 홀수들이 결합한다면, 그런데 그 수들의 개수가 홀수이면 전체도 홀수일 것이다.

몇 개이든 홀수 개의 홀수들 AB, BC, CD가 결합한다고 하자. 나는 주장한다. 전체 AD는 홀수이다.

A B C E D

CD로부터 단위 DE를 빼낸다고 하자. 그래서 남은 CE는 짝수이다[VII-def-7]. 그런데 CA도 짝수이다[IX-22]. 그래서 전체 AE가 짝수이다[IX-21]. 그리고 단위 DE가 있다. 그래서 AD는 홀수이다[VII-def-7]. 밝혀야 했던 바로 그것이다.

명제 24

짝수로부터 짝수가 빠지면 남은 수는 짝수일 것이다.

짝수 AB로부터 짝수 BC가 빠졌다고 하자. 나는 주장한다. 남은 CA는 짝수이다.

A C B

AB는 짝수이므로 절반의 몫을 가진다. 똑같은 이유로 BC도 절반의 몫을 가진다. 결국 남은 [CA도 절반의 몫을 가진다. 그래서] AC는 짝수이다. 밝혀야 했던 바로 그것이다.

명제 25

짝수로부터 홀수가 빠지면 남은 수는 홀수일 것이다.

짝수 AB로부터 홀수 BC가 빠졌다고 하자. 나는 주장한다. 남은 CA는 홀수이다.

BC로부터 단위 CD가 빠졌다고 하자. 그래서 DB는 짝수이다. 그런데 AB도 짝수이다. 그래서 남은 AD도 짝수이다[IX-24]. 그리고 단위 CD가 있다. 그래서 CA는 홀수이다. 밝혀야 했던 바로 그것이다.

명제 26

홀수로부터 홀수가 빠지면 남은 수는 짝수일 것이다.

홀수 AB로부터 홀수 BC가 빠졌다고 하자. 나는 주장한다. 남은 CA는 짝수이다.

AB가 홀수인데 단위 BD가 빠졌다고 하자. 그래서 남은 AD가 짝수이다. 똑같은 이유로 CD도 짝수이다. 결국 남은 CA도 짝수이다[IX-24]. 밝혀야 했던 바로 그것이다.

명제 27

홀수로부터 짝수가 빠지면 남은 수는 홀수일 것이다.

홀수 AB로부터 짝수 BC가 빠졌다고 하자. 나는 주장한다. 남은 CA는 홀수이다.

A D C B

단위 AD가 (AB로부터) 빠졌다고 하자. 그래서 DB는 짝수이다. 그런데 BC도 짝수이다. 그래서 남은 CD는 짝수이다[IX-24]. 그래서 CA는 홀수이다. 밝혀야 했던 바로 그것이다.

명제 28

홀수가 짝수를 곱하여 어떤 수를 만든다면 생성된 수는 짝수일 것이다.

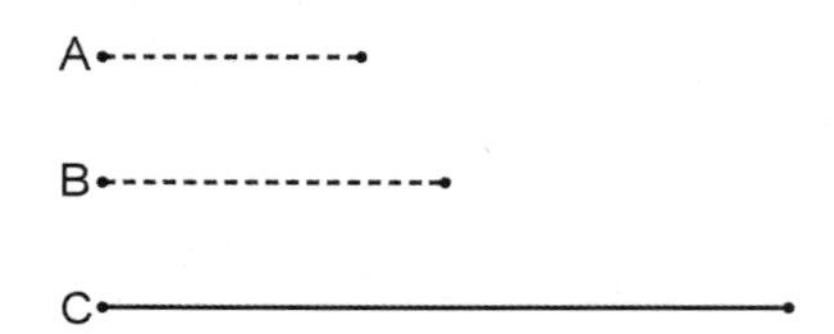

홀수 A가 짝수 B를 곱하여 C를 만든다고 하자. 나는 주장한다. C는 짝수이다.

A가 B를 곱하여 C를 만들었으므로 C는 A 안에 있는 단위들만큼의 B와 같

은 수들에서 결합한다[VII-def-15]. 또 B는 짝수이다. 그래서 C는 짝수들에서 결합한다. 그런데 몇 개이든 짝수들이 짝수 개가 결합하면 전체는 짝수이다[IX-21]. 그래서 C는 짝수이다. 밝혀야 했던 바로 그것이다.

명제 29

홀수가 홀수를 곱하여 어떤 수를 만든다면 (곱하여) 생성된 수는 홀수일 것이다.

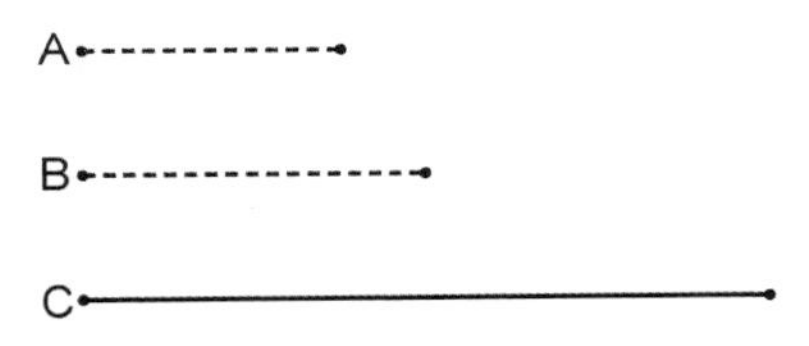

홀수 A가 홀수 B를 곱하여 C를 만든다고 하자. 나는 주장한다. C는 홀수이다.

A가 B를 곱하여 C를 만들었으므로 C는 A 안에 있는 단위들만큼의 B와 같은 수들에서 결합한다. 또 A, B 각각은 홀수이다. 그래서 홀수 개인 홀수들에서 C가 결합한다. 결국 C는 홀수이다[IX-23]. 밝혀야 했던 바로 그것이다.

명제 30

홀수가 짝수를 잰다면 그 홀수는 그 짝수의 절반도 잴 것이다.

홀수 A가 짝수 B를 잰다고 하자. 나는 주장한다. 그 절반도 잴 것이다.

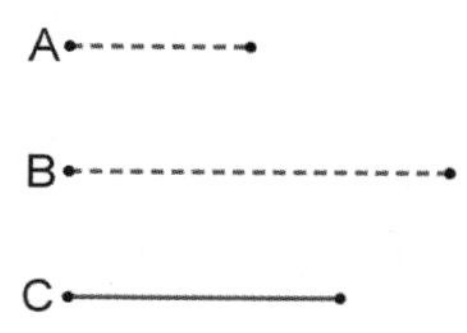

A가 B를 재므로 그 수를 C만큼으로 잰다고 하자. 나는 주장한다. C가 홀수는 아니다. 혹시 가능하다면, 홀수라고 하자. A가 B를 C만큼으로 재므로 A는 C를 곱하여 B를 만들었다. 그래서 홀수 개수인 홀수들에서 B가 결합한다. 그래서 B는 홀수이다[IX-23]. 이것은 있을 수 없다. 짝수라고 가정했으니까 말이다. 그래서 C는 홀수가 아니다. 그래서 C가 짝수이다. 결국 A는 B를 짝수 번으로 잰다. 그런 이유로 A는 그 B의 절반도 잴 것이다. 밝혀야 했던 바로 그것이다.

명제 31

홀수가 어떤 수에 대해 소수이면 그 수의 두 배에 대해서도 소수일 것이다.

홀수 A는 어떤 수 B에 대해 소수인데 B의 두 배는 C라 하자. 나는 주장한다. A는 C에 대해서도 소수이다.

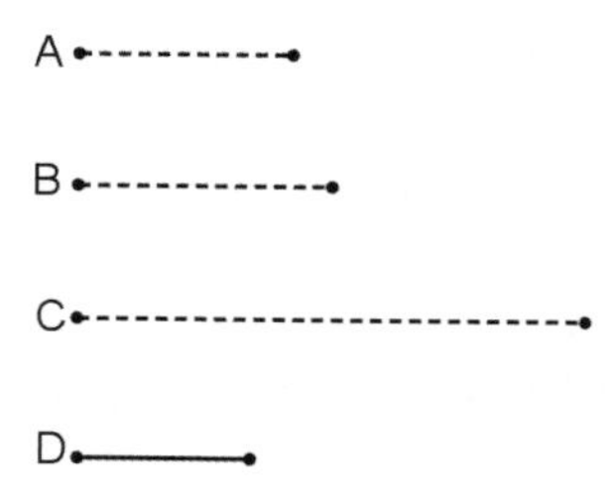

만약 [A, C가 서로] 소가 아니라면 어떤 수가 그 수들을 잴 것이다. 잰다고 하고 그 수를 D라 하자. 또 A는 홀수이다. 그래서 D도 홀수이다. D가 C를 재는 홀수이고 C는 짝수이므로 C의 절반을 [D가] 잴 것이다[IX-30]. 그런데 C의 절반은 B이다. 그래서 D가 B를 잰다. 그런데 D는 A도 잰다. 그래서 D가 서로 소인 A, B를 잰다. 이것은 불가능하다. 그래서 A는 C에 대해 소수가 아닐 수 없다. 그래서 A, C는 서로 소이다. 밝혀야 했던 바로 그것이다.

명제 32

둘로부터 (시작해서) 두 배하기로 (생성되는) 수들 각각은 오직 짝짝수이다.

둘인 A로부터 (시작해서) B, C, D가 두 배하기 했다고 하자. 나는 주장한다. B, C, D는 오직 짝짝수이다.

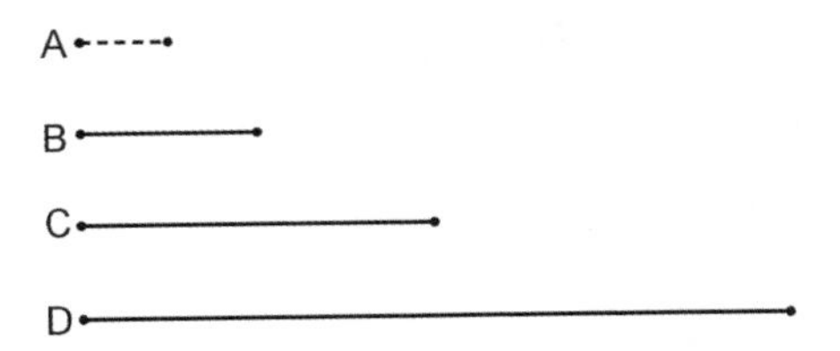

[B, C, D] 각각이 짝짝수라는 것은 분명하다. 둘로부터 두 배하기가 된 수들이니까 말이다[VII-def-8]. 나는 주장한다. 오직 (짝짝수)이다. 단위가 제시된다고 하자. 단위로부터 (시작해서) 몇 개이든 연속 비례인 수들이 있는데, 단위 (바로) 다음 수 A가 소수라면 A, B, C, D 중 최대 수 D는 A, B, C

말고 (다른) 어떤 수로도 재어지지 않을 것이다[IX-13]. 또 A, B, C 각각은 짝수이다. 그래서 D는 오직 짝짝수이다. B, C 각각도 오직 짝짝수라는 것도 이제 우리는 비슷하게 밝힐 수 있다. 밝혀야 했던 바로 그것이다.

명제 33

수가 홀수 절반을 가지면 오직 짝홀수이다.

수 A가 홀수인 절반을 가진다고 하자. 나는 주장한다. A는 오직 짝홀수이다.

A •----------------•

짝홀수라는 것은 분명하다. 그 수의 절반이 그 수를 짝수 번으로 재는 홀수이니까 말이다[VII-def-9]. 이제 나는 주장한다. 오직 (짝홀수)이다. 만약 A가 짝짝수이기도 하다면 짝수 번 짝수로 재어질 것이다[VII-def-8]. 결국 그 수의 절반도 짝수로 재어질 것이다. 홀수인데 말이다. 이것은 있을 수 없다. 그래서 오직 짝홀수이다. 밝혀야 했던 바로 그것이다.

명제 34

수가 둘로부터 (시작해서) 두 배하기로 (생성되는 수)들도 아니고 홀수 절반을 갖지도 않으면, 짝짝수이고도 짝홀수이다.

수 A가 둘로부터 (시작해서) 두 배하기로 (생성되는 수)들도 아니고, 홀수인 절반을 갖지도 않는다고 하자. 나는 주장한다. A는 짝짝수이고도 짝홀수이다.

A •----------------•

A가 짝짝수라는 것은 분명하다. 홀수인 절반을 갖지 않으니까 말이다 [VII-def-8]. 이제 나는 주장한다. 짝홀수이기도 하다. 우리가 A를 이등분하고 또 그 수의 절반을 이등분하고 (기타 등등) 우리가 잇따라 그처럼 만들어간다면 짝수 번 A를 재는 어떤 홀수에 우리는 당도할 것이다. 만약 아니라면, 둘에 당도할 것이고 A는 둘로부터 (시작해서) 두 배하기로 (생성되는 수)일 것이다. 그렇지 않다고 가정했는데도 말이다. 결국 A는 짝홀수이다[VII-def-9]. 그런데 짝짝수이기도 하다는 것은 밝혀졌다. 그래서 A는 짝짝수이고도 짝홀수이다. 밝혀야 했던 바로 그것이다.

명제 35

몇 개이든 연속 비례인 수들이 있는데, 둘째 수와 마지막 수 둘 다로부터 첫째 수와 같은 수들이 빠진다면, 둘째 (수가 첫째 수)보다 초과한 것 대 첫째 수는 마지막 (수가 첫째 수)보다 초과한 것 대 그 자신의 이전까지 전부이다.[155]

155 현대의 기호로 이렇게 쓸 수 있다.

$$(a_2 - a_1) : a_1 \cong (a_n - a_1) : (a_1 + a_2 + a_3 + \cdots + a_{n-1})$$

등차수열의 합을 나타내는 등식을 비례 용어로 나타낸 것이다.

최소인 A로부터 시작하여 몇 개이든 연속 비례인 수 A, BC, D, EF가 있고, BC와 EF로부터 A와 같은 BG, FH 각각이 빠졌다고 하자. 나는 주장한다. GC 대 A는 EH 대 A, BC, D (전부)이다.

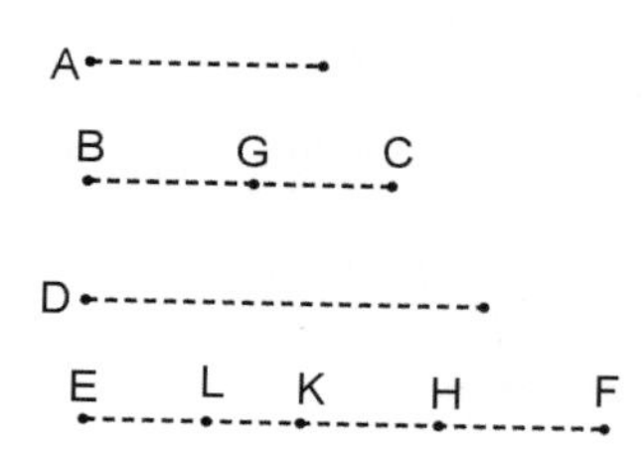

BC와 같은 FK가, D와 같은 FL이 놓인다고 하자. FK가 BC와 같은데 그중 FH가 BG와 같으므로 남은 HK는 GC와 같다. 또 EF 대 D는 D 대 BC이고 BC 대 A인데[VII−13], D는 FL과, BC는 FK와, A는 FH와 같으므로 EF 대 FL은 LF 대 FK이고 FK 대 FH이다. 분리해내서, EL 대 LF는 LK 대 FK이고 KH 대 FH이다[VII−11, VII−13]. 그래서 앞 수들 중 하나 대 뒤 수들 중 하나는 앞 수들 전부 대 뒤 수들 전부이다[VII−12]. 그래서 KH 대 FH가 EL, LK, KH (전부) 대 LF, FK, HF (전부)이다. 그런데 KH는 CG와, FH는 A와, LF, FK, HF (전부)는 D, BC, A (전부)와 같다. 그래서 CG 대 A는 EH 대 D, BC, A (전부)이다. 그래서 둘째 (수가 첫째 수)보다 초과한 것 대 첫째 수는 마지막 (수가 첫째 수)보다 초과한 것 대 그 자신의 이전까지 전부이다. 밝혀야 했던 바로 그것이다.

명제 36

단위로부터 (시작해서) 몇 개이든 이중 비례로 연속 비례인 수들이 제시되는데, 그 모두가 함께 결합하여 소수를 생성할 때까지 한다면, 또한 그 모든 합이 마지막 수에 곱해져서 어떤 수를 만든다면, 생성된 수는 완전수일 것이다.[156]

단위로부터 (시작해서) 몇 개이든 이중 비례로 연속 비례인 수들 A, B, C, D가 제시되는데 (단위, A, B, C, D) 모두가 함께 결합하여 소수를 생성할 때까지 했고, 그 모두와 E가 같고, E가 D를 곱하여 FG를 만든다고 하자. 나는 주장한다. FG는 완전수이다.

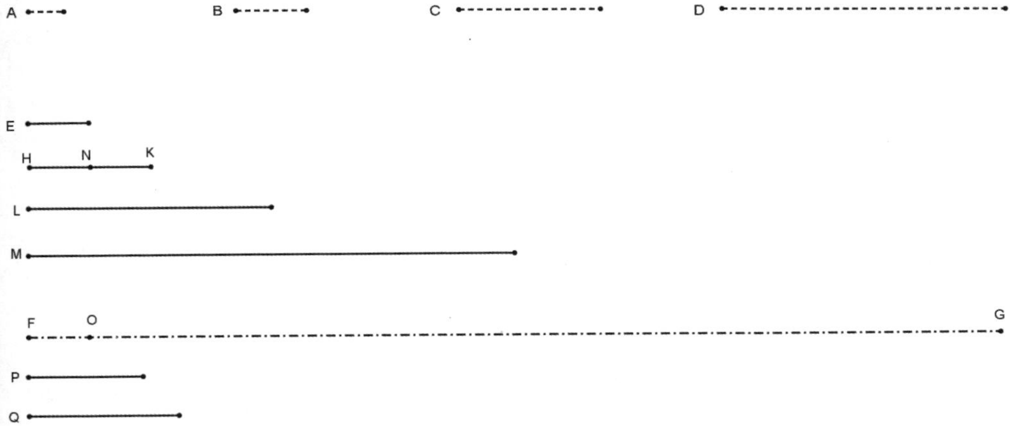

A B C D

E

H N K

L

M

F O G

P

Q

∴

156 (1) 짝수 완전수를 찾는 정리이다. 현대의 일반적인 표현과 달리 유클리드는 짝수 완전수를 구성하는 알고리듬을 제시하는 방식으로 표현했다. 즉, 등비수열

$$1,\ 2,\ 2^2,\ 2^3,\ \cdots,\ 2^{n-1}$$

을 만들면서

A, B, C, D의 개수만큼 E로부터 (시작해서) 이중 비례로 E, HK, L, M이 잡혔다고 하자.

그래서 같음에서 비롯해서, A 대 D는 E 대 M이다[VII-14]. 그래서 E, D에서 (곱하여 생성된) 수는 A, M에서 (곱하여 생성된) 수와 같다[VII-19]. E, D에서 (곱하여 생성된) 수는 FG이기도 하다. 그래서 A, M에서 (곱하여 생성된) 수도 FG이다. 그래서 A는 M을 곱해서 FG를 만들었다. 그래서 M은 A 안에 있는 단위들만큼으로 FG를 잰다. A는 둘이기도 하다. 그래서 FG는 M의 두 배이다. 그런데 M, L, HK, E는 잇따라 서로의 두 배인 수들이다. 그래서 E, HK, L, M, FG는 이중 비례로 연속 비례이다. 이제 둘째 수 HK와 마지막 FG로부터 첫째 수 E와 같은 HN, FO 각각을 빼내자. 그래서 둘째 수(가 첫째 수)보다 초과한 것 대 첫째 수는 마지막 (수가 첫째 수)보다 초과한 것 대 그 자신의 이전까지 전부이다[IX-35]. 그래서 NK 대 E는 OG 대 M, L, KH, E (전부)이다. 또 NK는 E와 같다. 그래서 OG가 M, L, HK, E (전부)와 같다. 그런데 FO는 E와, E는 A, B, C, D와 단위 (전부)와 같다. 그래서 전체 FG는 E, HK, L, M과 A, B, C, D와 단위 (전부)와 같다. 또 그 (수들)로 재어진다.

∴

$$1+2+2^2+2^3+\cdots+2^{n-1}$$

이 소수일 때까지 더해가고 그 조건이 충족할 때

$$2^{n-1}\times(1+2+2^2+2^3+\cdots+2^{n-1})$$

을 만들어내면 그 수는 (짝수) 완전수인 것이다. (2) 이 명제에 제시된 형태가 아닌 짝수 완전수가 있을까? 기원 후 1000년경 이슬람 수학자 알 하이담은 '없다'고 답했지만 증명은 없고 다시 750년이 지나 오일러가 증명했다. (3) 홀수 완전수 존재 여부는 아직 밝혀지지 않았다.

나는 주장한다. FG는 A, B, C, D, E, HK, L, M, 그리고 단위 말고 다른 어떤 수로도 재어지지 않는다.

혹시 가능하다면, 어떤 수 P가 FG를 잰다고 하고 P가 A, B, C, D, E, HK, L, M 중 어느 것과도 동일한 수가 아니라고 하자. 또 P가 FG를 재는 것과 같은 개수만큼 단위들이 Q 안에 있다고 하자. 그래서 Q는 P를 곱하여 FG를 만들었다. 더군다나 E도 D를 곱하여 FG를 만들었다. 그래서 E 대 Q는 P 대 D이다[VII−19]. 또 단위로부터 (시작해서) 연속 비례인 수들 A, B, C, D가 있으므로 D는 A, B, C 말고 다른 수로 재어지지 않을 것이다[IX−13]. 또 P가 A, B, C 중 어느 것과도 동일한 수가 아니라고 가정했다. 그래서 P는 D를 잴 수 없다. 한편, P 대 D는 E 대 Q이다. 그래서 E는 Q를 잴 수 없다[VII−def−20]. 또 E는 소수이다. 그런데 모든 소수는 (그것이) 재지 못하는 어떤 수에 대해서도 소수이다[VII−29]. 그래서 E, Q는 서로 소이다. 서로 소(인 수들)은 최소인 수들이기도 한데[VII−21], 동일 비율을 갖는 수들 중 최소 수들은 동일 비율을 갖는 수들을, (즉) 앞 수가 앞 수를 뒤 수가 뒤 수를 같은 만큼으로 잰다[VII−20]. 또 E 대 Q는 P 대 D이다. 그래서 같은 만큼으로 E가 P를 재고 Q가 D를 잰다. 그런데 D는 A, B, C 말고 다른 어떤 수로도 재어지지 않는다. 그래서 Q가 A, B, C 중 하나와 동일한 수이다. B와 동일한 수라고 하자. 또 B, C, D 개수만큼 E로부터 (시작해서) E, HK, L이 잡혔다고 하자. 또 E, HK, L은 B, C, D와 동일 비율로 있다. 그래서 같음에서 비롯해서, B 대 D는 E 대 L이다[VII−14]. 그래서 B, L에서 (곱하여 생성된) 수가 D, E에서 (곱하여 생성된) 수와 같다[VII−19]. 한편, D, E에서 (곱하여 생성된) 수는 Q, P에서 (곱하여 생성된) 수와 같다. 그래서 Q, P에서 (곱하여 생성된) 수도 B, L에서 (곱하여 생성된) 수와 같다. 그래서 Q 대 B는 L 대 P이다[VII−19]. 또 Q는 B와 동일한 수이다. 그래서 L도 P와 동일한 수이다. 이것은 불가능하다. P는 제시된 수들 중 어느 것과도 동일한 수일 수 없다고 가정했으니까 말이다. 그래서 A, B, C, D, E, HK, L, M, 그리고 단위 말고 다른 어떤 수도 FG를 재지 않는다. 또 FG가 A, B, C, D, E, HK, L, M, 그리고 단위 (전부)와 같다는 것은 밝혀졌다. 그런데 완전수는 그 자신의 몫들(의 합)과 같은 수이다[VII-def-22]. 그래서 FG가 완전수이다. 밝혀야 했던 바로 그것이다.

지은이

유클리드

고대 그리스의 수학자. 생애에 대해 알려진 것은 거의 없다. 생몰 연대조차 모호하다. 다만 플라톤 이후 아르키메데스 이전인 기원전 300년경 알렉산드리아에서 활동했을 것이라고 추정된다. 현재까지 전하는 저술로 『주어진 것들』, 『광학』 등 천문학, 음악학 관련 저술 등이 일부 남았고 『원뿔곡선론』 등 저술의 제목만 전하는 것들도 있다. 고대 그리스 수학의 기초를 집대성한 『원론』의 저자로서 인류 지성사에서 독보적인 역할을 하였다.

옮긴이

박병하

연세대학교와 대학원에서 경영학을 공부했고 모스크바 국립대학교 수학부에서 수학을 공부하고 수리 논리 전공으로 박사 학위를 받았다. 아르키메데스의 저술집을 탐구하다가 수학의 고전에 심취하여 고대 그리스, 중세 아랍, 근대 유럽의 수학 고전을 공부하고 번역하고 강의하였다. 청소년을 위한 수학책과 몇 권의 수학 대중서를 썼고 약 6년간 유클리드 『원론』 전체를 1회 강독했고 그후 3년째 2회 강독 중이다.

한국연구재단총서 학술명저번역 639

유클리드 원론 1

1판 1쇄 펴냄 | 2022년 11월 4일
1판 4쇄 펴냄 | 2024년 9월 27일

지은이 | 유클리드
옮긴이 | 박병하
펴낸이 | 김정호

책임편집 | 박수용
디자인 | 이대웅

펴낸곳 | 아카넷
출판등록 2000년 1월 24일(제406-2000-000012호)
10881 경기도 파주시 회동길 445-3
전화 | 031-955-9510(편집) · 031-955-9514(주문)
팩시밀리 | 031-955-9519
www.acanet.co.kr

Printed in Paju, Korea.

ISBN 978-89-5733-821-6 94410
ISBN 978-89-5733-214-6 (세트)